Inestabilidades aeroelásticas

Septiembre de 2025

Mario Lázaro

Universitat Politècnica de València

Colección Manual de referencia; serie Ingeniería Mecánica y de Materiales

Los contenidos de esta publicación han sido evaluados mediante el sistema doble ciego, siguiendo el procedimiento que se recoge en http://tiny.cc/Evaluacion_Obras

Para referenciar esta publicación utilice la siguiente cita:
Lázaro Navarro, Mario (2025). *Inestabilidades aeroelásticas.* edUPV

Imprime: Byprin Percom, S.L.

ISBN: 978-84-1396-339-6
Depósito legal: V-3961-2025

Si el lector detecta algún error en el libro o bien quiere contactar con los autores, puede enviar un correo a edicion@editorial.upv.es

Impreso en España

A mis padres, Antonio y M.ª Pilar

Resumen

La aeroelasticidad es un área de la mecánica íntimamente relacionada con el acoplamiento de fenómenos de diferente naturaleza, en particular la elasticidad y aerodinámica. Como en todos los problemas de esta naturaleza, involucra diferentes dominios o regiones en una misma disciplina.

El objetivo de este libro es explicar de forma rigurosa los fenómenos aeroelásticos más importantes con la metodología docente que se ha venido usando desde hace algunos anos. Se intenta dar una visión unificada a todos los problemas aeroelásticos considerados en el libro, derivando las ecuaciones bajo el paraguas de la mecánica lagrangiana y usando (a veces abusando) la nomenclatura matricial. Ponemos especial atención en la divergencia, la efectividad de los controles, la redistribución de la sustentación por el efecto de la deformación de las alas y el flameo por acoplamiento torsión-flexión de perfiles y alas.

Mario Lázaro
Valencia, Septiembre de 2025

Índice general

1

Introducción

1.1 Aeroelasticidad es acoplamiento

La aeroelasticidad es la rama de la mecánica que estudia la interacción entre fenómenos aerodinámicos y deformaciones elásticas en estructuras. Es un campo crucial en ingeniería aeroespacial, ya que su estudio permite garantizar la integridad estructural de aeronaves y helicópteros. Los fenómenos aeroelásticos pueden afectar la maniobrabilidad, el rendimiento y la seguridad de estos sistemas, lo que hace imprescindible su análisis en la fase de diseño. Además, en un contexto de desarrollo de nuevas tecnologías, como aeronaves eléctricas y estructuras adaptativas, la aeroelasticidad cobra un papel central en la optimización de diseños eficientes y sostenibles. Comprender sus principios no solo permite evitar fallos estructurales, sino que también abre oportunidades para innovaciones en aerodinámica, materiales y control activo de estructuras.

Son numerosos los campos asociados a la mecánica clásica necesarios para comprender el comportamiento aeroelástico de las aeronaves. aeroelasticidad es esencialmente acoplamiento e involucra la interacción entre las fuerzas actuantes en el avión con diferentes fuentes de procedencia y analiza sus efectos

Figura 1.1: Triángulo de Collar. Los vértices muestran las diferentes dimensiones de fuerzas involucradas en los problemas de aeroelasticidad. Por sí mismos constituyen campos de la mecánica como la aerodinámica, el análisis estructural y la dinámica del sólido rígido. Los lados representan los problemas acoplados asociados a los vértices. En rojo: problemas de estabilidad cuya resolución se basa en problemas de autovalores. En azul: problemas de respuesta cuya resolución se lleva acabo mediante la resolución de sistemas de ecuaciones lineales (bien algebraicos, en el caso estático, o bien diferenciales, en el caso dinámico).

desde el punto de vista de la estabilidad y de la respuesta. El triángulo de Collar [19], mostrado en la Fig. 1.1, se usa habitualmente para explicar el fenómeno [36, 44, 80]. Esta representación reproduce la interacción entre todas las fuerzas y el campo de la mecánica que estudia dichas interacciones. Los vértices del triángulo representan las tres dimensiones de las que emanan las fuerzas con tres naturalezas diferentes, a saber:

Fuerzas aerodinámicas: Son las fuerzas generadas por el flujo de aire alrededor de la estructura. Incluyen sustentación, resistencia y momentos aerodinámicos. Dependen de la velocidad de vuelo, la forma de la estructura y la densidad del aire.

Fuerzas elásticas: Son las fuerzas internas que aparecen en la estructura debido a su deformación. Están gobernadas por las propiedades mecánicas del material, como la rigidez. Tienden a restaurar la estructura a su forma original y dependen linealmente de las deformaciones (ley de Hooke). Determinan la respuesta de la estructura ante cargas externas.

Fuerzas inerciales: Son las fuerzas asociadas a la aceleración y el movimiento de la estructura. Se deben a la distribución de masa y a las aceleraciones del sistema.

Código	Asignatura	Curso	ECTS	Tipos de fuerza
11879	Mecánica	2°	6,0	Fuerzas inerciales
11880	Resistencia de Materiales	2°	6,0	Fuerzas elásticas
11884	Aerodinámica	3°	4,5	Fuerzas aerodinámicas
11895	Vibraciones	4°	4,5	Fuerzas inerciales y elásticas
11889	Mecánica del vuelo	4°	6,0	Fuerzas inerciales y aerodinámicas
11896	Estructuras Aeroespaciales	4°	6,0	Fuerzas elásticas

Tabla 1.1: Asignaturas relacionadas estrechamente con el estudio de la aeroelasticidad que aparecen en el triángulo de interacciones de Collar (Fig. 1.1). Plan de estudios actual del Grado en Ingeniería Aeroespacial de la Escuela Técnica Superior de Ingeniería Aeroespacial y Diseño Industrial de la Universitat Politècnica de València.

Para entender con profundidad los conceptos que se estudian en aeroelasticidad, es necesario partir de un conocimiento sólido de la naturaleza de las fuerzas involucradas en el acoplamiento. En la Tabla 1.1 se muestran las diferentes asignaturas cursadas por los alumnos del Grado de Ingeniería Aeroespacial (ETSIADI,UPV) directamente responsables de introducir los diferentes tipos de fuerzas del triángulo de Collar.

La interacción entre las diferentes fuerzas define los niveles de acoplamiento. Materias como las Vibraciones o la Mecánica del Vuelo estudian el acoplamiento de fuerzas elásticas–inerciales y aerodinámicas–inerciales, respectivamente. Tradicionalmente los efectos acoplados que estudia la aeroelasticidad se dividen entre los de naturaleza estática y dinámica. La *aeroelasticidad estática* se ocupa del acoplamiento entre fuerzas aerodinámica y la deformación de la estructura. Fruto de tal acoplamiento surgen de forma natural dos tipos de problemas: (1) problemas de estabilidad (divergencia) y (2) problemas de respuesta (efectividad de mando y distribución de sustentación). Con más detalle:

Divergencia. Se trata del primer fenómeno estudiado en un curso de aeroelasticidad. La divergencia se refiere al tipo de inestabilidad aeroelástica que involucra el equilibrio de fuerzas elásticas y fuerzas aerodinámicas. Se trata de un juego de parámetros que permite obtener la velocidad a la que no es posible tal equilibrio: velocidad de divergencia. Matemáticamente, se resuelve mediante un problema lineal de autovalores.

Efectividad de mando. Los controles en las aeronaves son menos efectivos cuando la estructura es elástica y deformable, pues las fuerzas que generan para controlar el avión deforman la estructura, afectando la configuración aerodinámica y modificando el efecto deseado. De este análisis acoplado se derivan ecuaciones de respuesta estructural estática. La resolución matemática se reduce a un sistema de ecuaciones algebraicas (lineales).

Distribución de sustentación. La distribución de la sustentación aerodinámica a lo largo del ala depende de la geometría del ala, la velocidad y el ángulo de ataque. Sin embargo, además en alas reales la deformación elástica del ala (giros elásticos de torsión) genera distribución adicional de sustentación. Su resolución también se basa en un sistema algebraico de ecuaciones.

Si además del acoplamiento estático entre aerodinámica y estructura, incluimos el efecto dinámico de las fuerzas de inercia (esencialmente masas por aceleraciones), surge la *aeroelasticidad dinámica*. Además de introducir una nueva componente de fuerzas actuantes, también se modifica la naturaleza matemática del problema, pues ahora los modelos son dinámicos y se escriben en forma de ecuaciones diferenciales en el dominio del tiempo (lineales). Aunque no se representan en la Fig. 1.1, las fuerzas aerodinámicas deben extenderse al dominio no-estacionario, complicando bastante los modelos matemáticos para reproducir con precisión el efecto de las deformaciones estructurales, sus velocidades y aceleraciones en las fuerzas y momentos sobre las superficies de sustentación.

Una versión bastante general de las ecuaciones de la aeroelasticidad dinámica se muestra en la Fig. 1.2. Se trata de un sistema de ecuaciones diferenciales en el dominio del tiempo, escrita en forma matricial. Parte de estas ecuaciones probablemente resulte familiar para el lector con algunas nociones en mecánica de vibraciones. En esencia, se trata de la aplicación de la 2.ª ley de Newton o conservación de la cantidad de movimiento a los sistemas aeroelásticos: alas deformables en vuelo a una determinada altitud (directamente relacionada con la densidad del aire ρ_∞) y a la velocidad U_∞. El vector $\mathbf{u}(t)$ representa el conjunto de grados de libertad estructurales que controlan la deformación elástica del modelo. Se pueden distinguir todas las fuerzas que resalta el triángulo de Collar en la Fig. 1.1: (1) fuerzas de inercia resultado de multiplicar masas por aceleraciones, (2) fuerzas elásticas, resultado de multiplicar rigideces por deformaciones y (3) fuerzas aerodinámicas que dependen de las deformaciones, sus velocidades y aceleraciones. El parámetro κ representa la denominada frecuen-

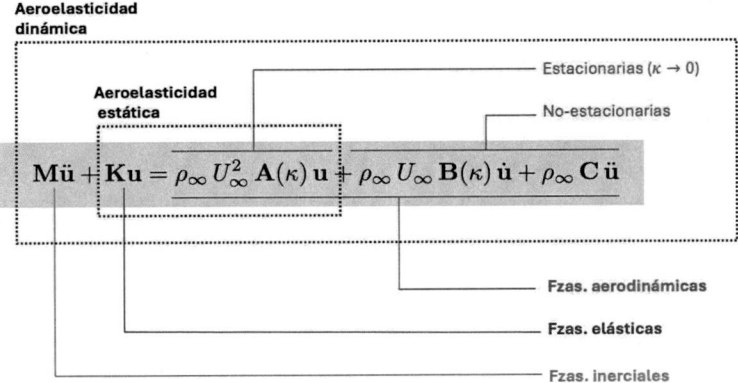

Figura 1.2: Ecuaciones de la aeroelasticidad (problema de estabilidad). Se trata de un sistema de ecuaciones diferenciales lineales que gobiernan las vibraciones de alas en vuelo. Es un problema homogéneo por lo que sus soluciones no-triviales son los modos de vibración estructurales en vuelo. Se observan los términos asociados a cada una de las dimensiones del triángulo de Collar: fuerzas de inercia, elásticas y aerodinámicas. Si se eliminan las derivadas temporales el problema se reduce al problema de divergencia.

cia reducida y, sin entrar en demasiados detalles, juega un papel relevante en la aerodinámica no–estacionaria. Cuando $\kappa \to 0$ el problema se reduce al caso de la aeroelasticidad estática. En general, la ecuación mostrada en la Fig. 1.2 controla la naturaleza de las vibraciones en vuelo, cuyas frecuencias naturales y modos propios dependen de todos los parámetros involucrados, pudiendo ser vibraciones inestables en ciertas velocidades. La descripción matemática de estas inestabilidades y su interpretación física suponen la culminación de los objetivos del libro: la inestabilidad aeroelástica por flameo.

1.2 Algo de historia

Describiremos aquí algunos hechos en (aproximado) orden cronológico que han sido históricamente relevantes desde el punto de vista de la aeroelasticidad, tanto en ingeniería civil como en ingeniería aeronáutica. La idea no es cubrir la historia de esta rama de la ciencia aeronáutica, sino dar un contexto histórico a los fenómenos que se describirán en este libro. Para profundizar en la historia de la aeroelasticidad, pueden consultarse las referencias de Collar [19], Rodden [80] y Garrik y Reed [37].

Las primeras inestabilidades aeroelásticas: los puentes colgantes

Figura 1.3: Algunos puentes colgantes que fueron afectados por el viento y posteriormente reparados o reconstruidos: (arriba-izquierda) Puente de Menai Straits (Gales, RU) inagurado en 1826. "En sucesivos eventos de 1826, 1836 y 1839 esta estructura fue vista oscilando en ondas de 16 pies de altura"[40, 80]. (arriba-derecha) Puente Wheeling (USA) fue el puente colgante más largo del mundo en su inauguración en 1849. En 1854, debido a un fuerte temporal, la calzada se desprendió [73]. (abajo) Puente de Roche Bernard (Francia), inagurado en 1839, en una foto de época antes de ser destruido (izquierda) y su estado actual, donde solo sobreviven los estribos (derecha). El 26 de octubre de 1852 una violenta tormenta destruyó el tablero del puente al resonar con el viento. Los movimientos oscilantes del tablero provocaron la rotura de los cables de soporte y el derrumbe del tablero sobre el Vilaine [72].

A comienzos del siglo XIX y bajo el abrigo de la Revolución Industrial en Inglaterra, se desarrollaron nuevas tecnologías de construcción metálica en hierro fundido. Paralelamente, se hicieron importantes contribuciones científicas a la teoría de la elasticidad, ingeniería estructural y la resistencia de materiales [84], principalmente desde Francia y Alemania. Todo ello permitió sustituir la piedra por la estructura metálica (primero el hierro y luego el acero). Este salto se tradujo en un aumento de la esbeltez estructural, disminución del peso por unidad de longitud y en la introducción de nuevas técnicas constructivas: los puentes colgantes (primero sobre cadenas y luego suspendidos de cables). Como nota histórica, cabe señalar que la consolidación del hormigón estructural como material de construcción en puentes no llegaría hasta principios del siglo XX. Así, con puentes más largos entre apoyos y mucho más ligeros comenzaron a aparecer fenómenos de inestabilidad aerodinámica tan pronto como en 1818, tal y como recoge la Tabla 1.2, obtenida de las referencias [31, 80] donde se muestra una recopilación de eventos de daño y/o colapso de puentes colgantes durante el siglo XIX y parte del XX.

Puente	Localización	Diseño	Luz (m)	Año
Dryburgh Abbey	Escocia	John y William Smith	80	1818
Union	Inglaterra	Sir Samuel Brown	137	1821
Nassau	Alemania	Lossen y Wolf	75	1834
Brighton Chain Pier	Inglaterra	Sir Samuel Brown	78	1836
Montrose	Escocia	Sir Samuel Brown	132	1838
Menai Straits	Gales	Thomas Telford	177	1839
Roche-Bernard	Francia	Le Blanc	195	1852
Wheeling	USA	Charles Ellet	308	1854
Niagara-Lewiston	USA	Edward Serrel	317	1864
Niagara-Clifton	USA	Samuel Keefer	384	1889
Tacoma Narrows	USA	Leon Moisseiff	853	1940

Tabla 1.2: Puentes dañados o destruidos por los efectos del viento junto con el año del evento [31, 78] (*La *luz* del puente es la distancia entre apoyos o soportes).

En estas primeras etapas del diseño estructural de puentes colgantes las cargas de viento eran consideradas como una acción estática horizontal, pues no se conocían los efectos aerodinámicos como consecuencia de la interacción de los modos de vibración con el flujo de aire alrededor del tablero. Puentes mucho más flexibles tenían las frecuencias naturales en sus modos principales de vibración considerablemente más bajas de lo habitual (literalmente se veía a las estructuras oscilar), algo que comenzó a ser un problema. Empezaron a experimentarse problemas derivados de la interacción de la deformación del puente con el flujo de viento.

Apenas existen evidencias gráficas que permitieran inferir y entender el comportamiento estructural de los puentes en esta época. En alguna ocasión se obtuvieron testimonios oculares que permitieron describir con detalle las vibraciones precedentes al colapso, como es el caso de la destrucción por oscilaciones torsionales del puente Brighton Chain Pier (Inglaterra, 1936, Fig. 1.4) durante una tormenta [40, 78]. El teniente–coronel William Reid dejó escrito[1]:

---

[1] *The wind has almost the same violence as in a tropical hurricane since it unroofed houses and threw down trees [—]. The finally failing span osillated much more strongly than the others, the appearence of its roadway being as shown in the sketch [—]. Apart from the oscillations of the roadway there was also oscillating motion of the great chains supporting the bridge, though this*

El viento tuvo una violencia comparable a la de un huracán tropical, llegando a destrozar tejados y derribar árboles [—]. *El vano que finalmente falló presentaba oscilaciones mucho más intensas que los demás, tal como se aprecia en el croquis de la Fig. 1.4 [—]. Además de las oscilaciones de la calzada, también se observó un movimiento oscilante de las grandes cadenas que sostenían el puente; sin embargo, estas oscilaciones parecían anularse parcialmente entre sí, pues, al menos a simple vista, no llegaban a sincronizarse de manera marcada* [78].

Este comportamiento es muy similar al experimentado por el famoso puente colgante Tacoma Narrows, en 1940, más de un siglo después y que se describe con más detalle abajo. Observando las fechas de los fallos mostrados en la la Tabla 1.2, las inestabilidades aeroelásticas en puentes se dieron durante buena parte del siglo XIX, pero no se pudieron explicar físicamente, ni por supuesto incorporar como criterios en el diseño de los grandes puentes que estaban por aparecer en el siglo XX. No podemos culpar a los ingenieros de la época pues, aunque se había avanzado mucho en la estática de estructuras, la dinámica todavía estaba en pañales. El libro *Theory of Sound* de Lord Rayleigh (1877, [75]) donde se establecían las bases para entender el comportamiento dinámico de las estructuras ni siquiera se había publicado cuando la mayoría de los puentes mostrados en la Tabla 1.2 ya habían sufrido daños o colapsado.

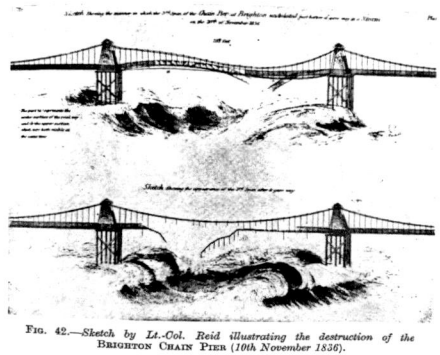

Fig. 42.—*Sketch by Lt.-Col. Reid illustrating the destruction of the* BRIGHTON CHAIN PIER *(10th November 1836).*

Figura 1.4: El 30 de noviembre de 1836, el testigo ocular teniente–coronel William Reid describió con detalle en texto y figura lo ocurrido al puente Brighton Chain Pier. A la derecha se muestra el boceto donde se puede observar la oscilación torsional del puente con un nodo central (2.º modo de vibración en torsión). Imagen tomada de las Refs. [40, 78], con permiso del autor

---

oscillation of the chain was such that the one seemed to destroy the other, as they did not bouth (at least as far as could be seen) take place in a marked manner at the same time [78].

El puente colgante Tacoma Narrows colapsó por el efecto del viento el 7 de noviembre de 1940. El diseñador fue Leon S. Moisseiff que había trabajado con Othmar H. Ammann, ingeniero jefe de puentes de la autoridad portuaria de N.Y., durante la época en la que se completó el puente George Washington (1931, 1070 m de luz). Los diseñadores de puentes colgantes durante los años 1920 y 1930 habían subestimado la importancia de la rigidización mediante cerchas en el tablero pues vieron que tales estructuras de refuerzo no tenían nada que ver con el viento: veían su efecto solo como fuerza estática y no consideraron la posibilidad de efectos dinámicos [9, 80]. La mañana del 7 de noviembre de 1940, el tablero del puente, con más de 850 m de luz entre pilas, oscilaba en un modo de flexión a 0.6 Hz (36 ciclos por minuto) con un viento lateral de 68 km/h. Nada hacía pensar que se tratara de algo peligroso pues las oscilaciones de este tipo ya aparecieron en el puente inmediatamente después de su apertura en julio de ese año. Además, el viento no era superior al usado en el cálculo (estático) del puente. A las 10:00 de la mañana la forma de vibración mutó al segundo modo de torsión con frecuencia de 14 ciclos por minuto, posiblemente debido al fallo del sistema estructural tipo–K del tablero, y por tanto debilitando la rigidez a torsión. Las oscilaciones de torsión facilitaron el desprendimiento de vórtices de aire que a su vez autoamplificaban la vibración. Finalmente la estructura no pudo soportar los esfuerzos generados y parte del tablero y péndolas colapsaron en el vano central, dejando grabadas las imágenes más icónicas en dinámica estructural[2]. El puente Tacoma Narrows sí marcó un antes y un después en la compresión del fenómeno debido al acoplamiento entre los modos del puente y el desprendimiento de vórtices. En el año 1940, momento del colapso del puente, ya se conocían los fundamentos de la mecánica de fluidos, la aerodinámica no-estacionaria y la aeroelasticidad en estructuras aeronáuticas que ayudaron a dar luz a este fenómeno en el campo de la ingeniería civil. Nuevos criterios de diseño fueron incorporados en estructuras de nueva construcción y numerosos puentes colgantes de la época se modificaron para alejar las frecuencias naturales de la estructura del acoplamiento aerodinámico, en general rigidizando el comportamiento torsional del puente mediante la instalación de cerchas de acero a ambos lados del tablero o mediante la incorporación de tirantes al sistema de suspensión [43].

[2] https://www.youtube.com/watch?v=XggxeuFDaDU

Figura 1.5: (Izquierda) Puente de Tacoma Narrows durante el evento de su destrucción en 1940, en particular cuando el puente oscilaba con un modo de torsión. (Derecha) Estado actual, reconstruido y duplicado: la mayoría de los puentes colgantes actuales incorporan cerchas de rigidización del tablero como las mostradas

Inestabilidades aeroelásticas en aeronáutica

Torsión elástica del planeador de los hermanos Wright, 1903

La aeroelasticidad jugó un papel relevante ya en los comienzos de la aviación. Los hermanos Wright usaron la elasticidad de las alas de su avión para el control de giro en alabeo. Si bien los orígenes del timón y el elevador son relativamente claros, los del alerón siguen siendo motivo de debate hasta el día de hoy. La mayoría de los pioneros de la aviación comprendían la necesidad del elevador y el timón para cambiar la dirección de la aeronave, pero pocos previeron la importancia del alerón. Estas diferencias filosóficas pueden visualizarse mejor al comparar un vuelo de demostración del biplano Voisin-Farman I cerca de París en enero de 1908 con el del biplano Wright A cerca de Le Mans en agosto de ese mismo año. La aeronave pilotada por Henri Farman utilizaba únicamente el timón para girar y tenía dificultades para completar una sola curva de manera lenta y complicada. Mientras tanto, Wilbur Wright sorprendió a las multitudes francesas con sus elegantes giros, posibles gracias a la coordinación de la deflexión del timón con un desarrollo llamado torsión alar. La explicación sencilla de la torsión alar es que las puntas de las alas se retuercen en direcciones opuestas para aumentar la sustentación en un ala y disminuirla en la otra. El ejemplo mostrado en la Fig. 1.6 ilustra uno de los aviones de los hermanos Wright visto desde el frente. En este caso, el borde de salida del ala derecha se "tuerce" hacia abajo desde su posición original, indicada por las líneas discontinuas. Mientras tanto, el borde de salida de la punta del ala izquierda se "tuerce" hacia arriba. El efecto de esta torsión es que el ángulo de ataque visto por la punta del ala derecha aumenta en comparación con su posición inicial, mientras que la punta del ala izquierda experimenta un ángulo de ataque menor. Dado que la sustentación aumenta con el ángulo de ataque, el ala derecha genera más sustentación que la izquierda. Esta diferencia de sustentación hace que la aeronave se incline, levantando el ala derecha y bajando la izquierda.

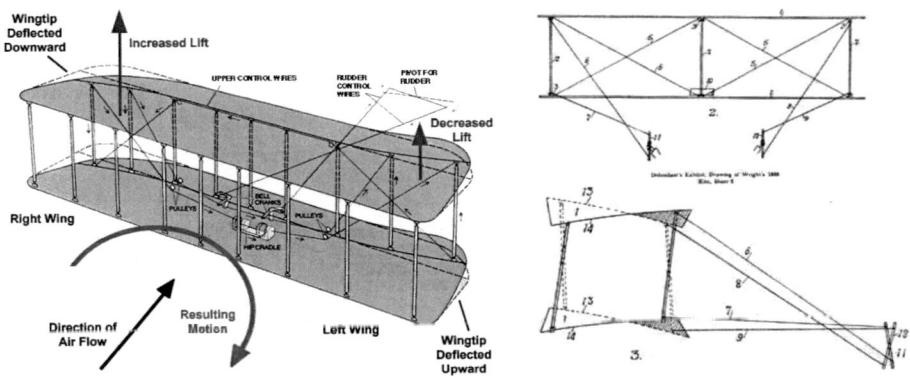

Figura 1.6: En el Wright A la elasticidad de las alas se usó para modificar las fuerzas aerodinámicas mostrando uno de los primeros ejemplos de control mediante alerones. A la derecha Planeador Wright de 1899: vistas frontal y lateral, con palancas de control. La torsión alar se muestra en la vista inferior. (Dibujo de los hermanos Wright en la Biblioteca del Congreso [USA]). Refs. [69, 87].

Los problemas de Langley y el Aerodrome, 1903

El 8 de diciembre de 1903, apenas nueve días antes del histórico vuelo de los hermanos Wright en Kitty Hawk, el profesor Samuel P. Langley, del Instituto Smithsonian, sufrió su segundo intento fallido de lanzar su aeronave propulsada desde una embarcación en el río Potomac. En ambas ocasiones, su monoplano en tándem se precipitó al agua debido a fallos estructurales ocurridos durante el lanzamiento con catapulta. Se atribuye el primer fracaso a que un soporte del ala delantera quedó atrapado en el mecanismo de lanzamiento y no se liberó como estaba previsto. La causa del fallo en el segundo intento, que resultó en el colapso del ala trasera y la cola, es menos clara. Se ha conjeturado que la aeroelasticidad pudo haber desempeñado un papel clave en el segundo fallo. G. T. R. Hill (1951, [42]) sugirió que la causa del colapso fue la insuficiente rigidez en las puntas de las alas, lo que llevó a una divergencia torsional, una inestabilidad aeroelástica no oscilatoria que puede considerarse como un caso de flutter de frecuencia nula. La hipótesis de Hill se ve respaldada por la discusión cualitativa, pero perspicaz, de Griffith Brewer (1913, [14]) sobre el colapso de alas en monoplanos. En su breve artículo publicado en *Flight Magazine*, Brewer observa que varias alas de monoplanos con tirantes habían sufrido "accidentes en los que las alas se rompían hacia abajo'". Además, señala que "a mayor envergadura, más fácilmente se retuercen las puntas de las alas" y advierte que el desplazamiento del centro de presión con la velocidad podría situarlo detrás del borde de ataque, contribuyendo así a la inestabilidad.

Figura 1.7: (Izquierda) Primer intento fallido del *Aerodrome* de S.P. Langley, el 7 de octubre de 1903 [55]. (Derecha) Langley Aerodrome Number 5 en el National Air and Space Museum (Washington, DC).

Inestabilidades aeroelásticas durante la Primera Guerra Mundial

Las inestabilidades aeroelásticas dinámicas (flameo) no llegaron a ser un problema durante la edad temprana de la aviación hasta la llegada de la Primera Guerra Mundial, aproximadamente 12 años después del primero vuelo de los hermanos Wright. Hasta ese momento, las velocidades habían sido demasiado bajas para causar problemas, pero casos de flameo en las superficies de control comenzaron a aparecer durante el primer tramo de la guerra. El éxito inicial de la configuración de biplano de los hermanos Wright le dio un fuerte argumento para ser considerada en diseños posteriores, e incluso el exitoso vuelo de Bleriot al cruzar el Canal de la Mancha en un monoplano en 1909 no disminuyó el interés en la configuración de biplano entre los diseñadores, y esta configuración fue utilizada exclusivamente para las aeronaves militares de la Primera Guerra Mundial. Las alas del biplano, con sus largueros y cables de refuerzo, tenían una rigidez torsional muy grande, considerablemente mayor que la de las superficies de la cola.

El primer caso conocido de inestabilidad aeroelástica ocurrió en el estabilizador horizontal de un bombardero bimotor Handley Page 400. Este caso fue investigado por Lanchester (1916, [53]) y por Bairstow y Fage (1916, [7]). Las inestabilidades detectadas involucraban principalmente a los elevadores. Lanchester observó correctamente que la inestabilidad aeroelástica era el resultado de un acoplamiento entre el modo de torsión del fuselaje y las rotaciones antisimétricas de los elevadores derecho e izquierdo, que se accionaban independientemente, y que el acoplamiento podría eliminarse conectando los elevadores a un tubo de torsión común. Posteriormente, las dificultades de inestabilidad en la cola que surgieron hacia el final de la guerra fueron superadas con el mismo rediseño. La fijación de los elevadores a un tubo de torsión común se convirtió en una característica estándar de los diseños posteriores. Un buen número importante de vidas se perdieron como consecuencia de los accidentes ocurridos antes de dar con esta solución satisfactoria al problema.

El primer fallo aeroelástico estático documentado de un ala ocurrió en el monoplano Fokker D.8 durante la Primera Guerra Mundial (1914-1918). Reproducimos a continuación un párrafo de la autobiografía de Fokker (1931, [32]) para mostrar su percepción y las dificultades con las agencias reguladoras alemanas, así como los procedimientos de prueba estática de la época.

Cuando el primer D-8 fue entregado a la división de ingeniería (alemana) para realizar pruebas de carga estática, las alas demostraron ser suficientemente fuertes, pero las regulaciones exigían que la rigidez del larguero trasero fuera proporcionalmente superior a la del larguero delantero. Estas regulaciones estaban pensadas para alas con refuerzo estructural como los biplanos convencionales. Dado que no existían regulaciones para alas cantilever, estas reglas se aplicaban a todos los casos. El avión había pasado todas sus pruebas de vuelo, incluyendo maniobras bruscas y acrobacias en todas las formas posibles, sin mostrar signos de debilidad o problemas. Pero las regulaciones eran las regulaciones. Cumpliendo con el mandato del gobierno, reforzamos el larguero trasero y comenzamos a producir en cantidad. Los primeros seis aviones fueron enviados rápidamente al frente. No estuvieron en servicio más que unos pocos días antes de que recibimos la noticia de que uno de los mejores pilotos, a quien admiraba mucho, había muerto durante un combate aéreo cuando su ala colapsó. Al principio, se asumió que el piloto simplemente había sobrecargado la nave de alguna manera desconocida. Pero cuando ocurrió un segundo accidente de la misma naturaleza, ya no parecía un accidente aislado. Aun así, el avión no fue inmediatamente puesto fuera de servicio, ya que el D-8 había recibido una aprobación unánime por parte de los pilotos de combate. Pero cuando la tercera aeronave se desplomó en el aire, el desastre alcanzó proporciones mayores [32].

Se observa que el rediseño del ala para satisfacer las regulaciones desarrolladas para biplanos resultó en un retraso en el eje elástico en la posición de la cuerda y por tanto una reducción significativa de la velocidad de divergencia, que resultó ser catastrófica para la aviación alemana. Veremos en los Capítulos 2 y 3 que la posición del eje elástico es clave en la inestabilidad por divergencia torsional. Como sostiene Rodden en su libro [80]: "la aeroelasticidad estaba del lado aliado".

Figura 1.8: (Izquierda) Modelo biplano Handley-Page O400, experimentó inestabilidades de flameo en el acoplamiento entre la torsión del fuselaje y las superficies de los elevadores. (Derecha) Fokker-D8: se detectaron las primeras inestabilidades aeroelásticas de divergencia torsional (estática) debido a una ubicación del eje elástico demasiado retrasada en la cuerda.

Periodo entre guerras. El desarrollo de la aerodinámica no-estacionaria

La mayor parte del trabajo posterior a la Primera Guerra Mundial se centró en el flameo tipo ala-alerón, un fenómeno que parecía ocurrir en numerosos aviones a nivel mundial. Se realizaron investigaciones experimentales y teóricas sobre el flutter binario (de dos grados de libertad), que implicaba la interacción entre el movimiento de flexión del ala y la rotación de los alerones. Subrayaron la importancia de desacoplar los modos de movimiento para prevenir el flutter. El acoplamiento ocurre cuando el movimiento de un tipo induce al otro modo, generando un efecto retroalimentado que influye nuevamente sobre el movimiento original, lo que explica los términos flameo flexión-torsión o de flexión-alerón del ala. El desacoplamiento de los movimientos del ala y el alerón se logró mediante la colocación de pesos en los alerones para separar las fuerzas inerciales, una técnica conocida como "balanceo de masas". Este método se demostró como una estrategia útil tanto para el diseño como para el rediseño, ya que durante las décadas de 1920 y 1930, e incluso durante la Segunda Guerra Mundial, se presentaron casos aislados de flutter leve en superficies de control acopladas, que involucraban tanto las alas como las superficies del timón. Aunque estos casos no causaban destrucción, podían resolverse fácilmente aumentando el balance estático de masa de las superficies de control.

La estabilidad de las aeronaves comenzó a entenderse gracias a los primeros trabajos sobre la mecánica del vuelo no-estacionario, Bryan y Williams (1904, [16]), Lanchester (1908, [52]) y Bryan (1911, [15]), quienes introdujeron el concepto de derivadas de estabilidad para el análisis del movimiento del avión como sólido rígido, como una perturbación a partir de condiciones de vuelo equilibrado. Permitieron sentar las bases para entender los fenómenos aeroelásticos que pronto aparecerían en el campo aeronáutico. En 1914, Birnbaum [10] calculó por primera vez la carga aerodinámica en una placa plana en movimiento oscilatorio en condiciones de baja frecuencia. La primera solución bajo condiciones no-estacionarias fue obtenida por Wagner en 1925 [85], resolviendo la sustentación en el dominio del tiempo de un perfil 2D bajo una modificación brusca e instantánea del ángulo de ataque. Los trabajos de Birnbaum y Wagner constituyen los comienzos de la teoría no-estacionaria de perfiles y el primer paso para conocer los mecanismos del flameo.

Paralelamente a la aerodinámica no-estacionaria se encontraron en la época soluciones a la aeroelasticidad estática. En particular a los problemas de estabilidad (divergencia) y respuesta (redistribución de sustentación y efectividad de mando). Reissner en su artículo de 1924 [77] presentó por primera vez un método para estimar la redistribución de la sustentación a lo largo de la envergadura debida a la deformación elástica del ala, dando lugar de forma natural al cálculo de la velocidad de divergencia. Algunos años más tarde, Cox y Pugsley (1932, [21]) dieron la primera explicación matemática al problema de la reducción en la efectividad de mando (alabeo) por la torsión del ala y la evaluación de la velocidad de inversión del control (*reversal*).

En 1928 se publicó un artículo que se ha convertido en un trabajo clásico sobre flameo de alas: *The Flutter of Aeroplane Wings* (Frazer y Duncan, 1928 [33]). Las derivadas de estabilidad que afectan a los coeficientes de sustentación y momento no fueron obtenidas de forma analítica (todavía no se había desarrollado la teoría completa de perfiles oscilantes para cualquier frecuencia, que llegaría con Theodorsen 7 años más tarde). En su lugar, se usaron ensayos en túnel de viento para su determinación. Sin embargo, en este trabajo se establecieron las bases sobre las que se apoyaron las investigaciones sobre el flameo. Algunas soluciones analíticas para perfiles oscilantes llegaron en 1929 con trabajos que extendieron los artículos de Birnmaum y Wagner por Küssner [49] y Glauert [39], respectivamente. Sin embargo, tales soluciones no eran exactas, sino basadas en series aproximadas válidas para un rango limitado en frecuencias. La solución exacta para las cargas aerodinámicas actuantes en una placa plana incluyendo alerón, con movimiento oscilatorio de cabeceo, desplazamiento y rotación del control fue finalmente alcanzada por Theodore Theodorsen en 1935 [81]. Este ingeniero noruego emigrado a EE.UU. en 1924 resolvió completamente el problema del flameo en perfiles en 2D para un rango ilimitado de frecuencias usando teoría de perturbación en régimen incompresible. Introdujo la función de Theodorsen que aglutina el efecto no estacionario y permite obtener los coeficientes aerodinámicos para cada frecuencia de forma analítica. Posteriores investigaciones de Theodorsen en colaboración con Garrick [82, 83] estuvieron dirigidas a la validación experimental de la teoría. Tras la resolución de Theodorsen de los problemas de flameo, se puso especial atención en resolver los problemas transitorios de carga aerodinámica en el dominio del tiempo durante movimiento arbitrario debido a ráfagas discretas. Los trabajos de Küssner en 1936 [50, 51], en los que introdujo su conocido efecto Küssner, y von Karman y Sears [47] generalizaron el artículo de Wagner de 1925 a casos de movimiento arbitrario y la respuesta de la sustentación frente a la acción de una ráfaga unitaria.

Segunda mitad del siglo XX

Mientras que los primeros problemas de divergencia aeroelástica aparecieron durante la Primera Guerra Mundial, fue durante la Segunda Guerra Mundial cuando tuvieron lugar los primeros fenómenos aeroelásticos relevantes derivados de la pérdida de eficiencia de los controles del avión. Los problemas aeroelásticos de efectividad en el control del avión surgieron como consecuencia del diseño de alas muy flexibles para el rango de velocidades requerido. Por ejemplo, el caza británico Supermarine Spitfire fue decisivo en la victoria de la Batalla de Inglaterra. El Spitfire disponía de un ala de planta elíptica muy delgada y flexible con una velocidad de inversión de mando de 580 mph (930 km/h) que era algo más baja que la mayoría de los cazas coetáneos. Por ejemplo, se notó que a la velocidad de 400 mph (640 km/h) de velocidad IAS, el 65 % de la efectividad del alerón se perdía debido a la torsión elástica del ala. A medida que los diseños ganaron en potencia y era capaz de maniobrar

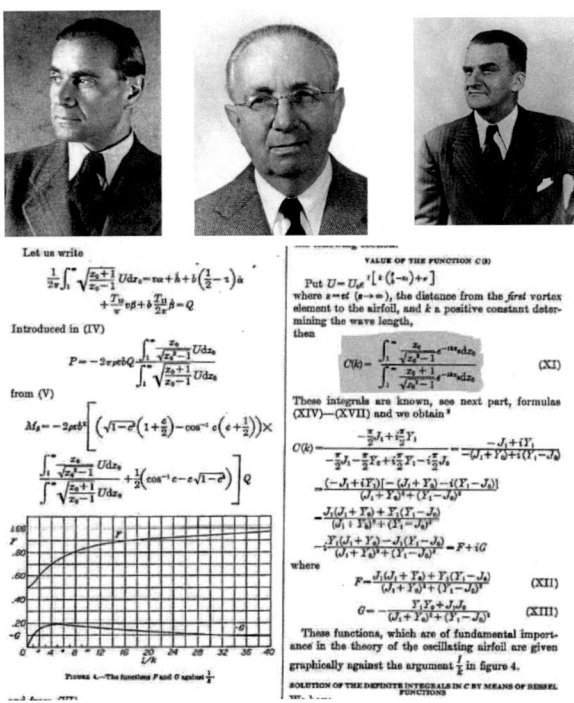

Figura 1.9: Algunos protagonistas del desarrollo de la teoría del flameo y la aerodinámica no-estacionaria. De izquierda a derecha: Herbert Alois Wagner (Graz, Austria, 1900 – Berkley, USA, 1982), Hans Georg Küssner (Bartenstein, Polonia, 1900 – Kassel, Alemania, 1984) y Theodore Theodorsen (Sandefjord, Noruega, 1897 – New York, USA, 1978). Abajo: el artículo de Theodorsen (1935) donde se introdujo por primera vez su conocida función $C(k) = F(k) + iG(k)$ [81]

a altas velocidades, la posibilidad de que los pilotos encontraran inversión del alerón aumentaba. El equipo del Supermarine realizó cambios en el diseño de las alas para encarar este problema y el nuevo diseño del ala y de los sistemas de control (dando lugar al modelo Spitfire Mk 21 y sus sucesores) permitieron que la rigidez aumentara un 47 % y que la velocidad de inversión de mando aumentara hasta los 825 mph (1328 km/h). Otro ejemplo real de diseño limitado por efectividad del control es el bompardero Boeing XB-47. Este avión militar fue diseñado para volar a elevadas altitudes y a altas velocidades en régimen subsónico. La elevada flexibilidad del ala fue una preocupación, incrementando la deformación en punta de ala hasta los 5.3 m. La máxima velocidad se limitó a 787 km/h (IAS) para evitar la inversión del control debido a la torsión del ala inducida por las fuerzas de los alerones.

Supermarine Spitfire (GB, 1936)   Boeing XB-47 (USA, 1947)

Figura 1.10: Dos ejemplos de aeronaves con diseños de alas muy flexibles que dieron lugar a baja efectividad del mando en maniobras de alabeo, con bajas velocidades relativas de inversión de mando. El caza Supermarine Spitfire debido a la gran esbeltez del perfil del ala y el bombardero XB-47 por la gran envergadura.

No fue hasta después de la Segunda Guerra Mundial y ya en la segunda mitad del siglo XX cuando se prestó especial atención a los efectos de la compresibilidad y la tercera dimensión. El desarrollo de los ordenadores permitió la introducción de los métodos numéricos basados en la discretización de las superficies e sustentación en paneles aerodinámicos: (1) en régimen incompresible se desarrolló el método de la malla de torbellinos o *Vortex Lattice Method* (VLM, [48]) y (2) en régimen compresible el método de la malla de dobletes o *Doublet Lattice Methods* (DLM, [79, 80]). Estos métodos aerodinámicos junto con los modelos de elementos finitos y los procedimientos de acoplamiento fluido-estructura (modelo aerodinámico vs modelo estructural), usualmente llamados superficies *splines*, constituyen la base de los procedimientos actuales, dejando atrás en la fase de diseño los procedimientos simplificados basados en un perfil equivalente (2D) o el eje elástico (3D), que en cualquier caso tienen gran valor pedagógico e instructivo para comprender los fenómenos aeroelásticos a nivel académico.

1.3 Objetivo y alcance del libro

Este libro está orientado al apoyo en la docencia de las asignaturas relacionadas con la aeroelasticidad en el Grado en Ingeniería Aeroespacial y en el Máster en Ingeniería Aeronáutica de la Escuela Técnica Superior de Ingeniería Aeroespacial y Diseño Industrial (ETSIADI) de la Universitat Politècnica de València (UPV). Por la profundidad de su contenido, también está dirigido a investigadores, profesionales y estudiantes de posgrado interesados en el análisis teórico de la aeroelasticidad y sus aplicaciones en ingeniería estructural y aeronáutica. El texto es el resultado de recopilar y organizar notas y apuntes facilitados a los estudiantes durante más de diez años.

La aeroelasticidad es un área de la mecánica que estudia la interacción y acoplamiento de fenómenos de distinta naturaleza, entre otros la elasticidad y la aerodinámica. Como en todos los problemas de este tipo, involucra diferentes dominios dentro de un mismo marco de análisis. Desde la primera sesión de la asignatura se subraya su carácter multidisciplinar: conceptos de *aerodinámica*, *resistencia de materiales*, *dinámica del sólido rígido*, *vibraciones* y, por supuesto, *matemáticas* convergen y se entrelazan en las mismas ecuaciones.

El objetivo del libro es explicar de forma rigurosa los fenómenos aeroelásticos más importantes, manteniendo la metodología docente desarrollada en los últimos años. Se adopta una visión unificada de los problemas, derivando las ecuaciones bajo el marco de la mecánica lagrangiana y empleando (a veces de forma intensiva) la notación matricial. Prestamos especial atención a la *divergencia*, la *efectividad de mando*, la *redistribución de la sustentación* debida a la deformación de las alas y el *flameo* por acoplamiento flexión–torsión de perfiles y alas.

Los modelos aerodinámicos son bidimensionales (2D) y se basan en la solución del perfil oscilante de Theodorsen. Los modelos estructurales son (i) discretos con apoyo elástico al suelo (perfiles) y (ii) continuos fundamentados en el concepto de eje elástico (alas). El propósito no es presentar herramientas avanzadas de diseño, sino construir procedimientos y ejemplos que permitan comprender las inestabilidades aeroelásticas (divergencia y *flameo*) y la respuesta del ala deformable (distribución de sustentación y efectividad de mando). En alas finitas se introducen interpolaciones polinómicas de desplazamientos y giros, facilitando al lector la comprensión del funcionamiento de modelos discretos y el uso de métodos energéticos. Se ha cuidado la consistencia de los modelos físicos para que el lector reconozca las ecuaciones de la aeroelasticidad, en sus vertientes estática y dinámica, agrupando mediante notación matricial el conjunto de grados de libertad que gobierna cada problema.

Por razones de extensión, quedan fuera el *flameo* por acoplamiento flexión–torsión con superficies de control y la respuesta no estacionaria frente a ráfagas; estos aspectos se sugieren como desarrollo natural a partir de los fundamentos aquí establecidos.

Grosso modo, el lector podrá afirmar que domina los principios de la aero-elasticidad si, respecto a la ecuación fundamental mostrada en la Fig. 1.2, es capaz de: (1) deducirla; (2) interpretar físicamente cada término; (3) distinguir los diferentes fenómenos aeroelásticos y sus soluciones; y (4) comprender el significado de los modos de vibración asociados.

2

Aeroelasticidad estática de perfiles

2.1 Modelización simplificada del ala mediante el perfil equivalente

Para poder estudiar y comprender mejor el comportamiento de los sistemas, es habitual plantear modelos simples que representan de forma ideal el fenómeno físico y que permiten expresarlo matemáticamente. La aeroelasticidad no es distinta en este sentido y desde sus comienzos, se han realizado modelos que permiten estudiar la interacción entre las diferentes fuerzas que aparecen en el triángulo de Collar.

El ala es el elemento que sirve de punto de partida para el análisis aeroelástico por ser el elemento que recibe la mayor componente de la sustentación y además por ser el más deformable. Además tiene la ventaja de que tanto sustentación como fuerzas elásticas son relativamente sencillas de evaluar y ello permite obtener resultados analíticos que permiten sacar conclusiones relevantes. En la Fig. 2.1 se representa un ala deformada bajo la acción de la sustentación inducida por la velocidad de la corriente U_∞. Antes de hablar de fuerzas y deformaciones estableceremos los criterios de ejes y signos.

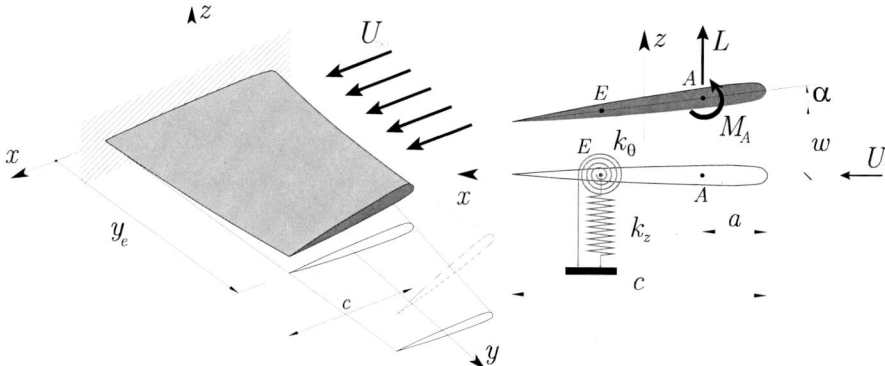

Figura 2.1: Perfil equivalente. Parámetros y dimensiones características.

- El eje z lleva la dirección de la gravedad y sentido contrario (positivo hacia arriba)

- El eje x lleva la dirección y sentido de la velocidad de la corriente inducida U_∞ (sentido contrario al avance del avión)

- Fijados los ejes $\{x, z\}$ la dirección y sentido del eje y viene impuesto. Resulta ser la dirección del ala, tal y como se muestra en la figura.

El ala es una superficie cuyo espesor es mucho más pequeño que la cuerda, por ello los puntos del ala se puede considerar que forman parte del eje x. Como consecuencia de las fuerzas aerodinámicas estos puntos pueden sufrir desplazamientos verticales debidos a la sustentación y desplazamientos horizontales debidos al arrastre. Éstos últimos se desprecian frente a los movimientos verticales por la siguiente razón: La fuerza de arrastre en un ala tiene la expresión

$$D = \frac{1}{2}\rho_\infty U_\infty^2\, C_D \tag{2.1}$$

donde $\frac{1}{2}\rho_\infty U_\infty^2$ es la presión dinámica y C_D el coeficiente de resistencia. En aerodinámica de perfiles el coeficiente de arrastre es mucho menor que el coeficiente de sustentación ($C_D \ll C_L$) de forma que las fuerzas de arrastre no son del orden de los giros de torsión sino del orden de su cuadrado [20]. Además, a igualdad de fuerza, el ala es mucho más rígida en la dirección x que en la z. Por tanto, asumiendo la hipótesis de pequeñas deformaciones (algo que será habitual a lo largo de todo este libro), se pueden despreciar los desplazamientos horizontales y su efecto en los fenómenos aeroelásticos.

El modelo denominado *perfil característico* o *perfil equivalente* se basa en obtener las ecuaciones de comportamiento de un cierta sección del ala, de forma que los resultados se puedan extrapolar como válidos para el ala completa. Esta simplificación permite reducir el comportamiento del ala al de un perfil cuya cinemática es la de un sólido rígido desplazándose en vertical y girando. Estos modelos aeroelásticos han sido muy utilizados durante los años 30 a 40 y en ellos se basaron la mayoría de los análisis de la época [81] cuando los medios computacionales eran muy limitados. La sección que debe ser elegida para el análisis (caracterizada por su coordenada y_e) no es única y su elección depende de la variable que se pretende hacer equivalente entre el modelo completo y el simplificado. En general se busca que las denominadas velocidades críticas (divergencia y flameo) representen dichas variables; es decir, se elige la sección y_e de forma que la velocidad de divergencia (caso estático) obtenida con el modelo del perfil sea igual a la obtenida con el modelo completo del ala. En el caso dinámico, un criterio aceptado es considerar un modelo cuyas frecuencias de vibración coincidan con las del ala completa. En la bibliografía [11, 34] se fija la sección equivalente a una distancia del encastre entre el 70 % y el 80 % de la semienvergadura, intervalo válido tanto para el caso estático como para el dinámico. La experiencia ha demostrado que el modelo simplificado es aplicable a alas de gran alargamiento sin flecha y en las que las características geométricas y mecánicas varían suavemente a lo largo de la envergadura.

El modelo estructural del perfil equivalente se reduce a considerar dos muelles:

- El muelle vertical k_z controla la resistencia elástica del perfil a desplazarse verticalmente. Relaciona la reacción en el perfil con el desplazamiento y su valor depende del tipo de análisis. Así, si las fuerzas sobre el modelo son medidas por unidades de longitud (caso habitual en aeroelasticidad dinámica de perfiles), k_z tiene entonces unidades de presión $[FL^{-2}]$ y su valor es proporcional a EI_x/l^4, siendo EI_x la rigidez seccional del ala a flexión y l la semienvergadura. Si, por otro lado, las fuerzas son totales (caso presente solo en aeroelasticidad estática de perfiles), entonces k_z tiene unidades de fuerza por unidad de longitud $[FL^{-1}]$ y su valor es proporcional a EI_x/l^3. Los coeficientes de proporcionalidad en uno y otro caso dependen de la sección elegida para el análisis.

- El muelle a giro k_θ por su parte controla la resistencia elástica al giro por torsión del ala. Con el mismo razonamiento hecho arriba, este muelle relaciona el momento reacción con el giro. Así, en problemas con momentos por unidad de longitud sus unidades son de fuerza $[F]$ y su valor es proporcional a GJ/l^2, siendo GJ la rigidez seccional a torsión del ala.

En problemas con momentos totales, las unidades son de momento $[FL]$ y su valor proporcional a GJ/l.

Ambos muelles se localizan en un punto especial de la sección denominado *eje elástico*, caracterizado por la siguiente propiedad: se trata del único punto de la sección en el cual aplicada una fuerza vertical el perfil se desplaza verticalmente sin girar. Dicho punto coincide con el centro de esfuerzos cortantes de la sección estructural si el ala es recta y de sección constante. En caso contrario la posición del eje elástico podrá variar de una sección a otra.

En aeroelasticidad estática se asume que las velocidades y aceleraciones del perfil en su deformación son despreciables. Por tanto, el modelo aerodinámico es estacionario y se puede usar la teoría potencial linealizada de perfiles (ver Apéndice B). Las conclusiones más importantes de esta teoría para el análisis de la aeroelasticidad estática son:

1. La fuerza de sustentación en un perfil simétrico sin curvatura tiene la expresión

$$L = \frac{1}{2}\rho_\infty U_\infty^2 \, S_w \, c_L \equiv q_\infty S_w C_{L\alpha}\alpha \tag{2.2}$$

   donde $q_\infty = \rho_\infty U_\infty^2/2$ es la presión dinámica de la corriente de aire, S_w es la superficie del ala, $C_{L\alpha}$ la pendiente de la cuerva de sustentación del perfil y α el ángulo de ataque. En problemas en los que las magnitudes sean por unidad de longitud $S_w = c$, representará la cuerda, es decir, la superficie por unidad de envergadura.

2. El momento de la distribución de presiones sobre el perfil se puede calcular en cualquier punto de éste. Sin embargo, existe un punto característico denominado *centro aerodinámico* en el cual el momento no depende del ángulo da ataque α siendo su expresión

$$M_A = \frac{1}{2}\rho_\infty U_\infty^2 \, c \, S_w \, c_{ma} \equiv q_\infty c \, S_w \, c_{ma} \tag{2.3}$$

   siendo c_{ma} el coeficiente del momento en el centro aerodinámico cuyo valor dependerá de la curvatura del perfil pero no del ángulo da ataque. Si el perfil es simétrico entonces $c_{ma} = 0$

3. Cuando el perfil tiene un alerón las condiciones aerodinámicas cambian, por tanto también lo hacen la fuerza el momento de las Ecs. (2.2) y (A.11)

	Incompresible $M_\infty < 0.3$	Subsónico $0.3 < M_\infty < 0.8$	Supersónico $1.2 < M_\infty < 3$	Hipersónico $M_\infty > 4$
a	$c/4$	$c/4$	$c/2$	$c/2$
$C_{L\alpha}$	2π	$2\pi/\beta$	$4/\beta$	$4/\beta$
β	1	$\sqrt{1 - M_\infty^2}$	$\sqrt{M_\infty^2 - 1}$	M_∞

Tabla 2.1: Localización del centro aerodinámico a, Valor del coeficiente de la curva de sustentación $C_{L\alpha}$ en los diferentes regímenes de vuelo. $M_\infty = U_\infty/a_\infty$ es el número de Mach

cuyas expresiones pasan a ser

$$L = q_\infty S_w \left(C_{L\alpha}\alpha + C_{L\delta}\delta\right) \tag{2.4}$$

$$M_A = q_\infty c\, S_w \left(c_{ma} + C_{M\delta}\delta\right) \tag{2.5}$$

donde los coeficientes adimensionales $C_{L\delta}$ y $C_{L\delta}$ dependen del ratio entre la longitud del alerón y la cuerda total. Para ellos existen expresiones exactas [35, 65] aunque se pueden obtener expresiones aproximadas más manejables usando la teoría de los paneles en el Apéndice B.

4. Los valores de la pendiente de la curva de sustentación así como la situación del centro aerodinámico (mostrados en la Tabla 2.1) varían dependiendo del régimen de vuelo: incompresible ($M_\infty \approx 0$), subsónico ($M_\infty < 1$), supersónico ($M_\infty > 1$) e hipersónico ($M_\infty \gg 1$).

2.2 Divergencia

Un perfil de un ala bajo una corriente incidente de velocidad U_∞ vuela bajo un ángulo de ataque α_r. El perfil puede deformarse a flexión y a torsión con ciertas rigideces k_z y k_θ; en el caso de que estos valores fueran infinitos (estructura rígida), entonces el perfil permanecería en su situación inicial bajo el ángulo α_r, también llamado ángulo de ataque rígido. La respuesta de este sistema mecánico está definida por los valores del desplazamiento vertical w y el giro θ inducidos por la flexibilidad de la estructura.

Fijados los modelos estructural y aerodinámico en el punto anterior, ya se pueden establecer las ecuaciones de equilibrio (en este caso equilibrio estático) para obtener la respuesta del perfil. Existen dos caminos para llegar a las ecuaciones que permiten resolver la respuesta de los grados de libertad de cualquier sistema mecánico: a) el planteamiento clásico del equilibrio de fuerzas y momentos, conocidas universalmente como ecuaciones de Newton y b) el planteamiento energético que da lugar a las ecuaciones de Lagrange. Veamos con detalle cómo alcanzar las mismas ecuaciones siguiendo ambos procedimientos

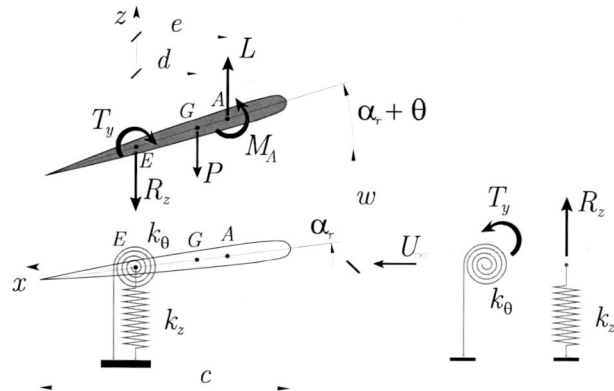

Figura 2.2: Equilibrio de fuerzas en el perfil.

2.2.1 Planteamiento clásico. Ecuaciones de Newton

Las fuerzas en el perfil inducidas por la aerodinámica son la sustentación L y el momento en el centro aerodinámico M_A. Por otro lado R_z y T_y representan las reacciones de los muelles en el perfil. Al tratarse de una estructura en vuelo el peso del ala se ve modificada por la aceleración que pueda llevar la aeronave. Tradicionalmente esto se tiene en cuenta multiplicando el peso en tierra por el coeficiente de carga, representado por N. Se plantean las ecuaciones de equilibrio de fuerzas verticales y momentos alrededor del eje elástico (existiría otra ecuación de equilibrio de fuerzas horizontales en la que intervendría la fuerza de arrastre con otro hipotético muelle horizontal, pero tal y como se ha descrito esta ecuación carece de interés desde un punto de vista aeroelástico). Por tanto, el balance de fuerzas queda

$$\Sigma F_z = 0 \quad \to \quad L - R_z - P = 0 \tag{2.6}$$
$$\Sigma M_E = 0 \quad \to \quad L\,e + M_A - P\,d - T_y = 0 \tag{2.7}$$

El peso localizado en el centro de gravedad del ala se puede expresar como $P = Nmg$, donde m es la masa del ala. Las fuerzas aerodinámicas y elásticas se pueden expresar en en función de los grados de libertad $\{w, \theta\}$ a partir de los modelos aerodinámico y estructural.

$$L = qS_w C_{L\alpha} (\alpha_r + \theta) \quad , \quad M_A = q\,c\,S_w\,c_{ma} \tag{2.8}$$

$$R_z = k_z\,w \quad , \quad T_y = k_\theta\,\theta \tag{2.9}$$

Nótese que la sustentación depende del ángulo de ataque total en el perfil, mientras que momento reacción en el perfil es proporcional a ángulo producido por la deformación elástico θ. Aunque esta reacción no es exactamente un momento torsor se usa la misma notación pues aquella, al igual que éste, tiene una relación lineal con el giro elástico de la sección. Reordenando las ecuaciones se tiene

$$k_z\,w - qS_w C_{L\alpha}\theta = qS_w C_{L\alpha}\alpha_r - Nmg \tag{2.10}$$

$$k_\theta\,\theta - qeS_w C_{L\alpha}\theta = q\,c\,S_w\,c_{ma} + qeS_w C_{L\alpha}\alpha_r - Nmgd \tag{2.11}$$

La Ec. (2.11) permite obtener directamente el giro de torsión del sistema pues el desplazamiento vertical únicamente aparece en la Ec. (2.10). Así se tiene

$$\theta = \frac{q\,c\,S_w\,c_{ma} + q\,e\,S_w\,C_{L\alpha}\alpha_r - Nmgd}{k_\theta - q\,e\,S_w C_{L\alpha}} \tag{2.12}$$

Para interpretar este resultado, la respuesta en torsión θ de la ecuación anterior debe leerse como una función de la velocidad de vuelo, U_∞ a través de la presión dinámica $q = \rho_\infty U_\infty^2/2$. Asumiendo que nos encontramos en una determinada maniobra con N constante y que $e > 0$, la expresión anterior representa un crecimiento del ángulo de ataque elástico con la velocidad de vuelo a partir de $q = 0$, tal y como se puede comprobar de forma inmediata estudiando el crecimiento de la función dada por la Ec. (2.12). Este comportamiento se puede intuir físicamente observando la Fig. 2.2: El ángulo inicial $\alpha_r > 0$ produce una sustentación positiva que multiplicada por su brazo $e > 0$ aumenta el momento sobre el ala, el cual aumentará a su vez el ángulo de ataque de forma inversamente proporcional a la rigidez k_θ hasta alcanzar el equilibrio. Un nuevo aumento de la velocidad volverá a aumetar el ángulo de ataque de la estructura. Sin embargo, este comportamiento no es lineal con la variable q siendo el aumento cada vez más rápido a medida que la presión dinámica se acerca al valor que anula el denominador, instante en el cual la respuesta se hace infinita. En esta situación, matemáticamente se dice que la respuesta no está acotada y como consecuencia de las condiciones aerodinámicas y de rigidez es imposible alcanzar un estado de equilibrio con respuesta finita. Entonces se dice que la estructura *diverge* y la presión q_D para la cual la respuesta es infinita se denomina *presión dinámica de divergencia*. La velocidad asociada a ella, $U_D = \sqrt{2q_D/\rho_\infty}$ es la *velocidad de divergencia*. En este problema la presión dinámica de divergencia se puede obtener de forma sencilla resolviendo la ecuación

$$k_\theta - q_D \, e \, S_w C_{L\alpha} = 0 \quad \rightarrow \quad q_D = \frac{k_\theta}{e S_w C_{L\alpha}} \tag{2.13}$$

De la expresión anterior se pueden sacar algunas conclusiones preliminares

1. La velocidad de divergencia depende de la rigidez a torsión k_θ pero no de la rigidez a flexión, k_z. Por esta razón a la divergencia se le acompaña en ocasiones del término *torsional* para enfatizar que este mecanismo de rigidez el que la controla. Esto es generalizable a cualquier ala de sección constante o variable siempre que no exista acoplamiento flexión-torsión en el comportamiento estructural, lo cual excluye a las alas en flecha.

2. La velocidad de divergencia aumenta con la rigidez a torsión del ala. Así, estructuras más rígidas son más estables frente al fenómeno de la divergencia.

3. La velocidad de divergencia existe siempre que el centro aerodinámico por delante del eje elástico ($e > 0$). En caso contrario (centro aerodinámico por detrás del eje elástico, $e \leq 0$) la estructura no diverge y se dice que es estáticamente estable, pues en tal caso el denominador de la Ec. (2.12) es siempre positivo.

4. La Ec. (2.13) en general tiene implícita la velocidad de divergencia en el término de la derecha pues tanto e como $C_{L\alpha}$ son funciones de la velocidad (ver Tabla 2.1). Únicamente en régimen incompresible dicha expresión daría directamente el valor de q_D.

Reordenando la Ec. (2.12) en función de q_D y particularizándola para un perfil simétrico ($c_{ma} = 0$) se tiene

$$\left(1 - \frac{q}{q_D}\right)\theta = \frac{q}{q_D}\alpha_r - \frac{Nmgd}{k_\theta} \equiv \frac{q}{q_D}\alpha_r + \alpha_g \tag{2.14}$$

Aquí, el término $\alpha_g = -Nmgd/k_\theta$ es el giro de la sección producido por el efecto del peso del ala. Estableciendo este valor como origen de ángulos y definiendo $\Delta\theta = \theta - \alpha_g$ se tiene

$$\Delta\theta = \frac{q/q_D}{1 - q/q_D}\left(\alpha_r + \alpha_g\right) \equiv \frac{q/q_D}{1 - q/q_D}\alpha_0 \tag{2.15}$$

donde hemos llamado $\alpha_0 = \alpha_r + \alpha_g$. Esta expresión se ha representado en la Fig. 2.3 donde se observa claramente el crecimiento del ángulo de ataque a medida que la presión dinámica de vuelo se acerca a la de divergencia, punto en el no es posible encontrar el equilibrio.

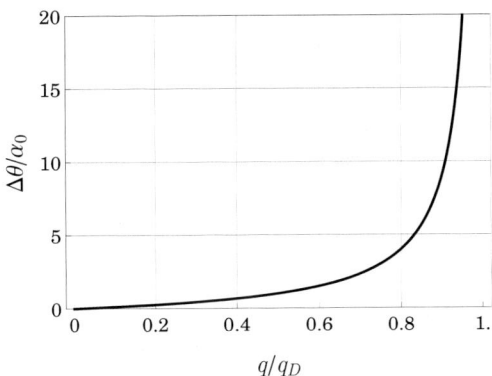

Figura 2.3: Evolución del ángulo elástico $\Delta\theta$ con la presión dinámica q ($c_{ma} - 0$, $\alpha_0 = \alpha_r + \alpha_g$)

2.2.2 Planteamiento energético. Ecuaciones de Lagrange

El objetivo ahora es llegar a las mismas ecuaciones (2.10) y (2.11) pero enfocando el problema desde un punto de vista puramente energético. En el Apéndice A se ha introducido la forma general de las ecuaciones de Lagrange para un problema dinámico. En este capítulo el análisis está centrado en problemas estáticos en los que por su naturaleza no afectan ni las velocidades ni las aceleraciones de los grados de libertad. Cualquier problema de mecánica lagrangiana requiere definir los grados de libertad del sistema. En el presente problema estos son el desplazamiento vertical del perfil w y el ángulo elástico θ. Llamando $\mathcal{U}$ a la energía de deformación interna del sistema entonces las ecuaciones que permiten obtener los grados de libertad son

$$\frac{\partial \mathcal{U}}{\partial w} = \mathcal{Q}_w \; , \quad \frac{\partial \mathcal{U}}{\partial \theta} = \mathcal{Q}_\theta \tag{2.16}$$

donde $\mathcal{Q}_w$ y $\mathcal{Q}_\theta$ son las denominadas fuerzas generalizadas asociadas a los grados de libertad. Estos valores se definen como las componentes del trabajo realizado por las fuerzas exteriores cuando los grados de libertad sufren una variación virtual δw y $\delta \theta$ respectivamente.

La energía de deformación interna es la acumulada en las partes flexibles del sistema (muelles) en su deformación, su valor es siempre positivo cuando se trata de muelles lineales. En el caso del perfil se tiene

$$\mathcal{U} = \frac{1}{2}k_z w^2 + \frac{1}{2}k_\theta \theta^2 \tag{2.17}$$

El trabajo de las fuerzas exteriores se mide sobre los desplazamientos de los puntos de aplicación cuando los grados de libertad sufren una variación virtual. Los puntos de aplicación de las fuerzas se calculan con el sistema deformado y es en esta situación en la que se *perturban* los grados de libertad. Así, las fuerzas exteriores al sistema (ver Fig. 2.2) son la sustentación L y el momento aerodinámico M_A, localizados en el centro aerodinámico A, y el peso P localizado en el centro de gravedad.

$$\delta \mathcal{W} = L\,\delta z_A + M_A \delta \theta_A - P\,\delta z_G \tag{2.18}$$

Fijando los ejes de referencia en el centro elástico (podrían localizarse en cualquier punto), se pueden calcular la posición y el giro de los puntos de aplicación de las fuerzas exteriores cuando el sistema se encuentra en un estado definido por $\{w, \theta\}$

$$
\begin{aligned}
z_A &= w + e(\alpha_r + \theta) \\
\theta_A &= \alpha_r + \theta \\
z_G &= w + d(\alpha_r + \theta)
\end{aligned} \tag{2.19}
$$

Aplicando una variación virtual a los grados de libertad $w \rightarrow w + \delta w$, $\theta \rightarrow \theta + \delta\theta$, la variación de las coordenadas dadas por la Ec. (2.19) es

$$
\begin{aligned}
\delta z_A &= \delta w + e\delta\theta \\
\delta \theta_A &= \delta\theta \\
\delta z_G &= \delta w + d\delta\theta
\end{aligned} \tag{2.20}
$$

Introduciendo en la Ec. (2.18) estos valores junto con las expresiones de L y M_A, definidas en la Ec. (2.8)

$$\delta \mathcal{W} = qS_w C_{L\alpha}\left(\alpha_r + \theta\right)\left(\delta w + e\,\delta\theta\right) + qcS_w c_{ma}\delta\theta - Nmg\left(\delta w + d\,\delta\theta\right) \tag{2.21}$$

Reordenando y agrupando en δw y $\delta\theta$

$$
\begin{aligned}
\delta \mathcal{W} &= \left[qS_w C_{L\alpha}\left(\alpha_r + \theta\right) - Nmg\right]\delta w \\
&+ \left[qeS_w C_{L\alpha}\left(\alpha_r + \theta\right) + qcS_w c_{ma} - Nmgd\right]\delta\theta \\
&\equiv Q_w \delta w + Q_\theta \delta\theta
\end{aligned} \tag{2.22}
$$

donde los términos que multiplican la variación virtual del desplazamiento δw constituyen la fuerza generalizada asociada a w, mientras los términos que multiplican la variación virtual del giro $\delta\theta$ constituyen la fuerza generalizada asociada a θ.

$$
\begin{aligned}
Q_w &= qS_wC_{L\alpha}\left(\alpha_r+\theta\right)-Nmg \\
Q_\theta &= qeS_wC_{L\alpha}\left(\alpha_r+\theta\right)+qcS_wc_{ma}-Nmgd
\end{aligned} \tag{2.23}
$$

Las ecuaciones del movimiento quedan entonces

$$
\frac{\partial \mathcal{U}}{\partial w} = \mathcal{Q}_w \quad \rightarrow \quad k_w\,w = qS_wC_{L\alpha}\left(\alpha_r+\theta\right)-Nmg \tag{2.24}
$$

$$
\frac{\partial \mathcal{U}}{\partial \theta} = \mathcal{Q}_\theta \quad \rightarrow \quad k_\theta\,\theta = qeS_wC_{L\alpha}\left(\alpha_r+\theta\right)+qcS_wc_{ma}-Nmgd \tag{2.25}
$$

Las ecuaciones anteriores obviamente coinciden con las Ecs. (2.10) y (2.11) obtenidas mediante el método clásico. Aunque no es objetivo del presente texto hacer campaña a favor del método energético, sí se dan las razones por las cuales su uso se generaliza en casi todos los problemas planteados. En primer lugar, se comprobará que es especialmente recomendable para la resolución de los problemas dinámicos debido a la complejidad para establecer el equilibrio dinámico de fuerzas, especialmente cuando intervienen sistemas continuos. En este sentido, se ha optado por su introducción ya en las etapas tempranas del análisis aeroelástico, asociadas a los problemas estáticos. En segundo lugar, las ecuaciones de Lagrange se pueden organizar de forma matricial lo que permite estandarizar el procedimiento para su obtención.

2.2.3 *Generalización del problema de la divergencia*

El objetivo ahora es presentar la forma general del problema aeroelástico estático a partir de los resultados ya obtenidos en el ejemplo del perfil y describir matemáticamente la divergencia como la solución de un problema de autovalores.

Volviendo a las Ecs. (2.24) y (2.25) obtenidas por cualquiera de los dos métodos descritos, éstas se pueden expresar de forma matricial de la siguiente forma

$$
\begin{bmatrix} k_z & 0 \\ 0 & k_\theta \end{bmatrix}\begin{Bmatrix} w \\ \theta \end{Bmatrix} - q\begin{bmatrix} 0 & S_wC_{L\alpha} \\ 0 & e\,S_wC_{L\alpha} \end{bmatrix}\begin{Bmatrix} w \\ \theta \end{Bmatrix} =
$$
$$
qS_wC_{L\alpha}\alpha_r\begin{Bmatrix} 1 \\ e \end{Bmatrix} + qS_wc_{ma}\begin{Bmatrix} 0 \\ c \end{Bmatrix} + Nmg\begin{Bmatrix} -1 \\ -d \end{Bmatrix} \tag{2.26}
$$

Introduciendo ahora la notación matricial para las matrices y vectores anteriores

$$\mathbf{K} = \begin{bmatrix} k_z & 0 \\ 0 & k_\theta \end{bmatrix} \ , \ \mathbf{A} = \begin{bmatrix} 0 & S_w C_{L\alpha} \\ 0 & e S_w C_{L\alpha} \end{bmatrix} \ , \ \mathbf{u} = \left\{ \begin{array}{c} w \\ \theta \end{array} \right\} \tag{2.27}$$

$$\mathbf{f}_r = q S_w C_{L\alpha} \alpha_r \left\{ \begin{array}{c} 1 \\ e \end{array} \right\} \ , \ \mathbf{f}_m = q S_w c_{ma} \left\{ \begin{array}{c} 0 \\ c \end{array} \right\} \ , \ \mathbf{f}_g = N m g \left\{ \begin{array}{c} -1 \\ -d \end{array} \right\} \tag{2.28}$$

el sistema de ecuaciones que permite extraer la respuesta del sistema se puede expresar de forma compacta como

$$(\mathbf{K} - q\,\mathbf{A})\,\mathbf{u} = \mathbf{f} \tag{2.29}$$

donde $\mathbf{f} = \mathbf{f}_r + \mathbf{f}_m + \mathbf{f}_g$ denota el término independiente con las fuerzas exteriores al sistema que no dependen de los grados de libertad aunque sí de la presión dinámica. La Ec. (2.29) representa la forma más general en la que se pueden presentar las ecuaciones de la aeroelasticidad estática. La matriz $\mathbf{K}$ es la matriz de rigidez de la estructura que en general será semidefinida positiva (todos los autovalores son mayores o iguales que cero), esto significa que puede ser singular, caso en el cual el sistema tendría modos de mecanismo. La matriz $\mathbf{A}$ (o más estrictamente $q\mathbf{A}$) es la denominada matriz de coeficientes de influencia aerodinámicos [88]. El efecto de esta matriz (proporcional a la velocidad de vuelo) es la reducción efectiva de la rigidez del sistema de forma que los grados de libertad del sistema responden realmente de acuerdo a una rigidez reducida (o efectiva) definida por $\mathbf{K}_{\mathrm{ef}}(q) = \mathbf{K} - q\,\mathbf{A}$.

Los grados de libertad definidos en el vector $\mathbf{u}$ se pueden obtener resolviendo el sistema de ecuaciones (2.29) siempre que el determinante de la matriz de los coeficientes no se anule, en cuyo caso se tiene

$$\mathbf{u} = (\mathbf{K} - q\,\mathbf{A})^{-1}\,\mathbf{f} \tag{2.30}$$

En las soluciones anteriores, la matriz inversa es inversamente proporcinal al determinante $\det(\mathbf{K} - q\,\mathbf{A})$ y por tanto existen una serie de valores de la presión dinámica q (tantos como el tamaño de las matrices) que lo anulan y para los cuales la respuesta se hace infinita. En términos matemáticos, se trata de los autovalores del problema generalizado

$$(\mathbf{K} - q\,\mathbf{A})\,\mathbf{u} = \mathbf{0} \tag{2.31}$$

y junto con sus autovectores asociados representan los modos de inestabilidad por divergencia (o simplemente *modos de divergencia*) del sistema. Entre todos ellos, el valor más pequeño es la presión dinámica de divergencia del sistema.

Los modos superiores definen estados teóricos de inestabilidad inalcanzables desde un punto de vista físico.

Es muy interesante la analogía entre los problema de inestabilidad por divergencia en estructuras aeronáuticas y los problemas de inestabilidad por pandeo en estructuras comprimidas. En las estructuras esbeltas sometidas a compresión (ya sean 1D-vigas, 2D-placas o 3D-láminas) las ecuaciones de equilibrio se caracterizan por plantearse en la estructura deformada, algo que también ocurre en el análisis aeroelástico estático. Agrupando los grados de libertad en un vector $\mathbf{u}$ (normalmente desplazamientos y giros en los nodos), además de la matriz de rigidez de la estructura $\mathbf{K}$, existe otra matriz $\mathbf{K}_G$ denominada matriz de rigidez geométrica, que no depende de las características mecánicas, sino solo de la geometría de la estructura y que, de alguna forma, reduce la rigidez real del sistema. Así, llamando P a una fuerza exterior que induce un estado de compresión en los diferentes elementos de la estructura, la respuesta viene gobernada por las ecuaciones

$$(\mathbf{K} - P\,\mathbf{K}_G)\,\mathbf{u} = \mathbf{f} \tag{2.32}$$

donde y $\mathbf{f}$ representa el vector de fuerzas independientes de los grados de libertad. Observando las Ecs. (2.32) y (2.29) se puede establecer una analogía entre los modos de divergencia y modos de pandeo pues ambos conceptos corresponden a la solución de un problema de autovalores y además ambos son también solución a un problema de inestabilidad, aunque de naturaleza diferente. Recordemos que un modo de pandeo está caracterizado por una carga crítica (autovalor) y por una forma característica o modo con el la estructura sufre la inestabilidad asociada (autovector). Por tanto, el lector que encuentre cierta dificultad en interpretar físicamente el concepto de modo de divergencia puede apoyarse en las —seguro ya conocidas— formas o modos de pandeo de una estructura.

Para finalizar este punto dedicado a la divergencia, se obtendrán los 2 modos de divergencia del ejemplo gobernado por las Ecs. (2.26). Así, la ecuación característica es

$$\det(\mathbf{K} - q\mathbf{A}) = k_z(k_\theta - qeS_wC_{L\alpha}) = 0 \tag{2.33}$$

De esta ecuación se obtiene la solución $q_D = k_\theta/eS_wC_{L\alpha}$ ya deducida en la Ec. (2.13). Pero existe una aparente contradicción pues la Ec. (2.33) aporta una sola solución y, por tanto, un solo modo cuando teóricamente deberían existir tantos modos como grados de libertad, es decir, dos. Veamos que efectivamente sí existe otro modo pero matemáticamente algo singular. Es obvio que $q = 0$ no es autovalor, luego podemos definir $\sigma = 1/q$ y sacar factor común la presión de divergencia de la ecuación (2.31) resultando

$$\left(\frac{1}{q}\mathbf{K} - \mathbf{A} \right)\mathbf{u} = (\sigma\mathbf{K} - \mathbf{A})\mathbf{u} = \mathbf{0} \tag{2.34}$$

El determinante correspondiente, ahora en σ, queda

$$\det(\sigma\mathbf{K} - \mathbf{A}) = \sigma k_z(\sigma k_\theta - eS_w C_{L\alpha}) = 0 \tag{2.35}$$

Esta sí es una ecuación de segundo grado cuyas raíces son $\sigma_1 = eS_w C_{L\alpha}/k_\theta = 1/q_D$ y $\sigma_2 = 0$. La primera es la inversa de la presión de divergencia y la segunda se corresponde con un modo cuya presión de divergencia es $q_2 = \infty$. La explicación física a este valor se encuentra en el modo asociado. En efecto, haciendo $\sigma = 0$ en la matriz de coeficientes queda

$$\begin{bmatrix} 0 & S_w C_{L\alpha} \\ 0 & eS_w C_{L\alpha} \end{bmatrix} \left\{ \begin{array}{c} w \\ \theta \end{array} \right\} = \left\{ \begin{array}{c} 0 \\ 0 \end{array} \right\} \tag{2.36}$$

de donde se obtiene que el modo asociado a $q_2 = \infty$ es $\mathbf{u}_2 = \{w, \theta\}^T = \{1, 0\}^T$, es decir una traslación vertical del perfil sin girar; en términos mecánicos es el denominado modo de flexión. La interpretación es la siguiente: en estructuras con comportamiento flexión-torsión pero sin acoplamiento entre ambos mecanismos, existirá un determinado número de modos de divergencia (con presión infinita) asociados a la deformación por flexión de la estructura. El hecho de que éstos sean infinitos se interpreta como una cota inalcanzable de forma que la estructura nunca divergerá por flexión. Los valores finitos de las presiones de divergencia estarán únicamente asociados a modos de deformación por torsión.

Veamos en el siguiente punto una interpretación física del fenómeno de la efectividad de mando y la velocidad de inversión de mando. Este efecto aeroelástico explica físicamente por qué los controles y el mando del avión no funcionan igual cuando la estructura es considerada flexible en lugar de rígida.

2.3 Efectividad de mando

La inversión de mando en aeronaves es un fenómeno aeroelástico no catastrófico, es decir no supone la inestabilidad estructural, sin embargo es importante desde el punto del diseño pues su aparición supone pérdida del control del avión debido a una respuesta no esperada por el piloto. En este punto se estudiará el problema simplificado aplicado a perfiles que permite comprender e interpretar el fenómeno de la efectividad de mando y obtener la velocidad de

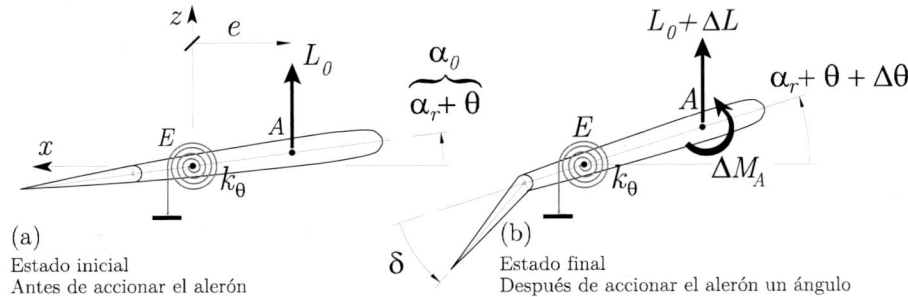

Figura 2.4: Equilibrio de fuerzas en el perfil.

inversión de mando. La realidad física es más compleja y para el diseño deberá tenerse llevarse a cabo un estudio tridimensional del conjunto ala-avión.

Consideremos el perfil simétrico de la Fig. 2.4a en una situación inicial de vuelo, caracterizada por un ángulo de ataque de equilibrio $\alpha_0 = \alpha_r + \theta$ formado por un ángulo rígido α_r más la componente elástica θ estudiada en el punto anterior. En esta situación inicial el ángulo de equilibrio es

$$\alpha_0 = \alpha_r + \theta = \frac{\alpha_r}{1 - q/q_D} \tag{2.37}$$

A la velocidad de vuelo dada por la presión dinámica q el piloto decide hacer una maniobra y accionar el alerón un ángulo $\delta > 0$. Este *input* en el sistema va a cambiar las condiciones de equilibrio pues el alerón afecta a las fuerzas aerodinámicas. Las nuevas fuerzas aerodinámicas serán las iniciales ($L_0 \neq 0$, $M_0 = 0$) más unos términos adicionales debidos al incremento de ángulo de ataque $\Delta\theta$ (aunque se usa la misma notación, no confundir con el ángulo que aparece en el apartado de divergencia) y a la deflexión δ (Fig. 2.4b).

$$\begin{aligned}
\Delta L &= qS_wC_{L\alpha}\Delta\theta + qS_wC_{L\delta}\delta \equiv \Delta L_e + \Delta L_r \\
\Delta M_A &= qcS_wC_{M\delta}\delta
\end{aligned} \tag{2.38}$$

El término $\Delta L_e = qS_wC_{L\alpha}\Delta\theta$ es la parte del incremento de sustentación debida la deformación elástica del ala. Por otro lado, el término $\Delta L_r = qS_wC_{L\delta}\delta$ es el incremento de sustentación que se esperaría si el ala fuera infinitamente rígida. Planteando el equilibrio de momentos alrededor del eje elástico, se puede obtener $\Delta\theta$ en función de δ y por tanto cuantificar ΔL en función solo de δ. en efecto

$$e(L_0 + \Delta L) + \Delta M_A = k_\theta(\theta + \Delta\theta) \tag{2.39}$$

Pero del equilibrio inicial (antes de accionar el alerón) se verifica que $L_0\, e = k_\theta \theta$ por lo que, sustituyendo en la Ec. (2.39) los valores de la Ec. (2.38) se tiene

$$(k_\theta - qeS_wC_{L\alpha})\,\Delta\theta = qS_w\left(eC_{L\delta} + cC_{M\delta}\right)\delta \tag{2.40}$$

Despejando $\Delta\theta$ y simplificando

$$\frac{\Delta\theta}{\delta} = \frac{q/q_D}{1 - q/q_D}\left(\frac{C_{L\delta} + \frac{c}{e}C_{M\delta}}{C_{L\alpha}}\right) \tag{2.41}$$

El problema se reduce a estudiar en función de los datos del problema el valor de la sustentación real ΔL que se producirá en el ala respecto a la que tendría si la estructura rígida ΔL_r, es decir la que esperaría el piloto al accionar el mando. A esta relación se le conoce como *efectividad del mando* y se suele representar por E. Así, operando con los resultados ya obtenidos en las Ecs. (2.38) y (2.41) la efectividad del mando tiene la expresión

$$\begin{aligned}
E(q) &= \frac{\Delta L}{\Delta L_r} = \frac{\Delta L_e + \Delta L_r}{\Delta L_r} = 1 + \frac{\Delta L_e}{\Delta L_r} \\
&= 1 + \frac{C_{L\alpha}}{C_{L\delta}}\frac{\Delta\theta}{\delta} = 1 + \frac{C_{L\alpha}}{C_{L\delta}}\frac{q/q_D}{1 - q/q_D}\left(\frac{C_{L\delta} + \frac{c}{e}C_{M\delta}}{C_{L\alpha}}\right) \\
&= \frac{1}{1 - q/q_D}\left(1 + \frac{q}{q_D}\frac{c}{e}\frac{C_{M\delta}}{C_{L\delta}}\right)
\end{aligned} \tag{2.42}$$

Dado un ala, de la que son conocidas sus características geométricas, aerodinámicas y mecánicas, la efectividad del mando representa para cada velocidad la proporción de la sustentación rígida que realmente se va a conseguir en una maniobra. Así, por ejemplo si para una presión dinámica $q < q_D$, se tiene que $E(q) = 0.8$, entonces la sustentación real en el ala será $\Delta L = 0.8\Delta L_r$. Para diseños habituales se tiene que $E < 1$ lo que se interpreta como una pérdida en la eficacia del mando *por culpa* de la flexibilidad de la estructura. El origen de este fenómeno está en que el coeficiente del momento aerodinámico es negativo $C_{M\delta} < 0$ y por tanto el incremento de momento ΔM_A tiene en realidad sentido contrario al mostrado en la Fig. 2.4 y va a tender a reducir el ángulo de ataque. Más aún, si la velocidad es lo suficientemente alta la efectividad de mando puede hacerse nula o incluso negativa. En el primer caso ($E = 0$) el efecto real es el accionamiento del mando no induce ninguna maniobra pues la sustentación se mantiene igual ($\Delta L = 0$). En el segundo caso ($E < 0$) el efecto es más perjudicial pues se produce un incremento de sustentación contraria a lo esperado ($\Delta L < 0$): el piloto acciona los alerones para realizar una determinada maniobra, por ejemplo un giro a derechas, y lo que observa es que el avión lejos de obedecer, gira hacia la izquierda. La velocidad de vuelo (en términos de la presión dinámica) para la cual el incremento de sustentación es nulo marca el límite superior en la eficiencia en la maniobrabilidad, se denomina *velocidad o presión dinámica de inversión de mando* y se representa por U_R la primera y q_R la segunda. La notación R viene del inglés *reversal*. Su obtención se realiza resolviendo la ecuación $E(q_R) = 0$; así en el caso estudiado se tiene

$$E(q_R) = \frac{1 + \dfrac{q_R}{q_D}\dfrac{c}{e}\dfrac{C_{M\delta}}{C_{L\delta}}}{1 - q_R/q_D} = 0 \;\rightarrow\; q_R = \left(\frac{e}{c}\right)\left(-\frac{C_{L\delta}}{C_{M\delta}}\right)q_D \tag{2.43}$$

La velocidad de inversión de mando puede ser inferior, igual o superior a la velocidad de divergencia. Son las características del alerón (a través de los coeficientes $C_{L\delta}$ y $C_{M\delta}$) junto con las del ala (a través de e) lo que marca esta relación. En general, en el diseño de alas se busca que U_R está entre el 80 % y el 90 % de la velocidad de divergencia U_D.

Usando la expresión de la Ec. (2.43) tanto la efectivdad del mando como el incremento del ángulo elástico se pueden expresar de forma compacta en función de la presión dinámica de vuelo q, la presión de divergencia q_D y la de inversión de mando q_R como

$$\frac{\Delta\theta}{\delta} = -\frac{q/q_R}{1 - q/q_D}\left(1 - \frac{q_R}{q_D}\right)\left(\frac{C_{L\delta}}{C_{L\alpha}}\right) \tag{2.44}$$

$$E(q) = \frac{1 - q/q_R}{1 - q/q_D} \tag{2.45}$$

En la Fig. 2.5 se ha representado la efectividad de mando para diferentes valores del parámetro q_R/q_D. Se observa que mientras que $q_R < q_D$ la efectividad de mando es menor que la unidad, pasando a ser negativa a partir de la inversión de mando. Cuanto más se acerca q_R/q_D a la unidad mejor es la efectividad del mando. Es interesante el caso $q_R = q_D$ para el cual la efectividad de mando se mantiene siempre igual a la unidad, pero cae bruscamente cuando se alcanza la velocidad de divergencia.

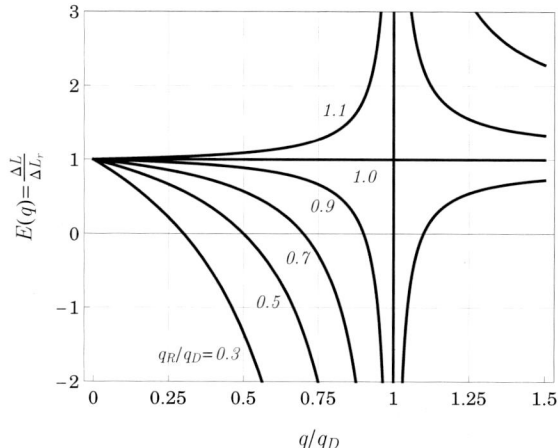

Figura 2.5: Efectividad de mando en función de la presión dinámica, para diferentes valores de la relación q_R/q_D

2.4 Ejemplo

Se considera el perfil de un ala simétrica de cuerda c mostrado en la Fig. 2.6. La unión con el fuselaje se representa mediante dos muelles colocados en los puntos A y B de rigidez $k_A = 3k$ y $k_B = k$, valores que simbolizan la rigidez a flexión de las vigas anterior y posterior que forman la estructura interna del ala. Además, el sistema de mando no es rígido y se asume que tiene una rigidez k_φ, cuyo valor está relacionado con la rigidez del ala a través de un parámetro r, de forma que $k_\varphi = rkc^2$. El perfil se encuentra inicialmente en posición horizontal respecto al flujo y en ese instante se activa el mando un ángulo (impuesto) γ, con el criterio positivo para este último tal y como se indica en la Fig. 2.6. Las fuerzas aerodinámicas se calculan con ayuda del método de los paneles (ver Apéndice B). Se pide

1. Definición de los grados de libertad.

2. Obtención de la respuesta en función del giro en el alerón.

3. Obtención la presión dinámica de divergencia y los modos de divergencia. Discutir los resultados en función del parámetro r (tomar $f = 1/5$).

4. Obtención de la efectividad de mando y presión dinámica de inversión de mando en función de f y r

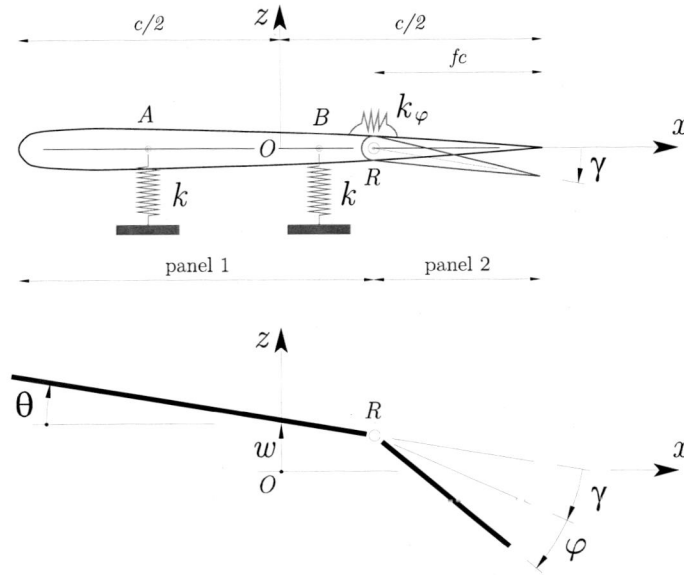

Figura 2.6: Ejemplo: definición geométrica y grados de libertad

5. Diseñar el alerón (obtener f) para que la presión de inversión de mando sea la mitad de la de divergencia, asumiendo que $r \gg 1$

2.4.1 Definición de los grados de libertad

Los grados de libertad son el conjunto de variables independientes a partir de las cuales se puede obtener el movimiento de todos los puntos del sistema. Teniendo en cuenta que el ala puede moverse formando dos planos diferentes y que no está fija a ningún punto nos encontramos que el sistema tiene 3 gdl. Se definen los siguientes grados de libertad (ver Fig. 2.6 para sus criterios positivos)

w/c: desplazamiento vertical (adimensional), en el origen de coordenadas O.

θ: giro del perfil respecto al punto O

φ: giro relativo entre el alerón y el perfil

39

Los tres grados de libertad se agrupan en un vector adimensional $\mathbf{u} = \{w/c, \theta, \varphi\}^T$. Es importante distinguir entre γ y φ. El primero es, a efectos mecánicos, un desplazamiento impuesto y por tanto conocido. El segundo es una consecuencia, es decir, la introducción de γ modifica las fuerzas aerodinámicas en perfil y alerón y, por ello éste último tiende a girar sobre R, produciendo un giro adicional φ. Su valor sería nulo si la rigidez $k_\varphi \to \infty$.

2.4.2 Obtención de la respuesta

La respuesta del sistema queda definida por el valor de los grados de libertad definidos en $\mathbf{u}$. El problema se resolverá usando las ecuaciones de Lagrange y por tanto los pasos serán los siguientes: (i) Obtención de la energía de deformación del sistema, (ii) Obtención de las fuerzas aerodinámicas en función de los gdl, (iii) Cálculo de las fuerzas generalizadas.

(i) Energía de deformación

La energía de deformación $\mathcal{U}$ de una estructura es la energía potencial acumulada en los muelles y en las partes deformables del sistema. Así se tiene que

$$\mathcal{U} = \frac{1}{2}k_A z_A^2 + \frac{1}{2}k_B z_B^2 + \frac{1}{2}k_\varphi \varphi^2 \tag{2.46}$$

La deformación en los muelles $\{z_A, z_B, \varphi\}$ debe expresarse en función de los grados de libertad. En general, en los problemas lineales, la coordenada $z(x)$ de cualquier punto del sistema perfil-alerón son combinación lineal de los grados de libertad. El objetivo es expresar las coordenadas de forma matricial, como el prooducto de un vector fila por un vector columna con los gdl. Así, se puede escribir

$$
\begin{aligned}
z_A &= w - \theta x_A = \{c, -x_A, 0\} \left\{ \begin{array}{c} w/c \\ \theta \\ \varphi \end{array} \right\} \equiv \mathbf{d}_A^T \mathbf{u} \\[2mm]
z_B &= w - \theta x_B = \{c, -x_B, 0\} \left\{ \begin{array}{c} w/c \\ \theta \\ \varphi \end{array} \right\} \equiv \mathbf{d}_B^T \mathbf{u} \\[2mm]
\varphi &= \{0, 0, 1\} \left\{ \begin{array}{c} w/c \\ \theta \\ \varphi \end{array} \right\} \equiv \mathbf{d}_\varphi^T \mathbf{u}
\end{aligned} \tag{2.47}
$$

Este planteamiento va a permitir obtener la matriz de rigidez del sistema a partir de un producto matricial. Para ello los cuadrados de la Ec. (2.46) — z_A^2, z_B^2, φ^2— deben ser interpretados como productos escalares

$$
\begin{aligned}
z_A^2 = z_A^T \, z_A &= \mathbf{u}^T \, \mathbf{d}_A \mathbf{d}_A^T \, \mathbf{u} \\
z_B^2 = z_B^T \, z_B &= \mathbf{u}^T \, \mathbf{d}_B \mathbf{d}_B^T \, \mathbf{u} \\
\varphi^2 = \varphi^T \, \varphi &= \mathbf{u}^T \, \mathbf{d}_\varphi \mathbf{d}_\varphi^T \, \mathbf{u}
\end{aligned}
\tag{2.48}
$$

Introduciendo ahora los resultados de la ecuación anterior en la expresión de la energía de deformación, Ec. (2.46)

$$
\begin{aligned}
\mathcal{U} &= \frac{1}{2}k_A z_A^2 + \frac{1}{2}k_B z_B^2 + \frac{1}{2}k_\varphi \varphi^2 \\
&= \frac{1}{2}\left(\mathbf{u}^T \, k_A \, \mathbf{d}_A \mathbf{d}_A^T \, \mathbf{u} + \mathbf{u}^T \, k_B \, \mathbf{d}_B \mathbf{d}_B^T \, \mathbf{u} + \mathbf{u}^T \, k_\varphi \, \mathbf{d}_\varphi \mathbf{d}_\varphi^T \, \mathbf{u}\right) \\
&= \frac{1}{2}\mathbf{u}^T \left(k_A \, \mathbf{d}_A \mathbf{d}_A^T + k_B \, \mathbf{d}_B \mathbf{d}_B^T + k_\varphi \, \mathbf{d}_\varphi \mathbf{d}_\varphi^T\right) \mathbf{u} \\
&\equiv \frac{1}{2}\mathbf{u}^T \, \mathbf{K} \, \mathbf{u}
\end{aligned}
\tag{2.49}
$$

Aquí se adivina la estructura matemática de la energía de deformación como una forma cuadrática gobernada por la matriz de rigidez $\mathbf{K}$, cuyo cálculo es inmediato haciendo el correspondiente producto matricial

$$
\begin{aligned}
\mathbf{K} &= k_A \, \mathbf{d}_A \mathbf{d}_A^T + k_B \, \mathbf{d}_B \mathbf{d}_B^T + k_\varphi \, \mathbf{d}_\varphi \mathbf{d}_\varphi^T \\
&= c^2 \begin{bmatrix} k_A + k_B & -(k_A \xi_A + k_B \xi_B) & 0 \\ -(k_A \xi_A + k_B \xi_B) & k_A \xi_A^2 + k_B \xi_B^2 & 0 \\ 0 & 0 & k_\varphi/c^2 \end{bmatrix}
\end{aligned}
\tag{2.50}
$$

donde $\xi_A = x_A/c$, $\xi_B = x_B/c$ son las coordenadas horizontales (adimensionales) de los muelles. Con los valores particulares del problema se tiene

$$
\xi_A = -\frac{1}{4} \, , \quad \xi_B = \frac{1}{8} \, , \quad k_A = 3k \, , \quad k_B = k \, , \quad k_\varphi = rc^2 k
\tag{2.51}
$$

$$
\mathbf{K} = \frac{kc^2}{64} \begin{bmatrix} 256 & 40 & 0 \\ 40 & 13 & 0 \\ 0 & 0 & 64r \end{bmatrix} \equiv kc^2 \, \mathcal{K}(r)
\tag{2.52}
$$

donde la matriz $\mathcal{K}(r)$ se usará posteriormente para definir la solución adimensional del problema.

(ii) Fuerzas aerodinámicas en función de los gdl

Vamos en primer lugar el valor de las fuerzas aerodinámicas que actúan en el perfil. Usaremos el método de los paneles aplicado sobre la linea media del perfil, en su versión estacionaria [35], el perfil se puede dividir en dos paneles (Fig. 2.7). En cada panel se sitúa un torbellino localizado a un cuarto de su longitud desde el borde de ataque. De la aplicación de la condición de contorno en los puntos de control (velocidad perpendicular al perfil nula) se obtiene la intensidad de cada torbellino. Usando el teorema de Kutta-Joukouski se obtiene finalmente la fuerza sobre cada panel L_1 y L_2 y su relación con la geometría definida por los ángulos α y β. Tras algunas operaciones se obtiene

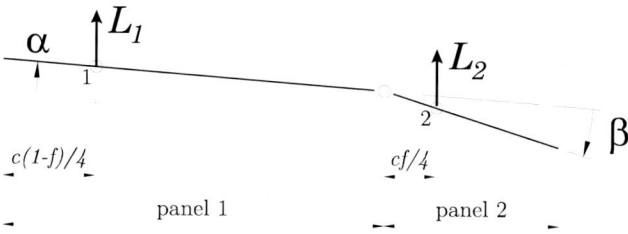

Figura 2.7: Definición de paneles, fuerzas aerodinámicas y puntos de aplicación

$$L_1 = q\,c\,2\pi\,C_f \left(\alpha + \frac{2f\beta}{1+2f} \right) \tag{2.53}$$

$$L_2 = q\,c\,2\pi\,(1 - C_f) \left(\alpha + \frac{3\beta}{1+2f} \right) \tag{2.54}$$

donde el coeficiente C_f depende de la longitud del flap

$$C_f = \frac{3(1-f)}{3-2f} \tag{2.55}$$

Las fuerzas definidas en la Ecs. (2.53) y (2.54), se localizan a 1/4 del borde de ataque de cada panel, tal y como se muestra en la Fig. 2.7. De acuerdo a la definición de los grados de libertad del problema se tiene que los ángulos $\alpha = \theta$ y $\beta = \gamma + \varphi$. Introduciendo estos valores en la expresión de L_1, Ec. (2.53), se puede obtener una expresión en términos de los grados de libertad $\mathbf{u}$. En efecto

$$L_1 = q\,c\,2\pi\,C_f\left(\theta + \frac{2f}{1+2f}\,\varphi\right) + q\,c\,2\pi\,\frac{2fC_f}{1+2f}\gamma$$

$$= qc\,2\pi\,C_f\left\{0,\ 1,\ \frac{2f}{1+2f}\right\}\left\{\begin{array}{c} w/c \\ \theta \\ \varphi \end{array}\right\} + q\,c\,2\pi\,\frac{2fC_f}{1+2f}\gamma$$

$$\equiv q\,c\,\mathbf{a}_1^T\,\mathbf{u} + q\,c\,b_1\,\gamma \tag{2.56}$$

donde

$$\mathbf{a}_1 = 2\pi\,C_f\left\{0,\ 1,\ \frac{2f}{1+2f}\right\}^T\,,\quad b_1 = 2\pi\,\frac{2fC_f}{1+2f} \tag{2.57}$$

Análogamente, se puede obtener una expresión equivalente para L_2

$$L_2 = q\,c\,\mathbf{a}_1^T\,\mathbf{u} + q\,c\,b_2\,\gamma \tag{2.58}$$

con

$$\mathbf{a}_2 = 2\pi\,(1-C_f)\left\{0,\ 1,\ \frac{3}{1+2f}\right\}^T\,,\quad b_2 = 2\pi\,\frac{3(1-C_f)}{1+2f} \tag{2.59}$$

(iii) Fuerzas generalizadas

Las fuerzas generalizadas son las componentes del trabajo virtual realizado por las fuerzas exteriores en términos de los grados de libertad. Consideremos que el sistema está en un determinado estado definido por sus grados de libertad $\mathbf{u}$. Al aplicar sobre éstos una variación virtual $\delta\mathbf{u}$, los puntos del sistema se desplazan y con ellos las fuerzas, realizando consecuentemente un trabajo, denominado trabajo virtual y representado por $\delta\mathcal{W}$. Su valor, en nuestro caso particular, es

$$\delta\mathcal{W} = L_1\,\delta z_1 + L_2\,\delta z_2 = Q_{w/c}\delta\left(\frac{w}{c}\right) + Q_\theta\delta\theta + Q_\varphi\delta\varphi \equiv \mathbf{Q}^T\delta\mathbf{u} \tag{2.60}$$

El vector $\mathbf{Q}$ tiene por componentes a las fuerzas generalizadas asociadas a los gdl. Para llegar a su expresión es necesario escribir tanto fuerzas (hecho en el punto anterior) como desplazamientos en función de los grados de libertad.

$$z_1 = w - \theta x_1 = c\{1, \ -\xi_1, 0\} \left\{ \begin{array}{c} w/c \\ \theta \\ \varphi \end{array} \right\} \equiv \mathbf{d}_1^T \, \mathbf{u}$$

$$z_2 = z_R - (x_2 - x_R)(\theta + \gamma + \varphi) = w - x_R\theta - (x_2 - x_R)(\theta + \gamma + \varphi)$$

$$= c\{1, \ -\xi_2, -(\xi_2 - \xi_R)\} \left\{ \begin{array}{c} w/c \\ \theta \\ \varphi \end{array} \right\} \equiv \mathbf{d}_2^T \, \mathbf{u} - c(\xi_2 - \xi_R)\gamma \qquad (2.61)$$

Los desplazamientos virtuales $\delta z_1 = \mathbf{d}_1^T \delta\mathbf{u}$, $\delta z_2 = \mathbf{d}_2^T \delta\mathbf{u}$ se obtienen aplicando una variación virtual de los gdl $\delta\mathbf{u}$ en las expresiones anteriores y teniendo en cuenta que γ es un dato y no presenta variación con los gdl.

Con los resultados de las fuerzas aerodinámicas —Ecs. (2.56) y (2.58)— y con las variaciones virtuales de los puntos de aplicación ya se puede llegar a las expresión del vector de fuerzas generalizadas partiendo de la Ec. (2.60). Para que el resultado sea un producto matricial, es necesario expresar el producto $L_j \delta z_j$ como $L_j^T \delta z_j$. Así

$$\begin{aligned} \delta\mathcal{W} &= L_1^T \, \delta z_1 + L_2^T \, \delta z_2 \\ &= q \, c \left(\mathbf{u}^T \mathbf{a}_1 + b_1 \, \gamma\right) \mathbf{d}_1^T \, \delta\mathbf{u} + q \, c \left(\mathbf{u}^T \mathbf{a}_2 + b_2 \, \gamma\right) \mathbf{d}_2^T \, \delta\mathbf{u} \\ &= q \, \mathbf{u}^T \left(c \, \mathbf{a}_1 \mathbf{d}_1^T + c \, \mathbf{a}_2 \mathbf{d}_2^T\right) \delta\mathbf{u} + q \left(c \, b_1 \mathbf{d}_1^T + c \, b_2 \mathbf{d}_2^T\right) \gamma \, \delta\mathbf{u} \quad (2.62) \end{aligned}$$

Agrupando los términos entre paréntesis en la matriz y el vector

$$\mathbf{A} = c \, \mathbf{d}_1 \mathbf{a}_1^T + c \, \mathbf{d}_2 \mathbf{a}_2^T \ , \quad \mathbf{b} = c \, b_1 \mathbf{d}_1 + c \, b_2 \mathbf{d}_2 \qquad (2.63)$$

Teniendo en cuenta los valores para este ejemplo de las coordenadas de los puntos 1, 2 y R en función de f

$$\xi_R = \frac{1}{2} - f \ , \quad \xi_1 = -\frac{1+f}{4} \ , \quad \xi_2 = \frac{1}{2} - \frac{3f}{4} \qquad (2.64)$$

la matriz $\mathbf{A}$ y el vector $\mathbf{b}$ resultan

$$\mathbf{A} = \frac{\pi c^2}{1+2f} \begin{bmatrix} 0 & 2(1+2f) & 6f \\ 0 & f+1/2 & 3f^2/2 \\ 0 & \frac{(1+2f)f^2}{4f-6} & \frac{3f^2}{4f-6} \end{bmatrix} \equiv \pi c^2 \boldsymbol{\mathcal{A}}(f)$$

$$\mathbf{b} = \frac{\pi c^2}{1+2f} \left\{ \begin{array}{c} 6f \\ 3f^2/2 \\ \frac{3f^2}{4f-6} \end{array} \right\} \equiv \pi c^2 \mathbf{b}(f) \qquad (2.65)$$

donde las matrices $\mathcal{A}(f)$ y $\mathfrak{b}(f)$ se usarán posteriormente para obtener la solución adimensional del problema.

se tiene

$$\delta\mathcal{W} = \left(q\,\mathbf{u}^T\mathbf{A}^T + q\,\mathbf{b}^T\gamma\right)\delta\mathbf{u} \equiv \mathbf{Q}^T\delta\mathbf{u} \tag{2.66}$$

Finalmente, el vector de fuerzas generalizadas tiene la expresión

$$\mathbf{Q} = q\,\mathbf{A}\mathbf{u} + q\,\mathbf{b}\gamma \tag{2.67}$$

Las ecuaciones de Lagrange del movimiento para el caso estático son

$$\frac{\partial\mathcal{U}}{\partial\mathbf{u}} = \mathbf{Q} \tag{2.68}$$

donde el término de la izquierda representa el gradiente (en columna) de la energía de deformación respecto a los gdl contenidos en $\mathbf{u}$. Es sencillo demostrar que cuando $\mathcal{U}(\mathbf{u})$ es una forma cuadrática gobernada por una matriz simétrica, el gradiente tiene la expresión

$$\frac{\partial\mathcal{U}}{\partial\mathbf{u}} = \frac{1}{2}\left(\mathbf{K}^T + \mathbf{K}\right)\mathbf{u} = \mathbf{K}\,\mathbf{u} \tag{2.69}$$

Por tanto, de las Ecs. (2.69), (2.68) y (2.67) se llega a la ecuación que permite obtener la respuesta $\mathbf{u}$ del sistema cuando se activa el flap un ángulo γ.

$$\mathbf{K}\,\mathbf{u} = q\,\mathbf{A}\mathbf{u} + q\,\mathbf{b}\gamma \quad\rightarrow\quad \left(\mathbf{K} - q\mathbf{A}\right)\mathbf{u} = q\,\mathbf{b}\gamma \tag{2.70}$$

Suponiendo que nos encontramos a una velocidad de vuelo por debajo de la velocidad de divergencia, $q < q_D$ entonces los grados de libertad se pueden obtener invirtiendo el sistema anterior

$$\mathbf{u} = q\left(\mathbf{K} - q\mathbf{A}\right)^{-1}\mathbf{b}\gamma \tag{2.71}$$

Dado que la respuesta es proporcional a la matriz inversa de $\mathbf{K} - q\mathbf{A}$, es inversamente proporcional a su determinante. A medida que vaya aumentando la presión dinámica, ésta se irá acercando a la primera raíz de dicho determinante, instante en el cual la respuesta se hará infinita. Dicha raíz es la presión dinámica de divergencia. Matemáticamente se trata del autovalor (positivo) más pequeño del problema de autovalores generalizado definido por las matrices $\mathbf{K}$ y $\mathbf{A}$.

2.4.3   Modos de divergencia

La presión dinámica de divergencia se obtiene resolviendo el problema de autovalores definido como

$$(\mathbf{K} - q\mathbf{A})\,\mathbf{u} = \mathbf{0} \tag{2.72}$$

Para obtener una solución adimensional en función de los parámetros f y r, se introduce la definición de las matrices adimensionales $\mathbf{K} = kc^2\boldsymbol{\mathcal{K}}$, $\mathbf{A} = \pi c^2\boldsymbol{\mathcal{A}}$ definidas en las Ecs. (2.52) y (2.65) y se divide la ecuación por kc^2, resultando

$$\left(kc^2\boldsymbol{\mathcal{K}} - q\pi c^2\boldsymbol{\mathcal{A}}\right)\mathbf{u} = \mathbf{0} \quad \rightarrow \quad \left(\boldsymbol{\mathcal{K}} - \frac{\pi q}{k}\boldsymbol{\mathcal{A}}\right)\mathbf{u} = \mathbf{0} \tag{2.73}$$

Recordemos que k tiene unidades de presión, pues se trata de una rigidez por unidad de longitud (en la dirección de la envergadura). Definimos la presión de referencia $q_0 = k/\pi$ y llamamos $\eta = q/q_0$ a la presión dinámica adimensionalizada con la de referencia. El problema de autovalores en su forma adimensional resulta

$$(\boldsymbol{\mathcal{K}} - \eta\boldsymbol{\mathcal{A}})\,\mathbf{u} = \mathbf{0} \tag{2.74}$$

Tras algunas simplificaciones, el determinante de la matriz de coeficientes vale, en función de f y r

$$\psi(\eta, r) = \det\left[\boldsymbol{\mathcal{K}} - \eta\boldsymbol{\mathcal{A}}\right] =$$
$$\frac{27r}{64} + \left(\frac{81f^2}{128(3 - 2f)(1 + 2f)} - \frac{3r}{4}\right)\eta - \frac{3f^2(3 + 5f - 8f^2)}{8(3 - 2f)(1 + 2f)}\eta^2 \tag{2.75}$$

Tal y como se aprecia, el determinante es un polinomio de grado 2 cuyos coeficientes dependen de los parámetros f y r que definen geometría y rigidez del alerón. Por otro lado, las matrices involucradas son de tamaño 3×3. Ya se ha comentado anteriormente que el tercer autovalor es en realidad $\eta_3 = \infty$ asociado al modo de flexión de la estructura $\mathbf{u}_3 = \{1, 0, 0\}^T$. En los siguientes apartados se realiza una breve discusión de los modos de divergencia en función de los valores del parámetro $r = k_\varphi/c^2k$

Modos de divergencia para $0 < r < \infty$

Resolviendo el polinomio de segundo grado de la Ec. (2.75) se obtienen dos raíces. Particularizando para un alerón de longitud $f = 1/5$ se tiene que

$$\eta_1(r) = \frac{5}{2944}\left[135 - 14560r + \sqrt{18225 + 5824r(981 + 36400r)}\right]$$
$$\eta_2(r) = \frac{5}{2944}\left[135 - 14560r - \sqrt{18225 + 5824r(981 + 36400r)}\right] \tag{2.76}$$

Es sencillo comprobar que la segunda solución $\eta_2(r) < 0$ para todos los valores $r > 0$. Por tanto, la presión de divergencia viene definida por la expresión de $\eta_1(r)$, incluso para otros valores de f en el intervalo $0 < f \leq 0.35$. En la Fig. 2.8 se han representado tres curvas para longitudes del alerón de $f = \{0.05, \ 0.20, \ 0.35\}$. Se comprueba que todas las curvas parten de un valor inicial obtenido cuando $r \to 0$. Este límite, en función de f se puede obtener fácilmente haciendo $r = 0$ en el determinante

$$\psi(\eta, 0) = -\frac{3\eta f^2}{128} \left[27 - 16\eta(1-f)(3+8f) \right] \qquad (2.77)$$

Así, la solución no nula de esta ecuación es

$$\lim_{r \to 0} \eta_D(r) = \frac{27}{16(1-f)(3+8f)}$$

cuyos valores para $f = \{0.05, \ 0.20, \ 0.35\}$ son $\{0.522, \ 0.458, \ 0.447\}$, valores que como se aprecia en la Fig. 2.8 son los puntos de corte con el eje vertical. Es interesante analizar el significado de la solución $\eta = 0$. Cuando $r = 0$ idénticamente, el muelle que une el alerón con el resto del perfil deja de ser efectivo y ello genera un modo de mecanismo. De hecho, se puede comprobar que en este caso $\det \mathbf{K} = 0$. Físicamente, el valor $q_D = 0$ se interpreta de la siguiente manera: la estructura tiene un grado de mecanismo y cualquier input en forma de velocidad de vuelo producirá inestabilidad. De hecho, el modo de mecanismo asociado mostrado en la Fig. 2.9 es precisamente el giro del alerón. En general, en las estructuras con grados de mecanismo, bien internos como este caso o bien externos como por ejemplo un avión en vuelo, presentarán un determinante del problema de autovalores (2.72) con raíces nulas. En principio, no se trata de modos característicos de divergencia, sino de modos de mecanismos de la estructura. Se asumirá entonces que se trata de modos triviales.

La presión dinámica de divergencia converge con relativa velocidad (dependiendo del valor de f) hacia un valor asintótico cuando $r \to \infty$. Observando la Fig. 2.9 da la sensación visual de que las tres curvas alcanzan el mismo valor, en el entorno de 0.56. Veamos que efectivamente esta hipótesis es cierta y calculemos dicho valor, y veamos además que éste es independiente de f. Se puede llegar a la solución por dos vías: La primera es obtener directamente el límite las raíces de la Ec. (2.75) cuando $r \to \infty$. La segunda es comenzar el problema asumiendo que $\varphi = 0$, consecuencia directa de tener una rigidez $k_\varphi \to \infty$. Siguiendo este último camino, el problema tiene solo dos grados de libertad, w/c y θ y el determinante del problema de autovalores adimensional (obtenido del general simplemente eliminando la tercera fila y la tercera

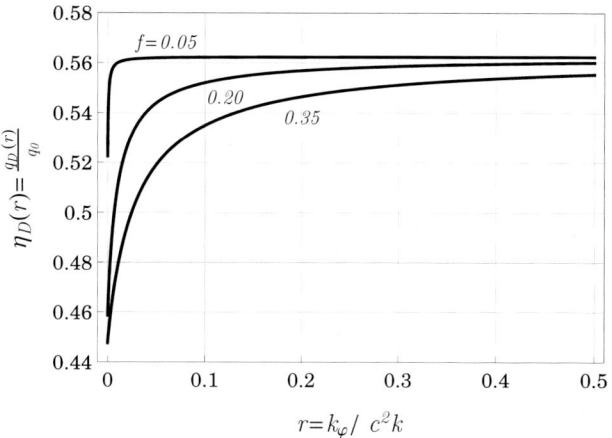

Figura 2.8: Presión de divergencia adimensional $q_D(r)/q_0$ con la rigidez del alerón $r = k_\varphi/kc^2 > 0$

columna de la matriz asociada) es

$$\psi(\eta, \infty) = -\frac{3}{64}\left(9 - 16\eta\right) \tag{2.78}$$

por lo que la presión dinámica de divergencia es $\eta_D = 9/16 = 0.5625$, independiente de f.

Por último, y para concluir este apartado, se representarán los modos obtenidos del problema da autovalores en los casos $r \to 0$ y $r \to \infty$. Los modos se obtienen resolviendo el sistema lineal resultante al sustituir en la Ec. (2.74) el autovalor correspondiente. Este sistema de ecuaciones está mal condicionado pues su determinante es nulo. En realidad no se obtiene un vector, sino un subespacio, por lo que en su resolución cualquiera de los grados de libertad se puede tomar como parámetro, calculando el resto en función de él. El procedimiento de cálculo se puede seguir en cualquier libro de Álgebra lineal. Las formas asociadas a los modos obtenidos se han representado en la Fig. 2.9. A la izquierda Fig. 2.9(a) se encuentran los tres modos obtenidos cuando $r \to 0$, entre los que se encuentra el modo de mecanismo obtenido cuando $\eta = 0$. A la derecha Fig. 2.9(b) se han obtenido los dos modos (torsión y flexión) asociados al problema con $k_\varphi \to \infty$, y que coinciden con los obtenidos en la Sec. 2.2.3 cuando se introdujo el problema generalizado de la divergencia

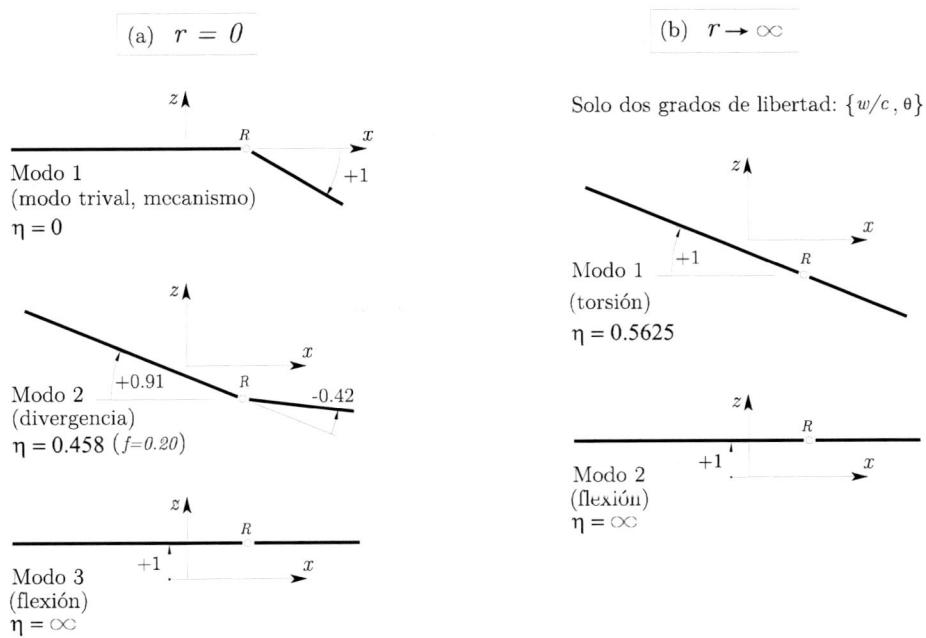

Figura 2.9: Modos de divergencia para los valores extremos de la rigidez del alerón. (a) $r = 0$, muelle $k_\varphi = 0$. (b) $r \to \infty$, unión rígida, $\varphi = 0$

2.4.4   Efectividad e inversión de mando

Si el sistema fuera infinitamente rígido, la deformabilidad de la estructura es nula, es decir $w/c = \theta = \varphi = 0$. En tal caso, la sustentación que se espera conseguir con el accionamiento del mando se puede obtener de las Ecs. (2.56) y (2.58), haciendo $\mathbf{u} = \mathbf{0}$. El resultado es una sustentación proporcional al ángulo γ y su valor es

$$\Delta L_r = q\,c\,(b_1 + b_2)\,\gamma \tag{2.79}$$

Esta sustentación se denomina *rígida*. Se recuerda que en la ecuación anterior los coeficientes son

$$b_1 = 2\pi\,\frac{2fC_f}{1 + 2f}\ ,\quad b_2 = 2\pi\,\frac{3(1 - C_f)}{1 + 2f}\ ,\quad C_f = \frac{3(1 - f)}{3 - 2f} \tag{2.80}$$

La deformabilidad del sistema afecta a la sustentación que realmente va a existir y cuyo valor será la suma de una componente (elástica) proporcional

49

a los grados de libertad más la parte rígida definida en la Ec. (2.79). Así la sustentación total se puede escribir como

$$\Delta L = L_1 + L_2 = q\,c\,\mathbf{a}^T\,\mathbf{u} + q\,c\,(b_1 + b_2)\,\gamma \equiv \Delta L_e + \Delta L_r \qquad (2.81)$$

donde $\mathbf{a} = \mathbf{a}_1 + \mathbf{a}_2$, siendo $\mathbf{a}_1$, $\mathbf{a}_2$ los vectores adimensionales introducidos en las Ecs. (2.57) y (2.59). La respuesta $\mathbf{u}$ ha sido calculada en función de γ en la Ec. (2.71). Usando todas las variables adimensionales introducidas, $q = \pi\,\eta/k$, $\mathbf{K} = kc^2\boldsymbol{\mathcal{K}}(r)$, $\mathbf{A} = \pi c^2\boldsymbol{\mathcal{A}}(f)$ y $\mathbf{b} = \pi c^2\mathbf{b}(f)$ definidas en las Ecs. (2.52) y (2.65), es sencillo comprobar que la respuesta se puede escribir solo en función de matrices, vectores y parámetros adimensionales como

$$\mathbf{u} = q\,(\mathbf{K} - q\mathbf{A})^{-1}\,\mathbf{b}\gamma = \eta\,(\boldsymbol{\mathcal{K}} - \eta\boldsymbol{\mathcal{A}})^{-1}\,\mathbf{b}\,\gamma \qquad (2.82)$$

Obtenidas las componentes elástica y rígida de la sustentación, ya se puede calcular la efectividad de mando $E(q)$ como la relación entre la sustentación total ΔL y la sustentación rígida ΔL_r, se trata de una función (adimensional) de la velocidad de vuelo, a través de $\eta = q/q_0$, y representa una medida de la maniobrabilidad del avión pues relaciona la sustentación que realmente se va a encontrar el piloto para realizar cierta maniobra accionando el mando frente a la que obtendría si la estructura fuera rígida ΔL_r. En nuestro problema se tiene

$$E(q) = \frac{\Delta L}{\Delta L_r} = 1 + \frac{\Delta L_e}{\Delta L_r} \qquad (2.83)$$

Usando ahora la definición de ΔL_e y ΔL_r dadas en la Ec. (2.81) y la expresión de la respuesta en forma adimensional —Ec. (2.82)— se llega a la siguiente expresión de E, resaltando ya la dependencia directa de η

$$E(\eta) = 1 + \frac{\Delta L_e}{\Delta L_r} = 1 + \frac{\eta\,\mathbf{a}^T\,(\boldsymbol{\mathcal{K}} - \eta\boldsymbol{\mathcal{A}})^{-1}\,\mathbf{b}}{b_1 + b_2} \qquad (2.84)$$

Tras no pocas aunque sencillas simplificaciones se llega a la expresión relativamente compacta

$$E(\eta) = \frac{\dfrac{1 - \eta/\eta_R}{1 - \eta/\eta_\infty}}{1 + \dfrac{\xi}{r}\dfrac{1 - \eta/\eta_0}{1 - \eta/\eta_\infty}} \qquad (2.85)$$

donde

$$\eta_0 = \frac{27}{16(1 - f)(3 + 8f)}\,, \quad \eta_\infty = \frac{9}{16}\,, \quad \eta_R = \frac{27}{128(1 - f)}\,, \quad \xi = \frac{3f^2}{2(1 + 2f)(3 - 2f)} \qquad (2.86)$$

se han elegido para agrupar términos pero no al azar, de hecho η_0 y η_∞ son las presiones dinámicas de divergencia para $r \to 0$ y para $r \to \infty$, respectivamente, mientras que η_R es el valor para el cual la efectividad se hace nula, $E(\eta_R) = 0$, es decir, la presión dinámica de inversión de mando.

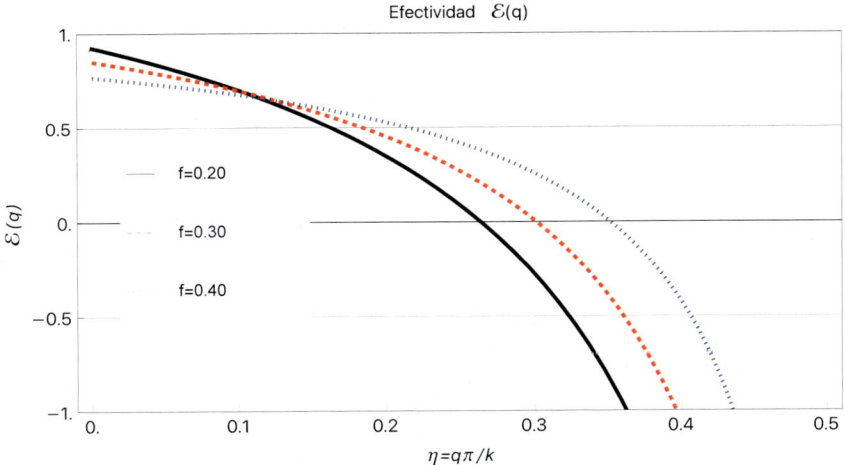

Figura 2.10: Efectividad de mando con $r = 0.2$ para diferentes valores del diseño del control $f = \{0.2; 0.3; 0.4\}$

2.4.5 Diseño

La presión dinámica de divergencia para $r \gg 1$ es (en forma adimensional), $\eta_\infty = 9/16$, mientras que la presión dinámica de inversión de mando es

$$\eta_R = 27/128(1-f).$$

En el enunciado se pide diseñar el alerón para que $\eta_R = \eta_\infty/2$. Imponiendo esta condición se obtiene

$$\frac{1}{2}\left(\frac{9}{16}\right) = \frac{27}{128(1-f)} \;\to\; f = \frac{1}{4} \tag{2.87}$$

3

Aeroelasticidad estática de alas

3.1 Introducción

En este capítulo se amplía el estudio aeroelástico desde el análisis de perfiles bidimensionales hacia el caso más realista de alas tridimensionales, introduciendo así el concepto de eje elástico como representación estructural del ala. El objetivo principal es comprender cómo las deformaciones aeroelásticas de una estructura continua afectan la distribución de cargas, la efectividad de mando y las condiciones de estabilidad estática en alas completas. Este paso es esencial para preparar el terreno hacia los fenómenos dinámicos, como el flameo.

El capítulo se estructura en distintos niveles de complejidad. Primero, se desarrolla una **solución exacta para alas rectas**, donde la deformación estructural se describe mediante funciones continuas de flexión y torsión a lo largo de la envergadura. Esta solución permite obtener expresiones analíticas de interés y sirve como punto de referencia para métodos más generales.

Posteriormente, se introduce el **método de la aproximación polinómica** como herramienta para tratar geometrías y propiedades estructurales no uniformes. Este enfoque, basado en la interpolación polinómica de desplazamientos y giros, permite al lector familiarizarse con el uso práctico de modelos numéricos en problemas aeroelásticos, manteniendo un equilibrio entre claridad didáctica y aplicabilidad. La referencia [57] describe una aplicación docente del método para la evaluación aeroelástica estática y dinámica de alas rectas genéricas.

A continuación, se aborda el problema de la **efectividad de mando en maniobras de alabeo**, mostrando cómo las deformaciones del ala afectan al momento aerodinámico y pueden incluso invertir el efecto de los alerones. Se presenta aquí una metodología más general y realista que la vista en el Capítulo 2 para presentar el concepto de inversión de mando.

Finalmente, el capítulo culmina con el análisis de **alas con flecha**, donde se estudia el acoplamiento geométrico entre flexión y torsión inducido por la configuración no ortogonal del ala. Aunque no se resuelve de forma exacta, se emplean aproximaciones consistentes que evidencian cómo la flecha puede mejorar o empeorar el comportamiento aeroelástico, afectando a la velocidad de divergencia y a los esfuerzos estructurales.

3.2   Solución exacta para alas rectas

Para el análisis estático del acoplamiento aeroelástico en alas, realizaremos en primer lugar un análisis exacto del problema. Veremos que se pueden sacar conclusiones interesantes desde un punto de vista cualitativo a partir de la solución analítica, aunque a medida que nos alejamos del problema simple (variación de cuerda, variación de propiedades mecánicas, modelos aerodinámicos más avanzados,...) los métodos exactos deben dar paso a los métodos numéricos basados en la discretización del medio continuo: elementos finitos en el modelo elástico y paneles de torbellinos en el aerodinámico.

3.2.1   *Ecuación diferencial de la deformación a torsión*

Consideremos un semiala recta (sin flecha) como la representada en la Fig. 3.1, semienvergadura l y cuerda c. Bajo la acción de fuerzas aplicadas en la superficie del ala, ésta se puede deformar y lo hará de acuerdo a la elasticidad impuesta por un eje elástico, paralelo al eje y y localizado en la coordenada x_e. El eje elástico no es más que una viga capaz de deformarse a flexión y a torsión y en su movimiento acompaña a los puntos del ala. Al igual que en el estudio de perfiles visto en el capítulo anterior, inicialmente podemos considerar que

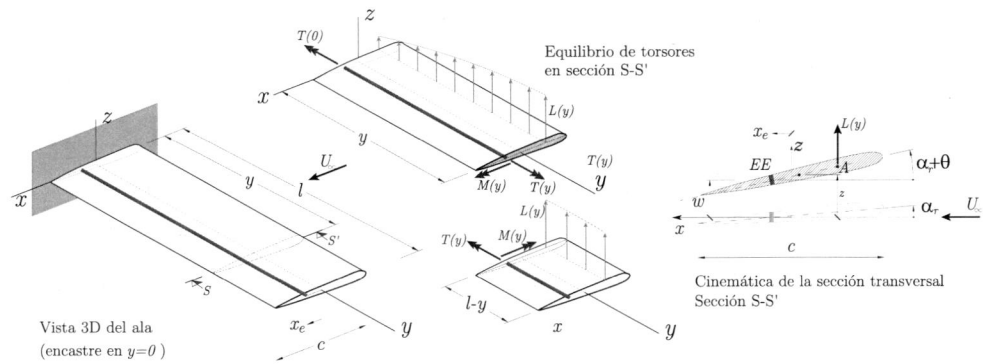

Figura 3.1: Ala de cuerda c y rigidez a flexión y torsión constantes, EI, GJ, respectivamente. Hipótesis de flujo incompresible. Equilibrio de esfuerzos torsores sobre el eje elástico.

el ala tiene curvatura, peso y un ángulo de ataque rígido. Las fuerzas debidas a estos términos no dependen de la deformación elástica (para pequeños desplazamientos) y son, por tanto, términos independientes. Ya vimos que se pueden agrupar en forma de ángulo de ataque inicial que llamaremos α_0 y será (por hipótesis) constante en toda la envergadura (el problema es equivalente a estudiar un ala sin peso simétrica con ángulo de ataque rígido α_0). Este ángulo *inicial* genera una distribución de fuerzas de sustentación que a su vez tienden a deformar la estructura, incrementando a su vez el ángulo de ataque. El comportamiento es similar al perfil y el proceso parará si la velocidad no ha alcanzado el valor crítico o velocidad de divergencia del ala. En este modelo hay un punto sustancialmente diferente al visto en el caso de un perfil del capítulo anterior: la deformación del ala en cada sección es variable y depende de la distancia $y \in [0, l]$ al encastre. Nuestras incógnitas ya no son valores aislados sino funciones, así nuestro problema a resolver no son ecuaciones algebraicas, sino ecuaciones diferenciales.

Llamaremos $w(y)$ y $\theta(y)$ al desplazamiento vertical y al giro longitudinal de un punto y del eje elástico, respectivamente. Su definición gráfica puede verse en la sección S-S' de la Fig. 3.1. Éstas son nuestras incógnitas ahora y nuestro objetivo es resolverlas en el caso de que nuestro ala tenga un ángulo de ataque rígido de valor α_0. Las leyes que gobiernan el comportamiento de $w(y)$ y $\theta(y)$ relacionan sus derivadas con los esfuerzos en la sección transversal. Llamaremos $M(y)$ y $T(y)$ a los momentos flector y torsor, respectivamente, en la sección y. A su vez, dichos esfuerzos dependen de la deformación elástica dado que se trata de un problema aeroelástico. En concreto veremos que dependen del ángulo de ataque elástico $\theta(y)$ pero no de $w(y)$ lo cual permite desacoplar las ecuaciones y reducirla a una. Asumiremos que el lector conoce las ecuaciones diferenciales de la elástica y de la torsión que obedecen a los modelos clásicos de Euler-Bernouilli para la flexión y de Saint-Venant para la torsión (para más información se pueden consultar las refs. [8, 38]).

$$EI\,\frac{\mathrm{d}^2 w}{\mathrm{d}y^2} = M(y) \quad , \qquad GJ\,\frac{\mathrm{d}\theta}{\mathrm{d}y} = T(y) \tag{3.1}$$

donde $EI(y)$ y $GJ(y)$ son las rigideces seccionales a flexión y torsión respectivamente, en general variables con la envergadura. Los esfuerzos internos, $M(y)$ y $T(y)$ se obtienen por equilibrio en el tramo de ala que queda entre la sección S-S' y la punta. Las fuerzas actuantes son únicamente aquellas debidas a la sustentación $L(y)$ localizada en el centro aerodinámico. La suma de momentos en dirección x e y debe ser nula, lo que da lugar respectivamente a las ecuaciones de equilibrio siguientes

$$-M(y) + \int_{Y=y}^{l} (Y - y)\,L(Y)\,dY \;=\; 0 \tag{3.2}$$

$$-T(y) + \int_{Y=y}^{l} (x_e - x_a)\,L(Y)\,dY \;=\; 0 \tag{3.3}$$

La variable Y recorre el tramo $Y \in [y, l]$ y sirve como variable de integración. Derivando respecto y la Ec. (3.3) se obtiene

$$\frac{\mathrm{d}T}{\mathrm{d}y} = -e\,L(y) \tag{3.4}$$

donde por comodidad en la notación se ha llamado $e = x_e - x_a$ a la excentricidad de la sustentación respecto al eje elástico, el mismo significado que en el capítulo anterior. Nuestro modelo aerodinámico está basado en la teoría de perfiles y permite obtener la sustentación $L(y)$ a partir del ángulo de ataque del ala en dicho perfil, y, cuyo valor es $\alpha_0 + \theta(y)$ (suma del ángulo de ataque rígido más el elástico). La expresión de $L(y)$ ya ha aparecido previamente en la Ec. (2.9) pero la reescribimos ahora con dos pequeñas modificaciones: (i) la sustentación depende de y a través del giro y (ii) no se trata de una sustentación total, sino una fuerza por unidad de longitud, en lugar de aparecer la superficie alar total, tendremos la superficie por unidad de envergadura, es decir, la cuerda c. Se tiene entonces

$$L(y) = q\,c\,C_{L\alpha}\,[\alpha_0 + \theta(y)] \tag{3.5}$$

donde $q = \rho_\infty U_\infty^2/2$ es la presión dinámica y $C_{L\alpha}$ es la pendiente del coeficiente de sustentación con el ángulo de ataque. Usando las Ecs. (3.5) y (3.4), la ecuación de la torsión (3.1) se puede escribir como

$$\frac{\mathrm{d}}{\mathrm{d}y}\left(GJ\frac{\mathrm{d}\theta}{\mathrm{d}y}\right) = -q\,e\,c\,C_{L\alpha}\left[\alpha_0 + \theta(y)\right] \tag{3.6}$$

Esta ecuación representa el modelo para obtener el giro elástico de torsión a partir del valor rígido impuesto α_0. Dado que $L(y)$ no depende del desplazamiento $w(y)$, no hay acoplamiento real entre las ecuaciones (3.1), por lo que para obtener la deformación $w(y)$ basta con resolver primero $\theta(y)$ y $L(y)$ para obtener luego el momento flector $M(y)$ mediante la Ec. (3.2). Un ejemplo en el que la sustentación sí depende de la deformación $w(y)$ es el caso de las alas en flecha, descrito en la Secc. 3.5 y en la Ref. [44].

La Ec. (3.6) debe ir acompañada de dos condiciones de contorno. Así, en el encastre tenemos un giro nulo $\theta(0) = 0$ mientras que en punta de ala tenemos esfuerzo torsor nulo, $T(l) = 0$. De acuerdo a la ley $T(y) = GJ\,\mathrm{d}\theta/\mathrm{d}y$, se tiene entonces que la derivada del giro en $y = l$ es nula, $\mathrm{d}\theta(l)/\mathrm{d}y = 0$. En resumen, el problema de contorno completo se puede escribir como

$$\begin{cases} \dfrac{\mathrm{d}}{\mathrm{d}y}\left(GJ\dfrac{\mathrm{d}\theta}{\mathrm{d}y}\right) + q\,e\,c\,C_{L\alpha}\,\theta = -q\,e\,c\,C_{L\alpha}\,\alpha_0 \\ \theta(0) = 0\ ,\quad \left.\dfrac{\mathrm{d}\theta}{\mathrm{d}y}\right|_{y=l} = 0 \end{cases} \tag{3.7}$$

Antes de proceder a la resolución analítica, merece la pena detenernos por un momento y estudiar la naturaleza matemática de este problema. La Ec. (3.7) en su forma homogénea (para $\alpha_0 = 0$) tiene la estructura característica de un problema de autovalores de Sturm-Liouville, donde la presión dinámica q toma el rol de parámetro. Este tipo de problemas han sido extensamente estudiados desde un punto de vista matemático y buscan el conjunto de valores del parámetro de estudio q (autovalores) para los cuales existen soluciones no triviales a la ecuación diferencial (autovectores). Enlazando directamente con nuestro problema, los autovalores se corresponden con los valores de la presión dinámica que llevan al sistema a la inestabilidad mientras que los autovectores son los *modos* adoptados por la estructura cuando se alcanza dicha inestabilidad. Entre ellos, el menor autovalor es el que primero se alcanza y se corresponde con la presión de divergencia. Se puede demostrar que todo problema continuo de autovalores con la forma (3.7) se puede aproximar por un problema lineal y matricial de valores propios cuando se discretiza el medio continuo y se aplican las ecuaciones de Lagrange, algo que de hecho haremos en el próximo punto.

3.2.2 Modos de divergencia

Resolveremos ahora el problema no homogéneo (3.7) que nos permitirá calcular, entre otras cosas, la presión dinámica de divergencia. Para ello y en aras de facilitar la notación usaremos el dominio adimensional definido por el cambio de variable $\eta = y/l \in [0,1]$. Consideraremos a su vez rigidez constante a torsión y definiremos el siguiente parámetro adimensional

$$\lambda = \sqrt{\frac{q\,e\,c\,l^2\,C_{L\alpha}}{GJ}} \tag{3.8}$$

Con estos cambios, la Ec. (3.7) se puede escribir como

$$\begin{cases} \dfrac{\mathrm{d}^2\theta}{\mathrm{d}\eta^2} + \lambda^2\,\theta = -\lambda^2\alpha_0 \\ \theta(0) = 0\,, \quad \theta'(1) = 0 \end{cases} \tag{3.9}$$

donde $(\bullet)' = d(\bullet)/d\eta$. La solución general a la ecuación diferencial se puede escribir como suma de la homogénea más una particular de la completa

$$\theta(\eta) = A\,\sin\lambda\eta + B\,\cos\lambda\eta - \alpha_0 \tag{3.10}$$

Tras la aplicación de las condiciones de contorno se obtienen las constantes de integración

$$A = \alpha_0\,, \quad B = \alpha_0\tan\lambda \tag{3.11}$$

Tras algunos arreglos, la solución se puede escribir como

$$\theta(\eta) = \alpha_0\left[\frac{\cos\lambda(1-\eta)}{\cos\lambda} - 1\right] \tag{3.12}$$

La expresión anterior muestra la solución de los giros elásticos a lo largo de la envergadura. Se aprecia que efectivamente el giro elástico en el encastre es nulo $\theta(0) = 0$ siempre e independientemente del valor del parámetro λ. Sin embargo, el valor en punta de ala tiene la expresión

$$\theta(1) = \alpha_0\left[\frac{1}{\cos\lambda} - 1\right] \tag{3.13}$$

Recordemos que el parámetro λ es adimensional y se puede escribir bien en función de la presión dinámica o bien en función de la velocidad como

$$\lambda = \sqrt{\frac{q}{q_0}}\,, \qquad \lambda = \frac{U_\infty}{U_0} \tag{3.14}$$

donde se han definido los siguientes valores de referencia que agrupan las principales características del problema (másicas, geométricas y mecánicas)

$$q_0 = \frac{GJ}{ecl^2 C_{L\alpha}} \quad , \quad U_0 = \sqrt{\frac{2GJ}{\rho_\infty \, e \, c \, l^2 C_{L\alpha}}} \tag{3.15}$$

Por tanto podemos considerar a λ como una medida adimensional de la velocidad de vuelo. Volviendo a la Ec. (3.13) vemos que la deformación en punta de ala depende entonces de la velocidad lo que nos lleva a representar dicha deformación con λ en la Fig. 3.2 para interpretar su significado. A medida que

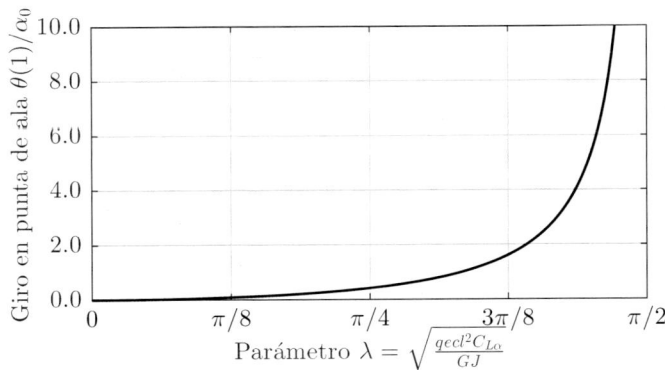

Figura 3.2: Evolución del ángulo elástico $\theta(\eta = 1)/\alpha_0$ en punta de ala con el parámetro $\lambda = \sqrt{q/q_0}$, siendo $q_0 = \frac{GJ}{ecl^2 C_{L\alpha}}$

aumenta la velocidad, la deformación elástica de torsión del ala aumenta. El incremento es cada vez más pronunciado hasta llegar a un valor crítico (teórico) del parámetro, $\lambda = \pi/2$, para el que la deformación tiende al infinito. Asociado a este valor de λ existe una presión dinámica (o una velocidad) conocida como presión dinámica de divergencia (velocidad de divergencia) y cuyo valor es

$$q_D = \frac{\pi^2}{4} q_0 = \frac{\pi^2 GJ}{4e \, c \, l^2 C_{L\alpha}} \quad , \quad U_D = \frac{\pi}{2} U_0 = \frac{\pi}{2} \sqrt{\frac{2GJ}{\rho_\infty \, e \, c \, l^2 C_{L\alpha}}} \tag{3.16}$$

El significado de este valor es el mismo que el ya obtenido en el Capítulo 2 para un perfil elástico, de hecho la curva deducida entonces y mostrada en la Fig. 2.3 tiene una forma análoga a la de la Fig. 3.2 pues ambas explican el mismo fenómeno: la inestabilidad por divergencia aeroelástica. Sin embargo, el modelo desarrollado para la viga completa permite extender el fenómeno de la divergencia más allá de un solo valor. Sin continuamos asignando valores a λ obtenemos la Fig. 3.3. Se aprecia inestabilidad no solo para $\lambda = \pi/2$ sino también para $\lambda = 3\pi/2, 5\pi/2, \ldots$ Físicamente no es posible llegar a estos

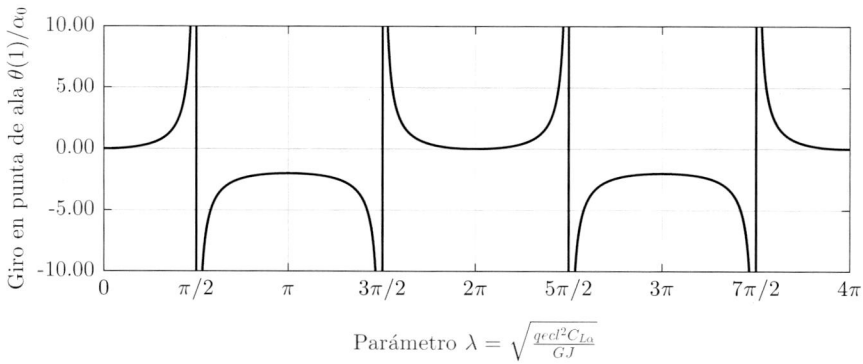

Figura 3.3: Evolución del ángulo elástico $\theta(\eta = 1)/\alpha_0$ en punta de ala con el parámetro $\lambda = \sqrt{q/q_0}$ para $0 \leq \lambda \leq 4\pi$

valores pues antes de llegar alcanzaríamos la velocidad de divergencia (para $\lambda = \pi/2$), sin embargo representan matemáticamente modos teóricos de inestabilidad o modos de divergencia: modo 1 ($\lambda_1 = \pi/2$), modo 2 ($\lambda_2 = 3\pi/2$), modo 3 ($\lambda_3 = 5\pi/2$), etc... La forma analítica de dichos modos resulta ser un patrón de deformación del ala que se presenta cuando se da la inestabilidad y se obtiene resolviendo el problema de autovalores siguiente

$$\begin{cases} \dfrac{\mathrm{d}^2\theta}{\mathrm{d}\eta^2} + \lambda^2\,\theta = 0 \\ \theta(0) = 0\ , \quad \theta'(1) = 0 \end{cases} \tag{3.17}$$

cuya solución es

$$\theta_n(\eta) = A\,\sin\lambda_n\eta \quad , \qquad \lambda_n = \frac{\pi}{2} + (n-1)\pi\ , \ n = 1, 2, \ldots \tag{3.18}$$

Nótese que la ley de giros está afectada por un coeficiente A que no está definido, puede tomar cualquier valor (se dice entonces que $\theta_n(\eta)$ no está acotada). Se trata entonces de una forma de inestabilidad. Asociado a cada uno de estos modos $\theta_n(\eta)$ tenemos una ley de momentos flectores $M_n(y)$ (Eq. (3.2)) que permite obtener una ley de desplazamientos $w_n(\eta)$ (Eq. (3.1)), que tampoco está acotada puesto que (debido a la linealidad) todo viene afectado por el factor A. Tras algunas operaciones se puede obtener la expresión de los modos de flexión asociados a la divergencia

$$w_n(\eta) = A\,\frac{q\,cC_{L\alpha}l^4}{2EI\lambda_n^4}\left[\lambda_n\,\eta\,(\lambda_n\,\eta\,\sin\lambda_n - 2) + 2\sin\lambda_n\eta\right] \qquad (3.19)$$

En forma conjunta, para cada modo de inestabilidad la pareja de funciones $\{\theta_n(\eta), w_n(\eta)\}$ permiten definir la superficie del ala en la forma $z(x, y)$ como

$$z(x, y) = w(y) - (x - x_e)\theta(y) \qquad (3.20)$$

Expresión que viene de considerar que cada perfil se desplaza lo mismo que el eje elástico, w, y además gira respecto a él una magnitud θ. Para cada valor de n podemos representar la deformada en el instante de la inestabilidad que irá aumentando siguiendo este patrón a medida que aumenta la velocidad. En la Fig. 3.4 se han representado los 2 primeros modos de divergencia. Para facilitar la vista, se ha escalado la deformación por torsión que en general produce desplazamientos mucho más pequeños que los de flexión. Existe una analogía

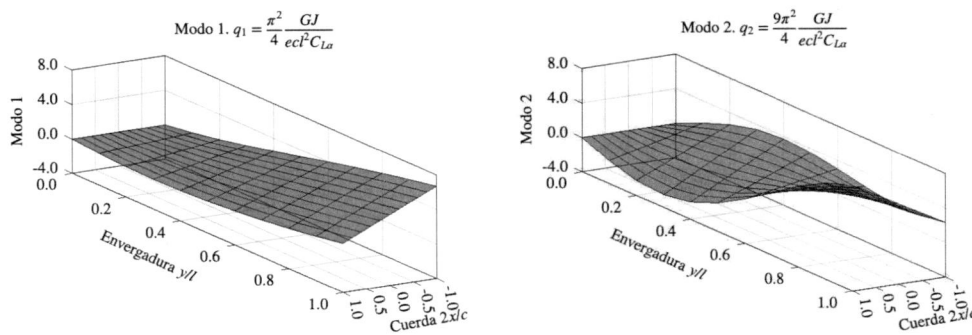

Figura 3.4: Representación de los dos primeros modos de divergencia. Modo 1 (izquierda). Modo 2 (derecha)

entre el comportamiento de una ala frente a la inestabilidad por divergencia y el análisis del pandeo de columnas rectas con rigidez constante [8, 44]. De hecho la ecuación diferencial que gobierna el problema de autovalores (3.17) es exactamente la misma. En el problema del pandeo se calcula la carga crítica de Euler de pandeo mientras que en el problema aeroelástico se obtiene la velocidad crítica de divergencia. Ambos problemas permiten obtener un modo predominante (primer modo de divergencia y primer modo de pandeo) y otros modos superiores que, si bien no representan valores alcanzables físicamente, sí completan y dan consistencia matemáticamente al problema.

3.2.3 Distribución de sustentación del ala flexible

Un resultado muy interesante del cálculo aeroelástico estático es la obtención de la distribución elástica de sustentación. En efecto, ya se ha presentado en la Ec. (3.5) la expresión de la sustentación en función de la envergadura $L(y) = q\,c\,C_{L\alpha}\,[\alpha_0 + \theta(y)]$. Si definimos el coeficiente de sustentación como

$$C_L(y) = \frac{L(y)}{\frac{1}{2}\rho_\infty U_\infty^2\,c} = C_{L\alpha}\,[\alpha_0 + \theta(y)] \tag{3.21}$$

entonces esta función representa la forma de la distribución de sustentación a lo largo de la envergadura. Si el ala es considerada como completamente rígida entonces la sustentación es constante de acuerdo a nuestro modelo aerodinámico basado en los perfiles. El valor del coeficiente de sustentación puede aproximarse rectangular de alargamiento $\mathcal{R} = 2l/c$ como [6, 25]

$$C_{L,\text{Ríg}}(y) = C_{L\alpha}\,\alpha_0 = \frac{2\pi\,\mathcal{R}\,\alpha_0}{2 + \sqrt{4 + \mathcal{R}^2}} \equiv \text{cte} \tag{3.22}$$

Pero si el ala es flexible entonces la sustentación es variable. Llevando el resultado del giro elástico obtenido en la Ec. (3.12) a la Ec. (3.21) se obtiene

$$
\begin{aligned}
C_{L,\text{Flex}}(y) &= C_{L\alpha}\,[\alpha_0 + \theta(y)] = C_{L\alpha}\left\{\alpha_0 + \alpha_0\left[\frac{\cos\lambda(1-\eta)}{\cos\lambda} - 1\right]\right\} \\
&= C_{L\alpha}\,\alpha_0\,\frac{\cos\lambda(1-\eta)}{\cos\lambda} \equiv C_{L,\text{Ríg}}\,\frac{\cos\lambda(1-\eta)}{\cos\lambda}
\end{aligned} \tag{3.23}
$$

En el rango $0 \le y/l \le 1$ se verifica $C_{L,\text{Flex}}(y) \ge C_{L,\text{Ríg}}$, es decir la sustentación se amplifica para alas flexibles. Esto ocurre en general cuando el centro aerodinámico queda por delante del eje elástico, es decir $e = x_e - x_a > 0$. Si alcanzamos la presión de divergencia, la Ec. (3.23) representa una distribución no acotada que tiende a infinito. Si la presión dinámica es, digamos, el 60% de la de divergencia, $q = 0.6q_D$, existirá cierto nivel de amplificación a lo largo de toda la envergadura. Este caso puede observarse en la Fig. 3.5 donde se han representado la sustentación en el caso rígido y en el caso flexible para una presión dinámica igual a $q = 0.6q_D$ (líneas continuas). Los lectores con un conocimiento en aerodinámica más avanzado se darán cuenta que en alas finitas, la sustentación debería caer hasta cero en punta de ala debido a las condiciones de contorno aerodinámicas. Recordemos que hemos usado un modelo aerodinámico simplificado en el que la sustentación en cada sección (perfil) depende exclusivamente de su ángulo de ataque (*strip theory*). Sin embargo, en la realidad esto no es así y la sustentación en cada perfil depende de la geometría de todos los perfiles. El modelo de perfiles se aproxima a la realidad

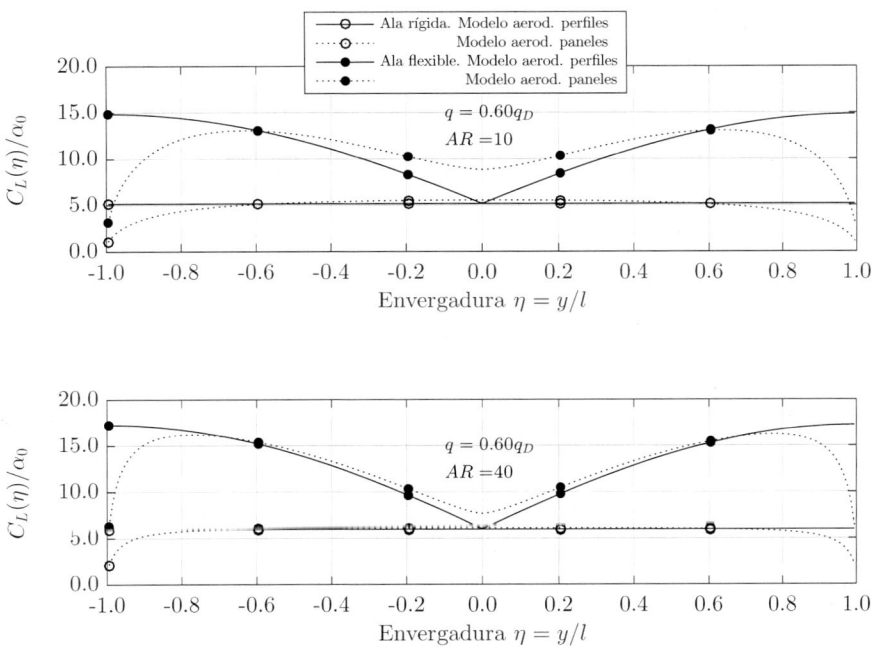

Figura 3.5: Distribución de sustentación para un ala rectangular con características $x_e = 0$, $x_a = -c/4$ y alargamientos $Æ = 10$ (arriba), $Æ = 40$ (abajo) y presión dinámica igual al 60% de la presión de divergencia. Se muestran las distribuciones rígida y elástica junto a sus respectivos valores exactos considerando un modelo aerodinámico basado en la malla de torbellinos.

a medida que el ala se hace más esbelta, algo que se mide con el alargamiento, definido para alas rectangulares como $Æ = 2l/c$. Un modelo aerodinámico más sofisticado basado en la malla de torbellinos [25, 48] permite predecir de forma mucho más precisa (para régimen incompresible) la sustentación a lo largo de la envergadura. Para comparar cuánto nos alejamos de la realidad, en la misma figura también se han representado estas distribuciones exactas (líneas a puntos), obtenidas usando dicho modelo de paneles. Tal y como se observa, solo para alas de gran alargamiento es aceptable un modelo basado en aerodinámica de perfiles y su estimación será mejor en la región central del ala.

3.3 Método de aproximación polinómica

El modelo presentado en el punto anterior para determinar tanto la presión dinámica de divergencia como la distribución de sustentación es interesante desde un punto de vista teórico, pero no desde un punto de vista práctico. La ecuación diferencial deja de tener coeficientes constantes cuando las características geométricas y mecánicas comienzan a ser variables con la envergadura. Aunque pueden encontrarse soluciones analíticas en determinados casos, no es común su uso en situaciones reales, siendo lo más común recurrir a modelos basados en una discretización mediante elementos finitos para representar la deformabilidad del ala [57]. Los modelos de elementos finitos interpolan la solución en regiones finitas a partir del valor obtenido en los nodos. En este apartado vamos a considerar un caso muy particular en el que usamos un solo elemento cubriendo la semienvergadura completa e interpolaremos la solución en desplazamientos $w(y)$ y giros $\theta(y)$ con polinomios. Con este acercamiento, logramos discretizar el problema (llevando el problema matemático al campo de las matrices) pero no necesitamos recurrir a técnicas de ensamblaje de matrices pues nuestro único elemento cubre toda la geometría. Plantearemos el problema aeroelástico estático para un ala con variación de cuerdas genérica $c(y)$ y características mecánicas a flexión $EI(y)$ y torsión $GJ(y)$ variables. Validaremos el modelo comparando los resultados con el problema exacto para cuerda y rigidez constante del cual hemos obtenido solución analítica.

Estableceremos algunas hipótesis para encuadrar el problema

- Se establece un sistema de referencia (x, y, z) dentrado en el centro de la cuerda del encastre (ver Fig. 3.6)

- El eje elástico es paralelo al eje y y está localizado en la coordenada $x_e \equiv$ cte.

- La cuerda es variable con la ley $c(y)$.

- Los centros aerodinámicos se localizan a $c(y)/4$ del borde de ataque de cada perfil en la coordenada $x_a(y)$ (puede ser variable con la envergadura)

De nuevo, las incógnitas son el desplazamiento vertical por flexión $w(y)$ y el giro longitudinal por torsión $\theta(y)$ del eje elástico. El significado geométrico puede apreciarse en la sección transversal de la Fig. 3.6. Ambas funciones definen cómo se mueve todo el ala, es decir, su cinemática. Asumiremos como *input* del problema que inicialmente el ala tiene un ángulo de ataque $\alpha_0(y)$

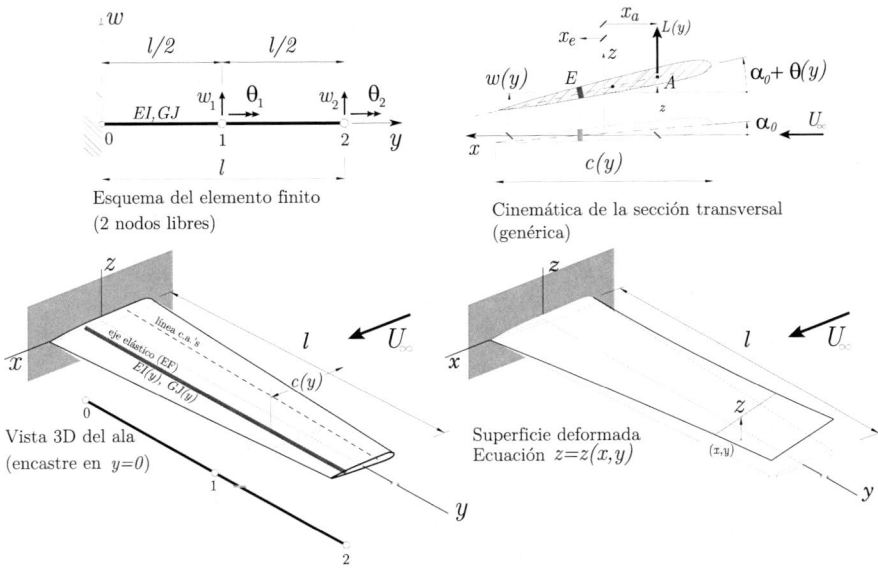

Figura 3.6: Geometría de un ala con características mecánicas localizadas en un eje elástico con rigidez a flexión y torsión $EI(y)$ y $GJ(y)$, respectivamente. El eje elástico se modeliza mediante la aproximación polinómica de $\theta(y)$ y $w(y)$, usando como grados de libertad los giros y desplazamientos de dos puntos o nodos, 1 y 2. Las funciones de interpolación resultan ser polinomios.

que podría ser incluso variable con la envergadura simulando el caso real de alas con torsión geométrica. Veremos que esto tampoco nos impide resolver el problema con relativa sencillez. Trabajaremos con la variable adimensional $\eta = y/l \in [0, 1]$ para mayor comodidad en la notación. Veamos a continuación la clave del problema, cómo configurar las funciones de interpolación.

3.3.1 Interpolación de la solución

El principio en el que se basa el método es considerar que la solución (continua) se aproxima mediante un polinomio en un dominio (en nuestro caso la envergadura) a partir de la solución en unos puntos (nodos). Consideraremos entonces el eje elástico como un único elemento del que se conoce su solución en los nodos. Tomaremos 3 nodos: nodo 0 en el encastre ($\eta = 0$), nodo 1 en el centro ($\eta = 1/2$) y nodo 2 en punta de ala ($\eta = 1$). Plantearemos la interpolación en primer lugar para la deformación a flexión $w(\eta)$. Asumiremos que $w(\eta)$ se puede aproximar como un polinomio de grado n como

$$w(\eta) \approx a_0 + a_1\eta + \cdots + a_n\eta^n \tag{3.24}$$

El grado del polinomio que podemos usar viene determinado por el número de condiciones que podemos imponer. Para ello conviene saber el significado de $w(y)$ y sus respectivas derivadas. En una sección cualquiera, se tiene que:

$w(y)$: representa el desplazamiento vertical

$\frac{\mathrm{d}w}{\mathrm{d}y}$: representa el giro de flexión. Sabemos por ejemplo que en empotramientos este giro es nulo, pero sobre articulaciones no.

$\frac{\mathrm{d}^2w}{\mathrm{d}y^2}$: representa la curvatura de flexión, la cual es proporcional al momento flector en la sección mediante la expresión

$$\frac{\mathrm{d}^2w}{\mathrm{d}y^2} = \frac{M(y)}{EI}$$

donde EI representa la rigidez a flexión. En un extremo libre sin momento exterior aplicado el fector es nulo, por lo que la segunda derivada $\frac{\mathrm{d}^2w}{\mathrm{d}y^2}$ también lo es

$\frac{\mathrm{d}^3w}{\mathrm{d}y^3}$: la tercera derivada de la deformación es proporcional al cortante. Sabemos por equilibrio que el cortante es la derivada del momento flector, $V(y) = \frac{\mathrm{d}M}{\mathrm{d}y}$, por lo que derivando en la expresión de arriba se tiene que

$$\frac{\mathrm{d}^3w}{\mathrm{d}y^3} = \frac{\mathrm{d}M}{\mathrm{d}y}\frac{1}{EI} = \frac{V(y)}{EI}$$

En un extremo libre en el que no hay fuerzas ni momentos aplicados (tal es el caso de la punta del ala), podemos asegurar que $\frac{\mathrm{d}^3w}{\mathrm{d}y^3} = 0$.

Por tanto, a priori conocemos algunos valores para $w(y)$ y sus derivadas en los nodos, en concreto aquellos definidos en la Tabla 3.1. En este punto hay

		$\eta = 0$ Nodo 0	$\eta = 1/2$ Nodo 1	$\eta = 1$ Nodo 2
Deformación	$w(y)$	0	w_1	w_2
Giro de flexión	$\frac{\mathrm{d}w}{\mathrm{d}y}$	0	?	?
Flector	$EI\frac{\mathrm{d}^2 w}{\mathrm{d}y^2}$	?	?	0
Cortante	$EI\frac{\mathrm{d}^3 w}{\mathrm{d}y^3}$	?	?	0
Giro de torsión	$\theta(y)$	0	θ_1	θ_2
Torsor	$GJ\frac{\mathrm{d}\theta}{\mathrm{d}y}$	?	?	0

Tabla 3.1: Condiciones conocidas en los nodos del elemento en términos de $w(y)$, $\theta(y)$ y sus derivadas.

que aclarar que obviamente todavía no conocemos w_1 y w_2 (valores de la deformación en los nodos), sino que precisamente esta pareja de valores serán los representantes de toda la función (definición de interpolación). Pondremos $w(y)$ en función de w_1 y w_2 que tomarán el rol de incógnitas a partir de ahora. Tenemos 6 condiciones a imponer, por lo que necesitamos un polinomio de grado 5

$$w(\eta) \approx a_0 + a_1\eta + a_2\eta^2 + a_3\eta^3 + a_4\eta^4 + a_5\eta^5 \ , \quad \eta = y/l \tag{3.25}$$

Para obtener los 6 coeficientes imponemos las siguientes ecuaciones en $w(\eta)$

$$\begin{array}{lll} w(0) = 0 & w(1/2) = w_1 & w(1) = w_2 \\ w'(0) = 0 & w''(1) = 0 & w'''(1) = 0 \end{array} \tag{3.26}$$

donde $(\bullet)' = d(\bullet)/d\eta$. Tras algunas operaciones tenemos que

$$\begin{array}{lll} a_0 = 0 & a_1 = 0 & a_2 = \frac{2}{11}(96w_1 - 23w_2) \\ a_3 = -\frac{16}{11}(28w_1 - 9w_2) & a_4 = 32w_1 - 11w_2 & a_5 = -\frac{2}{11}(48w_1 - 17w_2) \end{array} \tag{3.27}$$

Devolviendo estos coeficientes a su polinomio en la Ec. (3.25), la expresión resultante se puede reordenar agrupando coeficientes en w_1 y en w_2 como

$$\begin{aligned} w(\eta) &= \left(-\frac{96\eta^5}{11} + 32\eta^4 - \frac{448\eta^3}{11} + \frac{192\eta^2}{11} \right) w_1 \\ &+ \left(\frac{34\eta^5}{11} - 11\eta^4 + \frac{144\eta^3}{11} - \frac{46\eta^2}{11} \right) w_2 \\ &\equiv N_{w1}(\eta)\, w_1 + N_{w2}(\eta)\, w_2 \end{aligned} \tag{3.28}$$

Los polinomios $N_{w1}(\eta)$ y $N_{w2}(\eta)$ son las llamadas funciones de forma asociadas a los grados de libertad w_1 y w_2.

El proceso puede repetirse para obtener las funciones de forma asociadas al giro de torsión. En primer lugar debemos determinar el grado del polinomio de interpolación. Para ello tenemos información sobre algunos valores del giro y su derivada en los nodos de nuestro elemento. Recordemos que la derivada del giro de torsión es proporcional al momento torsor a través de la expresión

$$\frac{\mathrm{d}\theta}{\mathrm{d}y} = \frac{T(y)}{GJ}$$

Así, sabemos que la derivada en punta de ala es nula pues no tenemos torsores puntuales aplicados. En total en la Tabla 3.1 aparecen 4 condiciones, por lo que podemos aspirar a un polinomio cúbico con la forma

$$\theta(\eta) \approx b_0 + b_1\eta + b_2\eta^2 + b_3\eta^3 \ , \quad \eta = y/l \tag{3.29}$$

Para obtener los 4 coeficientes imponemos

$$\theta(0) = 0 \quad \theta(1/2) = \theta_1 \quad \theta(1) = \theta_2 \quad \theta'(1) = 0 \tag{3.30}$$

Tras resolver las ecuaciones se tiene que

$$b_0 = 0 \quad b_1 = 4(2\theta_1 - \theta_2) \quad b_2 = -16\theta_1 + 11\theta_2 \quad b_3 = 2(4\theta_1 - 3\theta_2) \tag{3.31}$$

La expresión del giro queda entonces como

$$\begin{aligned}
\theta(\eta) &= \left(8\eta^3 - 16\eta^2 + 8\eta\right)\theta_1 + \left(-6\eta^3 + 11\eta^2 - 4\eta\right)\theta_2 \\
&\equiv N_{\theta1}(\eta)\,\theta_1 + N_{\theta2}(\eta)\,\theta_2
\end{aligned} \tag{3.32}$$

De nuevo, obtenemos dos funciones polinómicas de interpolación que (juntas) permiten extender la aproximación de la función $\theta(\eta)$ a partir del valor en los nodos θ_1 y θ_2. Las 4 funciones de forma obtenida se han representado en la Fig. 3.7. Se aprecia que la función de forma asociada a la variable w_1 verifica que $N_{w1}(1/2) = 1$, $N_{w1}(1) = 0$. Inversamente para el otro grado de libertad w_2 tenemos que $N_{w2}(1/2) = 0$, $N_{w2}(1) = 1$.

Hasta ahora, las 4 variables, w_1, w_2, θ_1, θ_2 son libres y serán las incógnitas de nuestro problema. Las ecuaciones que permiten resolverlas son las ecuaciones de la mecánica, que serán planteadas en forma energética en el siguiente punto.

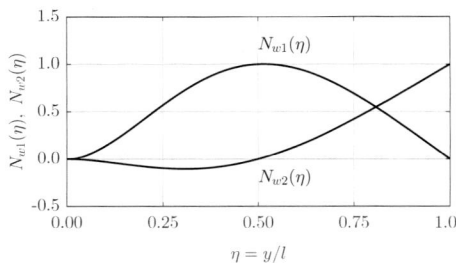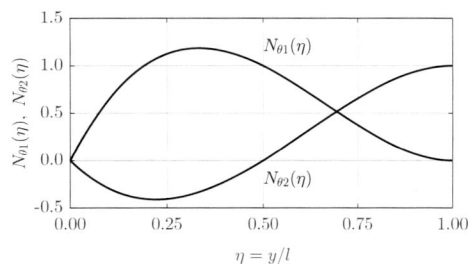

Figura 3.7: Funciones de forma para la interpolación de desplazamientos $w(\eta) = N_{w1}(\eta)\,w_1 + N_{w2}(\eta)\,w_2$ y giros $\theta(\eta) = N_{\theta1}(\eta)\,\theta_1 + N_{\theta2}(\eta)\,\theta_2$ a lo largo de la envergadura.

Antes conviene reescribir las relaciones de interpolación en forma matricial y compacta pues los desarrollos posteriores se encaminarán a obtener la solución del problema como un sistema de ecuaciones discreto, con la misma estructura que aquel usado en el Capítulo 2. Así, definimos el siguiente vector columna **u** con los grados de libertad (adimensionales) de nuestro modelo

$$\mathbf{u} = \{w_1/l,\ \theta_1,\ w_2/l,\ \theta_2\}^T \tag{3.33}$$

El hecho de construirlo de forma adimensional permite homogeneizar las dimensiones y que todos los elementos de las matrices tengan las mismas unidades. Tal y como está formado, **u** representa una columna de 4 componentes y $\mathbf{u}^T$ una fila. Veamos que tanto $w(\eta)$ como $\theta(\eta)$ se pueden expresar de forma compacta como el producto de una función matricial dependiente de η por el vector de grados de libertad **u**, es decir en la forma

$$w(\eta) = l\,\mathbf{N}_w^T(\eta)\,\mathbf{u} \quad , \quad \theta(\eta) = \mathbf{N}_\theta^T(\eta)\,\mathbf{u} \tag{3.34}$$

69

Como el resultado tiene que ser en ambos casos un número, las matrices $\mathbf{N}_w^T(\eta)$ y $\mathbf{N}_\theta^T(\eta)$ deberán ser en realidad vectores fila 4 componentes. En efecto,

$$
\begin{aligned}
w(\eta) &= N_{w1}(\eta)w_1 + N_{w2}(\eta)w_2 \\
&= l\left(N_{w1}(\eta)\frac{w_1}{l} + 0\cdot\theta_1 + N_{w2}(\eta)\frac{w_2}{l} + 0\cdot\theta_2\right) \\
&= \{N_{w1}(\eta),\ 0,\ N_{w2}(\eta),\ 0\}\left\{\begin{array}{c} w_1/l \\ \theta_1 \\ w_2/l \\ \theta_2 \end{array}\right\} \equiv l\,\mathbf{N}_w^T(\eta)\mathbf{u} \qquad (3.35)
\end{aligned}
$$

$$
\begin{aligned}
\theta(\eta) &= N_{\theta1}(\eta)\theta_1 + N_{\theta2}(\eta)\theta_2 \\
&= (0\cdot w_1/l + N_{\theta1}(\eta)\theta_1 + 0\cdot w_2/l + N_{\theta2}(\eta)\theta_2) \\
&= \{0,\ N_{\theta1}(\eta),\ 0,\ N_{\theta2}(\eta)\}\left\{\begin{array}{c} w_1/l \\ \theta_1 \\ w_2/l \\ \theta_2 \end{array}\right\} \equiv \mathbf{N}_\theta^T(\eta)\mathbf{u} \qquad (3.36)
\end{aligned}
$$

donde hemos definido las siguientes matrices (vectores columna)

$$
\begin{aligned}
\mathbf{N}_w(\eta) &= \{N_{w1}(\eta),\ 0,\ N_{w2}(\eta),\ 0\}^T \\
\mathbf{N}_\theta(\eta) &= \{0,\ N_{\theta1}(\eta),\ 0,\ N_{\theta2}(\eta)\}^T \qquad (3.37)
\end{aligned}
$$

Como criterio general, si aparece un vector en una expresión matricial, digamos por ejemplo $\mathbf{a}$, está indicando que se trata de un vector-columna. Mientras que la notación $\mathbf{a}^T$ siempre nos informa de que es un vector-fila. Con esta notación se tendrá que $\mathbf{a}^T\mathbf{a}$ es un número mientras que $\mathbf{a}\,\mathbf{a}^T$ es una matriz cuadrada del tamaño del vector.

3.3.2 *Energía de deformación y matriz de rigidez*

Tal y como se ha visto en el apartado anterior, los desplazamientos y giros a lo largo de la viga (funciones), no se van a determinar de forma exacta. En su lugar, de las ecuaciones de equilibrio van a obtenerse los 4 valores dentro del vector de grados de libertad $\mathbf{u}$. Por un lado, perdemos información pues no podrán obtenerse soluciones analíticas como las obtenidas en el Punto 3.2, pero por otro lado reducimos un problema basado en la resolución de ecuaciones diferenciales a un problema algebraico basado en un sistema de ecuaciones lineales en las incógnitas $\mathbf{u}$. Los principios de los que emanan las ecuaciones son los mismos en ambos casos, sin embargo, ahora se plantearán desde un punto de vista energético. Ya fueron introducidos en el Capítulo 2 y además pueden consultarse en el Apéndice A. Hablando desde un punto de vista estático (introduciremos la dinámica en capítulos posteriores), si un sólido deformable caracterizado por una energía de deformación $\mathcal{U}$ y por unos grados de libertad (en nuestro caso contenidos en $\mathbf{u} = \{w_1/l, \; \theta_1, \; w_2/l, \; \theta_2\}^T$), entonces las ecuaciones de equilibrio que nos permiten calcular el valor de $\mathbf{u}$ son

$$\frac{\partial \mathcal{U}}{\partial w_1/l} = \mathcal{Q}_{w_1/l} \;, \quad \frac{\partial \mathcal{U}}{\partial \theta_1} = \mathcal{Q}_{\theta_1} \;, \quad \frac{\partial \mathcal{U}}{\partial w_2/l} = \mathcal{Q}_{w_2/l} \;, \quad \frac{\partial \mathcal{U}}{\partial \theta_2} = \mathcal{Q}_{\theta_2} \quad (3.38)$$

donde Q_{u_j} representa la fuerza generalizada asociada al gdl u_j y se calcula a partir del trabajo virtual del sistema debido a las fuerzas exteriores aplicadas. Las Ecs. (3.38) se pueden escribir de forma compacta como

$$\frac{\partial \mathcal{U}}{\partial \mathbf{u}} = \mathbf{Q} \quad (3.39)$$

donde

$$\begin{aligned} \frac{\partial \mathcal{U}}{\partial \mathbf{u}} &= \left\{ \frac{\partial \mathcal{U}}{\partial (w_1/l)}, \; \frac{\partial \mathcal{U}}{\partial \theta_1}, \; \frac{\partial \mathcal{U}}{\partial (w_2/l)}, \; \frac{\partial \mathcal{U}}{\partial \theta_2} \right\}^T \\ \mathbf{Q} &= \left\{ \mathcal{Q}_{w_1/l}, \; \mathcal{Q}_{\theta_1}, \; \mathcal{Q}_{w_2/l}, \; \mathcal{Q}_{\theta_2} \right\}^T \end{aligned} \quad (3.40)$$

Veamos primero el término de la izquierda, definido como la variación de la energía de deformación respecto a los grados de libertad del sistema. La energía de deformación no es más que la energía potencial acumulada en el sistema cuando éste está deformado. Los mecanismos de deformación de nuestro ala son la flexión como viga (según el modelo denominado de Euler–Bernouilli) y la torsión alrededor del eje elástico (según el modelo de Saint-Venant). La naturaleza de ambos modelos y el origen de sus propiedades puede encontrarse en cualquier referencia básica de mecánica de materiales (veáse por ejemplo Beer & Johnston [8]). De acuerdo a nuestra notación, si $w(y)$ es el desplazamiento vertical del eje elástico y $\theta(y)$ es el giro longitudinal, entonces la energía de deformación se puede escribir en términos de las *deformaciones* de la viga bajo comportamiento a flexión y a torsión, es decir, las curvaturas, $\partial^2 w / \partial y^2$, y el giro unitario $\partial \theta / \partial y$

$$\mathcal{U} = \frac{1}{2} \int_0^l EI(y) \left(\frac{\partial^2 w}{\partial y^2} \right)^2 dy + \frac{1}{2} \int_0^l GJ(y) \left(\frac{\partial \theta}{\partial y} \right)^2 dy \equiv \mathcal{U}_b + \mathcal{U}_t \quad (3.41)$$

donde $\mathcal{U}_b, \mathcal{U}_t$ representan la energía de deformación a flexión y a torsión, respectivamente. Las matrices de rigidez asociadas con cada uno de estos comportamientos son matrices cuadradas y simétricas del mismo tamaño que el número de grados de libertad. En general se pueden definir como aquellas matrices que permiten expresar la energía de deformación (número) como una forma cuadrática, es decir

$$\mathcal{U}_b = \frac{1}{2}\mathbf{u}^T\,\mathbf{K}_b\,\mathbf{u} \quad,\quad \mathcal{U}_t = \frac{1}{2}\mathbf{u}^T\,\mathbf{K}_t\,\mathbf{u} \quad, \tag{3.42}$$

La energía de deformación total será la suma de ambas energías y por tanto se podrá expresar como una forma cuadrática de la matriz de rigidez suma de ambos mecanismos, es decir

$$\mathcal{U} = \mathcal{U}_b + \mathcal{U}_t = \frac{1}{2}\mathbf{u}^T\,\mathbf{K}_b\,\mathbf{u} + \frac{1}{2}\mathbf{u}^T\,\mathbf{K}_t\,\mathbf{u} = \frac{1}{2}\mathbf{u}^T\,(\mathbf{K}_b + \mathbf{K}_t)\,\mathbf{u} \equiv \frac{1}{2}\mathbf{u}^T\,\mathbf{K}\,\mathbf{u} \tag{3.43}$$

Veamos primero cómo obtener $\mathbf{K}_b$. El proceso es sencillo y únicamente requiere entender cómo de un número como $\left(\frac{\partial^2 w}{\partial y^2}\right)^2$ aparecen expresiones matriciales. Recordemos que en el punto anterior hemos establecido la interpolación $w(\eta) = l\,\mathbf{N}_w^T(\eta)\mathbf{u}$. En la expresión de $\mathcal{U}_b$ aparece la segunda derivada (respecto a y) de w, que tras el cambio de variable $y = \eta\,l$ puede relacionarse directamente con la segunda derivada respecto a η. Vemos en la Ec. (3.41) que dicha derivada segunda aparece al cuadrado, que puede ser expresado como producto de un número (traspuesto) por él mismo.

$$\left(\frac{\partial^2 w}{\partial y^2}\right)^2 = \left(\frac{\partial^2 w}{\partial y^2}\right)^T \cdot \left(\frac{\partial^2 w}{\partial y^2}\right) \tag{3.44}$$

Mediante este *truco* algebraico conseguimos que aparezcan expresiones matriciales en el interior de la integral. En efecto, hacemos el cambio de variable $y = \eta l$ e introducimos en la Ec. (3.44) la expresión $w(\eta) = l\,\mathbf{N}_w^T(\eta)\mathbf{u}$. Usando las propiedades de la traspuesta del producto se tiene

$$\begin{aligned}
\left(\frac{\partial^2 w}{\partial y^2}\right)^2 &= \left(\frac{\partial^2 w}{\partial y^2}\right)^T \cdot \left(\frac{\partial^2 w}{\partial y^2}\right) = \frac{1}{l^4}\left(\frac{\partial^2 w}{\partial \eta^2}\right)^T \cdot \left(\frac{\partial^2 w}{\partial \eta^2}\right) \\
&= \frac{1}{l^2}\left(\mathbf{u}^T\frac{d^2\mathbf{N}_w}{d\eta^2}\right)\left(\frac{d^2\mathbf{N}_w^T}{d\eta^2}\mathbf{u}\right) = \frac{1}{l^2}\mathbf{u}^T\left(\frac{d^2\mathbf{N}_w}{d\eta^2}\frac{d^2\mathbf{N}_w^T}{d\eta^2}\right)\mathbf{u} \tag{3.45}
\end{aligned}$$

Volviendo ahora a la expresión de la energía de deformación asociada a la flexión, $\mathcal{U}_b$ en Ec. (3.41), se tiene

$$\begin{aligned}
\mathcal{U}_b &= \frac{1}{2}\int_0^l EI\left(\frac{\partial^2 w}{\partial y^2}\right)^2 dy = \frac{1}{2}\int_0^1 EI\,\frac{1}{l^2}\mathbf{u}^T\left(\frac{d^2\mathbf{N}_w}{d\eta^2}\frac{d^2\mathbf{N}_w^T}{d\eta^2}\right)\mathbf{u}\,l\,d\eta \\
&= \frac{1}{2}\mathbf{u}^T\left(\int_0^1 \frac{EI(\eta)}{l}\frac{d^2\mathbf{N}_w}{d\eta^2}\frac{d^2\mathbf{N}_w^T}{d\eta^2}\,d\eta\right)\mathbf{u} \equiv \frac{1}{2}\mathbf{u}^T\,\mathbf{K}_b\,\mathbf{u} \tag{3.46}
\end{aligned}$$

de donde la matriz de rigidez de flexión $\mathbf{K}_b$ se puede calcular en un caso general como

$$\mathbf{K}_b = \int_0^1 \frac{EI(\eta)}{l} \frac{\mathrm{d}^2\mathbf{N}_w}{\mathrm{d}\eta^2} \frac{\mathrm{d}^2\mathbf{N}_w^T}{\mathrm{d}\eta^2} \, d\eta \qquad (3.47)$$

Obsérvese que en efecto se trata de una matriz cuadrada con las mismas dimensiones que el vector de grados de libertad $\mathbf{u}$ pues $\mathbf{N}_w(\eta)$ es un vector columna. Una vez identificado el proceso, es sencillo deducir la matriz de rigidez asociada al mecanismo de torsión. Como sabemos, la ley de interpolación asociada a la torsión es $\theta(\eta) = \mathbf{N}_\theta^T(\eta)\,\mathbf{u}$. Se tiene entonces

$$
\begin{aligned}
\mathcal{U}_t &= \frac{1}{2}\int_0^l GJ\left(\frac{\partial\theta}{\partial y}\right)^2 dy = \frac{1}{2}\int_0^1 \frac{GJ}{l^2}\left(\frac{\partial\theta}{\partial\eta}\right)^2 l\,d\eta \\
&= \frac{1}{2}\int_0^1 \frac{GJ}{l}\left(\frac{\partial\theta}{\partial\eta}\right)^T\left(\frac{\partial\theta}{\partial\eta}\right)d\eta = \frac{1}{2}\int_0^1 \frac{GJ(\eta)}{l}\left(\mathbf{u}^T\frac{\mathrm{d}\mathbf{N}_\theta}{\mathrm{d}\eta}\right)\left(\frac{\mathrm{d}\mathbf{N}_\theta^T}{\mathrm{d}\eta}\mathbf{u}\right)d\eta \\
&= \frac{1}{2}\mathbf{u}^T\left(\int_0^1 \frac{GJ(\eta)}{l}\frac{\mathrm{d}\mathbf{N}_\theta}{\mathrm{d}\eta}\frac{\mathrm{d}\mathbf{N}_\theta^T}{\mathrm{d}\eta}\,d\eta\right)\mathbf{u} \equiv \frac{1}{2}\mathbf{u}^T\,\mathbf{K}_t\,\mathbf{u}
\end{aligned}
\qquad (3.48)
$$

de donde

$$\mathbf{K}_t = \int_0^1 \frac{GJ(\eta)}{l} \frac{\mathrm{d}\mathbf{N}_\theta}{\mathrm{d}\eta} \frac{\mathrm{d}\mathbf{N}_\theta^T}{\mathrm{d}\eta} \, d\eta \qquad (3.49)$$

La matriz de rigidez de la estructura completa es el resultado de la suma

$$\mathbf{K} = \mathbf{K}_f + \mathbf{K}_t \qquad (3.50)$$

Si el ala tiene rigidez constante a flexión y torsión, entonces $EI(\eta) \equiv EI = cte$, $GJ(\eta) \equiv GJ = cte$ y, tras calcular las integrales usando la interpolación polinómica dada por las Ecs. (3.35) y (3.36), se obtiene que

$$\mathbf{K} = \begin{bmatrix} \frac{49152EI}{385l} & 0 & -\frac{15616EI}{385l} & 0 \\ 0 & \frac{128GJ}{15l} & 0 & -\frac{76GJ}{15l} \\ -\frac{15616EI}{385l} & 0 & \frac{6128EI}{385l} & 0 \\ 0 & -\frac{76GJ}{15l} & 0 & \frac{62GJ}{15l} \end{bmatrix} \qquad (3.51)$$

Por tanto, la energía de deformación de la estructura se puede expresar como la forma cuadrática

$$\mathcal{U} = \frac{1}{2}\mathbf{u}^T\,\mathbf{K}\,\mathbf{u} \qquad (3.52)$$

No olvidemos que la expresión anterior es un escalar que, por su forma, será una suma de términos cuadráticos en los grados de libertad. Como sumatorio se tiene (para 4 grados de libertad)

$$\mathcal{U} = \frac{1}{2}\sum_{i=1}^{4}\sum_{j=1}^{4} u_i u_j K_{ij} \qquad (3.53)$$

Las ecuaciones de Lagrange se expresan en términos de las derivadas de esta expresión respecto a los grados de libertad, es decir $\partial \mathcal{U}/\partial u_j$. El vector que reúne a todas estas derivadas se denota por $\partial \mathcal{U}/\partial \mathbf{u}$ (en realidad se trata del gradiente de la forma cuadrática $\mathcal{U}$). Se puede demostrar con relativa facilidad que la expresión de $\partial \mathcal{U}/\partial \mathbf{u}$ para nuestro caso es

$$\frac{\partial \mathcal{U}}{\partial \mathbf{u}} = \frac{\partial}{\partial \mathbf{u}} \left(\frac{1}{2} \mathbf{u}^T \mathbf{K}\, \mathbf{u} \right) = \mathbf{K}\, \mathbf{u} \tag{3.54}$$

Por lo que las ecuaciones de equilibrio (3.39) se pueden expresar como

$$\mathbf{K}\, \mathbf{u} = \mathbf{Q} \tag{3.55}$$

de donde *únicamente* resta por calcular el vector de fuerzas generalizadas $\mathbf{Q}$. En un problema estructural lineal sin fuerzas aerodinámicas, pongamos por ejemplo que aplicamos una carga distribuida al ala de valor conocido, el vector $\mathbf{Q}$ está determinado en función de esta carga y la Ec. (3.55) puede resolverse en $\mathbf{u}$, tal y como se describe en el Apéndice A. Sin embargo en un problema aeroelástico, las fuerzas aerodinámicas dependen de la deformación de la estructura y por tanto las fuerzas generalizadas son función de los grados de libertad. Así se tendrá en nuestro caso que $\mathbf{Q} = \mathbf{Q}(\mathbf{u})$. En el punto siguiente se obtendrá este vector para el caso aeroelástico estático.

3.3.3 Vector de fuerzas generalizadas

Las fuerzas generalizadas son por definición la variación del trabajo virtual realizado por las fuerzas exteriores por unidad de variación virtual de los grados de libertad. El vector de fuerzas generalizadas $\mathbf{Q}$ se obtiene por tanto calculando el trabajo virtual realizado por las únicas fuerzas exteriores consideradas: aquellas con naturaleza aerodinámica. Así, si el sistema se encuentra en una determinada posición definida por $\mathbf{u}$, entonces $\delta \mathcal{W}$ es el trabajo realizado por la fuerza distribuida $L(y)$ al pasar de la deformada dada por $\mathbf{u}$ a aquella definida por $\mathbf{u} + \delta\mathbf{u}$. Llamando Δz_A al desplazamiento del centro aerodinámico cuando los gdl valen $\mathbf{u}$, entonces el trabajo de la sustentación en una sección y es $L(y)\, dy\, \delta(\Delta z_A)$, por lo que el trabajo total es

$$\delta \mathcal{W} = \int_{y=0}^{l} L(y)\, \delta(\Delta z_A)\, dy \tag{3.56}$$

En esta expresión hay tres símbolos de incremento o variación: $\delta(\bullet)$, $\Delta(\bullet)$, $d(\bullet)$; veamos el significado de cada uno:

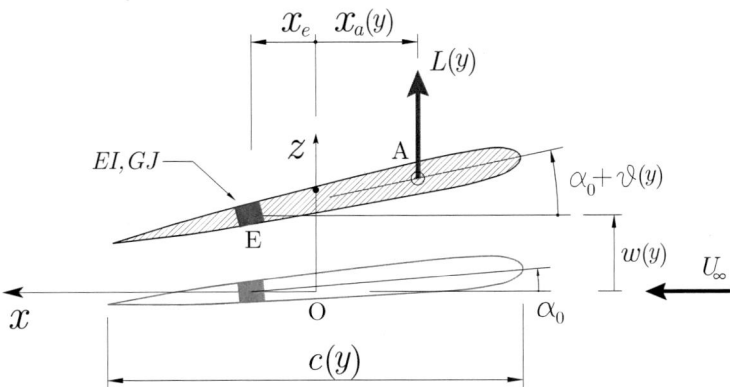

Figura 3.8: Cinemática de la sección transversal localizada en el punto $0 \leq y \leq l$ para un ala de cuerda variable. El eje elástico x_e es independiente de y mientras que $x_a(y)$ puede ser variable.

$\delta(\bullet)$: simboliza el desplazamiento virtual, para el cálculo del trabajo virtual que conduce a las fuerzas generalizadas.

$\Delta(\bullet)$: simboliza el desplazamiento vertical elástico de un punto del ala respecto del valor si ésta fuera rígida. Se usa para representar la variación de las coordenadas z. De alguna forma se tiene que

$$\Delta z = z_{\text{ala elástica}} - z_{\text{ala rígida}}$$

$d(\bullet)$: simboliza el elemento diferencial en la dirección de la envergadura, $L(y)\,dy = l\,L(\eta)\,d\eta$ es la fuerza total en el segmento de ala de longitud dy.

El modelo aerodinámico no ha cambiado respecto al punto anterior, por lo que la fuerza $L(y)$ sigue teniendo la expresión dada por la Ec. (3.5). Ahora bien, el término asociado a la sustentación elástica, puede expresarse en función de los grados de libertad usando $\theta(\eta) = \mathbf{N}_\theta^T(\eta)\,\mathbf{u}$. Eso sí, ahora no será una solución exacta sino una aproximada, controlada por las fuciones de interpolación, en efecto

$$L(y) = q\,c(y)\,C_{L\alpha}\left[\alpha_0 + \theta(y)\right] \approx q\,c(\eta)\,C_{L\alpha}\left[\alpha_0 + \mathbf{N}_\theta^T(\eta)\,\mathbf{u}\right] \quad , \quad y = \eta\,l \tag{3.57}$$

Nuestro objetivo es expresar el trabajo $\delta\mathcal{W}$ dado en la Ec. (3.56) como una combinación lineal de las variaciones virtuales de los grados de libertad, es decir en términos matriciales: $\delta \mathcal{W} = \delta \mathbf{u}^T \mathbf{Q}$, de forma que puedan indentificarse las fuerzas generalizadas como los elementos del vector columna $\mathbf{Q}$. La sustentación ya ha sido expresada en función de $\mathbf{u}$ en la Ec. (3.57). El desplazamiento en el centro aerodinámico veremos que se puede escribir como $\Delta z_A(\eta) = l \mathbf{N}_A^T(\eta) \mathbf{u}$, por lo que el desplazamiento virtual del punto de aplicación de $L(\eta)$ será

$$\delta(\Delta z_A(\eta)) = l \mathbf{N}_A^T(\eta)\, \delta \mathbf{u} \tag{3.58}$$

Abriremos aquí un paréntesis para aprender a calcular el desplazamiento de cualquier punto del ala una vez conocidos los valores de los gdl, $\mathbf{u}$. Para tener una idea de cómo se deforma el ala como superficie se puede obtener su ecuación evaluando el desplazamiento $\Delta z(x, y)$ que sufre un punto cualquiera del plano medio. Es necesario obtener una expresión que transforme los grados de libertad $\mathbf{u}$ en dicha superficie y para ello nos fijamos en la Fig. 3.8 donde se representa la cinemática de la sección transversal localizada en la coordenada y. Vemos que el plano medio del ala se deforma como un sólido rígido que sube una cantidad $w(y)$ en el eje elástico y gira $\theta(y)$. Por geometría tenemos entonces

Antes de la deformación $\rightarrow$ $z_{\text{rígida}}(x, y) = -(x - x_e)\,\alpha_0$

Después de la deformación $\rightarrow$ $z_{\text{elástica}}(x, y) = w(y) - (x - x_e)\,(\alpha_0 + \theta(y))$

Desplazamiento debido a $\mathbf{u}$ $\rightarrow$ $\Delta z(x, y) = z_{\text{elástica}}(x, y) - z_{\text{rígida}}(x, y)$
$$= w(y) - (x - x_e)\,\theta(y) \tag{3.59}$$

donde x_e es la coordenada donde se localiza el eje elástico. Nótese que se trata de un desplazamiento, entendido como la diferencia de coordenadas z antes y después de la deformación, por lo que no depende del ángulo de ataque rígido α_0 del ala sino únicamente de los grados de libertad elásticos. Usando las expresiones matriciales (3.34) se tiene

$$\begin{aligned} \Delta z(x, y) &= l \mathbf{N}_w^T(\eta)\mathbf{u} - (x - x_e)\,\mathbf{N}_\theta^T(\eta)\mathbf{u} \\ &= l\left[\mathbf{N}_w^T(\eta) - \frac{x - x_e}{l}\,\mathbf{N}_\theta^T(\eta)\right]\mathbf{u} \equiv l\,\mathbf{N}_z^T(x, y)\,\mathbf{u} \end{aligned} \tag{3.60}$$

donde $\eta = y/l$. La *matriz columna* $\mathbf{N}_z(x, y)$ es entonces

$$\mathbf{N}_z(x, y) = \mathbf{N}_w(\eta) - \frac{x - x_e}{l}\,\mathbf{N}_\theta(\eta) \tag{3.61}$$

De acuerdo a la Ec. (3.60), la matriz $\mathbf{N}_z(x, y)$ transforma los 4 grados de libertad $\mathbf{u}$ en una superficie que representa la deformada del ala. En particular el centro aerodinámico puede localizarse en la coordenada $x_a(y) = -c(y)/4$ si el eje y es el eje de simetría del ala y estamos en un régimen de flujo incompresible. Por tanto el desplazamiento del centro aerodinámico debido a $\mathbf{u}$ y su desplazamiento virtual debido a $\delta\mathbf{u}$ son

$$\Delta z_A(\eta) = l\,\mathbf{N}_z(x_a(y), y)\,\mathbf{u} \equiv l\,\mathbf{N}_A^T(\eta)\,\mathbf{u} \tag{3.62}$$

$$\delta(\Delta z_A) = l\,\mathbf{N}_A^T(\eta)\,\delta\mathbf{u} \tag{3.63}$$

donde

$$\mathbf{N}_A(\eta) = \mathbf{N}_w(\eta) - \frac{x_a(\eta) - x_e}{l}\,\mathbf{N}_\theta(\eta) \tag{3.64}$$

Volvamos a la expresión del trabajo virtual (3.56). Buscamos expresarlo en la forma $\delta\mathcal{W} = \delta\mathbf{u}^T\mathbf{Q}$ por lo que la reescribimos como (haciendo ya el cambio de variable $y = \eta l$)

$$\delta\mathcal{W} = \int_{\eta=0}^{1} l\,\delta(\Delta z_A^T)\,L(\eta)\,d\eta \tag{3.65}$$

Introduciendo ahora las Ecs. (3.57) y (3.63) y tras algunas operaciones de simple multiplicación de matrices se obtiene

$$
\begin{aligned}
\delta\mathcal{W} &= \int_{\eta=0}^{1} l\,\delta(\Delta z_A^T)\,L(\eta)\,d\eta \\
&= \delta\mathbf{u}^T \int_{\eta=0}^{1} l^2\,\mathbf{N}_A(\eta)\left(q\,c(\eta)\,C_{L\alpha}\,\mathbf{N}_\theta^T(\eta)\,\mathbf{u} + q\,c(\eta)\,C_{L\alpha}\,\alpha_0\right) \\
&= \delta\mathbf{u}^T\left(q\int_{\eta=0}^{1} l^2\,c(\eta)\,C_{L\alpha}\,\mathbf{N}_A(\eta)\mathbf{N}_\theta^T(\eta)\,\mathbf{u}\,d\eta \right. \\
&\quad \left. + q\,\alpha_0\int_{\eta=0}^{1} l^2\,c(\eta)\,C_{L\alpha}\,\mathbf{N}_A(\eta)\,d\eta\right) \\
&\equiv \delta\mathbf{u}^T\mathbf{Q}
\end{aligned}
\tag{3.66}
$$

Identificando los vectores que multiplican a $\delta\mathbf{u}^T$ a ambos lados de la igualdad se tiene que el vector de fuerzas generalizadas es

$$
\begin{aligned}
\mathbf{Q} &= q\int_{\eta=0}^{1} l^2\,c(\eta)\,C_{L\alpha}\,\mathbf{N}_A(\eta)\mathbf{N}_\theta^T(\eta)\,\mathbf{u}\,d\eta + q\,\alpha_0\int_{\eta=0}^{1} l^2\,c(\eta)\,C_{L\alpha}\,\mathbf{N}_A(\eta)\,d\eta \\
&\equiv q\,\mathbf{A}\,\mathbf{u} + q\,\mathbf{a}\,\alpha_0
\end{aligned}
\tag{3.67}
$$

La expresión obtenida es en efecto un vector, pues los dos términos que lo componen tienen 4 componentes. Los vectores $\mathbf{N}_A(\eta)$ y $\mathbf{N}_\theta(\eta)$ son vectores columna de 4 componentes, por lo que el producto $\mathbf{N}_A(\eta)\mathbf{N}_\theta^T(\eta)$ es una matriz de 4×4 que multiplicada por el vector $\mathbf{u}$ da como resultado otro vector (columna) también de tamaño 4. El segundo término es el resultado de integrar $c(\eta)\mathbf{N}_A(\eta)$ que como hemos visto es un vector de orden 4, pues $c(\eta)$ es la cuerda en cada perfil $\eta = y/l$. Por otro lado, es inmediato notar que de los dos términos en los que se descompone $\mathbf{Q}$, el primero depende del valor de los grados de libertad $\mathbf{u}$ (desconocido) mientras que el segundo es proporcional al ángulo de ataque rígido (conocido a priori). La matriz que multiplica a $\mathbf{u}$ sí es conocida y puede ser obtenida tras la integración. Podemos reescribir la expresión de $\mathbf{Q}$ de forma mucho más compacta y resaltando el hecho de que depende de los grados de libertad

$$\mathbf{Q}(\mathbf{u}) = q\,\mathbf{A}\,\mathbf{u} + q\,\mathbf{a}\,\alpha_0 \tag{3.68}$$

donde

$$\mathbf{A} = \int_{\eta=0}^{1} l^2\,c(\eta)\,C_{L\alpha}\,\mathbf{N}_A(\eta)\mathbf{N}_\theta^T(\eta)\,\mathbf{u}\,d\eta \tag{3.69}$$

$$\mathbf{a} = \int_{\eta=0}^{1} l^2\,c(\eta)\,C_{L\alpha}\,\mathbf{N}_A(\eta)\,d\eta \tag{3.70}$$

Por efecto de homogeneizar y adimensionalizar el vector $\mathbf{u}$ se consigue que tanto la matriz $\mathbf{A}$ como el vector $\mathbf{a}$ tienen las mismas dimensiones físicas en todos sus elementos. Los elementos del vector $\mathbf{Q}$ tienen unidad de energía (o trabajo, que es lo mismo) por unidad de grado de libertad. Al definir nuestros grados de libertad como adimensionales (ver Ec. (3.33)), entonces las fuerzas generalizadas tienen unidades $[FL]$. Los elementos de la matriz $\mathbf{A}$ se suelen denominar *coeficientes de influencia aerodinámicos*, más conocidos por sus siglas en inglés (AIC: *Aerodynamic Influence Coefficients*).

En la Tabla 3.2 se han calculado la matriz $\mathbf{A}$ y el vector $\mathbf{a}$ para diferentes configuraciones de variación de la cuerda. En el caso de cuerda constante se ha considerado que $x_e - x_a = e$. En el resto se ha tomado $x_e = 0$. Se comprueba que la primera y tercera columna en cada matriz $\mathbf{A}$ está formada por ceros. La interpretación es la siguiente: las fuerzas generalizadas dependen de los grados de libertad de los giros, no de los desplazamientos verticales. Esto concuerda con el hecho deque en efecto la sustentación no depende del desplazamiento vertical $w(\eta)$, sino solo del giro elástico de torsión, $\theta(\eta)$.

En el punto siguiente vamos a continuar con el caso general, pero los resultados serán comparados para el caso de cuerda constante con los obtenidos a partir de la solución exacta, por lo que volveremos a los resultados de la Tabla 3.2.

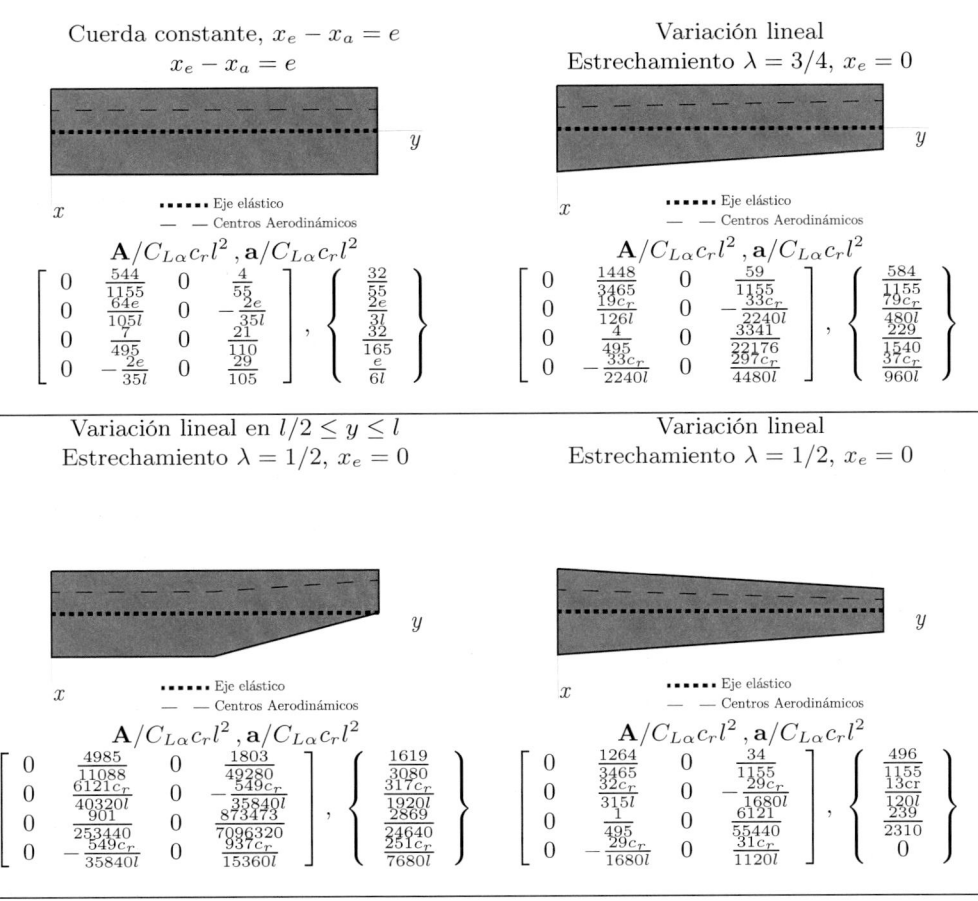

Cuerda constante, $x_e - x_a = e$
$$x_e - x_a = e$$

Eje elástico
Centros Aerodinámicos

$$\mathbf{A}/C_{L\alpha}c_r l^2\,,\mathbf{a}/C_{L\alpha}c_r l^2$$

$$
\begin{bmatrix}
0 & \frac{544}{1155} & 0 & \frac{4}{55} \\
0 & \frac{64e}{105l} & 0 & -\frac{2e}{35l} \\
0 & \frac{7}{495} & 0 & \frac{21}{110} \\
0 & -\frac{2e}{35l} & 0 & \frac{29}{105}
\end{bmatrix},
\left\{
\begin{array}{c}
\frac{32}{55} \\
\frac{2e}{3l} \\
\frac{32}{165} \\
\frac{e}{6l}
\end{array}
\right\}
$$

Variación lineal
Estrechamiento $\lambda = 3/4$, $x_e = 0$

Eje elástico
Centros Aerodinámicos

$$\mathbf{A}/C_{L\alpha}c_r l^2\,,\mathbf{a}/C_{L\alpha}c_r l^2$$

$$
\begin{bmatrix}
0 & \frac{1448}{3465} & 0 & \frac{59}{1155} \\
0 & \frac{19c_r}{126l} & 0 & -\frac{33c_r}{2240l} \\
0 & \frac{4}{495} & 0 & \frac{22176}{3341} \\
0 & -\frac{33c_r}{2240l} & 0 & \frac{297c_r}{4480l}
\end{bmatrix},
\left\{
\begin{array}{c}
\frac{584}{1155} \\
\frac{79c_r}{480l} \\
\frac{229}{1540} \\
\frac{37c_r}{960l}
\end{array}
\right\}
$$

Variación lineal en $l/2 \le y \le l$
Estrechamiento $\lambda = 1/2$, $x_e = 0$

Eje elástico
Centros Aerodinámicos

$$\mathbf{A}/C_{L\alpha}c_r l^2\,,\mathbf{a}/C_{L\alpha}c_r l^2$$

$$
\begin{bmatrix}
0 & \frac{4985}{11088} & 0 & \frac{1803}{49280} \\
0 & \frac{6121c_r}{40320l} & 0 & -\frac{549c_r}{35840l} \\
0 & \frac{901}{253440} & 0 & \frac{873473}{7096320} \\
0 & -\frac{549c_r}{35840l} & 0 & \frac{937c_r}{15360l}
\end{bmatrix},
\left\{
\begin{array}{c}
\frac{1619}{3080} \\
\frac{317c_r}{1920l} \\
\frac{2869}{24640} \\
\frac{251c_r}{7680l}
\end{array}
\right\}
$$

Variación lineal
Estrechamiento $\lambda = 1/2$, $x_e = 0$

Eje elástico
Centros Aerodinámicos

$$\mathbf{A}/C_{L\alpha}c_r l^2\,,\mathbf{a}/C_{L\alpha}c_r l^2$$

$$
\begin{bmatrix}
0 & \frac{1264}{3465} & 0 & \frac{34}{1155} \\
0 & \frac{32c_r}{315l} & 0 & -\frac{29c_r}{1680l} \\
0 & \frac{1}{495} & 0 & \frac{55440}{6121} \\
0 & -\frac{29c_r}{1680l} & 0 & \frac{31c_r}{1120l}
\end{bmatrix},
\left\{
\begin{array}{c}
\frac{496}{1155} \\
\frac{13c_r}{120l} \\
\frac{239}{2310} \\
0
\end{array}
\right\}
$$

Tabla 3.2: Matrices de coeficientes de influencia aerodinámicos para diferentes configuraciones de alas con cuerda constante y cuerda variable. El estrechamiento está definido como la relación entre la cuerda en punta de ala y cuerda en la raíz, c_r

3.3.4 Solución del problema aeroelástico

En el punto anterior se han obtenido las fuerzas generalizadas en el problema aeroelástico del ala recta. De hecho, hemos comprobado algo que intuíamos: las fuerzas generalizadas son función de los grados de libertad elásticos, en particular función de los giros a torsión. Entrando con el resultado obtenido para $\mathbf{Q} = q\,\mathbf{A}\,\mathbf{u} + q\,\mathbf{a}\,\alpha_0$ en las ecuaciones de Lagrange (3.39) y (3.55) en su forma matricial, se tiene

$$\mathbf{Ku} = q\mathbf{Au} + q\,\mathbf{a}\,\alpha_0 \tag{3.71}$$

donde recordemos $q = \rho_\infty U_\infty^2/2$ representa la presión dinámica. La ecuación matricial anterior es un sistema lineal de ecuaciones en las incógnitas $\mathbf{u}$. Reordenando el sistema se tiene

$$(\mathbf{K} - q\mathbf{A})\,\mathbf{u} = q\,\mathbf{a}\,\alpha_0 \tag{3.72}$$

La matriz de los coeficientes está formada por términos de la matriz de rigidez y términos de la matriz de coeficientes de influencia aerodinámicos, afectados estos últimos por la velocidad q. La solución de los grados de libertad puede escribirse como

$$\mathbf{u} = q\,(\mathbf{K} - q\mathbf{A})^{-1}\,\mathbf{a}\,\alpha_0 \tag{3.73}$$

Pero debemos ser cautelosos con esta solución pues como sabemos, la matriz inversa tiene en el denominador del determinante de la matriz de coeficientes. A medida que la presión dinámica se acerque a los valores que anulen dicho determinante la respuesta (gobernada por $\mathbf{u}$) crecerá asintóticamete. Así, de nuevo aparecen valores de la velocidad q que llevan al sistema a la inestabilidad. El menor (positivo) de dichos valores es la presión dinámica de divergencia. El resto de raíces se corresponden con otros modos de divergencia. Todas las presiones de divergencia se obtienen como solución de la ecuación

$$\det\,[\mathbf{K} - q\mathbf{A}] = 0 \tag{3.74}$$

La forma discreta de presentar el problema estático aeroelástico dado por la Ec. (3.72) ya apareció en la Ec. (2.31) del Capítulo 2. En general, para problemas discretos, el sistema de ecuaciones en $\mathbf{u}$ tiene una forma similar a (3.72). Dicho problema se denomina *de respuesta*, pues permite conocer la respuesta en el equilibrio a partir de una situación inicial dado por α_0. Este tipo de problemas se diferencia de aquellos llamados *de estabilidad* en los que el objetivo es obtener los modos y presiones de divergencia. Teóricamente ya hemos visto que las presiones de divergencia se pueden extraer de la Ec. (3.74). Los modos de divergencia representan el patrón de deformación adoptado por la estructura en el momento de la inestabilidad. Dichos modos en términos grados de libertad no son más que los autovectores del problema

$$(\mathbf{K} - q\mathbf{A}) \, \mathbf{u} = \mathbf{0} \tag{3.75}$$

Una duda que surge a menudo a los estudiantes más inquietos es ¿por qué la solución de la Ec. (3.75) representa la solución de los modos del problema de estabilidad? En realidad, ¿cómo deducimos el problema (3.75) desde la Ec. (3.72)? ¿o desde la Ec. (3.74)? Es interesante dar una respuesta algo más rigurosa a este problema desde un punto de vista matemático. En efecto, supongamos que nos encontramos en una posición de equilibrio dada por $\mathbf{u_0}$. En este caso se verificará que

$$(\mathbf{K} - q\mathbf{A}) \, \mathbf{u}_0 = q \, \mathbf{a} \, \alpha_0 \tag{3.76}$$

Si este equilibrio es estable, cualquier perturbación alrededor de dicha posición, dada por el nuevo vector $\mathbf{u} = \mathbf{u_0} + \Delta\mathbf{u}$, implicará que $\Delta\mathbf{u} = \mathbf{0}$ garantizando la vuelta al equilibrio inicial. Introduciendo la expresión de $\mathbf{u}$ en la Ec. (3.72) para obtener la nueva posición de equilibrio se tiene

$$(\mathbf{K} - q\mathbf{A}) \, (\mathbf{u}_0 + \Delta\mathbf{u}) = q \, \mathbf{a} \, \alpha_0 \tag{3.77}$$

Como se verifica la Ec. (3.76) en el equilibrio original, se tiene que $\Delta\mathbf{u}$ puede calcularse a partir del sistema

$$(\mathbf{K} - q\mathbf{A}) \, \Delta\mathbf{u} = \mathbf{0} \tag{3.78}$$

Esta condición se interpreta de la siguiente forma: si los valores de q coinciden con alguno de los autovalores del problema generalizado (3.78), entonces existen soluciones no acotadas $\Delta\mathbf{u}$ (recordemos que se trata de autovectores, es decir, son también solución cuando los multiplicamos por cualquier número) y, por tanto cuando perturbamos la posición de equilibrio no volvemos a ella, sino que el sistema se hace inestable. Por contra, si q no es ningún autovalor de (3.78), entonces se verifica que $\det [\mathbf{K} - q\mathbf{A}] \neq 0$ y la única solución es $\Delta\mathbf{u} = \mathbf{0}$, volviendo a la posición de equilibrio tras la perturbación, es decir, la estructura es estable. Cuando resolvemos el problema numéricamente con Mathematica o Matlab, es mucho más efectivo desde un punto de vista computacional resolver el problema de autovalores (3.78) que plantear el determinante como polinomio y luego resolver cada autovector separadamente. Esto es debido a que las subrutinas implementadas para el cálculo numérico de autovalores están muy optimizadas y suelen sacar como resultados autovalores y autovectores simultáneamente.

A continuación, pasaremos a resolver el problema de ala con cuerda y rigidez constante. En la Ec. (3.51) se obtuvo la matriz de rigidez $\mathbf{K}$. Para resolver el problema en forma adimensional expresaremos dicha matriz como $\mathbf{K} = \frac{GJ}{l}\mathcal{K}$, donde $\mathcal{K}$ es la matriz cuyos elementos son todos adimensionales

$$\mathcal{K} = \begin{bmatrix} \frac{49152\beta}{385} & 0 & -\frac{15616\beta}{385} & 0 \\ 0 & \frac{128}{15} & 0 & -\frac{76}{15} \\ -\frac{15616\beta}{385} & 0 & \frac{6128\beta}{385} & 0 \\ 0 & -\frac{76}{15} & 0 & \frac{62}{15} \end{bmatrix} \qquad (3.79)$$

El parámetro $\beta = EI/GJ$ define la relación entre rigidez a flexión y a torsión seccional del ala. Por otro lado, la matriz de coeficientes de influencia aerodinámicos y el vector de términos independientes de las Tabla 3.2 también se pueden expresar como $\mathbf{A} = C_{L\alpha}\,c\,e\,l\mathcal{A}$ y $\mathbf{a} = C_{L\alpha}\,c\,e\,l\mathbf{a}$, siendo

$$\mathcal{A} = \begin{bmatrix} 0 & \frac{544l}{1155e} & 0 & \frac{4l}{55e} \\ 0 & \frac{64}{105} & 0 & -\frac{2}{35} \\ 0 & \frac{7l}{495e} & 0 & \frac{21l}{110e} \\ 0 & -\frac{2}{35} & 0 & \frac{29}{105} \end{bmatrix}, \quad \mathfrak{a} = \left\{ \begin{array}{c} \frac{32l}{55e} \\ \frac{2}{3} \\ \frac{32l}{165e} \\ \frac{1}{6} \end{array} \right\} \qquad (3.80)$$

Las ecuaciones del sistema (3.76) se escriben ahora como

$$\left(\frac{GJ}{l}\mathcal{K} - q\,C_{L\alpha}\,c\,e\,l\mathcal{A} \right) \mathbf{u} = q\,C_{L\alpha}\,c\,e\,l\mathfrak{a}\,\alpha_0 \qquad (3.81)$$

Definimos ahora la presión dinámica de referencia de igual forma que en el problema resuelto con la ecuación diferencial, $q_0 = \frac{GJ}{ecl^2C_{L\alpha}}$. Con algunas manipulaciones, la Ec. (3.81) se transforma en el sistema (ya totalmente adimensional)

$$\left(\mathcal{K} - \frac{q}{q_0}\mathcal{A} \right) \mathbf{u} = \frac{q}{q_0}\mathfrak{a}\,\alpha_0 \qquad (3.82)$$

Siguiendo con la notación usada en la solución exacta y para mayor comodidad a la hora de comparar soluciones, definimos el parámetro λ como

$$\lambda = \sqrt{\frac{q}{q_0}} = \sqrt{\frac{q\,e\,c\,l^2 C_{L\alpha}}{GJ}} \qquad (3.83)$$

Los autovalores se obtienen de la ecuación característica en λ

$$\det\left[\mathcal{K} - \lambda^2\mathcal{A} \right] = \frac{262144\beta^2}{266805}\left(65\lambda^4 - 1692\lambda^2 + 3780 \right) \qquad (3.84)$$

Igualando esta ecuación a cero se deducen los modos de divergencia. Al tratarse de una ecuación cuadrática en $\lambda^2 = q/q_0$, se obtienen dos soluciones q_1 y q_2. Sin embargo, sería esperable obtener 4 raíces pues $\mathbf{K}$ y $\mathbf{A}$ son matrices de orden 4.

	Exactos	Aproximados	Error (%)
Modo 1, λ_1	$\pi/2 = 1.5708$	1.5710	0.013
Modo 2, λ_2	$3\pi/2 = 4.7124$	4.8547	3.008

Tabla 3.3: Comparación de autovalores en $\lambda = \sqrt{q/q_0}$ para el problema exacto (ecuación diferencial) y aproximado (interpolación polinómica). Resultados de los dos primeros modos

Se puede demostrar que los otros dos modos se corresponden con $q_3 = q_4 = \infty$ y están asociados a los modos de flexión. La demostración e interpretación de este hecho ya se vio en el punto 2.2.3: las presiones de divergencia de los modos de flexión son infinitas porque la divergencia (en alas rectas) siempre está asociada al mecanismo de deformación de torsión. Matemáticamente, la matriz **A** tiene dos columnas de ceros, precisamente aquellas asociadas a los gdl de flexión. Así, su rango es 2 lo que significa que el problema $(\frac{1}{q}\mathbf{K} - \mathbf{A})\mathbf{u} = \mathbf{0}$ en el parámetro $1/q$ tiene dos autovalores nulos, o sea $q = \infty$ es autovalor doble.

La ecuación característica (3.84) puede resolverse en el parámetro λ y los resultados pueden ser comparados con las raíces de la ecuación característica exacta $\cos \lambda = 0$ obtenida a partir de la ecuación diferencial. Centrémonos en los modos con $\lambda > 0$, pues son los que presentan interpretación física. El modelo es discreto y por tanto solo podemos aspirar a obtener un número finito de modos, en nuestro caso igual a 2, pues para la interpolación de la solución del giro de torsión se han usado dos grados de libertad. En la Tabla 3.3 se muestran las soluciones en λ para ambos modelos. Se observa que el primer modo, obtenido con la aproximación polinómica, presenta un error muy reducido respecto al exacto aunque la aproximación se deteriora para el segundo modo. Veamos que en general la precisión del modelo va decreciendo a medida que aumenta la velocidad (o la presión dinámica) aunque en el rango de estabilidad, antes de alcanzar la presión de divergencia, ambos modelos presentan resultados muy similares. Para ello, se puede obtener el giro de torsión en el ala en función de λ.

$$\theta(\eta) = \lambda^2 \, \mathbf{N}_\theta^T(\eta) \, \left(\mathcal{K} - \lambda^2 \mathcal{A}\right)^{-1} \mathbf{a} \, \alpha_0 \tag{3.85}$$

Tras algunas operaciones se obtiene

$$\theta(\eta) = -\frac{5\alpha 0\eta\lambda^2 \left[(56\eta^2 - 123\eta + 78)\lambda^2 + 378(\eta - 2)\right]}{65\lambda^4 - 1692\lambda^2 + 3780} \tag{3.86}$$

En la Fig. 3.9 se ha representado el giro en punta de ala $\eta = 1$ en función de la velocidad para el rango $0 \leq \text{`} \leq 4\pi$ junto con el resultado exacto obtenido con la ecuación diferencial (que ya se mostró en la Fig. 3.3). Aquí se observa con claridad cómo la solución aproximada presenta una gran precisión dentro del rango $0 \leq \lambda \leq \pi/2$ equivalente a una velocidad por debajo de la divergencia $q < q_D$ y cómo ésta va perdiendo precisión a medida que aumenta la velocidad. Si por necesidades del modelo se requiriera aumentar el rango de validez, sería necesario introducir nuevos grados de libertad de torsión definiendo una discretización más refinada del ala, empleando por ejemplo dos elementos finitos como el que hemos diseñado en lugar de uno, cada uno de ellos con longitud $l/2$. Aumentaría el orden de las matrices y el número de raíces λ.

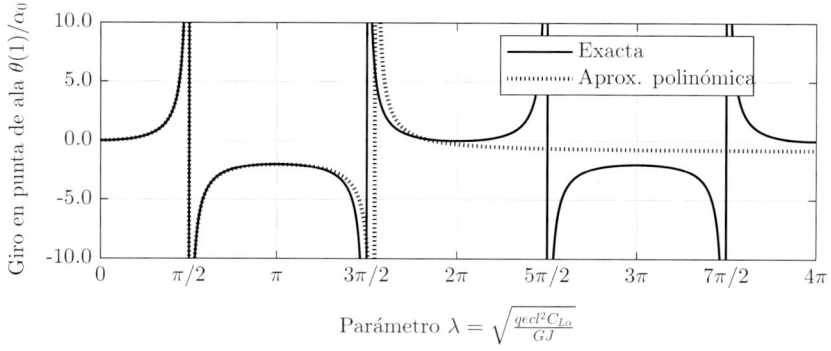

Figura 3.9: Evolución del ángulo elástico $\theta(\eta = 1)/\alpha_0$ en punta de ala con el parámetro $\lambda = \sqrt{q/q_0}$ para $0 \leq \lambda \leq 4\pi$. Comparación entre la solución exacta obtenida de la ecuación diferencial y la solución mediante el método de aproximación polinómica.

Por último, en la Fig. 3.10 se ha representado el coeficiente de sustentación a lo largo de la envergadura para las presiones dinámcas $q = 0.5q_D$ y $q = 0.8q_D$. Estos valores se encuentran dentro del rango $0 \leq \lambda \leq \pi/2$ dentro del cual el modelo aproximado presenta un ajuste muy satisfactorio por lo que es espera que las distribuciones de sustentación exacta y aproximada no presenten discrepancias visibles, tal y como se aprecia en la Fig. 3.10.

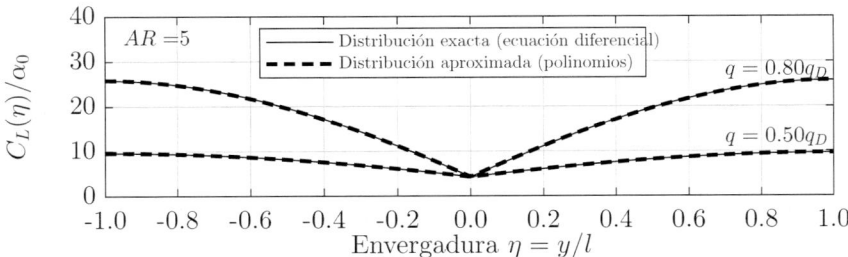

Figura 3.10: Distribución de la sustentación a lo largo de la envergadura para un ala de alargamiento $AR = 5$. Comparación entre la solución exacta obtenida de la ecuación diferencial y la solución aproximada mediante el método de aproximación polinómica.

3.4 Efectividad de mando en maniobras de alabeo

3.4.1 Planteamiento del problema

Los fenómenos de la efectividad y la inversión de mando ya han sido introducidos en la Secc. 2.3 como parte específica de la aeroelasticidad estática de perfiles. El análisis realizado entonces podría caracterizarse como cualitativo y tenía como principal objetivo introducir los conceptos fundamentales. En realidad, dichos fenómenos son el resultado del acoplamiento aeroelástico entre las fuerzas aerodinámicas generadas cuando se deflectan los controles del avión (alerones, elevador y timón) y aquellas que aparecen como consecuencia de la deformación estructural. Afecta principalmente a las maniobras de cabeceo (deflexión alerón del estabilizador horizontal) y a las de alabeo (deflexión asimétrica de alerones en alas). En el primer caso, al accionar el control para realizar una maniobra en el plano de simetría las fuerzas en el estabilizador tienden a deformar el fuselaje y el estabilizador, cambiando el ángulo de ataque de ala y estabilizador, afectando a las fuerzas aerodinámicas y como consecuencia reduciendo la efectividad que se esperaba de dicha maniobra (más concretamente, la velocidad de rotación obtenida en la maniobra no es la esperada bajo la hipótesis de avión rígido). En el caso de la maniobra de alabeo, las fuerzas derivadas del accionamiento antisimétrico de los alerones deforman también el ala en sentido contrario, reduciendo la efectividad.

Matemáticamente, la *efectividad* de mando se define como un parámetro que representa una medida de la influencia de la deformación estructural en la calidad de la maniobra. Así en general en el rango de vuelo habitual una efectividad igual a la unidad significa que el control no se ve afectado por la deformación estructural (altamente efectivo). En el extremo opuesto, la efectividad nula representa la ausencia de control: accionamos el mando para girar pero el avión no responde. Todavía podríamos encontrarnos con efectividad negativa, que se puede interpretar de la siguiente forma: accionamos el mando para girar a la derecha y el avión gira hacia la izquierda. La efectividad de mando depende de diferentes factores: (1) de la geometría y dimensiones de los alerones (no depende del ángulo deflectado), (2) de la localización del eje elástico, (3) de la velocidad de vuelo, (4) de la rigidez de la estructura. Fijando el resto de parámetros, existe una velocidad de vuelo (o presión dinámica) para la cual la efectividad se anula (se pierde el control), dicha velocidad se denomina *velocidad de inversión de mando*.

Los problemas aeroelásticos de efectividad en el control del avión han aparecido como consecuencia del diseño de alas muy flexibles para el rango de velocidades requerido. Por ejemplo, el caza británico *Supermarine Spitfire* fue decisivo en la victoria de la Batalla de Inglaterra (1940). El Spitfire disponía de un ala de planta elíptica muy delgada y flexible con una velocidad de inversión de mando de 580 mph (930 km/h) que era algo más baja que la mayoría de los cazas coetáneos. Por ejemplo, se notó que a la velocidad de 400 mph (640 km/h) de velocidad IAS, el 65 % de la efectividad del alerón se perdía debido a la torsión elástica del ala. A medida que los diseños ganaron en potencia y era capaz de maniobrar a altas velocidades, la posibilidad de que los pilotos encontraran inversión del alerón aumentaba. El equipo del Supermarine realizó cambios en el diseño de las alas para encarar este problema y el nuevo diseño del ala y de los sistemas de control (dando lugar al modelo Spitfire Mk 21 y sus sucesores) permitieron que la rigidez aumentara un 47 % y que la velocidad de inversión de mando aumentara hasta los 825 mph (1328 km/h). Otro ejemplo real de diseño limitado por efectividad del control es el bombardero Boeing XB-47. Este avión militar fue diseñado para volar a elevadas altitudes y a altas velocidades en régimen subsónico. La elevada flexibilidad del ala fue una preocupación, incrementando la deformación en punta de ala hasta los 5.3 m. La máxima velocidad se limitó a 787 km/h (IAS) para evitar la inversión del control debido a la torsión del ala inducida por las fuerzas de los alerones.

En esta sección nos acercaremos más al problema real de la inversión y la efectividad de mando analizando la dinámica de una maniobra de alabeo puro considerando el ala completa. El modelo aerodinámico está basado en la teoría potencial de perfiles en régimen incompresible mientras que el modelo estructural considerará las dos semialas como dos elementos finitos independientes, cada uno de 4 grados de libertad, por lo que el conjunto tendrá 8 gdl. De los

Supermarine Spitfire (GB, 1936)

Boeing XB-47 (USA, 1947)

Figura 3.11: Dos ejemplos de aeronaves con diseños de alas muy flexibles que dieron lugar a baja efectividad del mando en maniobras de alabeo, con bajas velocidades relativas de inversión de mando. El caza Supermarine Spitfire debido a la gran esbeltez del perfil del ala y el bombardero XB-47 por la gran envergadura.

principios de la mecánica de vuelo sabemos que los grados de libertad de la maniobra de alabeo se acoplan con los la maniobra de guiñada. Sin embargo, es habitual considerar aquel desacoplado de éste para evaluar las fuerzas y momentos máximos en el ala [17, 45, 60, 88]. Así, la ecuación de la maniobra de alabeo se convierte en una ecuación diferencial ordinaria en la variable *velocidad de rotación*, $p(t)$ (rad/s). Asumiendo que comenzamos la maniobra desde un vuelo rectilíneo y horizontal equilibrado, denominaremos $\gamma_a > 0$ a el accionamiento antisimétrico de ambos alerones que se traduce en una deflexión negativa del alerón en el ala derecha de valor $-\gamma_a$ y una positiva $+\gamma_a$ en el ala izquierda. El criterio positivo para una maniobra con $\gamma_a > 0$ se puede observar en la Fig. 3.12 donde también se representa la dirección positiva de la velocidad de rotación $p(t)$. Al comenzar la maniobra $t = 0$ aparecen una serie de fuerzas aerodinámicas en el ala. Si el ala es rígida, la sustentación irá en la dirección de $+z$ en el semiala izquierda mientras que irá en sentido contrario en el semiala derecha. El momento total de dichas fuerzas M_X (cuyo sentido positivo también se indica en la Fig. 3.12) iguala la variación del momento angular según el equilibrio dinámico de momentos, equilibrio que suele establecerse en el eje cuerpo del avión que denotaremos por X (con sentido contrario a x). Así se tiene que

$$I_X \frac{\mathrm{d}p}{\mathrm{d}t} = M_X(t) \quad , \quad p(0) = 0 \tag{3.87}$$

donde I_X representa el momento de inercia del avión respecto a X (o también respecto a x) y $p(t)$ es la velocidad de rotación en X, medida en rad/s. El

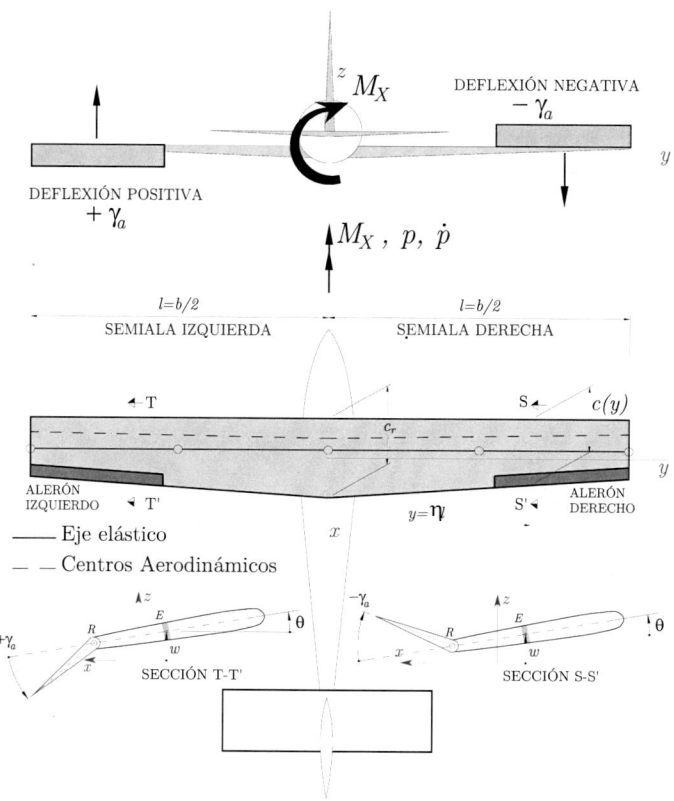

Figura 3.12: Ala sometida a una maniobra de alabeo. Sentido positivo del momento de alabeo M_X, de la velocidad de rotación.

momento total $M_X(t)$ de las fuerzas aerodinámicas tiene dos componentes:

$$M_X(t) = \frac{\partial M_X}{\partial \gamma}\, \gamma_a + \frac{\partial M_X}{\partial p}\, p(t) \equiv M_{X\gamma}\, \gamma_a + M_{Xp}\, p(t) \qquad (3.88)$$

Veamos con más detalle el significado de cada una de ellas

Término debido a γ_a (deflexión alerón). La configuración geométrica en el ala con el alerón derecho deflectado hacia arriba (negativo) y el izquierdo hacia abajo (positivo) da lugar a una distribución asimétrica de fuerzas de sustentación y presiones (ver Fig. 3.12). En el caso de que el ala fuese rígida la sustentación neta en el ala completa es nula, pero el momento de alabeo no lo es y su valor puede escribirse como

$$M_{X\gamma,\text{Rig}}\,\gamma_a$$

donde γ_a representa la intensidad de la deflexión y $M_{X\gamma,\text{Rig}}$ representa su correspondiente derivada aerodinámica cuando el ala es rígida. Cuando el ala es elástica, los grados de libertad estructurales, ordenados en un vector $\mathbf{u}$, son no-nulos y dan lugar a una distribución de ángulos de ataque *extra* que generan nuevas sustentaciones. El momento total en este caso se puede escribir como

$$\left(M_{X\gamma,\text{Rig}} + M_{X\gamma,\text{Elas}}\right)\,\gamma_a$$

donde ahora $M_{X\gamma,\text{Elas}}$ es un nuevo término en la derivada aerodinámica que depende directamente de $\mathbf{u}$ (de forma que si éste es nulo, aquel también lo es).

Término debido a $p(t)$ (Velocidad de rotación). Cuando el ala está alabeando con $p(t) > 0$, el ala derecha desciende y el ala izquierda asciende. El perfil localizado en la coordenada y ve ahora un nuevo ángulo de ataque de valor $yp(t)/U_\infty$ y por tanto sufrirá una sustentación adicional. De nuevo la sustentación global resulta nula, pero no así el momento de alabeo cuyo valor se puede escribir de nuevo como

$$\left(M_{Xp,\text{Rig}} + M_{Xp,\text{Elas}}\right)\,p(t)$$

Veremos que el momento de alabeo debido a $p(t)$ es también composición de un término asociado al ala rígida y otro debido a su deformabilidad.

Más adelante detallaremos cómo obtener todas estas derivadas aerodinámicas del momento de alabeo, tanto *rígidas* como *flexibles*, pero ahora supondremos que son conocidas. El momento de alabeo total ya se puede escribir como

$$M_X(t) = \left(M_{Xp,\text{Rig}} + M_{Xp,\text{Elas}}\right) p(t) + \left(M_{X\gamma,\text{Rig}} + M_{X\gamma,\text{Elas}}\right)\gamma_a \tag{3.89}$$

y por tanto la ecuación diferencial resulta ser

$$\begin{cases} I_X\,\dfrac{\mathrm{d}p}{\mathrm{d}t} = \left(M_{Xp,\text{Rig}} + M_{Xp,\text{Elas}}\right) p(t) + \left(M_{X\gamma,\text{Rig}} + M_{X\gamma,\text{Elas}}\right)\gamma_a \\ p(0) = 0 \end{cases} \tag{3.90}$$

cuya solución es

$$p(t) = -\frac{M_{X\gamma,\text{Rig}} + M_{X\gamma,\text{Elas}}}{M_{Xp,\text{Rig}} + M_{Xp,\text{Elas}}}\left(1 - e^{-\kappa t}\right)\gamma_a \tag{3.91}$$

con

$$\kappa = -\frac{M_{Xp,\text{Rig}} + M_{Xp,\text{Elas}}}{I_X} \tag{3.92}$$

La derivada $M_{Xp} = M_{Xp,\text{Rig}} + M_{Xp,\text{Elas}}$ es en general negativa, lo que hace que el factor $\kappa > 0$ en la función exponencial, dando lugar a un amortiguamiento de la respuesta que en general será rápido (y sin oscilaciones). Por la misma razón se verifica que $-M_{Xp} > 0$ en el denominador. Si el ala fuera totalmente rígida, no hay deformaciones elásticas y se verifica que $\mathbf{u} \equiv \mathbf{0}$, por tanto $M_{X\gamma,\text{Elas}}, M_{Xp,\text{Elas}} \equiv 0$ y la respuesta sería

$$p_{\text{Rig}}(t) = \frac{M_{X\gamma,\text{Rig}}}{-M_{Xp,\text{Rig}}} \left(1 - e^{-\kappa_{\text{Rig}}\,t}\right) \gamma_a \tag{3.93}$$

donde ahora

$$\kappa_{\text{Rig}} = -\frac{M_{Xp,\text{Rig}}}{I_X} \tag{3.94}$$

Como en general se tiene que $M_{X\gamma,\text{Rig}} > 0$, una deflexión positiva da lugar a una velocidad de rotación positiva en un avión rígido cuyo valor estacionario (para $t \to \infty$) es igual a $p_\infty = \frac{M_{X\gamma,\text{Rig}}}{-M_{Xp}}\gamma_a$. Sin embargo, de la Ec. (3.91), el signo de $p(t)$ depende del signo del término $M_{X\gamma,\text{Rig}} + M_{X\gamma,\text{Elas}}$, es decir, del balance entre el efecto de los alerones (positivo, $M_{X\gamma,\text{Rig}} > 0$) y el de la elasticidad del ala (negativo, $M_{X\gamma,\text{Elas}} < 0$). Para evaluar este efecto de forma adimensional definimos como *efectividad del mando*, $\mathcal{E}$ al cociente [88]

$$\mathcal{E} = \frac{\hat{p}(0)/\gamma_a}{\hat{p}_{\text{Rig}}(0)/\gamma_a} \tag{3.95}$$

donde $\hat{p}(s) = \mathcal{L}\{p(t)\}$ es la transformada de Laplace de la respuesta. Por el teorema de valor final se tiene que

$$p(\infty) = \lim_{t \to \infty} p(t) = \lim_{s \to 0} s\,\hat{p}(s) \tag{3.96}$$

lo que permite redefinir la efectividad como

$$\begin{aligned}
\mathcal{E} &= \lim_{s \to 0} \frac{s\,\hat{p}(s)/\gamma_a}{s\,\hat{p}_{\text{Rig}}(s)/\gamma_a} = \frac{p(\infty)/\gamma_a}{p_{\text{Rig}}(\infty)/\gamma_a} \\[2mm]
&= \frac{M_{X\gamma,\text{Rig}} + M_{X\gamma,\text{Elas}}}{M_{Xp,\text{Rig}} + M_{Xp,\text{Elas}}} \frac{M_{Xp,\text{Rig}}}{M_{X\gamma,\text{Rig}}} = \frac{1 + \frac{M_{X\gamma,\text{Elas}}}{M_{X\gamma,\text{Rig}}}}{1 + \frac{M_{Xp,\text{Elas}}}{M_{Xp,\text{Rig}}}}
\end{aligned} \tag{3.97}$$

Se verifica entonces que

$$p(t) = p(\infty) \left(1 - e^{-\kappa\,t}\right)\gamma_a = \mathcal{E}\,p_{\mathrm{Rig}}(\infty)\left(1 - e^{-\kappa\,t}\right)\gamma_a \qquad (3.98)$$

La evolución de la respuesta del avión $p(t)$ en función de la efectividad se ha representado en la Fig. 3.13. Se observa que la respuesta tiende a un valor estacionario para $t \to \infty$ igual a $p_\infty = \mathcal{E}\,M_{X\gamma,\mathrm{Rig}}\gamma_a/(-M_{Xp,\mathrm{Rig}})$. La efectividad $\mathcal{E}$ reduce la respuesta esperada si el ala fuera rígida pudiendo llegar anularse totalmente el control ($\mathcal{E} = 0$) o incluso a invertirse el efecto esperado ($\mathcal{E} < 0$).

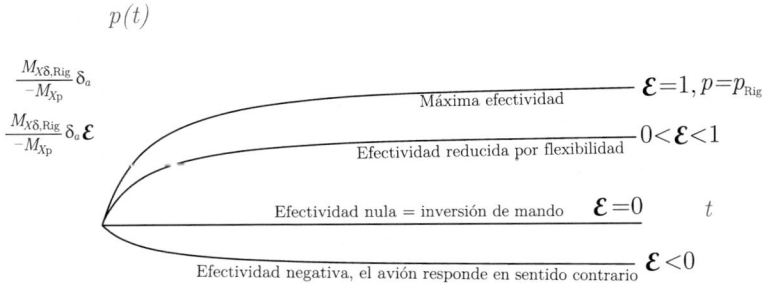

Figura 3.13: Respuesta al giro frente a una deflexión de alerones asimétrica $\gamma_a > 0$ para el caso $q_R < q_D$ (velocidad de inversión de mando inferior a la velocidad de divergencia). Diferentes formas de la respuesta en función de la efectividad de mando

La efectividad depende de las características del control, de las propiedades elásticas (rigidez, posición eje elástico) y de la velocidad (en particular de la relación entre la presión dinámica y la presión de divergencia, q/q_D. Si volamos bajo una presión dinámica $q \ll q_D$, el ala apenas se va a deformar y la efectividad será cercana a la unidad. A medida que crece q/q_D la efectividad decrece hasta hacerse nula, instante en el cual el mando no responde. La velocidad para la cual la efectividad se anula se denomina *velocidad de inversión de mando*, U_R (*reversal*) o presión dinámica de inversión de mando, q_R. En el tramo $q_R < q < q_D$ la efectividad es negativa y si intentamos girar hacia la izquierda a una velocidad en este intervalo, el avión girará hacia la derecha. En general, el diseño del ala se realiza para que $q_R < q_D$, pero físicamente el diseño podría dar lugar a una velocidad de inversión de mando superior a la de divergenccia $q_R > q_D$, en cuyo caso el comportamiento no sería como el descrito aquí ni como el mostrado en la Fig. 3.13. De hecho si $q_R > q_D$ la efectividad $\mathcal{E} \geq 1$ en el tramo $q = 0$ ($\mathcal{E} = 1$) hasta $q = q_D$ ($\mathcal{E} = \infty$) [36].

La efectividad de mando se ha definido en función de los momentos de alabeo M_X, pero admite una expresión en función de los coeficientes de momento aerodinámico de alabeo C_X, definidos en forma adimensional a partir del momento de alabeo como

$$M_X = \frac{1}{2} \rho_\infty U_\infty^2 \, S_w \, b \, C_X \tag{3.99}$$

donde b es la envergadura. En términos del coeficiente de momentos, la efectividad de mando es ahora

$$\mathcal{E}(q) = \frac{1 + \dfrac{C_{X\gamma,\text{Elas}}}{C_{X\gamma,\text{Rig}}}}{1 + \dfrac{C_{Xp,\text{Elas}}}{C_{Xp,\text{Rig}}}} \tag{3.100}$$

Introducido el concepto de efectividad de mando en una maniobra real de alabeo, usaremos un modelo estructural y otro aerodinámico para evaluar la deformabilidad elástica y calcular las diferentes derivadas aerodinámicas de la Ec. (3.100) y discutir su evolución con la velocidad (presión dinámica). En los apartados siguientes se obtendrán las matrices de rigidez y las matrices de coeficientes de influencia aerodinámicos debidos a la maniobra planteada. Finalmente se obtendrá la efectividad de mando para el caso particular de una ala de cuerda constante y se discutirán los resultados.

3.4.2 Modelización estructural

Para modelizar la maniobra de alabeo desde un punto de vista aeroelástico consideraremos que las dos semialas pueden deformarse de forma independiente (en realidad veremos que la deformación será antisimétrica). Usaremos para ello dos elementos finitos 1D diferentes con capacidad para desplazarse verticalmente en dirección z (flexión) y girar en su eje local s (torsión). En la Fig. 3.14 se ha representado la geometría del ala considerada con el eje elástico en un punto situado a una coordenada x_e. El eje y está localizado en el centro geométrico de la cuerda en encastre. A partir de ahí la cuerda puede ser variable con ley $c(y)$ y por tanto la posición del centro aerodinámico también puede ser variable $x_a(y)$. Como ya se ha hecho en la sección anterior, para poder expresar la deformación matemáticamente consideraremos que

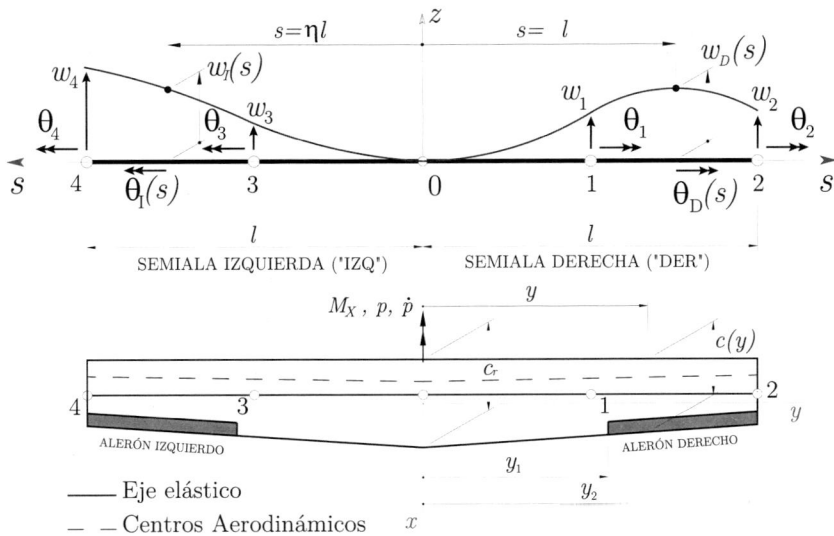

Figura 3.14: La deformación del ala sometida a la maniobra de alabeo se modeliza mediante dos elementos finitos (uno por semiala). Cada elemento tiene una variable local $s \in [0, l]$

(i) Los puntos del eje elástico se pueden localizar con ayuda de la coordenada local s, con $0 \le s \le l$. Así diferenciaremos entre el ala derecha $(\bullet)_D$ y el ala izquierda $(\bullet)_I$.

(ii) Un punto a una distancia $s \in [0, l]$ del origen puede sufrir desplazamiento vertical según las funciones $w_D(s)$ y $w_I(s)$ y giro de torsión longitudinal (en dirección $+s$) según las leyes $\theta_D(s)$ y $\theta_I(s)$. La deformación por tanto no tiene por qué ser simétrica respecto al eje x.

(iii) Las funciones anteriores serán aproximadas por polinomios que interpolarán la solución en función de ciertas variables definidos en los nodos de los elementos finitos: desplazamientos $\{w_1, w_2, w_3, w_4\}$ y giros $\{\theta_1, \theta_2, \theta_3, \theta_4\}$. Estas 8 variables serán las incógnitas de nuestro sistema y se organizan en un vector (columna) adimensional.

$$\mathbf{u} = \{w_1/b, \theta_1, w_2/b, \theta_2, w_3/b, \theta_3, w_4/b, \theta_4\}^T \qquad (3.101)$$

Donde $b = 2l$ representa la envergadura y será la variable de longitud de referencia. Conocido el vector (columna) definido arriba, se puede obtener el desplazamiento de cualquier punto del ala. El objetivo es pues poner la deformación continua del eje elástico en cada semiala, $w_D(s), w_I(s)$ y $\theta_D(s), \theta_I(s)$ asociada a cada elemento finito en función de las magnitudes dentro del vector **u**, que denominaremos *grados de libertad*.

La interpolación de la solución en cada semiala se construye bajo los mismos principios e hipótesis que los usados en la Secc. 3.3.1, pero ahora respecto a cada variable local s. Así, se puede escribir

$$w_D(s) \approx N_{w1}(s)w_1 + N_{w2}(s)w_2 \ , \quad \theta_D(s) \approx N_{\theta1}(s)\theta_1 + N_{\theta2}(s)\theta_2$$
$$w_I(s) \approx N_{w3}(s)w_3 + N_{w4}(s)w_4 \ , \quad \theta_I(s) \approx N_{\theta3}(s)\theta_3 + N_{\theta4}(s)\theta_4 \quad (3.102)$$

donde las funciones de forma expresadas en términos de la coordenada adimensional $\eta = s/l$ son

$$N_{w1}(s) = N_{w3}(s) = -\frac{96\eta^5}{11} + 32\eta^4 - \frac{448\eta^3}{11} + \frac{192\eta^2}{11}$$

$$N_{w2}(s) = N_{w4}(s) = \frac{34\eta^5}{11} - 11\eta^4 + \frac{144\eta^3}{11} - \frac{46\eta^2}{11}$$

$$N_{\theta1}(s) = N_{\theta3}(s) = 8\eta^3 - 16\eta^2 + 8\eta$$

$$N_{\theta2}(s) = N_{\theta4}(s) = -6\eta^3 + 11\eta^2 - 4\eta \ , \quad \eta = s/l \quad (3.103)$$

Para obtener la forma cuadrática que define la energía de deformación en términos de **u** es necesario escribir $w_D(s), w_I(s), \theta_D(s), \theta_I(s)$ como función matricial de **u**. Así, es inmediato comprobar que las Ecs. (3.102) se pueden expresar como

$$w_D(s) = b\,\mathbf{N}_{wD}^T(s)\,\mathbf{u} \quad , \quad \theta_D(s) = \mathbf{N}_{\theta D}^T(s)\,\mathbf{u} \quad (3.104)$$
$$w_I(s) = b\,\mathbf{N}_{wI}^T(s)\,\mathbf{u} \quad , \quad \theta_I(s) = \mathbf{N}_{\theta I}^T(s)\,\mathbf{u} \quad (3.105)$$

donde

$$\mathbf{N}_{wD}(s) = \{N_{w1}(s), 0, N_{w2}(s), 0, 0, 0, 0, 0\}^T$$
$$\mathbf{N}_{wI}(s) = \{0, 0, 0, 0, N_{w3}(s), 0, N_{w4}(s), 0\}^T$$
$$\mathbf{N}_{\theta D}(s) = \{0, N_{\theta1}(s), 0, N_{\theta2}(s), 0, 0, 0, 0\}^T$$
$$\mathbf{N}_{\theta I}(s) = \{0, 0, 0, 0, 0, N_{\theta3}(s), 0, N_{\theta4}(s)\}^T \quad (3.106)$$

son los vectores columna que relacionan los gdl con las deformaciones de los ejes elásticos de las semialas derecha e izquierda, funciones que están definidas en la variable local de cada elemento $0 \leq s \leq l$ o, estrictamente, en la coordenada adimensional $0 \leq \eta = s/l \leq 1$

Una vez definidos los grados de libertad del sistema y las funciones de interpolación, ya se puede obtener la energía de deformación de la estructura y a partir de ella, por simple integración y operaciones matriciales la matriz de rigidez. Tal y como se ha adelantado, la deformación del ala se modeliza mediante la flexión y la torsión de una barra recta localizada en el eje elástico cuya posición no tiene por qué coincidir con el centro del ala. Recordemos que la energía de deformación de una viga elástica que por flexión y torsión es [62]

$$\mathcal{U} = \mathcal{U}_f + \mathcal{U}_t$$

donde $\mathcal{U}_f, \mathcal{U}_t$ son las energías de deformación de flexión y torsión respectivamente, cuyas expresiones son

$$
\begin{aligned}
\mathcal{U}_f &= \frac{1}{2} \int_{\text{semiala DCHA}} EI(s) \left(\frac{d^2 w_D}{ds^2}\right)^2 ds + \frac{1}{2} \int_{\text{semiala IZDA}} EI(s) \left(\frac{d^2 w_I}{ds^2}\right)^2 ds \\
\mathcal{U}_t &= \frac{1}{2} \int_{\text{semiala DCHA}} GJ(s) \left(\frac{d\theta_D}{ds}\right)^2 ds + \frac{1}{2} \int_{\text{semiala IZDA}} GJ(s) \left(\frac{d\theta_I}{ds}\right)^2 ds
\end{aligned}
$$

$$(3.107)$$

Teniendo en cuenta que los cuadrados de las integrales anteriores se pueden expresar en forma matricial como

$$\left(\frac{d^2 w_D}{ds^2}\right)^2 = \left(\frac{d^2 w_D}{ds^2}\right)^T \left(\frac{d^2 w_D}{ds^2}\right) = \mathbf{u}^T \left(\frac{d^2 \mathbf{N}_{wD}}{ds^2}\right) \left(\frac{d^2 \mathbf{N}_{wD}^T}{ds^2}\right) \mathbf{u} \quad (3.108)$$

y que los límites de integración son desde $s = 0$ hasta $s = l = b/2$, entonces tras algunas operaciones se llega a que

$$\mathcal{U} = \mathcal{U}_f + \mathcal{U}_t = \frac{1}{2} \mathbf{u}^T \mathbf{K} \mathbf{u} \quad (3.109)$$

donde

$$\mathbf{K} = \mathbf{K}_{fD} + \mathbf{K}_{fI} + \mathbf{K}_{tD} + \mathbf{K}_{tI} \quad (3.110)$$

es la matriz de rigidez de la estructura completa siendo cada una de las submatrices

$$
\begin{aligned}
\mathbf{K}_{fD} &= \int_{s=0}^{l} b^2 \, EI(s) \left(\frac{d^2 \mathbf{N}_{wD}}{ds^2}\right) \left(\frac{d^2 \mathbf{N}_{wD}^T}{ds^2}\right) ds \\
\mathbf{K}_{fI} &= \int_{s=0}^{l} b^2 \, EI(s) \left(\frac{d^2 \mathbf{N}_{wI}}{ds^2}\right) \left(\frac{d^2 \mathbf{N}_{wI}^T}{ds^2}\right) ds \\
\mathbf{K}_{tD} &= \int_{s=0}^{l} GJ(s) \left(\frac{d \mathbf{N}_{\theta D}}{ds}\right) \left(\frac{d \mathbf{N}_{\theta D}^T}{ds}\right) ds \\
\mathbf{K}_{tI} &= \int_{s=0}^{l} GJ(s) \left(\frac{d \mathbf{N}_{\theta I}}{ds}\right) \left(\frac{d \mathbf{N}_{\theta I}^T}{ds}\right) ds
\end{aligned}
$$

$$(3.111)$$

Obsérvese que el resultado del producto de matrices de cada integral es una matriz 8×8 que pueden sumarse una a una pues, por ejemplo, $\mathbf{N}_{wD}(s)$ es un vector columna 8×1, mientras que $\mathbf{N}_{wD}^T(s)$ es un vector fila 1×8. Si el ala tiene rigidez constante a flexión y torsión, entonces $EI(s) \equiv EI = cte$, $GJ(s) \equiv GJ = cte$ y tras calcular las integrales se obtiene una matriz definida con dos bloques $\mathbf{K}_{DD}$, $\mathbf{K}_{II} \in \mathbb{R}^{4 \times 4}$ como

$$\mathbf{K} = \left[\begin{array}{cc} \mathbf{K}_{DD} & \mathbf{\Omega} \\ \mathbf{\Omega} & \mathbf{K}_{II} \end{array} \right]_{8 \times 8} \tag{3.112}$$

siendo $\mathbf{\Omega}$ la matriz nula de tamaño 4×4 y los bloques en la diagonal

$$\mathbf{K}_{DD} = \mathbf{K}_{II} = \left[\begin{array}{cccc} \frac{49152b^2EI}{385l^3} & 0 & -\frac{15616b^2EI}{385l^3} & 0 \\ 0 & \frac{128GJ}{15l} & 0 & -\frac{76GJ}{15l} \\ -\frac{15616b^2EI}{385l^3} & 0 & \frac{6128b^2EI}{385l^3} & 0 \\ 0 & -\frac{76GJ}{15l} & 0 & \frac{62GJ}{15l} \end{array} \right] \tag{3.113}$$

3.4.3   Modelo aerodinámico y fuerzas generalizadas

La obtención de la matriz de rigidez contiene toda la información de la elasticidad de la estructura y permite expresar la primera parte de las ecuaciones de Lagrange (estáticas). Así, de nuevo tenemos que

$$\mathbf{K}\,\mathbf{u} = \mathbf{Q} \tag{3.114}$$

de donde el vector de fuerzas generalizadas $\mathbf{Q}$ será función de los grados de libertad $\mathbf{u}$, de la deflexión del alerón, γ_a y de la velocidad de rotación, p, pues los tres fenómenos son fuente de fuerzas aerodinámicas, como se muestra en la Fig. 3.15. Llegados a este punto, parece surgir una contradicción en nuestro desarrollo: las Ecs. (3.114) son ecuación estáticas, en ellas han omitido los términos asociados a la energía cinética en los grados de libertad. Sin embargo, la energía cinética sí ha sido introducida para reproducir la ecuación de la velocidad de rotación (3.87), generando el término $I_X\dot{p}$. Esta omisión se justifica en el hecho de que la energía cinética asociada a los grados de libertad estructurales es fruto (principalmente) de las vibraciones elásticas entorno a su posición de equilibrio, pudiéndose considerar despreciable frente a la asociada de la maniobra. En cualquier caso ya se ha adelantado en la Ec. (3.97) que la efectividad de mando (principal objetivo de nuestro análisis) es independiente del momento de inercia del avión I_X. Parece por tanto razonable plantear el problema desde un punto de vista estático.

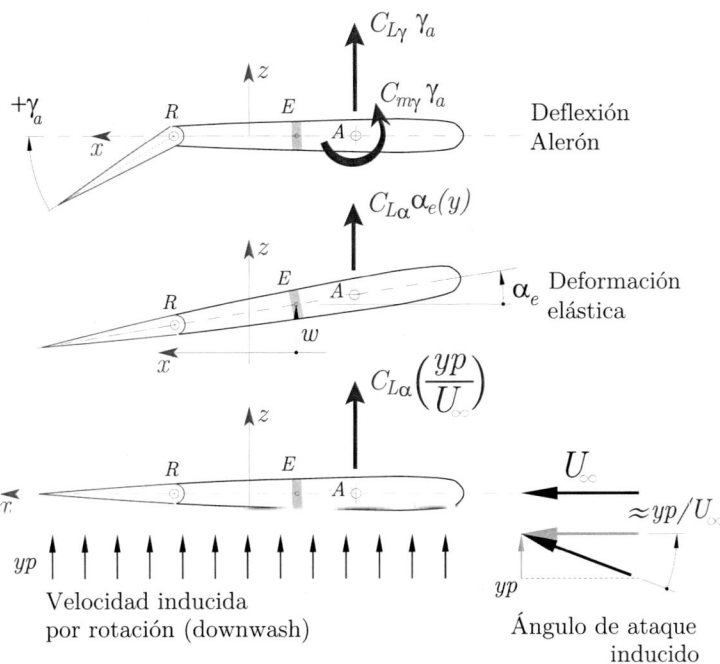

Figura 3.15: Fuerzas aerodinámicas en la maniobra de alabeo (en la sección y) y su origen.

Las fuerzas aerodinámicas en el centro aerodinámico de un perfil genérico $-b/2 \leq y \leq b/2$ estarán formadas por la sustentación y el momento (en el c.a.)

$$
\begin{aligned}
L(y) &= q\,c(y)\,C_L(y) \\
&= q\,c(y)\left[C_{L\alpha}\left(\alpha_e(y) + \frac{yp}{U_\infty}\right) + H(y)\,C_{L\gamma}\,\gamma_a\right] \quad (3.115) \\
M_a(y) &= q\,c^2(y)\,C_m(y) = q\,c^2(y)\,H(y)\,C_{m\gamma}\,\gamma_a \quad (3.116)
\end{aligned}
$$

donde $H(y)$ representa matemáticamente una función a trozos que vale 1 en el tramo de ala donde están definidod los alerones y 0 en el resto. De acuerdo a la Fig. 3.14, el alerón derecho está situado en el intervalo $y \in [y_1, y_2]$, por lo que en general debido a la simetría en la posición de los alerones, para cualquier $y \in [-b/2, b/2]$ se tiene que

$$H(y) = \begin{cases} -1 & y_1 \leq y \leq y_2 \\ +1 & -y_2 \leq y \leq -y_1 \\ 0 & |y| \notin [y_1, y_2] \end{cases} \tag{3.117}$$

En las Ecs. (3.115) y (3.116) se considera implícitamente que los coeficientes aerodinámicos $C_{L\alpha}$, $C_{L\gamma}$, $C_{m\gamma}$ son también funciones de la variable y, por lo que el planteamiento del problema es bastante general. La función $\alpha_e(y)$ representa el ángulo de ataque elástico. Hay una ligera diferencia entre el ángulo de ataque elástico en cada sección y el giro de torsión en las dos semialas. En la Fig. 3.14 se aprecia que el ángulo de torsión del semiala derecha $\theta_D(s) > 0$, da lugar a un ángulo de ataque positivo. Sin embargo, en el semiala izquierda si una sección sufre un ángulo de torsión $\theta_I(s) > 0$ entonces el ángulo de ataque es negativo, debido a que el ángulo de torsión lleva la dirección de la variable local s de cada elemento. Así, el ángulo de ataque elástico en una sección cualquiera $\alpha_e(y)$ se define algebraicamente como

$$\alpha_e(y) = \begin{cases} \alpha_D(y) = \theta_D(s) & y \geq 0, \ s = |y| \\ \alpha_I(y) = -\theta_I(s) & y \leq 0, \ s = |y| \end{cases} \tag{3.118}$$

donde $\alpha_D(y)$, $\alpha_I(y)$ representan los ángulos de ataque de las semialas derecha e izquierda, respectivamente.

El trabajo virtual realizado por las fuerzas aerodinámicas cuando los gdl elásticos sufren un desplazamiento virtual es

$$\delta\mathcal{W} = \int_{y=-b/2}^{b/2} [\delta z_A(y) \, L(y) + \delta\alpha_e(y) \, M_a(y)] \, dy \tag{3.119}$$

donde $z_A(y)$ representa el desplazamiento elástico sufrido por el c.a. para $\mathbf{u}$ (hemos omitido la notación mediante $\Delta(\bullet)$ usada en la Ec. (3.65) para mayor claridad en la exposición) y $\alpha_e(y)$ denota el ángulo de ataque elástico del perfil en y. Tanto $z_A(y)$ como $\delta\alpha_e(y)$ tendrán expresiones diferentes dependiendo de si nos encontramos en el semiala derecha o en la izquierda. Así se tiene que

$$z_A(y) = \begin{cases} w_D(y) - (x_a - x_e)\,\alpha_D(y) = b\left[\mathbf{N}_{wD}^T(s) - \frac{x_a - x_e}{b}\mathbf{N}_{\theta D}^T(s)\right]\mathbf{u} & s = y, y \geq 0 \\ w_I(y) - (x_a - x_e)\,\alpha_I(y) = b\left[\mathbf{N}_{wI}^T(s) - \frac{x_a - x_e}{b}(-\mathbf{N}_{\theta I}^T(s))\right]\mathbf{u} & s = |y|, y \leq 0 \end{cases} \tag{3.120}$$

En forma más compacta se puede escribir

$$\begin{array}{rclcrcl} z_A(y) & = & b\,\mathbf{N}_A^T(y)\,\mathbf{u} & , & \delta z_A(y) & = & b\,\mathbf{N}_A^T(y)\,\delta\mathbf{u} \\ \alpha_e(y) & = & \mathbf{N}_\alpha^T(y)\,\mathbf{u} & , & \delta\alpha_e(y) & = & \mathbf{N}_\alpha^T(y)\,\delta\mathbf{u} \end{array} \tag{3.121}$$

donde

$$
\mathbf{N}_A(y) =
\begin{cases}
\mathbf{N}_{wD}(s) - \dfrac{x_a - x_e}{b}\mathbf{N}_{\theta D}(s) & s = y \ , y \geq 0 \\[2ex]
\mathbf{N}_{wI}(s) + \dfrac{x_a - x_e}{b}\mathbf{N}_{\theta I}(s) & s = |y| \ , y \leq 0
\end{cases}
$$

$$
\mathbf{N}_\alpha(y) =
\begin{cases}
\mathbf{N}_{\theta D}(s) & s = y \ , y \geq 0 \\[1ex]
-\mathbf{N}_{\theta I}(s) & s = |y| \ , y \leq 0
\end{cases}
\tag{3.122}
$$

Introduciendo ahora las Ecs. (3.121) en (3.119) y, tras algunas operaciones de simple multiplicación de matrices, se obtiene

$$
\begin{aligned}
\delta\mathcal{W} &= \int_{y=-b/2}^{b/2} \left[\delta z_A^T(y)\, L(\eta) + \delta\alpha_e^T(y)\, M_a(y)\right]\, dy \\[1ex]
&= \delta\mathbf{u}^T \int_{y=-b/2}^{b/2} b\, \mathbf{N}_A(y)\, q\, c(y) \left[C_{L\alpha}\, \mathbf{N}_\alpha^T(y)\, \mathbf{u} + C_{L\alpha}\frac{yp}{U_\infty} + H(y)\, C_{L\gamma}\, \gamma_a\right] dy \\[1ex]
&\quad + \delta\mathbf{u}^T \int_{y=-b/2}^{b/2} \mathbf{N}_\alpha(y)\, q\, c^2(y)\, H(y)\, C_{m\gamma}\gamma_a\, dy \\[1ex]
&= \delta\mathbf{u}^T \left(q \int_{y=-b/2}^{b/2} b\, c(y)\, C_{L\alpha}\, \mathbf{N}_A(y)\mathbf{N}_\alpha^T(y)\, \mathbf{u}\, dy \right. \\[1ex]
&\quad + q \int_{y=-b/2}^{b/2} c(y)\, C_{L\alpha}\, \mathbf{N}_A(y)\, y \left(\frac{bp}{U_\infty}\right) dy \\[1ex]
&\quad + q \int_{y=-b/2}^{b/2} b\, c(y)\, C_{L\gamma}\, H(y)\, \mathbf{N}_A(y)\gamma_a\, dy \\[1ex]
&\quad \left. + q \int_{y=-b/2}^{b/2} c^2(y)\, C_{m\gamma}\, H(y)\, \mathbf{N}_\alpha(y)\gamma_a\, dy \right) \\[1ex]
&= \delta\mathbf{u}^T \left(q\, \mathbf{A}\, \mathbf{u} + q\, \mathbf{a}_p \left(\frac{bp}{U_\infty}\right) + q\, \mathbf{a}_\gamma\, \gamma_a \right) \equiv \delta\mathbf{u}^T\mathbf{Q}
\end{aligned}
\tag{3.123}
$$

donde las matrices y vectores con los coeficientes de influencia aerodinámicos son

$$\mathbf{A} = \int_{y=-b/2}^{b/2} b\, c(y)\, C_{L\alpha}\, \mathbf{N}_A(y) \mathbf{N}_\alpha^T(y)\, dy$$

$$\mathbf{a}_p = \int_{y=-b/2}^{b/2} y\, c(y)\, C_{L\alpha}\, \mathbf{N}_A(y)\, dy$$

$$\mathbf{a}_\gamma = \int_{y=-b/2}^{b/2} b\, c(y)\, C_{L\gamma}\, H(y)\, \mathbf{N}_A(y)\, dy + \int_{y=-b/2}^{b/2} c^2(y)\, C_{m\gamma}\, H(y)\, \mathbf{N}_\alpha(y)\, dy$$

$$(3.124)$$

Por tanto, identificando el vector $\mathbf{Q}$ de fuerzas generalizadas en la Ec. (3.123), se llega a

$$\mathbf{Q} = q\, \mathbf{A}\, \mathbf{u} + q\, \mathbf{a}_p \left(\frac{bp}{U_\infty} \right) + q\, \mathbf{a}_\gamma\, \gamma_a \qquad (3.125)$$

Este vector representa las fuerzas realmente efectivas sobre los grados de libertad y presenta tres componentes: (i) el término $q\mathbf{A}\mathbf{u}$ reprenta las fuerzas aerodinámicas debidas a la deformación elástica del ala; (ii) el término $q\mathbf{a}_p \left(\frac{bp}{U_\infty} \right)$ representa las fuerzas aerodinámicas debidas a la velocidad de rotación de la maniobra (efecto del ángulo de ataque inducido proporcional a la distancia); (iii) por último, el término $q\, \mathbf{a}_\gamma \gamma_a$ hace referencia a las fuerzas aerodinámicas derivadas de la deflexión del alerón. Como se observa en las definiciones (3.124), la matriz $\mathbf{A}$ y el vector $\mathbf{a}_p$ dependen directamente de $C_{L\alpha}$ porque son consecuencia de variaciones en el ángulo de ataque. Sin embargo, el vector $\mathbf{a}_\gamma$ es proporcional a las derivadas características de la deflexión del alerón: $C_{L\gamma}$ y $C_{m\gamma}$.

Obtenido el vector de fuerzas generalizadas $\mathbf{Q}$, el siguiente paso es la resolución de las variables elásticas $\mathbf{u}$ a partir de la solución del sistema de ecuaciones de equilibrio (3.114). La resolución de dicho sistema nos permitirá obtener por un lado la evolución de la deformación del ala en la maniobra y por otro la expresión general del momento de alabeo y sus derivadas, de las cuales depende directamente la respuesta y la efectividad de mando.

3.4.4 Solución al problema de efectividad de mando

Introduciendo el vector de fuerzas generalizadas en la ecuación de equilibrio (3.114) se obtiene el sistema de ecuaciones que permite obtener $\mathbf{u}$

$$\mathbf{K}\,\mathbf{u} = \mathbf{Q} = q\,\mathbf{A}\,\mathbf{u} + q\,\mathbf{a}_p\left(\frac{bp}{U_\infty}\right) + q\,\mathbf{a}_\gamma\,\gamma_a \tag{3.126}$$

Expresando el sistema en forma estándar

$$(\mathbf{K} - q\mathbf{A})\,\mathbf{u} = q\left[\mathbf{a}_p\left(\frac{bp}{U_\infty}\right) + \mathbf{a}_\gamma\,\gamma_a\right] \tag{3.127}$$

Considerando que la maniobra se realiza a una presión dinámica inferior a la de divergencia $q < q_D$, entonces la solución del sistema se puede obtener multiplicando por la matriz inversa de los coeficientes.

$$\mathbf{u} = q\,(\mathbf{K} - q\mathbf{A})^{-1}\left[\mathbf{a}_p\left(\frac{bp}{U_\infty}\right) + \mathbf{a}_\gamma\,\gamma_a\right] \tag{3.128}$$

De esta expresión se deduce que la deformación elástica del ala tiene dos componentes: una debida a la distribución de fuerzas inducida por la velocidad de rotación (término proporcional a bp/U_∞) y otra debida al distribución de fuerzas y momentos aerodinámicos derivados de la deflexión del alerón (término proportional a γ_a).

$$\mathbf{u} = \mathbf{u}_p\left(\frac{bp}{U_\infty}\right) + \mathbf{u}_\gamma\,\gamma_a. \tag{3.129}$$

donde

$$\begin{aligned} \mathbf{u}_p &= q\,[\mathbf{K} - q\mathbf{A}]^{-1}\,\mathbf{a}_p \\ \mathbf{u}_\gamma &= q\,[\mathbf{K} - q\mathbf{A}]^{-1}\,\mathbf{a}_\gamma \end{aligned} \tag{3.130}$$

representan las derivadas de los grados de libertad respecto a la velocidad de rotación p y la deflexión del alerón γ_a.

Al comienzo de esta sección, la inversión de mando se ha introducido en el contexto de un fenómeno transitorio en el que un *input* como es la deflexión antisimétrica de los alerones γ_a da lugar a una velocidad de rotación $p(t)$ función del tiempo (*output*), que verifica la ecuación diferencial (3.90), cuya solución reescribimos aquí como

$$p(t) = -\frac{M_{X\gamma,\text{Rig}} + M_{X\gamma,\text{Elas}}}{M_{Xp,\text{Rig}} + M_{Xp,\text{Elas}}}\left(1 - e^{-\kappa t}\right)\gamma_a \tag{3.131}$$

101

con

$$\kappa = -\frac{M_{Xp,\text{Rig}} + M_{Xp,\text{Elas}}}{I_X} \tag{3.132}$$

Por tanto, la deformabilidad elástica del ala puede ser interpretada también como una función del tiempo $\mathbf{u}(t)$ cuya expresión general viene dada por

$$
\begin{aligned}
\mathbf{u}(t) &= \mathbf{u}_p \frac{bp(t)}{U_\infty} + \mathbf{u}_\gamma\, \gamma_a \\
&= \left[-\frac{b}{U_\infty} \frac{M_{X\gamma,\text{Rig}} + M_{X\gamma,\text{Elas}}}{M_{Xp,\text{Rig}} + M_{Xp,\text{Elas}}} \left(1 - e^{-\kappa t}\right) \mathbf{u}_p + \mathbf{u}_\gamma \right] \gamma_a \quad (3.133)
\end{aligned}
$$

Por tanto, las Ecs. (3.131) y (3.133) definen la evolución de la respuesta a falta de conocer las derivadas aerodinámicas del momento de alabeo, M_{Xp} y $M_{X\gamma}$, tanto sus componentes rígidas como las elásticas.

3.4.5 Cálculo de las derivadas del momento de alabeo

El cálculo del momento de alabeo representa el vínculo entre todos los conceptos que se han visto. Ya se ha introducido al comienzo de la sección, pero no se ha desarrollado matemáticamente. Se considera interesante dedicar un punto a su deducción pues tal y como se ha visto incluye varios términos diferentes.

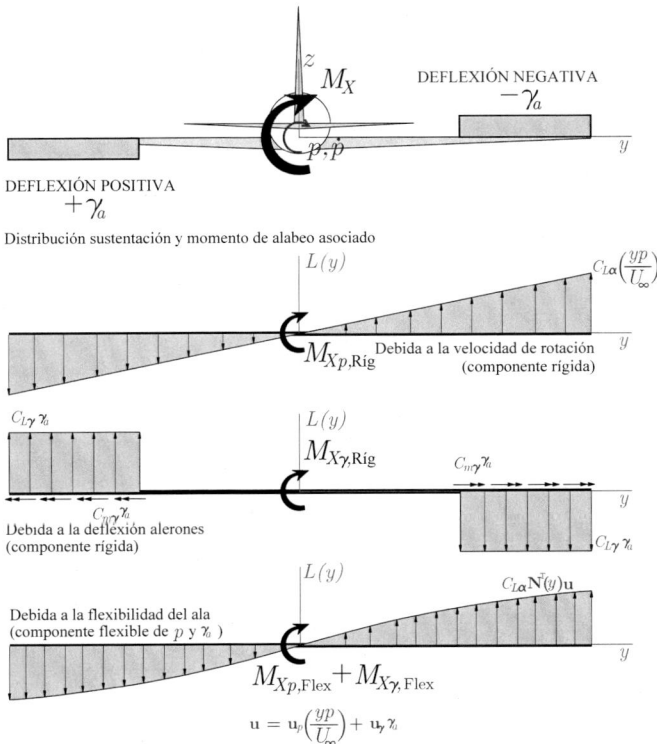

Figura 3.16: El momento total de alabeo M_X se descompone en la contribución debida a la velocidad de rotación proporcional a $p(t)$ y la debida a la deflexión antisimétrica, proporcional a γ_a. Cada una de estas perturbaciones deforma el ala a torsión añadiendo una distribución de ángulos de ataque $\alpha_e(y) = \mathbf{N}_\theta^T(y) \left[\mathbf{u}_p \left(\frac{bp}{U_\infty}\right) + \mathbf{u}_\gamma \gamma_a\right]$ que incorpora una sustentación adicional.

Recordemos que el momento de alabeo es el producido por las fuerzas aerodinámicas en la dirección longitudinal del avión. Su expresión depende de las fuerzas actuantes en todas las superficies de sustentación. Sin embargo, el momento debido al ala principal es comparativamente mucho mayor que el debido al estabilizador y a la deriva vertical, por lo que por simplicidad se considera solo aquel. De acuerdo al criterio de signos usados para p y $\dot{p}$, M_X se expresa como

$$M_X = -\int_{y=-b/2}^{b/2} y\, L(y)\, dy \qquad (3.134)$$

donde $L(y)$ representa la sustentación total en una sección $y \in [-b/2, b/2]$ y cuya fórmula general ya ha sido introducida en la Ec.(3.115) y reescribimos de nuevo como

$$
\begin{aligned}
L(y) &= q\, c(y)\, C_L(y) \\
&= q\, c(y) \left[C_{L\alpha} \left(\alpha_e(y) + \frac{yp}{U_\infty} \right) + H(y)\, C_{L\gamma}\, \gamma_a \right] \\
&= q\, c(y) \left[C_{L\alpha} \left(\mathbf{N}_\alpha^T(y)\, \mathbf{u} + \frac{yp}{U_\infty} \right) + H(y)\, C_{L\gamma}\, \gamma_a \right] \quad (3.135)
\end{aligned}
$$

donde $\alpha_e(y) = \mathbf{N}_\alpha^T(y)\,\mathbf{u}$ representa el ángulo de ataque elástico en cada sección. A su vez, tal y como se ha visto en el punto anterior, la solución de los grados de libertad $\mathbf{u}$ viene dada por

$$
\mathbf{u} = \mathbf{u}_p \left(\frac{bp}{U_\infty} \right) + \mathbf{u}_\gamma\, \gamma_a. \quad (3.136)
$$

donde $\mathbf{u}_p$ y $\mathbf{u}_\gamma$ son a su vez los resultados de las Ecs (3.130). Entrando en la Ec.(3.134) con la expresión (3.135) completada con (3.136) se obtiene

$$
\begin{aligned}
M_X &= -\int_{y=-b/2}^{b/2} y\, L(y)\, dy \\
&= -q \int_{y=-b/2}^{b/2} y\, c(y) \left[C_{L\alpha} \left(\mathbf{N}_\alpha^T(y)\, \mathbf{u} + \frac{yp}{U_\infty} \right) + H(y)\, C_{L\gamma}\, \gamma_a \right] dy \\
&= -q \int_{y=-b/2}^{b/2} y\, c(y)\, C_{L\alpha} \left[\mathbf{N}_\alpha^T(y)\, \mathbf{u}_p + \frac{y}{b} \right] \frac{bp}{U_\infty}\, dy \\
&\quad -q \int_{y=-b/2}^{b/2} y\, c(y) \left[C_{L\alpha} \mathbf{N}_\alpha^T(y)\, \mathbf{u}_\gamma + C_{L\gamma}\, H(y) \right] \gamma_a\, dy \\
&\equiv M_{Xp}\, \frac{bp}{U_\infty} + M_{X\gamma}\, \gamma_a \quad (3.137)
\end{aligned}
$$

Los términos que afectan a la velocidad de rotación p y a la deflexión (antisimétrica) de los alerones γ_a son las derivadas buscadas cuyas expresiones completas son

$$
\begin{aligned}
M_{Xp} &= -\frac{qb}{U_\infty} \int_{y=-b/2}^{b/2} y\, c(y)\, C_{L\alpha} \left[\mathbf{N}_\alpha^T(y)\, \mathbf{u}_p + \frac{y}{b} \right] dy \\
&\equiv M_{Xp,\mathrm{Elas}} + M_{Xp,\mathrm{Rig}} \\
M_{X\gamma} &= -q \int_{y=-b/2}^{b/2} y\, c(y) \left[C_{L\alpha} \mathbf{N}_\alpha^T(y)\, \mathbf{u}_\gamma + C_{L\gamma}\, H(y) \right] dy \\
&\equiv M_{X\gamma,\mathrm{Elas}} + M_{X\gamma,\mathrm{Rig}} \quad (3.138)
\end{aligned}
$$

Si la estructura fuera rígida entonces tanto $\mathbf{u}_p$ como $\mathbf{u}_\gamma$ serían nulos. Por tanto, de la Ec.(3.138) podemos identificar las componentes rígida y elástica de cada derivada aerodinámica como

$$M_{Xp,\text{Elas}} = -\frac{qb}{U_\infty} \int_{y=-b/2}^{b/2} y\, c(y)\, C_{L\alpha}\left(\mathbf{N}_\alpha^T(y)\,\mathbf{u}_p\right) dy$$

$$M_{Xp,\text{Rig}} = -\frac{q}{U_\infty} \int_{y=-b/2}^{b/2} y^2\, c(y)\, C_{L\alpha}\, dy$$

$$M_{X\gamma,\text{Elas}} = -q \int_{y=-b/2}^{b/2} y\, c(y)\, C_{L\alpha}\left(\mathbf{N}_\alpha^T(y)\,\mathbf{u}_\gamma\right) dy$$

$$M_{X\gamma,\text{Rig}} = -q \int_{y=-b/2}^{b/2} y\, c(y)\, C_{L\gamma}\, H(y)\, dy \tag{3.139}$$

Estos resultados permiten ya obtener la efectividad de mando, cuya expresión reescribimos aquí

$$\mathcal{E} = \frac{1 + \dfrac{M_{X\gamma,\text{Elas}}}{M_{X\gamma,\text{Rig}}}}{1 + \dfrac{M_{Xp,\text{Elas}}}{M_{Xp,\text{Rig}}}} \tag{3.140}$$

así como la respuesta de la velocidad de rotación $p(t)$ —Ec.(3.131)— y la deformación elástica $\mathbf{u}(t)$ —Ec. (3.133)—. A continuación se presenta un ejemplo completo en el que se analiza tanto la efectividad de mando como la distribución de las diferentes fuerzas actuantes en la maniobra de alabeo.

3.4.6 Ejemplo

Consideremos un ala de cuerda constante c cuyas características geométricas y aerodinámicas se muestran en la Tabla 3.4. Las integrales (3.124) para este caso particular son

$$\mathbf{A} = \int_{y=-b/2}^{b/2} b\, c\, C_{L\alpha}\, \mathbf{N}_A(y)\mathbf{N}_\alpha^T(y)\, dy$$

$$\mathbf{a}_p = \int_{y=-b/2}^{b/2} y\, c\, C_{L\alpha}\, \mathbf{N}_A(y)\, dy$$

$$\mathbf{a}_\gamma = \int_{y=-b/2}^{b/2} b\, c\, C_{L\gamma}\, H(y)\, \mathbf{N}_A(y)\, dy + \int_{y=-b/2}^{b/2} c^2\, C_{m\gamma}\, H(y)\, \mathbf{N}_\alpha(y)\, dy \tag{3.141}$$

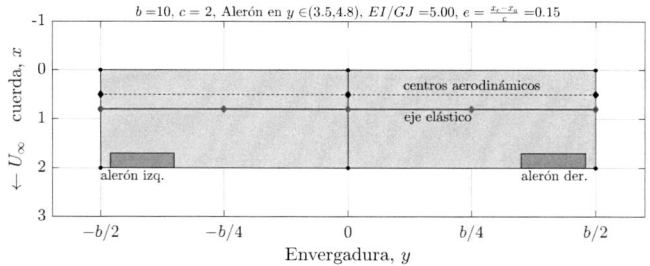

b	c	e	y_1	y_2	a	$C_{L\alpha}$	$C_{L\gamma}$	$C_{m\gamma}$	EI/GJ
m	m	m	m	m	m	—	—	—	—
10	2	$0.15c$	3.5	4.8	0.30	6.28	2.17	-0.46	5.0

Tabla 3.4: Ala con cuerda constante; datos para el ejemplo numérico. El alerón se encuentra entre las coordenadas posición $y_1 \leq |y| \leq y_2$ y tiene un ancho (dimensión en dirección de la cuerda) de $0.15c = 0.30$ m.

Para resolver estas integrales debe tenerse en cuenta que en el integrando las funciones $\mathbf{N}_A(y)$ y $\mathbf{N}_\alpha(y)$ están definidas a trozos entre la semiala izquierda $(y \leq 0)$ y la derecha $(y \geq 0)$, de acuerdo a las Ecs.(3.123). El resultado de las mismas se puede expresar como

$$
\mathbf{A} = b^3 C_{L\alpha}
\begin{bmatrix}
0 & \frac{272c}{1155b} & 0 & \frac{2c}{55b} & 0 & 0 & 0 & 0 \\
0 & \frac{32ce}{105b^2} & 0 & -\frac{ce}{35b^2} & 0 & 0 & 0 & 0 \\
0 & \frac{7c}{990b} & 0 & \frac{21c}{220b} & 0 & 0 & 0 & 0 \\
0 & -\frac{ce}{35b^2} & 0 & \frac{29ce}{210b^2} & 0 & 0 & 0 & 0 \\
0 & 0 & 0 & 0 & 0 & -\frac{272c}{1155b} & 0 & -\frac{2c}{55b} \\
0 & 0 & 0 & 0 & 0 & \frac{32ce}{105b^2} & 0 & \frac{ce}{35b^2} \\
0 & 0 & 0 & 0 & 0 & -\frac{7c}{990b} & 0 & -\frac{21c}{220b} \\
0 & 0 & 0 & 0 & 0 & -\frac{ce}{35b^2} & 0 & \frac{29ce}{210b^2}
\end{bmatrix}
\tag{3.142}
$$

$$\mathbf{a}_p = b^3 C_{L\alpha} \left\{ \begin{array}{c} \frac{8c}{105b} \\ \frac{ce}{15b^2} \\ \frac{19c}{420b} \\ \frac{13ce}{240b^2} \\ -\frac{8c}{105b} \\ \frac{ce}{15b^2} \\ -\frac{19c}{420b} \\ \frac{13ce}{240b^2} \end{array} \right\} \quad , \quad \mathbf{a}_\gamma = b^3 C_{L\alpha} \left\{ \begin{array}{c} -\frac{0.062c C_{L\gamma}}{b C_{L\alpha}} \\ -\frac{0.028c(c C_{m\gamma}+C_{L\gamma}e)}{b^2 C_{L\alpha}} \\ -\frac{0.079c C_{L\gamma}}{b C_{L\alpha}} \\ -\frac{0.105c(c C_{m\gamma}+C_{L\gamma}e)}{b^2 C_{L\alpha}} \\ \frac{0.062c C_{m\gamma}}{b C_{L\alpha}} \\ -\frac{0.028c(c C_{m\gamma}+C_{L\gamma}e)}{b^2 C_{L\alpha}} \\ \frac{0.079c C_{L\gamma}}{b C_{L\alpha}} \\ -\frac{0.105c(c C_{m\gamma}+C_{L\gamma}e)}{b^2 C_{L\alpha}} \end{array} \right\} \tag{3.143}$$

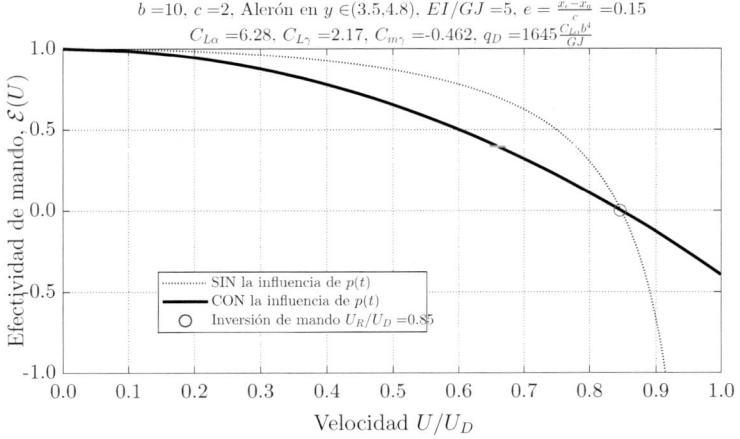

Figura 3.17: Curva de la efectividad $\mathcal{E}(U)$ de los alerones frente a la velocidad de vuelo. La curva continua muestra la simulación para el ejemplo considerando la deformación elástica debida a la velocidad de rotación p. La curva a puntos muestra la simulación sin este efecto.

Así, el sistema de ecuaciones para determinar los grados de libertad elásticos $\mathbf{u}$ deducido en (3.127) se escribe como

$$(\mathbf{K} - q\mathbf{A})\,\mathbf{u} = q\left[\mathbf{a}_p\left(\frac{bp}{U_\infty}\right) + \mathbf{a}_\gamma\,\gamma_a\right] \tag{3.144}$$

Por linealidad, se deduce que la solución es la combinación lineal

$$\mathbf{u} = \mathbf{u}_p\left(\frac{bp}{U_\infty}\right) + \mathbf{u}_\gamma\,\gamma_a. \tag{3.145}$$

donde tanto $\mathbf{u}_p$ como $\mathbf{u}_\gamma$ se obtienen por solución de sendos problemas (3.130), sin necesidad de conocer ni la velocidad de rotación p ni la deflexión realizada en los alerones γ_a. Con las derivadas de los grados de libertad respecto p y γ_a ($\mathbf{u}_p$ y $\mathbf{u}_\gamma$) se pueden obtener las derivadas de los momentos de alabeo de acuerdo a las Ecs. (3.139) y así se puede determinar la efectividad del control de alabeo para cada velocidad. La presión dinámica de divergencia obtenida a partir del problema de autovalores $(\mathbf{K} - q\mathbf{A})\,\mathbf{u} = \mathbf{0}$ es

$$q_D = \frac{9.872GJ}{b^2 c C_{L\alpha} e} \tag{3.146}$$

que prácticamente coincide con el valor exacto predicho en la Secc. 3.2, Ec. (3.16). Barriendo un rango de velocidades en el intervalo $0 \le U/U_D \le 1$ podemos obtener el valor de las derivadas del momento de alabeo a partir de las Ecs. (3.139) y consecuentemente la efectividad definida a partir de la Ec. (3.140). Los resultados se muestran en la Fig. 3.17. En la gráfica se consideran los resultados considerando el efecto de la deformación debida a la velocidad de rotación p y sin dicho efecto. En este último caso el denominador de la efectividad $\mathcal{E}$ en la Ec. (3.140) es la unidad. El numerador depende directamente de la deformación debida a la deflexión y por tanto cuando nos acercamos a la velocidad de divergencia su valor diverge. Sin embargo, si consideramos ambas deformaciones $\mathbf{u}_p$ y $\mathbf{u}_\gamma$, numerador y denominador en la expresión de $\mathcal{E}$ tienden a infinito pero el cociente tiene límite finito. Se percibe en la Fig. 3.17 que en estas circunstancias la efectividad de mando no se hace infinito en $U = U_D$. Independientemente de si las deformaciones elásticas debidas a p son consideradas o no, ambas curvas se cortan en un punto donde la efectividad se hace cero. De acuerdo a la interpretación de la efectividad del control dada en la Fig. 3.13, a esta velocidad los mandos no responden a la deflexión del alerón pues el momento total de alabeo, obtenido como suma de los efectos del avión rígido y deformable, es nulo.

En la Fig. 3.18 se ha simulado la deformación del ala completa para los tres inputs aerodinámicos que influyen en las fuerzas aerodinámicas actuantes en una maniobra de alabeo: (1) la velocidad de rotación p debida a la maniobra, (2) la fuerza por unidad de longitud de valor $C_{L\gamma}\gamma_a$ localizada en los centros aerodinámicos de los perfiles en el intervalo donde se localizan los alerones. Y (3) el momento distribuido por unidad de longitud $C_{m\gamma}\gamma_a$, extendido en el mismo intervalo. Obsérvese que el efecto de la fuerza $C_{L\gamma}\gamma_a$ es el deseado para que el avión experimente una velocidad de rotación positiva. Sin embargo, es inevitable (al menos en alerones convencionales) que aparezca un momento de cabeceo $C_{m\gamma}\gamma_a$ en las secciones donde se encuentra el alerón y cuyo efecto es deformar el ala en sentido opuesto, tal y como se percibe en la Fig. 3.18. Este efecto crece con la velocidad, alcanzando un punto (inversión de mando, U_R)

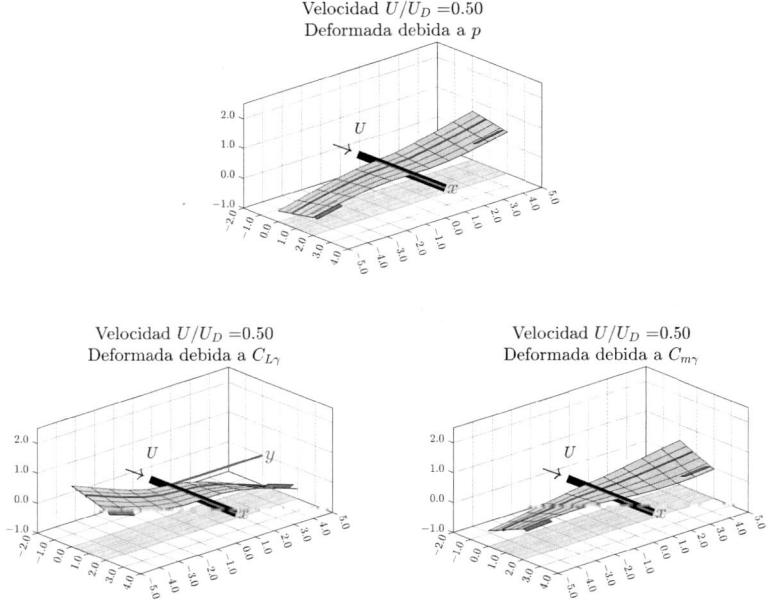

Figura 3.18: (Arriba) Deformación debida a la velocidad de rotación en alabeo: en semiala derecha la fuerza de sustentación es positiva (hacia arriba), mientras que es negativa (hacia abajo) en el semiala izquierda. (Abajo-Izquierda) Deformación elástica debida a la sustentación $C_{L\gamma}\gamma_a$ generada en las secciones donde se encuentran los alerones: hacia abajo en semiala derecha y hacia arriba en semiala izquierda. (Abajo-Derecha) Por último se muestra la deformación elástica debida al momento distribuido $C_{m\gamma}\gamma_a$ cuyo valor es opuesto al debido a $C_{L\gamma}$ (ver Tabla 3.4)

en el que anula completamente el efecto deseado en la velocidad de rotación efectiva $p(\infty)$ evaluada de acuerdo a la Ec. (3.98).

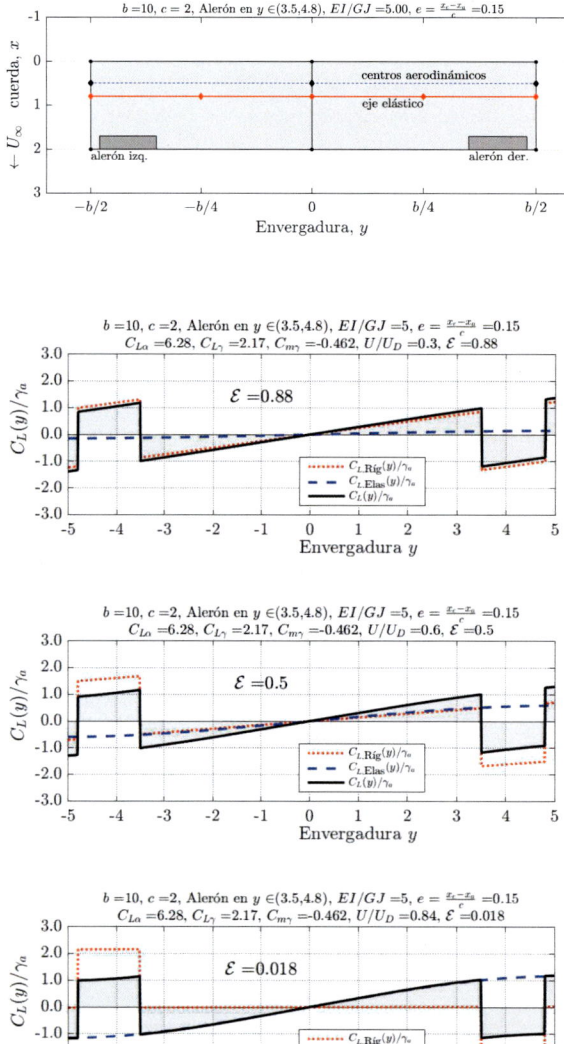

Figura 3.19: Distribución de sustentación a lo largo de la envergadura y su descomposición en las diferentes componentes (elástica y rígida). La simulación se ha realizado para tres puntos diferentes de la curva efectividad vs. velocidad, mostrada en la Fig. 3.17

Por último, se muestran algunos resultados en la Fig. 3.19 con la distribución de sustentación total a lo largo de la envergadura para diferentes velocidades y valores de la efectividad. La distribución mostrada con un sombreado es la total, aunque se muestran sus dos componentes: la debida a la deformación elástica y la que tendría el ala si fuera rígida. Una efectividad del control cercana a la unidad supone un efecto poco significativo de la deformabilidad elástica. Por contra, se muestra el caso de una velocidad muy cercana a U_R (velocidad de inversión de mando) que da como resultado una efectividad $\mathcal{E} = 0.018$ (prácticamente nula). En este último caso, la deformación elástica (originada por $C_{m\gamma}$ y p) iguala prácticamente (en términos de momento de alabeo) el efecto deseado y producido por la distribución $C_{L\gamma}$.

3.5 Efectos aeroelásticos en alas con flecha

Para finalizar este capítulo, dedicaremos una sección al estudio de las alas en flecha y su influencia en las propiedades aeroelásticas. Centraremos el estudio en interpretar la cinemática del ala, el acoplamiento aerodinámico entre las deformaciones a flexión y a torsión y en la relación entre la velocidad de divergencia y la flecha. Evitaremos resolver el problema exacto, bastante más complicado en este caso por el efecto acoplado. En su lugar, presentaremos una solución aproximada basada en interpolar la solución mediante polinomios, usando el mismo método que en la Secc. (3.3)

3.5.1 *Cinemática de las alas con flecha*

En esta sección estudiaremos cómo influye la configuración alar en el comportamiento aeroelástico estático. Recordemos que la flecha del ala es el ángulo entre el eje del ala y la dirección y (perpendicular al flujo). La flecha del ala será positiva en el caso habitual de configuraciones de alas *hacia atrás*, mientras que el ala será negativa (o invertida) en los casos (menos habituales) de alas dirigidas hacia delante, ver Fig. 3.20.

Para entender los efectos aeroelásticos en alas en flecha, es necesario visualizar la deformación elástica del ala cuando el eje elástico tiene una cierta desviación respecto al eje y, cuyo valor vendrá dado por Λ_e. El eje elástico tiene el mismo comportamiento flexión–torsión que ya se ha visto en la Secc. 3.2 y 3.3 pero en la dirección del eje. Ahora la coordenada de avance en la dirección del eje elástico será denotada por s y su longitud será l. La relación entre la semienvergadura y la longitud del eje elástico será la misma que la relación

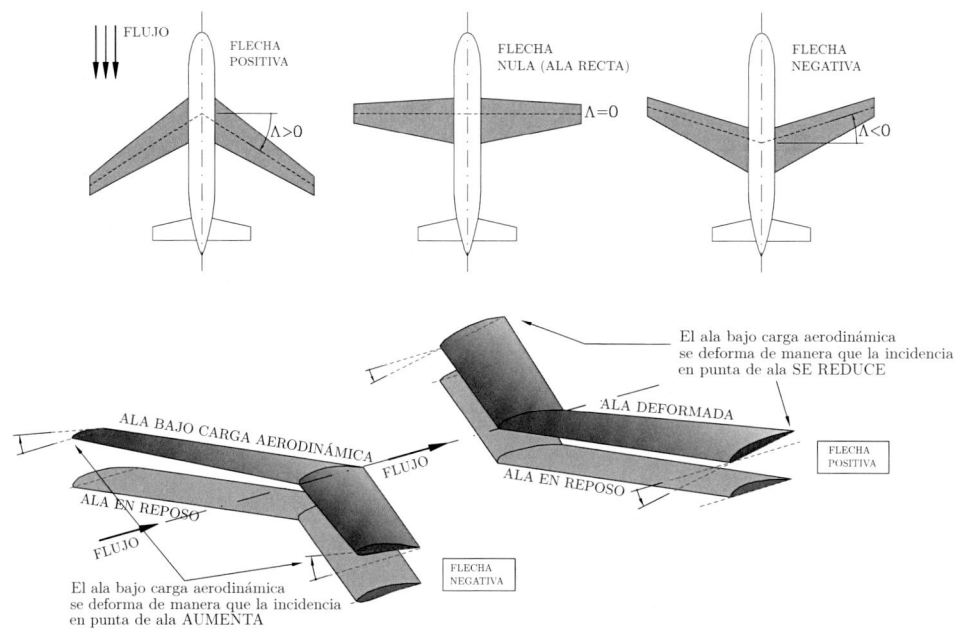

Figura 3.20: (Arriba) Tipos de flecha: flecha postiva, neutra y negativa. (Abajo) Efectos aeroelásticos y deformación de los perfiles por efecto de la flecha.

entre las coordenadas y y s, así

$$\frac{b}{2} = l \, \cos \Lambda_e \, , \qquad y = s \, \cos \Lambda_e \qquad (3.147)$$

Los puntos del eje elástico sufren deformación vertical (dirección z) dada por $w(s)$ y giro de torsión $\theta(s)$. Las secciones transversales perpendiculares al eje elástico (eje s) sufren giros de torsión ($\theta(s)$, dirección paralela a s) y giros de flexión ($\psi(s)$, dirección perpendicular a s), ver Fig. 3.21. La respuesta de la distribución de sustentación del ala depende cinemáticamente del ángulo de ataque $\alpha(y)$ que percibe la corriente, con dirección y. Como es habitual, el ángulo de ataque se puede obtener como suma de un valor rígido α_0 (definido por la maniobra) y otro elástico $\alpha_e(y)$ dependiente de la estación del ala y procedente de la composición de las deformaciones de torsión y flexión. Con pequeñas deformaciones, los ángulos pueden considerarse como vectores y pueden sumarse como tal. La rotación elástica en la dirección y será por tanto suma de las rotaciones de torsión $\theta(s)$ y flexión $\psi(s) = dw/ds$ proyectadas en

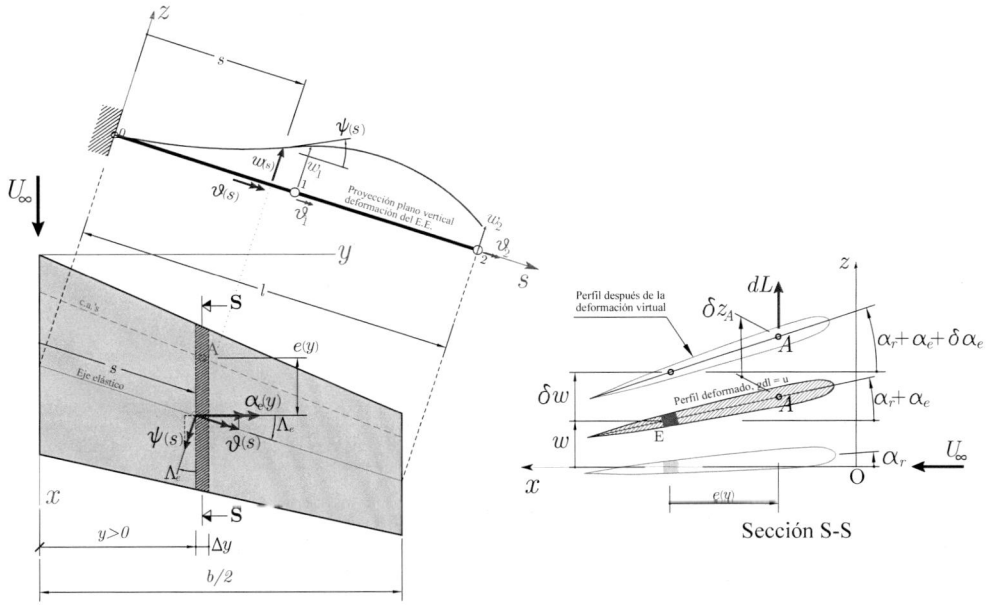

Figura 3.21: Cinemática e hipótesis de deformación de los perfiles en un ala con flecha y con cuerda variable.

dicha dirección, así

$$\alpha_e(y) = \theta(s) \cos \Lambda_e - \frac{\mathrm{d}w}{\mathrm{d}s} \sin \Lambda_e \quad , \quad s = y/\cos \Lambda_e \qquad (3.148)$$

La sustentación en cada estación y se localiza en el eje de centros aerodinámicos (c.a.) situado a una distancia $e(y)$ del eje elástico, con $e > 0$ si el c.a. cae por delante del eje elástico, tal y como se muestra en la Fig. 3.21. El valor de la fuerza asociada a un perfil en la posición y es $dL(y)$ es entonces

$$\begin{aligned} dL(y) &= q\,c(y)\,\hat{C}_{L\alpha}\left[\alpha_0 + \alpha_e(y)\right]\,dy \\ &= q\,c(y)\,\hat{C}_{L\alpha}\left[\alpha_0 + \theta(s)\cos\Lambda_e - \frac{\mathrm{d}w}{\mathrm{d}s}\sin\Lambda_e\right]\,dy \end{aligned} \qquad (3.149)$$

donde $c(y)$ es la cuerda del ala, $q = \rho_\infty U_\infty^2/2$ la presión dinámica y dy es la anchura del elemento en la dirección del flujo y $\hat{C}_{L\alpha} = C_{L\alpha}\cos\Lambda_e$ es el coeficiente de sustentación efectivo por el efecto flecha [6, 44]. La sustentación en alas con

113

flecha positiva ($\Lambda_e > 0$) crece con la torsión del ala (pero más despacio que en alas rectas por el efecto del término $\cos \Lambda_e$) y decrece cuando se deforma a flexión debido al término proporcional a dw/ds. El efecto de la flexión es opuesto en alas con flecha invertida o negativa ($\Lambda_e < 0$). Flechas positivas son por tanto favorables respecto al comportamiento aeroelástico y estarán asociadas a velocidades de divergencia mayores (más estable). Por contra, flechas negativas están asociadas a mayores deformaciones elásticas en la dirección de la corriente tal y como se muestra en la Fig. 3.20. Ello, como veremos más adelante, conduce a valores más bajos de las velocidades de divergencia, mayores deformaciones y esfuerzos más elevados respecto a los obtenidos con flechas positivas.

En la Fig. 3.22 hemos representado el mapa con los contornos de equidesplazamientos verticales del ala cuando sometemos al eje elástico de forma independiente a una deformación de flexión —Fig. 3.22 (izquierda)— y torsión —Fig. 3.22 (derecha)—. Además, hemos colocado un perfil arbitrario orientado en la dirección de la corriente para visualizar cómo atraviesa los contornos. Así, una deformación positiva de flexión hace que el perfil tenga un desplazamiento en el borde de ataque menor al del borde de salida, evidenciando un ángulo de ataque negativo, tal y como predice la Ec. (3.148). Por otro lado, el efecto exclusivo de la torsión a lo largo del eje elástico se traduce en ángulos de ataque también positivos en la dirección de la corriente, pero minorados por el efecto del término $\cos \Lambda_e$.

3.5.2 Solución del problema aeroelástico estático

En el caso de alas rectas, las ecuaciones diferenciales (3.1) y (3.6) que gobernaban la deformación a flexión y torsión, estaban desacopladas pues las fuerzas de sustentación dependían solo del ángulo de torsión elástica. El efecto de la flecha modifica este comportamiento y la sustentación acopla ambas ecuaciones que deben ser resueltas simultáneamente para obtener soluciones exactas. Hemos decidido omitir la solución basada en las ecuaciones diferenciales pues un planteamiento basado en principios energéticos como el presentado en la Secc. 3.3 permite resolver de forma sencilla el problema sin recurrir a la solución analítica, perdiendo así la perspectiva física del problema. Además, podemos plantear el problema en casos más generales con cuerda o rigidez variable.

Usaremos el mismo modelo de deformación que presentamos en la Secc. 3.3. Aproximaremos la deformación vertical $w(\eta)$ y el ángulo de torsión $\theta(\eta)$ dise-

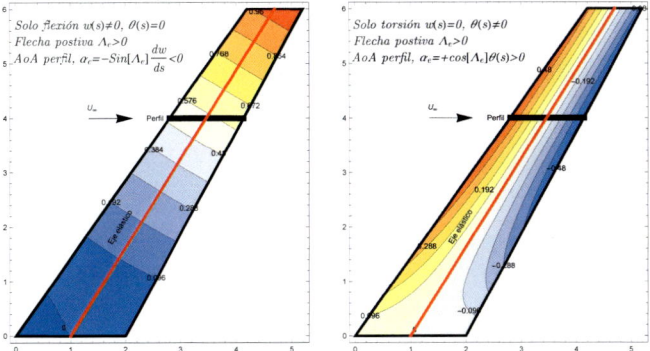

Figura 3.22: Mapa de contornos de equidesplazamiento vertical en una ala con flecha positiva $\Lambda_e > 0$ cuando el eje elástico se somete a una deformación únicamente de flexión (izquierda) y de torsión (derecha). En negro se representa un perfil en una posición arbitraria: la flexión reduce el ángulo de ataque en el perfil, mientras que la torsión aumenta el ángulo de ataque pero disminuye su efectividad respecto del valor en alas sin flecha, debido al efecto del término $\cos \Lambda_e$.

ñando un elemento finito de dos nodos con cuatro grados de libertad, representados en la Fig. 3.21, donde ahora $\eta = s/l$ es la coordenada medida a lo largo del eje elástico.

$$
\begin{aligned}
w(\eta) &= N_{w1}(\eta)\, w_1 + N_{w2}(\eta)\, w_2 \\
\theta(\eta) &= N_{\theta1}(\eta)\, \theta_1 + N_{\theta2}(\eta)\, \theta_2
\end{aligned}
\tag{3.150}
$$

donde

$$
\begin{aligned}
N_{w1}(\eta) &= -\frac{96\eta^5}{11} + 32\eta^4 - \frac{448\eta^3}{11} + \frac{192\eta^2}{11} \\
N_{w2}(\eta) &= \frac{34\eta^5}{11} - 11\eta^4 + \frac{144\eta^3}{11} - \frac{46\eta^2}{11} \\
N_{\theta1}(\eta) &= 8\eta^3 - 16\eta^2 + 8\eta \\
N_{\theta2}(\eta) &= -6\eta^3 + 11\eta^2 - 4\eta
\end{aligned}
\tag{3.151}
$$

Los 4 grados de libertad los organizaremos en un vector columna (en esta ocasión sin adimensionalizar)

$$
\mathbf{u} = \{w_1, \theta_1, w_2, \theta_2\}^T
\tag{3.152}
$$

A diferencia del vector definido en la Ec. 3.33, este vector tiene componentes con unidades de longitud y radianes. En forma matricial, tenemos

$$
w(\eta) = \mathbf{N}_w^T(\eta)\, \mathbf{u} \quad , \quad \theta(\eta) = \mathbf{N}_\theta^T(\eta)\, \mathbf{u}
\tag{3.153}
$$

115

La energía elástica de deformación proviene de las expresiones

$$\mathcal{U} = \frac{1}{2} \int_0^l EI(s) \left(\frac{\partial^2 w}{\partial s^2} \right)^2 ds + \frac{1}{2} \int_0^l GJ(s) \left(\frac{\partial \theta}{\partial s} \right)^2 ds \equiv \mathcal{U}_b + \mathcal{U}_t \qquad (3.154)$$

que conducen a la expresión final $\mathcal{U} = \frac{1}{2} \mathbf{u}^T \mathbf{K} \mathbf{u}$, donde $\mathbf{K}$ representa la matriz de rigidez de la estructura dada por

$$\mathbf{K} = \int_0^1 \frac{EI(\eta)}{l^3} \frac{\mathrm{d}^2 \mathbf{N}_w}{\mathrm{d}\eta^2} \frac{\mathrm{d}^2 \mathbf{N}_w^T}{\mathrm{d}\eta^2} d\eta + \int_0^1 \frac{GJ(\eta)}{l} \frac{\mathrm{d}\mathbf{N}_\theta}{\mathrm{d}\eta} \frac{\mathrm{d}\mathbf{N}_\theta^T}{\mathrm{d}\eta} d\eta \qquad (3.155)$$

que en el caso de parámetros constantes a lo largo de la estructura es

$$\mathbf{K} = \begin{bmatrix} \frac{49152EI}{385l^3} & 0 & -\frac{15616EI}{385l^3} & 0 \\ 0 & \frac{128GJ}{15l} & 0 & -\frac{76GJ}{15l} \\ -\frac{15616EI}{385l^3} & 0 & \frac{6128EI}{385l^3} & 0 \\ 0 & -\frac{76GJ}{15l} & 0 & \frac{62GJ}{15l} \end{bmatrix} \qquad (3.156)$$

Como se aprecia, en la matriz de rigidez están desacoplados los términos que afectan a los desplazamientos (flexión) y a los giros (torsión). Lo que realmente acopla el comportamiento es tener una fuerza de sustentación que depende separadamente de ambos comportamientos, es decir, la matriz $\mathbf{A}$ de AIC's. Para completar las ecuaciones del movimiento en su versión estática, necesitamos las fuerzas generalizadas asociadas a los grados de libertad definidos. A su vez, las fuerzas generalizadas se derivan del trabajo virtual de las fuerzas aplicadas y para ello es necesario entender cómo se mueven los puntos del ala cuando se perturban los grados de libertad estructurales. La cinemática del movimiento se reduce a considerar cada perfil del ala localizado en la estación y como infinitamente rígido (ver Fig. 3.21) y cuyo movimiento consiste en un desplazamiento vertical del eje elástico $w(s) = w(y/\cos \Lambda_e)$ más una rotación de valor $\alpha_e(y)$ en la dirección y con distancia $e(y)$. Esta cinemática es aproximada, compatible con pequeños ángulos de rotación y permite simular el comportamiento de forma consistente con la forma del encastre (pues bajo esta hipótesis los puntos del encastre no se mueven) y configurar así una superficie de deformación del ala completa. En particular, el desplazamiento del centro aerodinámico será

$$z_A(y) = w(s) + e(y)\,\alpha_e(s) , \qquad s = y/\cos \Lambda_e \qquad (3.157)$$

donde $e(y)$ es la excentricidad en la dirección del flujo entre el c.a. y el eje elástico. El trabajo virtual de la sustentación en una sección y es $dL(y)\,\delta z_A$, por lo que el trabajo total es

$$\delta \mathcal{W} = \int_{y=0}^l \delta z_A \, dL(y) \qquad (3.158)$$

La deformación elástica del ángulo de ataque definida en la Ec. (3.148) se puede expresar en función de los grados de libertad como

$$\alpha_e(y) = \left[\mathbf{N}_\theta^T(s) \cos \Lambda_e - \frac{d\mathbf{N}_w^T(s)}{ds} \sin \Lambda_e \right] \mathbf{u} \equiv \mathbf{N}_\alpha^T(y)\mathbf{u} \tag{3.159}$$

Para garantizar que $\mathbf{N}_\alpha(y)$ es una función de y, funciones de forma están evaluadas en la posición $s = \frac{y}{\cos \Lambda_e}$. Introduciendo este resultado en la Ec. (3.157), la deformación en los centros aerodinámicos queda

$$z_A(y) = \left[\mathbf{N}_w^T(y/\cos \Lambda_e) + e(y)\mathbf{N}_\alpha^T(y) \right] \mathbf{u} \equiv \mathbf{N}_A^T(y)\,\mathbf{u} \ ,$$

El desplazamiento virtual de los c.a. es simplemente $\delta z_A = \mathbf{N}_A^T(y)\,\delta\mathbf{u}$ mientras que la sustentación asociada al elemento diferencial con ancho dy se puede expresar como

$$dL(y) = q\, c(y)\, \hat{C}_{L\alpha} \left[\alpha_0 + \mathbf{N}_\alpha^T(y)\,\mathbf{u} \right] dy \tag{3.160}$$

donde $\mathbf{N}_\alpha(y)$ controla el patrón de deformación elástica del ángulo de ataque $\alpha_e(y)$ en función de los grados de libertad. El ángulo de ataque α_0 se considera rígido y está definido por las condiciones de vuelo. Introduciendo ahora las Ecs. (3.160) y (3.159) en la Ec. (3.158) y, tras algunas operaciones de simple multiplicación de matrices, se obtiene el trabajo virtual en función de las deformaciones virtuales de las fuerzas generalizadas. Así,

$$
\begin{aligned}
\delta\mathcal{W} &= \int_{\eta=0}^{b/2} \delta z_A^T \, dL(y) \\
&= \delta\mathbf{u}^T \int_{\eta=0}^{b/2} \mathbf{N}_A(y) \left(q\, c(y)\, \hat{C}_{L\alpha}\, \mathbf{N}_\alpha^T(y)\, \mathbf{u} + q\, c(y)\, \hat{C}_{L\alpha}\, \alpha_0 \right) dy \\
&= \delta\mathbf{u}^T \left(q \int_{\eta=0}^{b/2} c(y)\, \hat{C}_{L\alpha}\, \mathbf{N}_A(y)\mathbf{N}_\alpha^T(y)\, \mathbf{u}\, dy + q\, \alpha_0 \int_{\eta=0}^{b/2} c(y)\, \hat{C}_{L\alpha}\, \mathbf{N}_A(y)\, dy \right) \\
&\equiv \delta\mathbf{u}^T \mathbf{Q}
\end{aligned}
\tag{3.161}
$$

Identificando los vectores que multiplican a $\delta\mathbf{u}^T$ a ambos lados de la igualdad se tiene que el vector de fuerzas generalizadas es

$$
\begin{aligned}
\mathbf{Q} &= q \left(\int_{\eta=0}^{b/2} c(y)\, \hat{C}_{L\alpha}\, \mathbf{N}_A(y)\mathbf{N}_\alpha^T(y)\, dy \right) \mathbf{u} + q\, \alpha_0 \int_{\eta=0}^{b/2} c(y)\, \hat{C}_{L\alpha}\, \mathbf{N}_A(y)\, dy \\
&\equiv q\, \mathbf{A}\, \mathbf{u} + q\, \mathbf{a}\, \alpha_0
\end{aligned}
\tag{3.162}
$$

o destacando la dependencia de $\mathbf{u}$

$$\mathbf{Q}(\mathbf{u}) = q\, \mathbf{A}\, \mathbf{u} + q\, \mathbf{a}\, \alpha_0 \tag{3.163}$$

117

donde

$$\mathbf{A} = \int_{\eta=0}^{b/2} c(y)\,\hat{C}_{L\alpha}\,\mathbf{N}_A(y)\mathbf{N}_\alpha^T(y)\,dy \qquad (3.164)$$

$$\mathbf{a} = \int_{\eta=0}^{b/2} c(y)\,\hat{C}_{L\alpha}\,\mathbf{N}_A(y)\,dy \qquad (3.165)$$

Entrando con el resultado obtenido para $\mathbf{Q} = q\,\mathbf{A}\,\mathbf{u} + q\,\mathbf{a}\,\alpha_0$ en las ecuaciones de Lagrange, se tiene

$$\mathbf{Ku} = q\mathbf{Au} + q\,\mathbf{a}\,\alpha_0 \qquad (3.166)$$

donde recordemos $q = \rho_\infty U_\infty^2/2$ representa la presión dinámica. A diferencia del caso de alas rectas, ver Tabla 3.2, ahora la matriz $\mathbf{A}$ es una matriz llena con términos distintos de cero en general en todos elementos, manifestando el acoplamiento entre las fuerzas y la deformación de flexión y torsión del ala. Reordenando el sistema se tiene

$$(\mathbf{K} - q\mathbf{A})\,\mathbf{u} = q\,\mathbf{a}\,\alpha_0 \qquad (3.167)$$

donde el vector $\mathbf{u}$ representa el vector de grados de libertad incógnitas. La matriz de los coeficientes está formada por términos de la matriz de rigidez y términos de la matriz de coeficientes de influencia aerodinámicos, afectados éstos últimos por la presión dinámica q. La solución de los grados de libertad puede escribirse como

$$\mathbf{u} = q\,(\mathbf{K} - q\mathbf{A})^{-1}\,\mathbf{a}\,\alpha_0 \qquad (3.168)$$

Por otro lado, si se desea conocer la velocidad de inestabilidad por divergencia, debemos resolver el problema de autovalores

$$(\mathbf{K} - q\mathbf{A})\,\mathbf{u} = \mathbf{0} \qquad (3.169)$$

donde el par $(q, \mathbf{u})$ forman una solución autovalor-autovector. La matriz de coeficientes de influencia dependen de varios parámetros geométricos y mecánicos que afectan a la solución, en particular: (1) la posición del eje elástico respecto al eje de centros aerodinámicos, definido mediante la función $e(y)$. En el caso de alas con variación lineal de cuerda, esta función es lineal y se puede poner en función de la coordenada del eje elástico en el encastre: x_E; (2) La relación entre rigideces seccionales de flexión y torsión EI/GJ y (3) la flecha del eje elástico Λ_e. Ya hemos derivado en las Secc. 3.2 y 3.3 cómo afecta la posición del eje elástico y la rigidez a torsión GJ a la velocidad de divergencia. Además, de las ecuaciones se pudo inferir que la rigidez a flexión EI no afectaba a la velocidad de divergencia, consecuencia directa del desacoplamiento flexión–torsión en la matriz $\mathbf{A}$. El siguiente ejemplo numérico ayudará a interpretar los resultados y confirmará el comportamiento predicho al comienzo de esta sección en función de la flecha.

3.5.3 Ejemplo

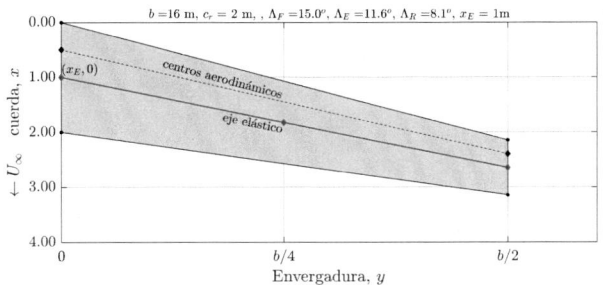

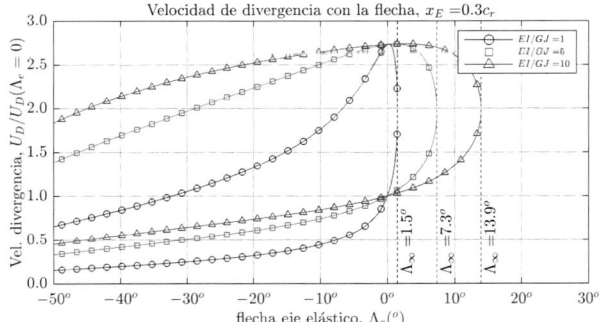

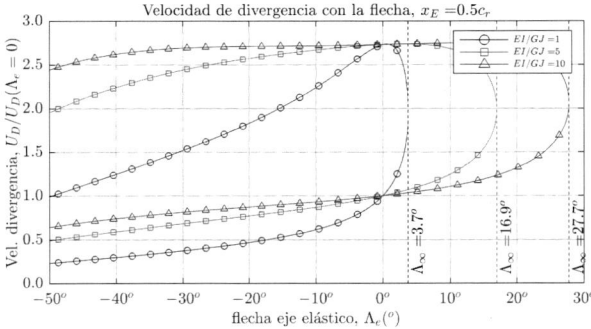

Figura 3.23: Velocidad de divergencia en función de la flecha Λ para dos posiciones distintas del eje elástico, $x_E/c_r = \{0.3; 0.5\}$

El comportamiento cinemático del ala con la flecha permite predecir cual será el comportamiento de la velocidad de divergencia con la flecha. Así es esperable que la velocidad de divergencia crezca con la flecha, pues el ángulo de ataque elástico decrece con la flexión y no crece de forma tan efectiva con la torsión, de acuerdo a la Ec. (3.148). En la Fig. 3.23 se han representado las velocidades de divergencia (eje de ordenadas) de los dos primeros modos frente a la flecha del eje elástico (eje de abcisas), en un modelo de ala con cuerda variable. La envergadura, cuerda en la raíz c_r y cuerda en punta de ala c_t se mantienen constantes a medida que modificamos la flecha, manteniendo así constante la superficie alar. Se han reproducido los resultados asociados a tres valores de rigidez a flexión: $EI/GJ = \{1, 5, 10\}$. Se observa que para flecha nula $\Lambda_e = 0$ las tres curvas cortan en las mismas ordenadas permitiendo visualizar la conclusión ya expuesta arriba: la velocidad de divergencia en alas rectas (sin flecha) no depende de la rigidez a flexión. Si fijamos nuestra atención en cualquiera de las tres curvas representadas, de las dos ordenadas asociadas a cada flecha el valor más pequeño representa la velocidad de divergencia del modo principal. Este valor es siempre creciente con la flecha y además lo hace de forma más acusada para flechas positivas. A medida que crece la flecha, la velocidad de divergencia crece hasta que su valor se confunde con el correspondiente al segundo modo en un punto de tangente vertical. La flecha asociada a dicho punto se representa por Λ_∞ y se denomina *flecha límite*. Configuraciones de alas en flecha con $\Lambda > \Lambda_\infty$ sencillamente no divergen. Solo soluciones de autovalores negativos, $q < 0$ son compatibles con el modelo numérico a partir de la flecha límite. Matemáticamente, el comportamiento es similar a tener en alas rectas el eje elástico por delante del centro aerodinámico. Soluciones analíticas (aproximadas) para la velocidad de divergencia y la flecha límite para casos con cuerda constante pueden encontrarse en textos de referencia en aeroelasticidad [11, 12, 44]. Alas más rígidas a flexión retrasan la aparición de la divergencia para flechas negativas, pero la adelantan para flechas positivas, aumentando además la flecha límite. Tras la inspección de las dos gráficas para dos posiciones diferentes del eje elástico x_E, se observa que el comportamiento para alas rectas es extrapolable a alas en flecha: mayor excentricidad del eje estructural respecto al eje de centros aerodinámicos reduce la velocidad de divergencia.

Grumman X–29 (USA, 1984)

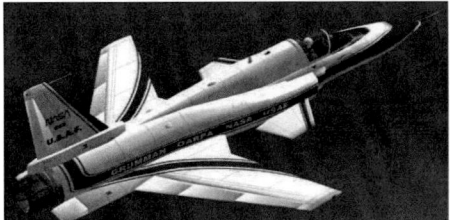

Sukhoi Su–47 (RUS, 1997)

Junkers Ju–287 (GER, 1944)

Hamburger Flugzeugbau HFB-320 (GER, 1964)

Figura 3.24: Realmente ha habido pocos ejemplos de aviones con alas en flecha negativas. Aquí se muestran algunos casos. Aerodinámicamente la principal diferencia entre flecha negativa y positiva es la dirección del flujo de los vórtices. Con flecha negativa el flujo es hacia adentro de manera que los vóritices de punta de ala y la consecuente resistencia (*drag*) se reducen. Por otro lado, el coeficiente de sustentación máximo (sobre el fuselaje) aumenta permitiendo alas más pequeñas. Como resultado se mejora la maniobrabilidad del ala especialmente a grandes ángulos de ataque. En velocidades transónicas las ondas de choque aparecen primero en el encastre en lugar de punta de ala, ayudando a asegurar la efectividad del control en alerones. La principal desventaja radica en la necesidad de materiales muy resistentes y rígidos o el uso de configuraciones especiales de materiales compuestos (*aeroelastic tailoring*) para aumentar la rigidez de la estructura debido a la sensibilidad a la divergencia.

No hay muchos ejemplos de aviones con flecha negativa. Las ventajas derivadas del aumento de la maniobrabilidad, la disminución de la superficie alar o la mejor optimización del espacio en el fuselaje (entre otras) no ha sido determinante para una implantación generalizada. En la Fig. 3.24 se muestran algunos ejemplos de aviones diseñados con flecha negativa. Para compensar el efecto negativo en la inestabilidad y en el aumento de las fuerzas de sustentación derivadas de la deformabilidad a flexión, ha sido práctica habitual el uso de materiales compuestos jugando con la orientación de las fibras para conseguir un acoplamiento estructural entre flexión y torsión en la matriz de rigidez ($\mathbf{K}$) que contrarreste el efecto negativo en la matriz $\mathbf{A}$. Un estudio analítico (simplificado) de diseño se desarrolla con detalle en la Ref. [44].

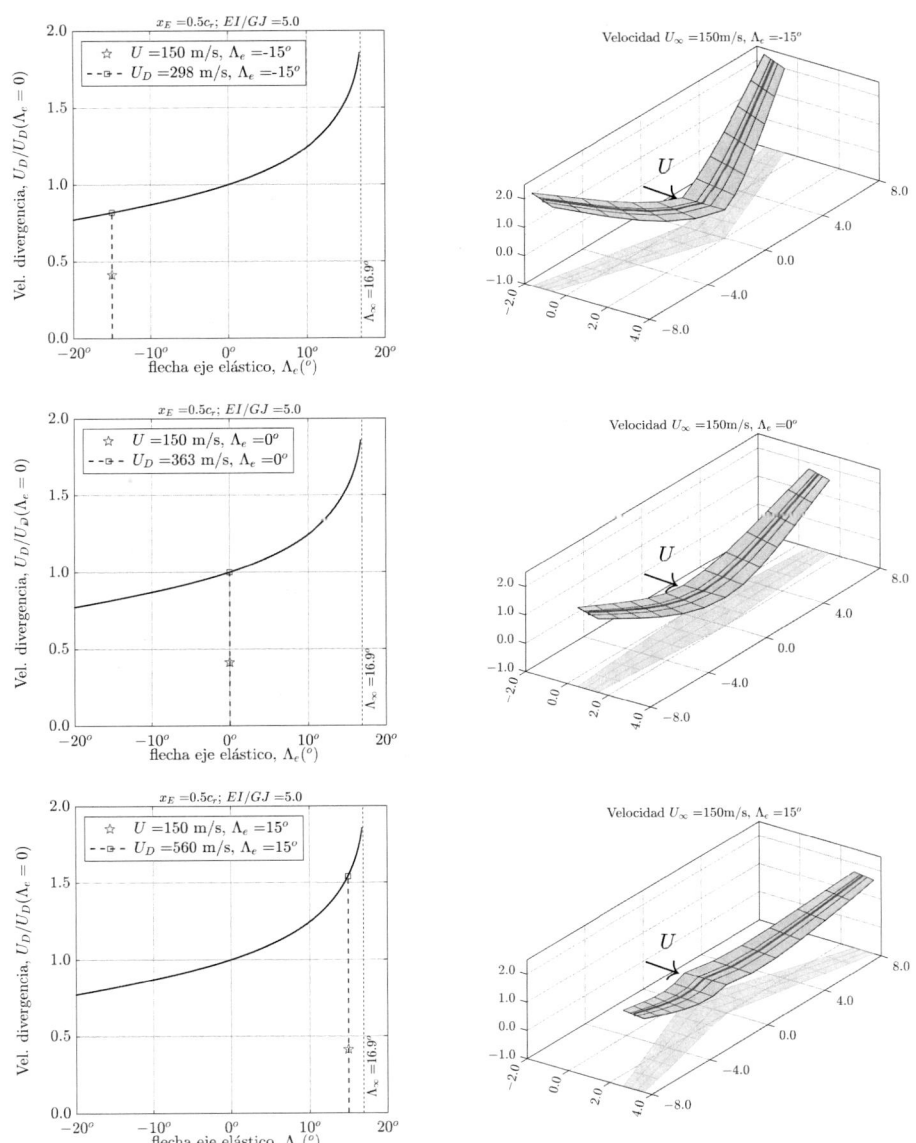

Figura 3.25: Deformación del ala con condiciones de vuelo definidas por $\rho_\infty = 1 \text{ kg/m}^3$, $U = 150$ m/s, $\alpha = 5^o$ para un ala con superficie alar $S_w = 24$ m^2, rigidez a flexión $EI = 5GJ$ y posición del eje elástico $x_E = 0.5c_r$. Se han simulado tres configuraciones de flecha $\Lambda_e = \{-15^o, 0^o, +15^o\}$. A la izquierda se ha representado la variación de la velocidad de divergencia (normalizada) con la flecha y las condiciones de vuelo de cada caso, para visualizar el margen hasta la inestabilidad.

En la Fig. 3.25 se ha representado la deformación de un ala de cuerda variable, con un modelo estructural basado en dos elementos finitos como los descritos en esta sección. En las gráficas de la izquierda se muestra la velocidad de divergencia (normalizada con el valor para flecha nula) frente a la flecha del eje elástico. Para el ejemplo simulado la flecha límite resulta ser de $\Lambda_\infty \approx 17^o$. Manteniendo constantes las condiciones de vuelo, la altitud y velocidad $U = 150$ m/s, la superficie alar, la rigidez a flexión y la posición relativa del eje elástico, se ha simulado la deformación del ala en tres casos diferentes para flechas $\Lambda_e = \{-15^o, 0^o, +15^o\}$. Al reducir la flecha la distancia entre las condiciones de vuelo y las de inestabilidad se reducen afectando drásticamente a la deformación, a la distribución de sustentación y en última instancia a los esfuerzos en el encastre del ala.

3.6 Limitaciones del modelo

El modelo presentado en este capítulo, basado en la hipótesis de un *único eje elástico* y la *interpolación polinómica* de la deformación, proporciona una herramienta sencilla y eficiente para estimar las condiciones de **divergencia estática**, **inversión de mando** y el efecto de la **flecha del ala**. Sin embargo, al fundamentarse en hipótesis simplificadoras, presenta limitaciones que deben tenerse en cuenta al aplicar los resultados a configuraciones reales.

3.6.1 Limitaciones estructurales del modelo aproximado

Hipótesis de eje elástico único

El modelo asume que la deformación del ala se concentra sobre una línea característica, denominada *eje elástico*, y que la torsión se describe respecto a dicho eje. Esta simplificación es adecuada para alas delgadas, uniformes y con deformaciones moderadas, pero introduce errores importantes en:

- Alas con **distribuciones de rigidez no uniformes** o materiales compuestos.

- Alas con **discontinuidades estructurales**, como refuerzos, depósitos de combustible o cambios abruptos de espesor.

- Alas **muy barridas** o de **bajo alargamiento**, donde la deformación real no se concentra en una única línea.

En configuraciones donde existe un acoplamiento flexión–torsión significativo, la predicción del punto de divergencia puede desviarse de los valores reales.

Interpolación polinómica de la deformación

La distribución de torsión y/o flexión a lo largo de la envergadura se aproxima mediante *polinomios de bajo orden*. Aunque esta elección reduce la complejidad del problema, presenta varias limitaciones:

- La aproximación polinómica **suaviza la respuesta estructural** y puede **subestimar deformaciones locales** en zonas de concentración de cargas.

- En alas con variaciones abruptas de rigidez, el uso de polinomios globales puede provocar **pérdidas de precisión**.

- Para alas en flecha, la torsión inducida por la componente spanwise de la carga no se representa de forma natural mediante polinomios simples.

Hipótesis de linealidad

El modelo considera tanto la respuesta estructural como la aerodinámica en el régimen lineal:

- La estructura se supone lineal-elástica y las deformaciones son pequeñas. Los efectos de segundo orden, como los incrementos de flexión debidos a grandes desplazamientos (*efecto* $P - \Delta$), no están incluidos.

- La aerodinámica se modela de forma lineal, asumiendo que la sustentación es proporcional al ángulo de ataque efectivo. Esto es válido para ángulos de ataque moderados y flujo subcrítico, pero no contempla separación de flujo ni efectos no lineales.

3.6.2 Limitaciones de la strip theory *en modelos estáticos*

Para estimar la distribución de cargas aerodinámicas, se ha empleado la *strip theory*, que modela cada sección como un perfil bidimensional independiente. Aunque esta aproximación es adecuada para configuraciones simples y bajo número de Mach, presenta limitaciones relevantes:

Ausencia de efectos tridimensionales

La *strip theory* no representa la interacción aerodinámica entre secciones. En consecuencia:

- No captura los vórtices de punta ni la variación tridimensional del *downwash*.

- Puede sobreestimar la carga local en zonas próximas a la punta.

- No contempla la influencia mutua entre alerones, esencial para estimar correctamente la inversión de mando.

Limitaciones en alas en flecha

En alas con flecha significativa, la componente *spanwise* de la velocidad incidente introduce acoplamientos aerodinámicos entre secciones que la *strip theory* no puede reproducir. Esto puede generar errores considerables en la predicción de la divergencia estática y en el cálculo de la efectividad de los mandos.

Régimen de validez en número de Mach y ángulo de ataque

- La *strip theory* es apropiada en flujo incompresible y **Mach bajos**.

- A partir de regímenes transónicos, la aparición de ondas de choque locales modifica de forma no lineal la distribución de presión, lo que invalida los coeficientes bidimensionales utilizados.

- Para ángulos de ataque moderados o altos, la teoría no contempla **separación de flujo** ni fenómenos de pérdida aerodinámica.

Comentario final

El modelo presentado es adecuado como herramienta preliminar para estudiar la aeroelasticidad estática de alas en las fases iniciales de diseño. No obstante, para configuraciones complejas, alas muy barridas, materiales compuestos o regímenes de vuelo próximos al transónico, resulta necesario recurrir a métodos más avanzados que incluyan efectos tridimensionales y de compresibilidad, tales como:

- **Teoría de lifting surfaces** para un tratamiento aerodinámico más preciso.

- **Método de retícula de dobletes** (*Doublet Lattice Method*, DLM) para cargas no estacionarias.

- **Modelos híbridos** basados en CFD para configuraciones complejas.

4

Aerodinámica no-estacionaria de perfiles

4.1 Introducción

El principal objetivo del análisis aerodinámico de perfiles desde el punto de vista de las inestabilidades aeroelásticas es la obtención de las fuerzas en el perfil. Estas fuerzas son usadas como *input* en el problema del cálculo de la estabilidad aeroelástica, tanto estática como dinámica. En el análisis estático se considera que los términos de aceleraciones y velocidades son despreciables, por lo que la aerodinámica estacionaria provee la teoría necesaria para la obtención del coeficiente de presiones sobre el perfil. Cuando el perfil se encuentra en movimiento compatible con la hipótesis de flujo potencial, interacciona con el aire que lo rodea modificando las fuerzas aerodinámicas y dando lugar a un coeficiente de presiones función del tiempo. En particular, dependerá no solo de la situación del perfil, sino de su velocidad y de su aceleración.

La fuerzas aerodinámicas que se obtienen de las ecuaciones pueden separarse en dos tipos diferentes según su naturaleza: (i) las fuerzas denominadas casi-estacionarias y (ii) las fuerzas que aparecen como consecuencia del efecto de la estela tras el perfil (fuerzas no-estacionarias). Se describen a continuación con algo más de detalle antes de pasar al análisis riguroso del problema.

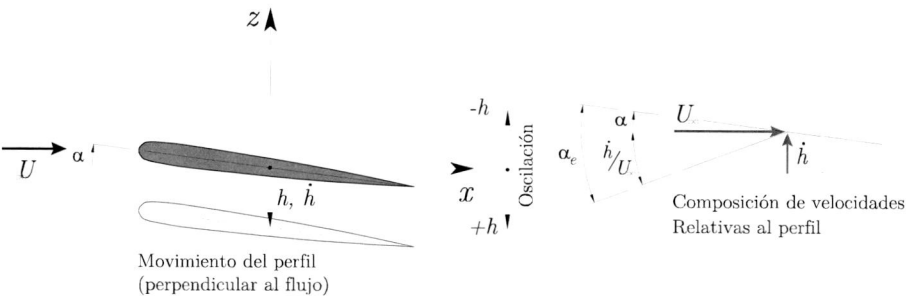

Figura 4.1: Ejemplo de aparación de fuerzas casi-estacionarias por el movimiento del perfil.

— Las fuerzas procedentes del comportamiento denominado casi-estacionario son consecuencia del movimiento (vertical) relativo de los puntos del perfil respecto al fluido. Este tipo de fuerzas se puede visualizar con un ejemplo sencillo mostrado en la Fig. 4.1. Supongamos que un perfil tiene un ángulo fijo de ataque α respecto al fluido de velocidad (horizontal) U_∞ y que puede moverse como sólido rígido desplazándose arriba y abajo sin girar en oscilaciones de amplitud $h(t)$ (positivo hacia abajo, ver Fig. 4.1). La velocidad vertical de los (todos) puntos del perfil es $\dot{h}(t)$ hacia abajo, por lo que la velocidad del fluido relativa al perfil es $\dot{h}(t)$ hacia arriba, tal y como figura en el diagrama de composición vectorial de velocidades. Ahora el campo de velocidades sobre el perfil tiene una componente horizontal U_∞ (dirección $+x$) y otra vertical $\dot{h}$ (dirección $+z$). Asumiendo que $\left|\dot{h}\right| \ll U_\infty$ la velocidad resultante tiene módulo

$$U_e = \sqrt{U_\infty^2 + \dot{h}^2} = U_\infty \sqrt{1 + \frac{\dot{h}^2}{U_\infty^2}} \approx U_\infty$$

y el perfil (inclinado con la horizontal un ángulo α) presenta ahora un ángulo de ataque respecto a la dirección de la nueva velocidad igual a

$$\alpha_e(t) = \alpha + \arctan\left(\frac{\dot{h}}{U_\infty}\right) \approx \alpha + \frac{\dot{h}}{U_\infty}$$

Por tanto, la fuerza de sustentación sobre el perfil es

$$L = \frac{1}{2}\rho_\infty U_\infty^2 S_w C_{L\alpha}\, \alpha_e(t) = \frac{1}{2}\rho_\infty U_\infty^2 S_w C_{L\alpha}\left(\alpha + \frac{\dot{h}}{U_\infty}\right)$$

La sustentación es ahora función de la posición del perfil y de la velocidad vertical. Esta es la versión más simple de las fuerzas aerodinámicas casi-estacionarias. En un caso más general, además de desplazarse el perfil también gira por lo que la expresión tendrá una estructura más completa incluyendo más términos.

— Las fuerzas procedentes del efecto de la estela del perfil. Recordemos que el balance de la circulación total en el campo fluido debe ser nulo. Cuando el perfil se mueve perpendicularmente al flujo se produce una variación de la configuración del campo fluido y por tanto una variación en la circulación del perfil. Para que la vorticidad se mantenga constante se generará instantáneamente un vórtices en el borde de salida de sentido contrario al generado en el perfil. Los vórtices generados un instante tras otro producen una distribución de vorticidad en la estela (que teóricamente llega al infinito) que modifican la distribución de presiones sobre el perfil. En ocasiones al efecto producido por la vorticidad en la estela se denomina puramente no-estacionario para diferenciarlo del efecto casi-estacionario descrito en el punto anterior. Los vórtices se generan de forma armónica cuando el movimiento del perfil es armónico y *viajan* desde el perfil hacia el infinito por el efecto de la velocidad de vuelo. La distancia entre los vórtices depende de su frecuencia de generación y de la velocidad de vuelo (ver Fig. 4.2).

Al igual que en aerodinámica estacionaria, consideraremos que el fluido incide con velocidad U_∞ sobre el perfil en la dirección $+x$ y que el eje z es vertical y positivo hacia arriba. Únicamente se analizará el movimiento en el plano xOz. En los apartados siguientes se deducirá la expresión de la distribución de presiones sobre el perfil en hipótesis no estacionaria para vuelo incompresible (subsónico) y supersónico.

4.2 Flujo potencial no-estacionario

Se considera que el lector está familiarizado con los principales resultados de mecánica de fluidos y de aerodinámica estacionaria. El punto de partida del análisis se fija en las ecuaciones más importantes de la mecánica de fluidos. Antes de presentarlas, se enumerarán las hipótesis asumidas en su deducción.

Viscosidad despreciable. se considera que el número de Reynolds, $Re = \rho_\infty U_\infty c / \mu$ (donde c es la longitud característica del cuerpo y μ la viscosidad), que relaciona las fuerzas convectivas y las viscosas, es muy grande

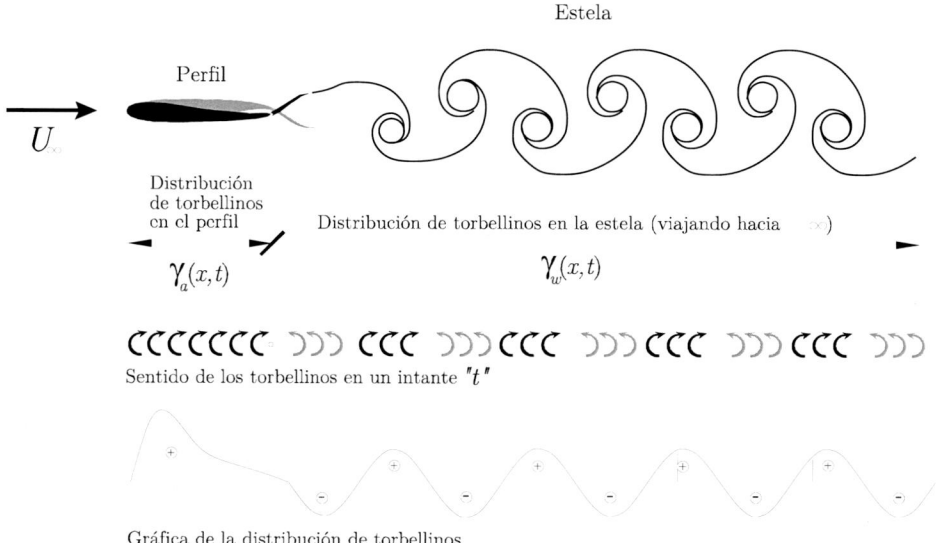

Figura 4.2: Generación de vórtices en la estela como consecuencia de la aerodinámica no-estacionaria.

$Re \gg 1$. Por tanto se pueden despreciar los términos asociados a la viscosidad. El efecto de la viscosidad queda por tanto confinado a la capa límite en el contacto con el perfil.

Fuerzas másicas despreciables. se considera que el número de Frodue, $Fr = U_\infty^2/gc$, que relaciona fuerzas de inercia con las fuerzas másicas. En los problemas relacionados con la sustentación de perfiles se verifica que $Fr \gg 1$ y por tanto el efecto de las fuerzas másicas se puede despreciar. Algunos ejemplos de problemas en los que las fuerzas de gravedad tienen relevancia son los asociados a globos o dirigibles.

Barotropía (fluido compresible). dentro de los fluidos compresibles, se consideran solo aquellos para los cuales se puede establecer una relación de barotropía, es decir existe una relación entre presión y densidad única y biunívoca en cualquier punto del fluido, sin depender de la temperatura de forma independiente. En el caso de los gases perfectos asumiendo comportamiento adiabático e irreversible, se tiene que $p/\rho^\gamma = $ cte. Si en un punto del fluido son conocidas la presión p_∞ y la densidad ρ_∞, entonces

$$p = p_\infty \left(\frac{\rho}{\rho_\infty} \right)^{\gamma} \tag{4.1}$$

donde γ es la relación de calores específicos a presión y volumen constante, $\gamma = c_p/c_v$. A partir de la relación anterior se tiene que la velocidad del sonido a en un punto es función de la presión y la densidad es

$$a = \sqrt{\frac{\mathrm{d}p}{\mathrm{d}\rho}} = \sqrt{\gamma \frac{p}{\rho}} \tag{4.2}$$

Llamando $a_\infty^2 = \gamma p_\infty / \rho_\infty$ entonces la relación entre la velocidad del sonido y la presión es

$$a^2 = a_\infty^2 \left(\frac{p}{p_\infty} \right)^{\frac{\gamma-1}{\gamma}} \tag{4.3}$$

Estas relaciones se utilizarán más tarde en las ecuaciones generales del fluido compresible. Las ecuaciones anteriores no son aplicables apra un fluido considerado incompresible en el seno del cual se asume que la densidad permanece constante. Este será el caso de objetos moviéndose a una velocidad muy inferior a la de propagación del sonido, en cuyo caso se conidera que $a^2 \to \infty$ y por tanto $d\rho/dp = 1/a^2 \to 0$. En la deducción de cada ecuación fundamental se describirá la adaptación de las ecuaciones al caso incompresible.

Fluido irrotacional: se puede demostrar (teorema de Bjerknes-Kelvin) que en hipótesis de flujo no-viscoso, barotrópico con fuerzas másicas conservativas la circulación del fluido se conserva. Por tanto si en algún punto del fluido la vorticidad es nula, entonces lo es también todo el dominio fluido, es decir $\nabla \times \mathbf{V} = \mathbf{0}$ en cualquier punto.

La consecuencia más importante del movimiento irrotacional es la existencia de cierta función, denominada *potencial de velocidades*, de la cual deriva la velocidad del fluido. En términos matemáticos, existe un campo escalar $\Phi(x, z, t)$ tal que

$$\mathbf{V}(x,z,t) = U(x,z,t)\mathbf{i} + W(x,z,t)\mathbf{k} = \nabla\Phi = \frac{\partial\Phi}{\partial x}\mathbf{i} + \frac{\partial\Phi}{\partial z}\mathbf{k}$$

Todas las magnitudes inherentes al problema (presión, densidad y velocidad) se pueden expresar en términos de esta función, lo que simplifica el tratamiento matemático del problema, pues se puede deducir una única ecuación en la variable Φ.

4.3 Ecuaciones generales del movimiento. Potencial de velocidades

Vistas las hipótesis, es turno de introducir las ecuaciones que permiten resolver el problema, al menos en forma teórica.

(1) Continuidad. En cualquier volumen de control, el balance de caudal total es igual a la variación temporal de masa en el interior de dicho volumen. Se puede expresar mediante la ecuación escalar

$$\frac{D\rho}{Dt} + \rho\,\nabla\cdot\mathbf{V} = 0 \tag{4.4}$$

donde $\rho = \rho(x,z,t)$ es la densidad del fluido, el operador D/Dt denota la derivada material definida como

$$\frac{D}{Dt}(\bullet) = \frac{\partial}{\partial t}(\bullet) + \nabla\Phi\cdot\nabla(\bullet)$$

y $\nabla\cdot\mathbf{V} = \frac{\partial U}{\partial x} + \frac{\partial W}{\partial z}$ es la divergencia de la velocidad.

(2) Cantidad de movimiento. Es equivalente a la segunda ley de Newton para mecánica de fluidos. Se establece el balance entre fuerzas de inercia, másicas, viscosas y presión. Las hipótesis de números de Reynolds y Froude altos permite despreciar las fuerzas másicas y viscososas, de forma que la expresión vectorial final del principio de la cantidad de movimiento se expresa como

$$\rho\frac{D\mathbf{V}}{Dt} + \nabla p = 0 \tag{4.5}$$

Desarrollando la derivada material de la velocidad y usando la irrotacionalidad, es decir $\nabla\times\mathbf{V} = \mathbf{0}$

$$\frac{D\mathbf{V}}{Dt} = \frac{\partial\mathbf{V}}{\partial t} + (\mathbf{V}\cdot\nabla)\mathbf{V} = \frac{\partial\mathbf{V}}{\partial t} + \frac{1}{2}\nabla(\mathbf{V}\cdot\mathbf{V}) - \mathbf{V}\times(\nabla\times\mathbf{V})$$
$$= \frac{\partial\mathbf{V}}{\partial t} + \frac{1}{2}\nabla(\mathbf{V}\cdot\mathbf{V}) \tag{4.6}$$

Por tanto, las ecuaciones de cantidad de movimiento (tantas ecuaciones como componentes tenga el vector velocidad) en un fluido irrotacional son

$$\frac{\partial\mathbf{V}}{\partial t} + \frac{1}{2}\nabla(\mathbf{V}\cdot\mathbf{V}) + \frac{\nabla p}{\rho} = \mathbf{0} \tag{4.7}$$

(3) **Balance energético.** Para obtener una formulación consistente del problema es necesario añadir las ecuaciones del balance energético en las cuales están involucradas las variables presión p, temperatura T, densidad ρ a las que además hay que añadir una nueva variable: la energía interna. Estas ecuaciones se pueden desacoplar de las ya vistas asumiendo la hipótesis de que el fluido está formado por un gas ideal en el que existe una relación barotrópica. Tal y como se ha visto la barotropía es una relación biunívoca entre presión y temperatura tal y como se puede comprobar en la Ec. (4.1).

4.4 Ecuación de Bernoulli en régimen no-estacionario

El objetivo de la ecuación de Bernoulli es obtener relaciones directas entre el potencial de velocidades y las 3 variables escalares: presión p, densidad ρ y velocidad del sonido a. Estas relaciones permiten obtener dichas variables a partir de Φ sin necesidad de resolver una ecuación diferencial. Se asume que lejos del objeto de estudio $(x^2 + z^2 \to \infty)$ presión, densidad y velocidad del sonido valen p_∞, ρ_∞ y a_∞ respectivamente, mientras que el campo de velocidades es $U = U_\infty$ y $W = 0$ correspondiente a líneas de corriente horizontales. Por tanto, el potencial en el infinito es $\Phi_\infty = U_\infty x$. Las ecuaciones que se van a derivar a continuación asumen que el fluido es compresible y, por tanto, la densidad es variable con la posición y con el tiempo, de forma que la velocidad de propagación del sonido es finita. Sin embargo, por su interés al final de este punto se estudiará el caso particular de fluido compresible, en el cual se asume que la velocidad del fluido es muy pequeña comparada con la del sonido.

La ecuación de Bernoulli se desprende de la ecuación de la cantidad del movimiento (4.7) introduciendo las relaciones barotrópicas en el último término $\nabla p / \rho$. Así, usando las Ecs. (4.1), (4.2) y (4.3) se tiene las siguientes igualdades

$$
\begin{aligned}
\frac{\nabla p}{\rho} &= \frac{1}{\rho} p_\infty \gamma \left(\frac{\rho}{\rho_\infty} \right)^{\gamma-1} \frac{\nabla \rho}{\rho_\infty} = \frac{p_\infty \gamma}{\rho_\infty} \frac{1}{\gamma-1} \nabla \left(\frac{\rho}{\rho_\infty} \right)^{\gamma-1} \\
&= \frac{a_\infty^2}{\gamma-1} \nabla \left(\frac{a}{a_\infty} \right)^2 = \nabla \left(\frac{a^2}{\gamma-1} \right)
\end{aligned}
\tag{4.8}
$$

Usando esta expresión y la del potencial de velocidades $\mathbf{V} = \nabla\Phi$ en la Ec. (4.7) todos los términos son gradientes de alguna magnitud, de forma que el operador gradiente puede extraerse de la suma quedando

$$
\nabla \left(\frac{\partial \Phi}{\partial t} + \frac{1}{2} \left(\nabla\Phi \cdot \nabla\Phi \right) + \frac{a^2}{\gamma-1} \right) = \mathbf{0}
\tag{4.9}
$$

135

El significado matemático de esta ecuación es que la magnitud afectada por el gradiente no varía en el espacio, aunque sí puede hacerlo en el tiempo. A dicha ecuación se le denomina principio o teorema de Bernoulli (a veces también teorema de Euler-Bernoulli). Así, la magnitud

$$B(t) = \frac{\partial \Phi}{\partial t} + \frac{1}{2}\left(\nabla \Phi \cdot \nabla \Phi\right) + \frac{a^2}{\gamma - 1} \tag{4.10}$$

es función únicamente del tiempo. El principio de Bernouilli se representa de forma simplificada como $B(t) = $ cte de forma que conocido su valor en algún punto del fluido, se puede obtener dicha constante. En el infinito lejos del objeto de estudio (no debe perderse de vista que analizamos el efecto dinámico del fluido en un perfil inmerso en un fluido) se tiene que $\Phi = \Phi_\infty = U_\infty x$, $a = a_\infty$, $p = p_\infty$ y $\rho = \rho_\infty$ de forma que

$$B_\infty = \frac{U_\infty^2}{2} + \frac{a_\infty^2}{\gamma - 1} = \frac{U_\infty^2}{2} + \frac{\gamma}{\gamma - 1}\frac{p_\infty}{\rho_\infty} \tag{4.11}$$

Usando las relaciones barotrópicas —Ecs. (4.1), (4.2) y(4.3)— la ecuación $B = B_\infty$ se puede poner de tres formas diferentes que permiten conocer la presión, densidad y velocidad del sonido en cualquier punto del fluido, conocido el potencial de velocidades.

$$\frac{\partial \Phi}{\partial t} + \frac{1}{2}\left(\nabla \Phi \cdot \nabla \Phi\right) + \frac{a^2}{\gamma - 1} = \frac{U_\infty^2}{2} + \frac{\gamma}{\gamma - 1}\frac{p_\infty}{\rho_\infty} \tag{4.12}$$

$$\frac{\partial \Phi}{\partial t} + \frac{1}{2}\left(\nabla \Phi \cdot \nabla \Phi\right) + \frac{a_\infty^2}{\gamma - 1}\left(\frac{p}{p_\infty}\right)^{\frac{\gamma-1}{\gamma}} = \frac{U_\infty^2}{2} + \frac{\gamma}{\gamma - 1}\frac{p_\infty}{\rho_\infty} \tag{4.13}$$

$$\frac{\partial \Phi}{\partial t} + \frac{1}{2}\left(\nabla \Phi \cdot \nabla \Phi\right) + \frac{a_\infty^2}{\gamma - 1}\left(\frac{\rho}{\rho_\infty}\right)^{\gamma-1} = \frac{U_\infty^2}{2} + \frac{\gamma}{\gamma - 1}\frac{p_\infty}{\rho_\infty} \tag{4.14}$$

Veamos ahora la ecuación de Bernoulli para un fluido incompresible. Recordemos que un fluido incompresible se caracteriza por una densidad constante $\rho = \rho_\infty$. En tal caso no se producen variaciones de presión por el cambio de densidad, sino por la diferencia de potencial entre los puntos del perfil. La Ec. (4.8) es ahora mucho más simple

$$\frac{\nabla p}{\rho} = \nabla\left(\frac{p}{\rho_\infty}\right) \tag{4.15}$$

Introduciendo ahora el resultado en la ecuación de la cantidad de movimiento, Ec. (4.7) se llega a que en el caso de **fluidos incompresibles** el principio de

Bernoulli se puede expresar como

$$B(t) = \frac{\partial \Phi}{\partial t} + \frac{1}{2}\left(\nabla\Phi \cdot \nabla\Phi\right) + \frac{p}{\rho_\infty} = \frac{U_\infty^2}{2} + \frac{p_\infty}{\rho_\infty} \qquad (4.16)$$

4.5 Ecuación diferencial del potencial de velocidades

Usando la ecuación de continuidad y (nuevamente) las relaciones barotrópicas, se puede deducir una única ecuación diferencial en derivadas parciales para el potencial de velocidades. De la ecuación de continuidad se puede extraer la derivada material en función del potencial como

$$\frac{1}{\rho}\frac{\mathrm{D}\rho}{\mathrm{D}t} = -\nabla^2\Phi \qquad (4.17)$$

donde el operador $\nabla^2 = \frac{\partial^2}{\partial x^2} + \frac{\partial^2}{\partial z^2}$ es el laplaciano. El lado izquierdo de la ecuación anterior depende solo de la densidad. El objetivo ahora es obtener esta misma expresión del principio de Bernoulli y *eliminarlo* fusionando así las dos ecuaciones fundamentales. En primer lugar, se aplica la derivada material a la versión del principio de Bernoulli en el que aparece la densidad, Ec. (4.14)

$$\frac{\mathrm{D}}{\mathrm{D}t}\left(\frac{\partial \Phi}{\partial t} + \frac{1}{2}\left(\nabla\Phi \cdot \nabla\Phi\right)\right) + \frac{a_\infty^2}{\gamma - 1}\frac{\mathrm{D}}{\mathrm{D}t}\left(\frac{\rho}{\rho_\infty}\right)^{\gamma-1} = 0 \qquad (4.18)$$

Usando las identidades barotrópicas, el segundo término se puede manipular hasta que aparezca el primer término de la Ec. (4.17)

$$\begin{aligned}
\frac{\mathrm{D}}{\mathrm{D}t}\left(\frac{\rho}{\rho_\infty}\right)^{\gamma-1} &= (\gamma - 1)\left(\frac{\rho}{\rho_\infty}\right)^{\gamma-2}\frac{\mathrm{D}\rho}{\mathrm{D}t}\frac{1}{\rho_\infty} \\
&= \frac{\gamma - 1}{\rho_\infty}\left(\frac{\rho}{\rho_\infty}\right)^{\gamma-1}\frac{\mathrm{D}\rho}{\mathrm{D}t} \\
&= (\gamma - 1)\left(\frac{\rho_\infty}{\rho}\right)\left(\frac{\rho}{\rho_\infty}\right)^{\gamma}\frac{1}{\rho}\frac{\mathrm{D}\rho}{\mathrm{D}t} \\
&= (\gamma - 1)\left(\frac{\rho_\infty}{\gamma p_\infty}\right)\left(\frac{\gamma p}{\rho}\right)\frac{1}{\rho}\frac{\mathrm{D}\rho}{\mathrm{D}t} \\
&= (\gamma - 1)\left(\frac{a}{a_\infty}\right)^2\frac{1}{\rho}\frac{\mathrm{D}\rho}{\mathrm{D}t} \qquad (4.19)
\end{aligned}$$

Introduciendo este resultado en la Ec. (4.18) y usando la Ec. (4.17) se llega a la ecuación buscada

$$a^2\nabla^2\Phi = \frac{\mathrm{D}}{\mathrm{D}t}\left[\frac{\partial \Phi}{\partial t} + \frac{1}{2}\left(\nabla\Phi \cdot \nabla\Phi\right)\right] \qquad (4.20)$$

Esta ecuación junto con las condiciones de contorno, permite resolver el campo de velocidades alrededor del objeto (al menos de forma teórica) para fluidos no-viscosos, barotrópicos e irrotacionales. Se trata de una ecuación altamente no lineal y en la práctica su resolución analítica resulta inabordable. Si desea resolver para un caso general, deberá hacerse uso de los métodos numéricos. Sin embargo, en el análisis aerodinámico de perfiles, se pueden asumir ciertas hipótesis que permitirán linealizar la ecuación y usar técnicas analíticas eficaces.

Para el caso particular de **fluidos incompresibles** la ecuación se simplifica notablemente. En realidad el aire no es un fluido incompresible, sin embargo, a efectos prácticos, cuando se evalúa el efecto del fluido sobre un cuerpo que viaja a una velocidad mucho menor que la de propagación del sonido ($U_\infty \ll a$) entonces se puede considerar que para los efectos matemáticos $a \to \infty$ de forma que la Ec. (4.20) queda reducida a la ecuación de Laplace (obtenida tras dividir toda la ecuación por a^2).

$$\nabla^2 \Phi = 0 \tag{4.21}$$

A esta misma ecuación se habría podido llegar si en la ecuación de continuidad, Ec. (4.4), introducimos la definición de fluido incompresible, es decir $\rho = \rho_\infty =$ cte. En tal caso la derivada material de la densidad es nula y queda de nuevo la ecuación de Laplace.

La ecuación diferencial del potencial de velocidades debe complementarse con las condiciones de contorno del dominio fluido. Recordemos que el problema a considerar es obtener la distribución de velocidades (potencial) de un fluido en movimiento con velocidad horizontal U_∞ incidiendo en un perfil con una geometría arbitraria. Las condiciones de contorno en general son dos

En infinito. El potencial de velocidades en el infinito no debe ser modificado por el objeto. Simbólicamente se puede expresar como

$$\lim_{x^2+z^2 \to \infty} \Phi(x, z) = \Phi_\infty = U_\infty x \tag{4.22}$$

En el perfil. El contorno del objeto inmerso en el fluido debe estar formado por líneas de corriente. Si la ecuación del contorno del objeto se representa por $F(x, z, t) = 0$, entonces la relación entre el contorno y el potencial de velocidades debe verificar que

$$\frac{\mathrm{D}F}{\mathrm{D}t} = \frac{\partial F}{\partial t} + \nabla \Phi \cdot \nabla F = 0 \tag{4.23}$$

Esta condición lleva implícita la conocida como hipótesis de Kutta que afirma que en el caso de que el borde de salida del perfil acabe en ángulo, dicho punto debe ser un punto de remanso con velocidad nula, pues en un mismo punto la velocidad $\mathbf{V} = \nabla\Phi$, tangente a las líneas de corriente, no puede tomar dos valores diferentes

4.6 Teoría potencial no-estacionaria: régimen incompresible

4.6.1 Potencial no-estacionario

En régimen incompresible no-estacionario (y también estacionario) la ecuación diferencial que gobierna el potencial de velocidades es la de Laplace (ver Secc. 4.5)

$$\nabla^2\Phi = \frac{\partial^2\Phi}{\partial x^2} + \frac{\partial^2\Phi}{\partial z^2} = 0 \tag{4.24}$$

Para obtener soluciones analíticas aproximadas de la Ec. (4.24) se usará el principio de perturbación, fundamento de la denominada teoría potencial linealizada de perfiles, que tiene su versión en la teoría no-estacionaria. Inicialmente, antes de que *aparezca* el perfil, el potencial es el debido al flujo horizontal U_∞, es decir $\Phi_\infty = U_\infty x$. La geometría del perfil se obtiene a partir de la definición de unas cotas $z = f_p(x,t)$ que en general serán función de la posición y del tiempo. Esta geometría siempre se puede descomponer en una parte independiente del tiempo o estacionaria $z_s(x)$ más otra componente que puede moverse y en consecuencia no-estacionaria $z_u(x,t)$. Dichas funciones geométricas se consideran como *pequeñas* perturbaciones matemáticas de la situación inicial por lo que cada una de estas componentes, de acuerdo con esta hipótesis, será proporcional a cierto parámetro de perturbación. Estas ideas se expresan simbólicamente como

$$z = f_p(x,t) = z_s + z_u = \epsilon f_s(x) + \nu f_u(x,t) \tag{4.25}$$

donde ϵ, $\delta \ll 1$ son los parámetros de perturbación. Los subíndices s y u se refieren a la parte estacionaria (*steady*) y no-estacionaria (*unsteady*). En la Fig. 4.3 se muestra una representación del significado de cada uno de los términos de la Ec. (4.25), de hecho se puede observar que el perfil puede deformarse y su desplazamiento en el tiempo no tiene por qué limitarse al de sólido rígido. La naturaleza de los parámetros de perturbación es diversa, desde un ángulo de ataque hasta la relación espesor/cuerda de un perfil, todos ellos muy inferiores a la unidad para garantizar que la solución obtenida se aproxima a la exacta. En el Apéndice B se puede encontrar una explicación más detallada sobre los parámetros de perturbación y de su aplicación al caso estacionario.

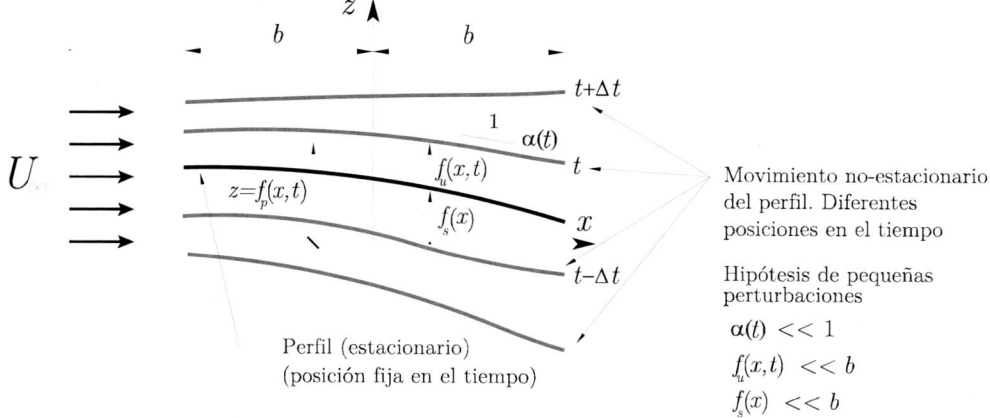

Figura 4.3: Geometría del movimiento no-estacionario de un perfil con curvatura (sin espesor). Descomposición en una localización estacionaria y en otra no-estacionaria dependiente del tiempo.

La consecuencia más importante es que el potencial total se puede expandir en términos de los parámetros de perturbación como cualquier otra función de dos variables, reteniendo los términos lineales y despreciando los términos de orden $\mathcal{O}(\epsilon^2)$, $\mathcal{O}(\nu^2)$, $\mathcal{O}(\epsilon\nu)$ y superiores

$$\Phi(x,z,t) \approx \Phi_\infty + \epsilon\Phi_s(x,z) + \nu\Phi_u(x,z,t) \equiv U_\infty x + \phi(x,z) + \varphi(x,z,t) \quad (4.26)$$

donde $\phi = \epsilon\Phi_s$ y $\varphi = \nu\Phi_u$ son los potenciales de perturbación estacionario y no-estacionario respectivamente y que pasan a ser las funciones incógnitas del problema. Para obtener las ecuaciones diferenciales que gobiernan el comportamiento de los potenciales de perturbación, es necesario introducir la expresión (4.26) en la ecuación del potencial (4.24) y separar términos en ϵ y en ν.

$$\nabla^2\Phi = \epsilon\nabla^2\Phi_s + \nu\nabla^2\Phi_u = 0 \quad (4.27)$$

La ecuación anterior debe ser válida para cualquier valor de ϵ y ν por lo que necesariamente debe verificarse que

$$\text{Problema estacionario} \quad \rightarrow \quad \nabla^2\Phi_s = 0 \quad (4.28)$$
$$\text{Problema no-estacionario} \quad \rightarrow \quad \nabla^2\Phi_u = 0 \quad (4.29)$$

Aunque ambos problemas verifican la ecuación de Laplace, en el caso no-estacionario interviene la variable tiempo como parámetro. Físicamente el flujo se adapta instantáneamente a los cambios en el perfil pues no aparecen derivadas temporales en la Ec. (4.29). El hecho de que las condiciones de contorno dependan de las derivadas temporales por un lado, y de que el coeficiente de presiones dependa de la variación temporal del potencial por el otro, hace que el tiempo aparezca en la solución final.

Teniendo en cuenta que los parámetros de perturbación no dependen de las coordenadas, las Ecs. (4.28),(4.29) se pueden poner en términos de los potenciales de perturbación como

$$\text{Problema estacionario} \quad \rightarrow \quad \nabla^2\phi = 0 \tag{4.30}$$

$$\text{Problema no-estacionario} \quad \rightarrow \quad \nabla^2\varphi = 0 \tag{4.31}$$

Condición de contorno sobre el perfil

En todo instante se debe verificar que el perfil es una superficie fluida que puede cambiar de posición, incluso de forma pero debe mantenerse como linea de corriente durante el movimiento, por lo que si el perfil se define por la ecuación implícita $F(x, z, t) = z - f_p(x, t) = 0$ entonces en todo punto de la forma $(x, z) = (x, f_p(x, t))$ debe verificarse que

$$\frac{\mathrm{D}F}{\mathrm{D}t} = \frac{\partial F}{\partial t} + \nabla\Phi(x, f_p(x, t)) \cdot \nabla F = 0 \tag{4.32}$$

El vector velocidad en los puntos del perfil

$$\nabla\Phi(x, f_p(x, t)) = \Phi_x(x, f_p(x, t))\mathbf{i} + \Phi_z(x, f_p(x, t))\mathbf{k}$$

se puede aproximar por su desarrollo en serie de Taylor en (ϵ, ν) alrededor del origen

$$
\begin{aligned}
\Phi_x(x, f_p(x, t)) &= \Phi_x(x, \epsilon f_s + \nu f_u) \\
&= U_\infty + \epsilon\Phi_{s,x}(x, \epsilon f_s + \nu f_u) + \nu\Phi_{u,x}(x, \epsilon f_s + \nu f_u) \\
&= U_\infty + \Phi_{s,x}(x, 0)\epsilon + \Phi_{u,x}(x, 0)\nu + \mathcal{O}(\varepsilon^2) \\
\Phi_z(x, f_p(x, t)) &= \Phi_z(x, \epsilon f_s + \nu f_u) \\
&= \epsilon\Phi_{s,z}(x, \epsilon f_s + \nu f_u) + \nu\Phi_{u,z}(x, \epsilon f_s + \nu f_u) \\
&= U_\infty + \Phi_{s,z}(x, 0)\epsilon + \Phi_{u,z}(x, 0)\nu + \mathcal{O}(\varepsilon^2)
\end{aligned}
\tag{4.33}
$$

donde $\mathcal{O}(\varepsilon)$ simboliza todos aquellos términos que sean del orden $\mathcal{O}(\epsilon)$ y $\mathcal{O}(\nu)$ o superiores, mientras que $\mathcal{O}(\varepsilon^2)$ simboliza los sean de los órdenes $\mathcal{O}(\epsilon^2)$, $\mathcal{O}(\nu^2)$ y $\mathcal{O}(\epsilon\nu)$ o superiores. El parámetro ε puede interpretarse como el módulo del *vector* bidimensional de perturbación $\{\epsilon, \nu\}$ Entrando con la Ec. (4.33) en la condición de contorno (4.32) y separando en los órdenes $\mathcal{O}(\epsilon)$, $\mathcal{O}(\nu)$ y superiores

$$
\begin{aligned}
0 = \frac{\mathrm{D}F}{\mathrm{D}t} \ = \ & \frac{\partial F}{\partial t} + \nabla\Phi \cdot \nabla F \\
= \ & -\nu\frac{\partial f_u}{\partial t} \\
& + \ \left[U_\infty + \epsilon\Phi_{s,x}(x,0) + \nu\Phi_{u,x}(x,0) + \mathcal{O}(\varepsilon^2) \right] \left(-\epsilon\frac{\partial f_s}{\partial x} - \nu\frac{\partial f_u}{\partial x} \right) \\
& + \ \left[\epsilon\Phi_{s,z}(x,0) + \nu\Phi_{u,z}(x,0) + \mathcal{O}(\varepsilon^2) \right] (1) \\
= \ & \epsilon\left(\Phi_{s,z}(x,0) - U_\infty\frac{\partial f_s}{\partial x} \right) \\
& + \ \nu\left(\Phi_{u,z}(x,0) - \frac{\partial f_u}{\partial t} - U_\infty\frac{\partial f_u}{\partial x} \right) + \mathcal{O}(\varepsilon^2)
\end{aligned}
\tag{4.34}
$$

de donde identificando términos en ϵ y ν se obtiene la forma operativa de la condición de contorno sobre el perfil, tanto para el problema estacionario $(\bullet)_s$ como para el no estacionario $(\bullet)_u$, en función de la forma del perfil.

$$
\text{Problema estacionario} \quad \rightarrow \quad \left.\frac{\partial \Phi_s}{\partial z}\right|_{z=0} = U_\infty\frac{\partial f_s}{\partial x}
\tag{4.35}
$$

$$
\text{Problema no-estacionario} \quad \rightarrow \quad \left.\frac{\partial \Phi_u}{\partial z}\right|_{z=0} = \frac{\partial f_u}{\partial t} + U_\infty\frac{\partial f_u}{\partial x}
\tag{4.36}
$$

En términos de los potenciales de perturbación $\phi = \epsilon\Phi_s$, $\varphi = \nu\Phi_u$ y de la geometría del perfil perturbado, $z_s = \epsilon f_s$ y $z_u = \nu f_u$, las condiciones anteriores son equivalentes a

$$
\text{Problema estacionario} \quad \rightarrow \quad \left.\frac{\partial \phi}{\partial z}\right|_{z=0} = U_\infty\frac{\partial z_s}{\partial x}
\tag{4.37}
$$

$$
\text{Problema no-estacionario} \quad \rightarrow \quad \left.\frac{\partial \varphi}{\partial z}\right|_{z=0} = \frac{\partial z_u}{\partial t} + U_\infty\frac{\partial z_u}{\partial x}
\tag{4.38}
$$

Condición de contorno en el infinito

Muy lejos del perfil, el potencial debe mantenerse igual al que existía antes de la perturbación pues por definición ésta debe afectar únicamente una zona localizada en un entorno finito alrededor del perfil. Así, matemáticamente se puede escribir

$$\lim_{x^2+z^2\to\infty} \Phi(x,z,t) = \Phi_\infty = U_\infty x \tag{4.39}$$

o bien, en términos de los potenciales de perturbación

$$\lim_{x^2+z^2\to\infty} \phi(x,z) = 0 \ , \qquad \lim_{x^2+z^2\to\infty} \varphi(x,z,t) = 0 \tag{4.40}$$

En el planteamiento de la resolución del problema no se impondrá esta condición en ningún momento, sin embargo, se encuentra implícitamente en la solución dada en forma de torbellinos potenciales distribuidos (al igual que en el problema estacionario) pues el efecto de éstos se atenúa con la distancia.

Coeficiente de presiones

El objetivo final es obtener el balance de presiones en el perfil y por tanto las fuerzas que sobre éste actúan debidas al flujo no-estacionario. Suponiendo el problema resuelto de forma que el potencial es conocido (al menos sus derivadas en el tiempo y en el espacio), para el cálculo de la presión $p(x,z,t)$ se evalúa la ecuación de la cantidad de movimiento (principio de Bernoulli en su versión incompresible no-estacionaria, Ec. (4.16) de la Secc. 4.4) en un punto cualquiera del campo fluido como

$$\frac{\partial \Phi}{\partial t} + \frac{1}{2}\left(\nabla\Phi\cdot\nabla\Phi\right) + \frac{p(x,z,t)}{\rho_\infty} = \frac{U_\infty^2}{2} + \frac{p_\infty}{\rho_\infty} \tag{4.41}$$

Despejando la presión se tiene que

$$p(x,z,t) = p_\infty + \frac{1}{2}\rho_\infty U_\infty^2 - \rho_\infty\left(\frac{\partial\Phi}{\partial t} + \frac{1}{2}\left(\nabla\Phi\cdot\nabla\Phi\right)\right) \tag{4.42}$$

Como es sabido, en problemas de aerodinámica, la presión se presenta de forma adimensional usando como presión de referencia la presión dinámica $q_\infty = U_\infty^2\rho_\infty/2$. Así se define el coeficiente de presiones como la presión relativa a p_∞

$$c_p(x,z,t) = \frac{p(x,z,t)-p_\infty}{\frac{1}{2}\rho_\infty U_\infty^2} = 1 - \frac{2}{U_\infty^2}\left(\frac{\partial\Phi}{\partial t} + \frac{1}{2}\nabla\Phi\cdot\nabla\Phi\right) \tag{4.43}$$

Para obtener el coeficiente de presiones en el perfil se debe evaluar la expresión anterior en los puntos de la forma $(x, z) = (x, f_p(x)) = (x, \epsilon f_s + \nu f_u)$ y desarrollar en serie de Taylor en los parámetros de perturbación

$$
\begin{aligned}
c_p(x, f_p(x), t) &= c_p(x, \epsilon f_s + \nu f_u, t) \\
&= c_p(x, 0, t) + \left.\frac{\partial c_p}{\partial \epsilon}\right|_{\varepsilon=0} \epsilon + \left.\frac{\partial c_p}{\partial \nu}\right|_{\varepsilon=0} \nu + \mathcal{O}(\varepsilon^2) \quad (4.44)
\end{aligned}
$$

donde $\varepsilon = 0$ simboliza la situación en la que $\epsilon = \nu = 0$ y también es equivalente a evaluar las funciones en $z = 0$. Aunque se ha obviado por comodidad en la notación, se entiende que el coeficiente de presiones también depende del tiempo. Evaluando cada uno de los términos de la expresión anterior se observa que, en primer lugar, $c_p(x, 0, t) = 0$. En efecto, dado que en ausencia de perturbación ($\varepsilon = 0$) se tiene que $\Phi(\varepsilon = 0) = U_\infty x$ y por tanto $\Phi_{,t}(\varepsilon = 0) = 0$, $\Phi_{,x}(\varepsilon = 0) = U_\infty$, $\Phi_{,z}(\varepsilon = 0) = 0$, entonces

$$
c_p(x, 0, t) = 1 - \frac{2}{U_\infty^2}\left(0 + \frac{U_\infty^2}{2}\right) = 1 - 1 = 0 \quad (4.45)
$$

Por otro lado, teniendo en cuenta la definición del potencial como $\Phi = U_\infty x + \epsilon \Phi_s + \nu \Phi_u$ se tienen las siguientes igualdades que

$$
\begin{aligned}
\Phi_{,\epsilon}(\varepsilon = 0) &= \left.\frac{\partial \Phi}{\partial \epsilon}\right|_{\varepsilon=0} = \Phi_s(x, 0) \\
\Phi_{,\nu}(\varepsilon = 0) &= \left.\frac{\partial \Phi}{\partial \nu}\right|_{\varepsilon=0} = \Phi_u(x, 0, t) \\
\nabla\Phi_{,\epsilon}(\varepsilon = 0) &= \left.\frac{\partial \nabla\Phi}{\partial \epsilon}\right|_{\varepsilon=0} = \nabla\Phi_s(x, 0) = \Phi_{s,x}\mathbf{i} + \Phi_{s,z}\mathbf{k} \\
\nabla\Phi_{,\nu}(\varepsilon = 0) &= \left.\frac{\partial \nabla\Phi}{\partial \nu}\right|_{\varepsilon=0} = \nabla\Phi_u(x, 0, t) = \Phi_{u,x}\mathbf{i} + \Phi_{u,z}\mathbf{k} \\
\nabla\Phi(\varepsilon = 0) &= U_\infty\mathbf{i} \quad (4.46)
\end{aligned}
$$

a partir de las cuales se pueden evaluar las derivadas

$$
\left.\frac{\partial c_p}{\partial \epsilon}\right|_{\varepsilon=0} = -\frac{2}{U_\infty^2}\left[\frac{\partial \Phi_{,\epsilon}}{\partial t} + \nabla\Phi_{,\epsilon} \cdot \nabla\Phi\right]_{\varepsilon=0} = -\frac{2}{U_\infty}\left.\frac{\partial \Phi_s}{\partial x}\right|_{z=0} \quad (4.47)
$$

$$
\left.\frac{\partial c_p}{\partial \nu}\right|_{\varepsilon=0} = -\frac{2}{U_\infty^2}\left[\frac{\partial \Phi_{,\nu}}{\partial t} + \nabla\Phi_{,\nu} \cdot \nabla\Phi\right]_{\varepsilon=0} = -\frac{2}{U_\infty^2}\left[\frac{\partial \Phi_u}{\partial t} + U_\infty\frac{\partial \Phi_u}{\partial x}\right]_{z=0}
$$

$$
(4.48)
$$

Finalmente, la aproximación de primer orden del coeficiente de presiones en el perfil queda (resaltando el hecho de que solo es función de x y del tiempo)

$$c_p(x,t) \approx -\frac{2\epsilon}{U_\infty} \left.\frac{\partial \Phi_s}{\partial x}\right|_{z=0} - \frac{2\nu}{U_\infty^2} \left[\frac{\partial \Phi_u}{\partial t} + U_\infty \frac{\partial \Phi_u}{\partial x}\right]_{z=0} \qquad (4.49)$$

La expresión anterior debe evaluarse en intradós ($z = 0^-$) y en extradós ($z = 0^+$) para calcular el salto en el perfil y en consecuencia el coeficiente de sustentación. Así, en términos de los potenciales de perturbación estacionario y no-estacionario, $\phi = \epsilon\Phi_s$ y $\varphi = \nu\Phi_u$ se tiene

$$\text{Intradós} \quad \rightarrow \quad c_{p,i}(x,t) \approx -\frac{2}{U_\infty} \left.\frac{\partial \phi}{\partial x}\right|_{z=0^-} - \frac{2}{U_\infty^2} \left[\frac{\partial \varphi}{\partial t} + U_\infty \frac{\partial \varphi}{\partial x}\right]_{z=0^-}$$

$$\text{Extradós} \quad \rightarrow \quad c_{p,e}(x,t) \approx -\frac{2}{U_\infty} \left.\frac{\partial \phi}{\partial x}\right|_{z=0^+} - \frac{2}{U_\infty^2} \left[\frac{\partial \varphi}{\partial t} + U_\infty \frac{\partial \varphi}{\partial x}\right]_{z=0^+} \qquad (4.50)$$

de forma que el coeficiente de presiones sobre el perfil es

$$\Delta c_p(x,t) = c_{p,i}(x,t) - c_{p,e}(x,t) \qquad (4.51)$$

Si $\Delta c_p(x,t) > 0$ entonces la fuerza $\frac{1}{2}\rho_\infty U_\infty^2 \Delta c_p(x,t)dx$ localizada en el punto de coordenada x lleva la dirección $+z$ (hacia arriba)

Condición en la estela. Hipótesis de Kutta

Antes de traducir a simbología la condición de Kutta en su versión no-estacionaria, repasemos su versión estacionaria. En movimiento estacionario, la condición de Kutta permite obtener una solución matemática compatible con las geometrías con borde de salida anguloso de los perfiles. Observando la Fig. 4.4, consideremos los puntos 1 y 2 que se encuentran justo en el borde de salida ($x = b$). Si aplicamos el principio de Bernoulli entre los puntos 0 y 1 por un lado, y entre 0 y 2 por otro se obtiene

$$\begin{aligned} \frac{1}{2}V_0^2 + \frac{p_0}{\rho_\infty} &= \frac{1}{2}V_1^2 + \frac{p_1}{\rho_\infty} \\ \frac{1}{2}V_0^2 + \frac{p_0}{\rho_\infty} &= \frac{1}{2}V_2^2 + \frac{p_2}{\rho_\infty} \end{aligned}$$

$$(4.52)$$

Inmediatamente, restando ambas ecuaciones se tiene que

$$\frac{1}{2}V_1^2 + \frac{p_1}{\rho_\infty} = \frac{1}{2}V_2^2 + \frac{p_2}{\rho_\infty} \qquad (4.53)$$

Ahora bien, en el punto $x = b^+$ inmediatamente a la derecha del perfil, no hay salto de presiones entre intradós y trasdós, por lo que $p_1 = p_2$. Esta condición se traduce en que los módulos de las velocidades en este punto debe ser iguales $V_1 = V_2$. Si la geometría del perfil en trasdós e intradós termina en un borde anguloso, un mismo punto (el borde de salida) tendría velocidades con diferente dirección, lo cual no pude ser posible. En consecuencia debe verificarse que $V_1 = V_2 = 0$. Por otro lado, si el borde es suave, de forma que trasdós e intradós acaban con la misma pendiente, puede darse $V_1 = V_2 \neq 0$. En teoría de pequeñas perturbaciones, la condición de Kutta se puede relajar, es decir, incluso con bordes angulosos puede existir velocidad en el borde de salida. Eso sí, en él las componentes horizontales son iguales. En efecto, la Ec. (4.53) junto con $p_1 = p_2$ y

$$V_1^2 = U_\infty^2 + 2U_\infty \phi_{x1} + \mathcal{O}(\epsilon^2) \ , \quad V_2^2 = U_\infty^2 + 2U_\infty \phi_{x2} + \mathcal{O}(\epsilon^2)$$

se puede expresar como

$$\phi_{x1} = \phi_{x2} \ \rightarrow \ \left.\frac{\partial \phi}{\partial x}\right|_{z=0^+} = \left.\frac{\partial \phi}{\partial x}\right|_{z=0^-} \tag{4.54}$$

Impuesta la condición en el borde de salida, se verifica la misma condición en todos los puntos de la estela sin más que aplicar el principio de Bernoulli de nuevo.

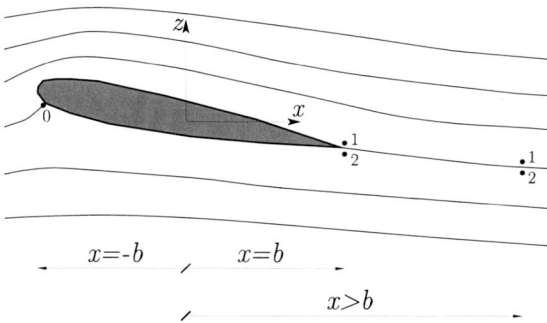

Figura 4.4: Continuidad de las presiones en la estela: condición de Kutta para situación no-estacionaria

En movimiento no-estacionario, la hipótesis de Kutta es equivalente a aplicar el principio de Bernoulli en cualquier punto de la estela junto con el hecho de que el salto de presiones en la estela es nulo. La diferencia fundamental con el movimiento estacionario está en que ahora las componentes horizontales de la velocidad pueden ser diferentes, es decir, no se verifica la Ec. (4.54), pues aparece la componente no-estacionaria del potencial $\Phi_t = \varphi_t$. En efecto, usando la definición del principio de Bernoulli en su versión no-estacionaria, Ec. (4.41) entre los puntos 1 y 2 localizados en un punto cualquiera $x \geq b$ de la estela se tiene (usando la notación del potencial no-estacionario de perturbación)

$$\varphi_{t1} + \frac{1}{2}V_1^2 + \frac{p_1}{\rho_\infty} = \varphi_{t2} + \frac{1}{2}V_2^2 + \frac{p_2}{\rho_\infty} \qquad (4.55)$$

Introduciendo ahora la perturbación no-estacionaria en las velocidades

$$V_1^2 = U_\infty^2 + 2U_\infty \varphi_{x1} + \mathcal{O}(\nu^2) \; , \quad V_2^2 = U_\infty^2 + 2U_\infty \varphi_{x2} + \mathcal{O}(\nu^2)$$

se llega a que

$$\varphi_{t1} + U_\infty \phi_{x1} = \varphi_{t1} + U_\infty \phi_{x1} \; \rightarrow$$

$$\left[\frac{\partial \varphi}{\partial t} + U_\infty \frac{\partial \varphi}{\partial x}\right]_{z=0^+} = \left[\frac{\partial \varphi}{\partial t} + U_\infty \frac{\partial \varphi}{\partial x}\right]_{z=0^-} \qquad (4.56)$$

lo que es equivalente, sin más que observar la definición de coeficiente de presiones no-estacionaria de la Ec. (4.50), a imponer $\Delta c_p(x,t) = 0$ en cualquier punto de la estela $x \geq b$

Resumen

Tal y como se ha visto, la ecuación que gobierna el potencial en régimen incompresible (estacionario y no-estacionario) es la ecuación (lineal) de Laplace. El hecho de que sea lineal no significa que se pueda aplicar en este caso el principio de superposición pues ni la condición de contorno sobre el perfil — Ec. (4.32)— ni el coeficiente de presiones —Ec. (4.43)—tiene una expresión lineal en Φ. El método basado en las pequeñas perturbaciones ha permitido linealizar las condiciones de contorno —Ecs. (4.37), (4.38)— y el coeficiente de presiones —Ec. (4.49)— de forma que ahora sí puede aplicarse la superposición de soluciones: los resultados (coeficiente de presiones) de dos configuraciones diferentes (estacionarias o no-estacionarias) pueden sumarse cuando han sido calculadas de forma independiente. Nada impide plantear dos problemas diferentes con condiciones de contorno diferentes para el caso estacionario y para el no-estacionario. Mientras que se considera que el lector ya está familiarizado con el planteamiento y los resultados de aquel, será este (caso no-estacionario) en el que se focalicen los esfuerzos por alcanzar una solución analítica. A continuación, se presentan resumidos los resultados sobre las condiciones matemáticas que debe verificar el potencial de perturbación no-estacionario, así como la expresión del coeficiente de presiones.

$$\text{Ecuación diferencial:} \quad \nabla^2 \varphi = 0$$

$$\text{Cond. contorno sobre perfil:} \quad \left.\frac{\partial \varphi}{\partial z}\right|_{z=0} = \frac{\partial z_u}{\partial t} + U_\infty \frac{\partial z_u}{\partial x}$$

$$\text{Cond. contorno lejos del perfil:} \quad \lim_{x^2+z^2\to\infty} \varphi(x,z,t) = 0 \qquad (4.57)$$

$$\text{En la estela (cond. de Kutta):} \quad \Delta c_p(x,t) = 0 \ , \ x \geq b \ , \ t \geq 0$$

$$\text{Coeficiente de presiones:} \quad c_p(x,t) = -\frac{2}{U_\infty^2}\left[\frac{\partial \varphi}{\partial t} + U_\infty \frac{\partial \varphi}{\partial x}\right]_{z=0^\pm}$$

4.6.2   Distribución de torbellinos potenciales no-estacionarios

Dado que la ecuación diferencial del problema no-estacionario es idéntica a aquella que gobierna los problemas estacionarios, la superposición de soluciones elementales, torbellinos para los problemas denominados antisimétricos o de sustentación y mantiales-sumideros para los problemas simétricos o de espesor, es válida también ahora. Las diferencias fundamentales son dos: (i) la distribución resultante será función del tiempo y (ii) la distribución de torbellinos no se limita al perfil, sino que se extiende a la estela, como consecuencia de la aplicación de la condición de Kutta.

Consideremos por tanto el problema aerodinámico del movimiento no-estacionario de un perfil que viaja a una velocidad U_∞ y cuyas coordenadas vienen definidas por la ecuación geométrica $z = z_u(x,t)$. En tal caso, de acuerdo a los razonamientos hechos en el punto anterior, el potencial total es

$$\Phi(x,z,t) = U_\infty x + \varphi(x,z,t) \qquad (4.58)$$

donde el potencial de perturbación φ verifica la ecuación y las condiciones de contorno definidas en las Ecs. (4.57). [R] El potencial anterior genera un campo de velocidades definido por las componentes $U(x,z,t) = U_\infty + u(x,z,t)$ y $W(x,z,t) = w(x,z,t)$, siendo u y w las velocidades debidas al potencial de perturbación. Se considera que la solución del potencial de perturbación es la dada por una distribución de torbellinos $\gamma(x,t)$ definidos en el intervalo $-b \leq x < \infty$, distribución que pasa a ser la incógnita del problema. Conviene presentar $\gamma(x,t)$ como una función a trozos, denominando $\gamma_a(x,t)$ a la distribución dentro del perfil $-b \leq x < b$ y $\gamma_w(x,t)$ a la correspondiente a la estela $x \geq b$ (la notación $(\bullet)_a$ hace referencia a la palabra *airfoil*, "perfil" en inglés, mientras que $(\bullet)_w$ es debido a *wake*, "estela"). De forma más compacta

$$\gamma(x,t) = \begin{cases} 0 & -\infty < x \leq -b \\ \gamma_a(x,t) & -b < x < b \\ \gamma_w(x,t) & b \leq x < +\infty \end{cases} \qquad (4.59)$$

Denotaremos por $w_a(x,t)$ a la velocidad vertical en un punto cualquiera del perfil debida a la distribución de torbellinos. Por las condiciones de contorno se tiene que

$$w_a(x,t) = \left.\frac{\partial\varphi}{\partial z}\right|_{z=0} = \frac{\partial z_u}{\partial t} + U_\infty \frac{\partial z_u}{\partial x} \qquad (4.60)$$

Por otro lado, teniendo en cuenta que el potencial de perturbación $\varphi(x,z,t)$ es el debido a la distribución planteada, entonces la velocidad $w_a(x,t)$ se calcula superponiendo las velocidades debidas a toda la distribución

$$w_a(x,t) = -\frac{1}{2\pi}\int_{-\infty}^{\infty}\frac{\gamma(r,t)}{x-r}dr = -\frac{1}{2\pi}\int_{-b}^{b}\frac{\gamma_a(r,t)}{x-r}dr - \frac{1}{2\pi}\int_{b}^{\infty}\frac{\gamma_w(r,t)}{x-r}dr \qquad (4.61)$$

donde r representa la coordenada con origen en $x=0$ del punto donde se encuentra el torbellino $\gamma(r,t)\,dr$ y x la del punto donde se mide la velocidad vertical. En adelante la variable r dentro de las integrales tendrá el mismo papel que la coordenada x, pero al tener que *convivir* con esta última es preferible usar otra notación, para evitar confusiones. La función w_a es perfectamente conocida a través de la condición de contorno en el perfil según la Ec. (4.60). La incógnitas γ_a y γ_w deben extraerse resolviendo la ecuación integral (4.61) con la información adicional que nos da la condición de Kutta, la cual permitirá obtener una relación entre las dos partes de la distribución, γ_a y γ_w. Antes de entrar en el cálculo de esta relación, deben refrescarse algunos resultados básicos de aerodinámica en flujos incompresibles.

Circulación. Dada una distribución de torbellinos de intensidad $\gamma(x,t)$ localizados en el intervalo $-b < x < \infty$, definiremos circulación del problema no-estacionario como la intensidad total de la distribución en el intervalo $(-b,x)$

$$\Gamma(x,t) = \int_{-b}^{x}\gamma(r,t)dr \qquad (4.62)$$

Por definición, la integral anterior es igual a $\oint_C \mathbf{V}\cdot d\mathbf{r}$, donde C es cualquier curva cerrada dentro del dominio fluido que contenga el tramo $-b < r \leq x$ de la distribución de torbellinos. La circulación en un punto $x \geq b$ se puede descomponer en dos sumandos

$$\Gamma(x,t) = \int_{-b}^{b} \gamma_a(r,t)dr + \int_{b}^{x} \gamma_w(r,t)dr \equiv \Gamma_a(t) + \Gamma_w(x,t) \qquad (4.63)$$

donde $\Gamma_a(t)$ es la circulación en el perfil y $\Gamma_w(x,t)$ es la circulación en la estela hasta una distancia $x - b$ del borde de salida.

Relación entre distribución de torbellinos y potencial. A partir de la definición de circulación de una distribución continua de torbellinos de intensidad $\gamma(x,t)$ localizados en $z = 0$, se puede deducir una relación entre el salto local de velocidades horizontales y la intensidad.

$$\gamma(x,t) = -\Delta u(x,0^{\pm},t) = -\Delta\varphi_x(x,0^{\pm},t) = \left.\frac{\partial\varphi}{\partial x}\right|_{z=0^+} - \left.\frac{\partial\varphi}{\partial x}\right|_{z=0^-} \qquad (4.64)$$

donde u es la componente horizontal de la velocidad de perturbación, producida por φ. En el libro de Anderson [6] se puede encontrar una explicación sencilla y muy intuitiva de esta conclusión.

Relación entre circulación y potencial. Entrando con la Ec. (4.64) en la Ec. (4.62) se puede obtener una relación directa entre la circulación y el salto en el potencial de perturbación

$$\begin{aligned}
\Gamma(x,t) &= \int_{-b}^{x} \gamma(r,t)dr = \int_{-b}^{x} \left(\left.\frac{\partial\varphi}{\partial r}\right|_{z=0^+} - \left.\frac{\partial\varphi}{\partial r}\right|_{z=0^-}\right) dr \\
&= \left[\varphi(x,0^+,t) - \varphi(-b,0^+,t)\right] - \left[\varphi(x,0^-,t) - \varphi(-b,0^-,t)\right] \\
&= -\Delta\varphi(x,0^{\pm},t) + \Delta\varphi(-b,0^{\pm},t) = -\Delta\varphi(x,0^{\pm},t)
\end{aligned}$$

$$(4.65)$$

donde se ha tenido en cuenta que el salto del potencial en $x = -b$ es $\Delta\varphi(-b,0^{\pm},t) = 0$, dado que este punto puede considerarse fuera del perfil y en consecuencia libre de singularidades, lo que garantiza la continuidad de φ entre trasdós e intradós.

Teorema de circulación de Lord Kelvin. En un fluido no-viscoso e incompresible, la circulación alrededor de una curva cerrada que se mueve con el fluido permanece constante con el tiempo. Matemáticamente

$$\frac{\mathrm{D}\Gamma}{\mathrm{D}t} = \frac{\partial\Gamma}{\partial t} + \frac{\partial\Phi}{\partial x}\frac{\partial\Gamma}{\partial x} + \frac{\partial\Phi}{\partial z}\frac{\partial\Gamma}{\partial z} = 0 \qquad (4.66)$$

Si en alguna zona del fluido se produce una variación de la circulación, ésta se compensará por el aumento de la vortizidad en otra zona para que la circulación total se mantenta igual a la que había inicialmente. Esta conclusión se visualizará de forma más directa cuando sea aplicada al problema particular del perfil en movimiento no-estacionario.

Vistos los conceptos que relacionan circulación con la intensidad de la vorticidad, ya estamos en disposición de aplicar la condición de Kutta. Según la Ec. (4.51) el salto del coeficiente de presiones en la estela ($x \geq 0$) es nulo de forma que

$$0 = \Delta c_p(x,t) = -\frac{2}{U_\infty^2}\left[\frac{\partial \Delta \varphi}{\partial t} + U_\infty \frac{\partial \Delta \varphi}{\partial x}\right] \qquad (4.67)$$

Para llegar a la expresión anterior se ha intercambiado el operador $\Delta(\bullet)$ por el operador derivada parcial. Para ello, y sin entrar en más detalles rigurosos, se asume que las funciones implicadas tienen suficiente regularidad y son analíticas en las cercanías del eje x, es decir, $z = 0^\pm$, pero no en el mismo eje, $z = 0$, donde existe una discontinuidad de salto finito.

Por otro lado, las derivadas parciales del salto del potencial aparecen cuando se calculan las derivadas de la circulación. En efecto, a partir de la definición de $\Gamma(x,t)$ se tiene

$$\frac{\partial \Gamma}{\partial t} = \frac{\partial}{\partial t}\int_{-b}^{x}\gamma(r,t)dr = -\frac{\partial}{\partial t}\int_{-b}^{x}\Delta\left(\frac{\partial \varphi}{\partial r}\right)dr = -\frac{\partial \Delta \varphi}{\partial t} \qquad (4.68)$$

$$\frac{\partial \Gamma}{\partial x} = \frac{\partial}{\partial x}\int_{-b}^{x}\gamma(r,t)dr = -\frac{\partial \Delta \varphi}{\partial x} \qquad (4.69)$$

Sustituyendo en la Ec. (4.67) se obtiene

$$\frac{\partial \Gamma}{\partial t} + U_\infty \frac{\partial \Gamma}{\partial x} = 0 \ , \ x \geq b \qquad (4.70)$$

La Ec. (4.70) se denomina *ecuación de advección* y controla el proceso de transporte de un campo escalar en un fluido de velocidad U_∞. En nuestro caso particular, la magnitud física transportada es la circulación generada como consecuencia del movimiento del perfil que se desplaza en forma de torbellinos en la estela corriente abajo. Es interesante comprobar que también la distribución de torbellinos en la estela es gobernado por la Ec. (4.70). En efecto, teniendo en cuenta que $\partial \Gamma / \partial x = \gamma_w(x,t)$ en $x \geq b$, entonces derivando respecto de x la Ec. (4.63) se tiene

$$\frac{\partial \gamma_w}{\partial t} + U_\infty \frac{\partial \gamma_w}{\partial x} = 0 \ , \ x \geq b \qquad (4.71)$$

Ecuación que de nuevo pone de manifiesto el desplazamiento de la intensidad de los torbellinos corriente abajo a medida que se van generando como consecuencia de la variación de circulación en el perfil. De hecho, particularicemos la Ec. (4.70) en $x = b$. Por un lado, derivando respecto del tiempo la Ec. (4.70) y evaluando en $x = b$ se tiene que

$$\frac{\partial \Gamma(b,t)}{\partial t} = \frac{d\Gamma_a}{dt} \tag{4.72}$$

mientras que por otro $\frac{\partial \Gamma(b,t)}{\partial x} = \gamma_w(b,t)$. Introduciendo ambas expresiones en la ecuación de avección, se llega a

$$\frac{d\Gamma_a}{dt} + U_\infty \gamma_w(b,t) = 0 \tag{4.73}$$

sustituyendo en la ecuación anterior $U_\infty \approx dx/dt$ se tiene

$$d\Gamma_a = -\gamma_w(b,t)\, dx \tag{4.74}$$

Esta ecuación es muy intersante para comprender el fenómeno no-estacionario en perfiles: cualquier variación de la circulación en el perfil se traduce en la aparición de un torbellino de intensidad $\gamma_w(b,t)dx$ y sentido contrario en el borde de salida del perfil el cual, de acuerdo a la Ec. (4.71), viajará corriente abajo a una velocidad U_∞.

Tras comprobar la interpretación física del fenómeno de transporte de la circulación en un perfil en movimiento, pasaremos a obtener la solución analítica. Para ello, se asumirá que el movimiento del perfil es armónico de frecuencia ω. Así, la ecuación del perfil se puede expresar como $z_u(x,t) = \bar{z}_u(x)e^{i\omega t}$. Como consecuencia de ello todas las variables respuesta son también armónicas, de forma que

$$w_a(x,t) = \bar{w}_a(x)\, e^{i\omega t} \quad , \quad \Gamma(x,t) = \bar{\Gamma}(x)\, e^{i\omega t}$$
$$\gamma_a(x,t) = \bar{\gamma}_a(x)\, e^{i\omega t} \quad , \quad \gamma_w(x,t) = \bar{\gamma}_w(x)\, e^{i\omega t} \tag{4.75}$$

Así, introduciendo la forma armónica en la Ec. (4.70) se tiene la ecuación diferencial de primer orden

$$i\omega \bar{\Gamma}(x) + U_\infty \frac{d\bar{\Gamma}}{dx} = 0 \ , \ x \geq b \tag{4.76}$$

que se completa con la condición de contorno $\bar{\Gamma}(b) = \bar{\Gamma}_a$, siendo $\Gamma_a(t) = \bar{\Gamma}_a\, e^{i\omega t}$ la circulación en el perfil, definida en la Ec. (4.63). La resolución de la Ec. (4.76) da como resultado $\bar{\Gamma}(x) = \bar{\Gamma}_a \exp\{-\frac{i\omega}{U_\infty}(x-b)\}$ y por tanto la circulación se puede expresar como

$$\Gamma(x,t) = \bar{\Gamma}_a e^{\frac{i\omega b}{U_\infty}} e^{-\frac{i\omega}{U_\infty}(x-U_\infty t)} , \quad x \geq b \tag{4.77}$$

o de forma más compacta en función de la circulación en el perfil

$$\Gamma(X,t) = \Gamma_a(t) e^{-i\kappa\frac{X}{b}} , \quad X = x - b \geq 0 \tag{4.78}$$

donde se ha introducido la coordenada relativa $X = x - b$ cuyo origen está en el borde de salida del perfil y la magnitud adimensional $\kappa = \frac{\omega b}{U_\infty}$, denominada frecuencia reducida. Este último parámetro tiene gran importancia en el comportamiento no-estacionario del conjunto fluido-perfil, pues va a controlar el efecto sustentador que sobre el perfil ejerce la distribución de torbellinos en la estela. El significado físico de la frecuencia reducida es muy intuitivo: observando la expresión, ésta es proporcional a la razón entre dos tiempos característicos:

$$\kappa = \pi \frac{T_{\text{paso}}}{T_{\text{oscil.}}} \quad , \quad T_{\text{paso}} = \frac{2b}{U_\infty} , \ T_{\text{oscil.}} = \frac{2\pi}{\omega}$$

donde el tiempo de paso es el tiempo que tarda una partícula del fluido en atravesar el perfil desde $x = -b$ hasta $x = b$, mientras el tiempo de oscilación es el tiempo que tarda el perfil en completar un ciclo en su movimiento armónico.

Derivando ahora respecto de x se obtiene la distribución de torbellinos en la estela

$$\gamma_w(X,t) = -i\kappa \frac{\Gamma_a(t)}{b} e^{-i\kappa\frac{X}{b}} , \quad X = x - b \geq 0 \tag{4.79}$$

Teniendo en cuenta que

$$i\kappa \frac{\Gamma_a(t)}{b} = \frac{1}{U_\infty} i\omega \bar{\Gamma}_a e^{i\omega t} = \frac{1}{U_\infty} \frac{d\Gamma_a}{dt} \tag{4.80}$$

entonces se puede escribir

$$\gamma_w(X,t) = -\frac{1}{U_\infty} \frac{d\Gamma_a}{dt} e^{-i\kappa\frac{X}{b}} , \quad X = x - b \geq 0 \tag{4.81}$$

Antes de continuar, el resultado anterior merece algunas reflexiones (en la Fig. 4.5 se representan algunas de estas conclusiones de forma gráfica para ayudar al lector en la interpretación del fenómeno).

153

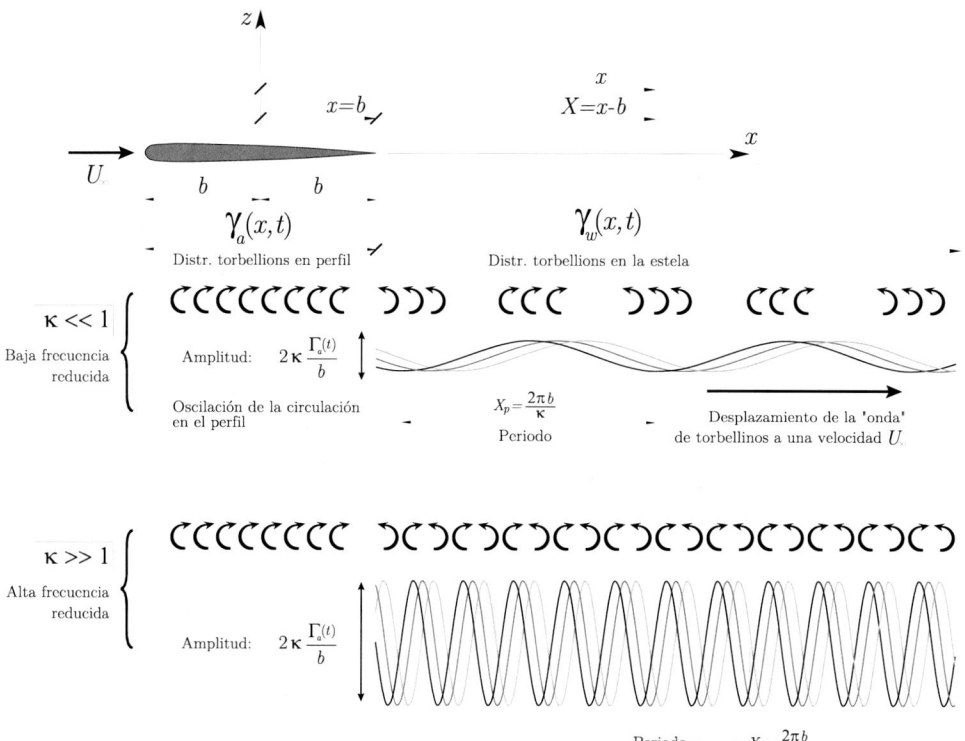

Figura 4.5: Proceso de transporte de vorticidad en movimiento no-estacionario en función de la frecuencia reducida.

- El valor $\Gamma_a(t) = \bar{\Gamma}_a e^{i\omega t}$ todavía no es conocido en esta fase del problema. Más adelante será calculado, una vez deducido el valor de la distribución sobre el perfil $\gamma_a(x,t)$.

- Los torbellinos en la estela se comporta como una onda senoidal que se genera en $X = 0$ por el efecto del perfil y se desplaza corriente abajo a una velocidad U_∞. No en vano la función γ_w verifica la ecuación de ondas unidimensionales

$$\frac{\partial^2 \gamma_w}{\partial t^2} = U_\infty^2 \frac{\partial^2 \gamma_w}{\partial x^2} \ , \ x \geq b \tag{4.82}$$

tal y como se puede comprobar de forma inmediata. De hecho, en la Ec. (4.81) se interpreta que en cada instante t el torbellino generado en el borde de salida cuyo valor es $\gamma_w(X = 0, t) = -\dot{\Gamma}_a/U_\infty$ se desplaza corriente abajo a una velocidad U_∞. Intuitivamente, se trata del mismo efecto de propagación de ondas que se da en una cuerda de longitud infinita cuando es agitada armónicamente en dirección vertical en su extremo.

- El periodo de la onda es inversamente proporcional a la frecuencia reducida. En efecto, llamando X_p al periodo del senoide que se desplaza, entonces de la relación $\gamma_w(X, t) = \gamma_w(X + X_p, t)$ se tiene

$$X_p = \frac{2\pi b}{\kappa} \tag{4.83}$$

- La amplitud la onda es directamente proporcional a la frecuencia reducida a partir de la interpretación de la Ec. (4.79) o bien directamente proporcional al cambio de circulación en el perfil, según la Ec. (4.81). En efecto, llamando A_p a dicha amplitud, se tiene de forma inmediatamente que

$$A_p = \left| i\kappa \frac{\Gamma_a(t)}{b} \right| = \left| \frac{1}{U_\infty} \frac{\mathrm{d}\Gamma_a}{\mathrm{d}t} \right| = \kappa \frac{\bar{\Gamma}_a}{b} \tag{4.84}$$

En cualquier caso, ambas interpretaciones son equivalentes pues una alta frecuencia en la oscilación del perfil induce cambios muy rápidos en la circulación.

- A partir de los dos ítems anteriores se puede intuir que la influencia de la estela de torbellinos es tanto menor cuanto menor sea la frecuencia reducida, pues por un lado disminuye la amplitud y por otro la frecuencia de la onda, lo que implica que de alguna manera, se reduce su energía. Al contrario, valores más altos de κ inducen una mayor amplitud de la distribución $\gamma_w(x, t)$ y además aumenta la frecuencia de alternancia entre torbellinos; ambos fenómenos en conjunto supondrán (no está demostrado todavía) un mayor peso de las fuerzas aerodinámicas no-estacionarias causadas por la estela.

Introduciendo la variable adimensional $\xi = x/b$, la amplitud de la distribución de torbellinos en la estela $\bar{\gamma}_w(\xi)$ —recordemos que $\gamma_w(\xi, t) = \bar{\gamma}_w(\xi)\,e^{i\omega t}$— se puede reescribir como

$$\bar{\gamma}_w(\xi) = -\bar{\Gamma}_a \frac{i\kappa}{b}\, e^{-i\kappa(\xi-1)}\,, \quad \xi \geq 1 \tag{4.85}$$

Con este resultado ya se dispone del valor (a falta de conocer $\bar{\Gamma}_a$) del término asociado a la estela en la Ec. (4.61), que reescribimos a continuación, eliminando los términos $e^{i\omega t}$ y usando la coordenada adimensional $\xi = x/b$ y $\eta = r/b$

como variable de integración

$$\begin{aligned}
\bar{w}_a(\xi) &= -\frac{1}{2\pi}\int_{-1}^{1}\frac{\bar{\gamma}_a(\eta)}{\xi-\eta}d\eta - \frac{1}{2\pi}\int_{1}^{\infty}\frac{\bar{\gamma}_w(\eta)}{\xi-\eta}d\eta \\
&= -\frac{1}{2\pi}\int_{-1}^{1}\frac{\bar{\gamma}_a(\eta)}{\xi-\eta}d\eta + \frac{i\kappa\bar{\Gamma}_a e^{i\kappa}}{2\pi b}\int_{1}^{\infty}\frac{e^{-i\kappa\eta}}{\xi-\eta}d\eta \\
&\equiv -\frac{1}{2\pi}\int_{-1}^{1}\frac{\bar{\gamma}_a(\eta)}{\xi-\eta}d\eta + \bar{G}(\xi)\ , \quad -1\leq\xi\leq1
\end{aligned} \tag{4.86}$$

Pasando a la parte izquierda de la ecuación todo aquello que es conocido queda

$$\bar{w}_a(\xi) - \bar{G}(\xi) = -\frac{1}{2\pi}\int_{-1}^{1}\frac{\bar{\gamma}_a(\eta)}{\xi-\eta}d\eta \tag{4.87}$$

La expresión anterior es una ecuación integral donde la función $\bar{\gamma}_a(\xi)$ es la incógnita. Dicha ecuación es conocida pues aparece cuando se resuelve el mismo problema en aerodinámica estacionaria. Existen diferentes metodologías para *invertir* la Ec. (4.87) y despejar la función incógnita. Las más relevantes son: (a) el método de Glauert y (b) el método de Goldstein. El primer método se basa en el desarrollo en serie de Fourier de las funciones implicadas. La solución se obtiene mediante la identificación tras la integración de funciones conocidas. El método de Goldstein, que será el que apliquemos aquí, se basa en la inversión de la ecuación integral usando lo que se conoce como núcleos resolventes. Éstos son funciones que premultiplican a la ecuación y que tras una nueva integración de ambos términos permite *despejar* la función incógnita tras una serie de pasos intermedios. Tanto el método de Glauert como el de Goldstein pueden encontrarse en el libro de Meseguer y Sanz [65]. Este último (Goldstein) se resuelve de una forma alternativa en el libro de Dowell [23].

Presentamos aquí únicamente el resultado final para poder seguir con la solución del problema. Sean dos funciones $f(\xi)$ y $g(\xi)$ definidas en $-1\leq\xi\leq1$ que verifican

$$f(\xi) = -\frac{1}{2\pi}\int_{-1}^{1}\frac{g(\eta)}{\xi-\eta}d\eta \tag{4.88}$$

entonces

$$g(\xi) = -\frac{2}{\pi}\sqrt{\frac{1-\xi}{1+\xi}}\int_{-1}^{1}\sqrt{\frac{1+\eta}{1-\eta}}\frac{f(\eta)}{\eta-\xi}d\eta \tag{4.89}$$

Identificando las funciones f y g en la Ec. (4.87) se tiene que

$$f(\xi) = \bar{w}_a(\xi) - \bar{G}(\xi)\quad,\quad g(\xi) = \bar{\gamma}_a(\xi) \tag{4.90}$$

y por tanto

$$\bar{\gamma}_a(\xi) = -\frac{2}{\pi}\sqrt{\frac{1-\xi}{1+\xi}}\int_{-1}^{1}\sqrt{\frac{1+\eta}{1-\eta}}\left(\frac{\bar{w}_a(\eta)-\bar{G}(\eta)}{\eta-\xi}\right)d\eta \qquad (4.91)$$

Introduciendo la expresión de $G(\eta)$ dada por la Ec. (4.86)

$$\begin{aligned}\bar{\gamma}_a(\xi) &= \frac{2}{\pi}\sqrt{\frac{1-\xi}{1+\xi}}\int_{-1}^{1}\sqrt{\frac{1+\eta}{1-\eta}}\frac{\bar{w}_a(\eta)}{\xi-\eta}d\eta \\ &+ \frac{2}{\pi}\sqrt{\frac{1-\xi}{1+\xi}}\int_{-1}^{1}\sqrt{\frac{1+\eta}{1-\eta}}\frac{1}{\eta-\xi}\left(\frac{i\kappa\bar{\Gamma}_a e^{i\kappa}}{2\pi b}\int_{1}^{\infty}\frac{e^{-i\kappa\mu}}{\eta-\mu}d\mu\right)d\eta\end{aligned} \qquad (4.92)$$

De acuerdo al Apéndice C en el que se facilitan algunas integrales útiles para la resolución de problemas de aerodinámica, se tiene que

$$\int_{-1}^{1}\sqrt{\frac{1+\eta}{1-\eta}}\left(\frac{1}{\eta-\xi}\frac{1}{\eta-\mu}\right)d\eta = \frac{\pi}{\xi-\mu}\sqrt{\frac{\mu+1}{\mu-1}} \qquad (4.93)$$

entonces, integrando en la variable η en el segundo término

$$\begin{aligned}\bar{\gamma}_a(\xi) &= \frac{2}{\pi}\sqrt{\frac{1-\xi}{1+\xi}}\int_{-1}^{1}\sqrt{\frac{1+\eta}{1-\eta}}\frac{\bar{w}_a(\eta)}{\xi-\eta}d\eta \\ &+ \frac{i\kappa\bar{\Gamma}_a e^{i\kappa}}{\pi b}\sqrt{\frac{1-\xi}{1+\xi}}\int_{1}^{\infty}\sqrt{\frac{\mu+1}{\mu-1}}\frac{e^{-i\kappa\mu}}{\xi-\mu}d\mu\end{aligned} \qquad (4.94)$$

Se observa en esta expresión que la distribución de torbellinos en el perfil es combinacion de dos términos (sumandos). El primer sumando, que denotaremos por $\bar{\gamma}_{a,0}(\xi)$ representa contribución de la velocidad medida en el mismo perfil (nótese que los límites de integración son $\xi = \pm 1$. El segundo sumando, dependiente de la circulación y que llamaremos con $\bar{\gamma}_{a,\infty}(\xi)$, representa la contribución a la distribución de las velocidades en la estela, desde $\mu = 1$ hasta $\mu = \infty$. Se tiene por tanto que $\bar{\gamma}_a(\xi) = \bar{\gamma}_{a,0}(\xi) + \bar{\gamma}_{a,\infty}(\xi)$, donde

$$\bar{\gamma}_{a,0}(\xi) = \frac{2}{\pi}\sqrt{\frac{1-\xi}{1+\xi}}\int_{-1}^{1}\sqrt{\frac{1+\eta}{1-\eta}}\frac{\bar{w}_a(\eta)}{\xi-\eta}d\eta \qquad (4.95)$$

$$\bar{\gamma}_{a,\infty}(\xi) = \frac{i\kappa\bar{\Gamma}_a e^{i\kappa}}{\pi b}\sqrt{\frac{1-\xi}{1+\xi}}\int_{1}^{\infty}\sqrt{\frac{\mu+1}{\mu-1}}\frac{e^{-i\kappa\mu}}{\xi-\mu}d\mu \qquad (4.96)$$

De la Ec. (4.96) sigue sin ser conocida la circulación, $\bar{\Gamma}$. Sin embargo, por definición de circulación en el perfil, se tiene de la Ec. (4.63) que

$$\bar{\Gamma}_a = \int_{-b}^{b} \bar{\gamma}_a(x)dx = b \int_{-1}^{1} \bar{\gamma}_a(\xi)d\xi$$

Por lo que, integrando en el intervalo $\xi \in [-1, 1]$ en la Ec. (4.94) se tiene

$$\frac{\bar{\Gamma}_a}{b} = \int_{\xi=-1}^{1} \bar{\gamma}_a(\xi)d\xi = \int_{\xi=-1}^{1} \bar{\gamma}_{a,0}(\xi)d\xi + \int_{\xi=-1}^{1} \bar{\gamma}_{a,\infty}(\xi)d\xi \equiv \frac{\bar{\Gamma}_{a,0}}{b} + \frac{\bar{\Gamma}_{a,\infty}}{b} \quad (4.97)$$

Vamos a obtener expresiones más compactas para $\bar{\Gamma}_{a,0}$ y $\bar{\Gamma}_{a,\infty}$ desarrollando las integrales que las definen.

$$
\begin{aligned}
\bar{\Gamma}_{a,0} &= b \int_{\xi=-1}^{1} \bar{\gamma}_{a,0}(\xi)d\xi \\
&= b \int_{\xi=-1}^{1} \left(\frac{2}{\pi} \sqrt{\frac{1-\xi}{1+\xi}} \int_{\eta=-1}^{1} \sqrt{\frac{1+\eta}{1-\eta}} \frac{\bar{w}_a(\eta)}{\xi-\eta} d\eta \right) d\xi \\
&= \frac{2b}{\pi} \int_{\eta=-1}^{1} \sqrt{\frac{1+\eta}{1-\eta}} \bar{w}_a(\eta) \left(\int_{\eta=-1}^{1} \sqrt{\frac{1-\xi}{1+\xi}} \frac{d\xi}{\xi-\eta} \right) d\eta \\
&= -2b \int_{\eta=-1}^{1} \sqrt{\frac{1+\eta}{1-\eta}} \bar{w}_a(\eta) d\eta \quad (4.98)
\end{aligned}
$$

Por otro lado,

$$
\begin{aligned}
\bar{\Gamma}_{a,\infty} &= b \int_{\xi=-1}^{1} \bar{\gamma}_{a,\infty}(\xi)d\xi \\
&= \frac{i\kappa\bar{\Gamma}_a e^{i\kappa}}{\pi} \int_{\xi=-1}^{1} \sqrt{\frac{1-\xi}{1+\xi}} \left(\int_{\mu=1}^{\infty} \sqrt{\frac{\mu+1}{\mu-1}} \frac{e^{-i\kappa\mu}}{\xi-\mu} d\mu \right) d\xi \\
&= \frac{i\kappa\bar{\Gamma}_a e^{i\kappa}}{\pi} \int_{\xi=1}^{\infty} \sqrt{\frac{\mu+1}{\mu-1}} e^{-i\kappa\mu} \left(\int_{\mu=-1}^{1} \sqrt{\frac{1-\xi}{1+\xi}} \frac{1}{\xi-\mu} d\xi \right) d\mu \\
&= \frac{i\kappa\bar{\Gamma}_a e^{i\kappa}}{\pi} \int_{\xi=1}^{\infty} \sqrt{\frac{\mu+1}{\mu-1}} e^{-i\kappa\mu} \left(-\pi + \pi\sqrt{\frac{\mu-1}{\mu+1}} \right) d\mu \\
&= -i\kappa\bar{\Gamma}_a e^{i\kappa} \int_{\xi=1}^{\infty} \left(\sqrt{\frac{\mu+1}{\mu-1}} - 1 \right) e^{-i\kappa\mu} d\mu \\
&\equiv -i\kappa\,\bar{\Gamma}_a e^{i\kappa}\psi(\kappa) \quad (4.99)
\end{aligned}
$$

donde

$$\psi(\kappa) = -\frac{\pi}{2}\left[H_1^{(2)}(\kappa) + iH_0^{(2)}(\kappa)\right] - \frac{e^{-i\kappa}}{i\kappa} \tag{4.100}$$

Las funciones $H_0^{(2)}(\kappa)$ y $H_1^{(2)}(\kappa)$ son las llamadas funciones de Hankel de orden 0 y 1. En ocasiones también se les denomina funciones de Bessel de tercera especie pues se escriben en términos de de las de primera y segunda especie. En el Apéndice C se detalla su definición y relación con las funciones de Bessel. También se deduce la expresión de la integral que define la función $\psi(\kappa)$ así como algunas integrales usadas en la deducción de las Ecs. (4.98),(4.99).

Finalmente, introduciendo los resultado de las Ecs. (4.98) y (4.99) en la Ec. (4.97) se puede despejar la circulación $\bar{\Gamma}_a$

$$\bar{\Gamma}_a = \bar{\Gamma}_{a,0} + \bar{\Gamma}_{a,\infty} = \bar{\Gamma}_{a,0} - i\kappa\bar{\Gamma}_a e^{i\kappa}\psi(\kappa) \tag{4.101}$$

de donde

$$\bar{\Gamma}_a = \frac{\bar{\Gamma}_{a,0}}{1 + i\kappa e^{i\kappa}\psi(\kappa)} \tag{4.102}$$

Introduciendo los valores respectivos de $\bar{\Gamma}_{a,0}$ y $\psi(\kappa)$ —Ecs. (4.98) y (4.100)— y simplificando se llega a

$$\bar{\Gamma}_a = \frac{4b}{i\kappa\,\pi\,e^{i\kappa}} \frac{\displaystyle\int_{\eta=-1}^{1}\sqrt{\frac{1+\eta}{1-\eta}}\,\bar{w}_a(\eta)\,d\eta}{H_1^{(2)}(\kappa) + iH_0^{(2)}(\kappa)} \tag{4.103}$$

resultado que permite expresar ya las distribuciones de torbellinos en perfil y estela $\bar{\gamma}_a(\xi)$, $\bar{\gamma}_w(\xi)$ en función de la geometría del perfil $\bar{w}_a(\xi)$. Las expresiones finales se muestran en el siguiente resumen

Resumen

El objetivo de este punto era la determinación de la distribucion de torbellinos no-estacionarios en el campo fluido, $\gamma(x,t)$. Esta función se ha definido a tramos según la Ec. (4.59), distinguiendo los valores en el perfil como $\bar{\gamma}_a(x,t)$, $-b \leq x \leq b$ y los torbellinos en la estela como $\bar{\gamma}_w(x,t)$, $x \geq b$. Por la aplicación de la hipótesis de Kutta en la estela, se ha encontrado una relación entre la distribución de torbellinos en la estela y la circulación en el perfil, que reescribimos

$$\gamma_w(x,t) = -\frac{1}{U_\infty}\frac{d\Gamma_a}{dt}\,e^{-i\kappa\frac{x-b}{b}}\,, \quad x \geq b \tag{4.104}$$

Asumiendo que el movimiento es armónico, se tiene que $\gamma_w(x,t) = \bar{\gamma}_w(x)e^{i\omega t}$ y $\Gamma_a(t) = \bar{\Gamma}_a e^{i\omega t}$. En términos de la frecuencia reducida y de la expresión obtenida para $\bar{\Gamma}_a$ en la Ec. (4.103) se tiene

$$\bar{\gamma}_w(\xi) = -\frac{4\,e^{-i\kappa\xi} \displaystyle\int_{\eta=-1}^{1} \sqrt{\frac{1+\eta}{1-\eta}}\,\bar{w}_a(\eta)\,d\eta}{\pi\left[H_1^{(2)}(\kappa) + iH_0^{(2)}(\kappa)\right]} \ , \quad \xi \geq 1 \tag{4.105}$$

La distribución de torbellinos en el perfil $\bar{\gamma}_a(\xi)$ dada por la Ec. (4.94), se puede calcular también a apartir de la distribución de velocidades en el perfil $\bar{w}_a(\xi)$ por integración. Reescribimos aquí el resultado ya obtenido.

$$\bar{\gamma}_a(\xi) = \frac{2}{\pi}\sqrt{\frac{1-\xi}{1+\xi}}\int_{-1}^{1}\sqrt{\frac{1+\eta}{1-\eta}}\frac{\bar{w}_a(\eta)}{\xi-\eta}d\eta + \frac{i\kappa\bar{\Gamma}_a e^{i\kappa}}{\pi b}\sqrt{\frac{1-\xi}{1+\xi}}\int_{1}^{\infty}\sqrt{\frac{\mu+1}{\mu-1}}\frac{e^{-i\kappa\mu}}{\xi-\mu}d\mu \tag{4.106}$$

Se comprueba que en origen, tanto $\bar{\gamma}_w(\xi)$ como $\bar{\gamma}_a(\xi)$ dependen directamente de $\bar{w}_a(\xi)$. Recordemos que la forma del perfil y su movimiento, dadas por la función $z_u(x,t) = \bar{z}_u(x)e^{i\omega t}$, permiten obtener la distribución de velocidades verticales $w_a(x,t) = \bar{w}_a(\xi)\,e^{i\omega t}$ mediante la aplicación de la condición de contorno en el perfil —Ec. (4.60)—, que reescribimos a continuación

$$w_a(x,t) = \left.\frac{\partial\varphi}{\partial z}\right|_{z=0} = \frac{\partial z_u}{\partial t} + U_\infty\frac{\partial z_u}{\partial x}$$

Por tanto, $\bar{w}_a(\xi)$ es conocida en función de los grados de libertad que definen el movimiento en el perfil, siendo su expresión

$$\bar{w}_a(\xi) = \frac{U_\infty}{b}\left(\frac{\mathrm{d}\bar{z}_u}{\mathrm{d}\xi} + i\kappa\,\bar{z}_u\right) \tag{4.107}$$

4.6.3 Cálculo analítico del coeficiente de presiones

El objetivo final es la evaluación de la distribución de presiones en el perfil, pues las fuerzas aerodinámicas no estacionarias son necesarias para modelizar la aeroelasticidad del ala desde un punto de vista dinámico. Debemos recordar que evaluamos la presión en un punto del perfil (intradós, $z = 0^-$, o extradós, $z = 0^+$) en forma adimensional a través del coeficiente adimensional de presiones, definido como

$$\text{Intradós} \quad \rightarrow \quad c_{p,i}(x,t) = \frac{p(x,0^-,t) - p_\infty}{\rho_\infty U_\infty^2/2} = -\frac{2}{U_\infty^2}\left[\frac{\partial\varphi}{\partial t} + U_\infty\frac{\partial\varphi}{\partial x}\right]_{z=0^-}$$

$$\text{Extradós} \quad \rightarrow \quad c_{p,e}(x,t) = \frac{p(x,0^+,t) - p_\infty}{\rho_\infty U_\infty^2/2} = -\frac{2}{U_\infty^2}\left[\frac{\partial\varphi}{\partial t} + U_\infty\frac{\partial\varphi}{\partial x}\right]_{z=0^+}$$

$$(4.108)$$

El efecto global en el perfil se mide a través del balance de presiones entre intradós y trasdós, el cual nos da la distribución de fuerzas de sustentación (en este caso no-estacionaria) que está aplicada en el perfil. Tal y como se dedujo en el punto previo —Ecs. (4.50) y (4.51)—, este balance del coeficiente de presiones se puede expresar en funcion del cambio del potencial de velocidades (de perturbación) como

$$\Delta c_p(x,t) = c_{p,i}(x,t) - c_{p,e}(x,t) - -\frac{2}{U_\infty^2}\left[\frac{\partial\Delta\varphi}{\partial t} + U_\infty\frac{\partial\Delta\varphi}{\partial x}\right] \qquad (4.109)$$

donde —véase Ecs. (4.64) y (4.65)— el salto del potencial en el perfil está directamente relacionado con la circulación a través de la expresión $\Gamma(x,t) = -\Delta\varphi$. Por tanto, se tiene que

$$\Delta c_p(x,t) = \frac{2}{U_\infty^2}\left[\frac{\partial\Gamma}{\partial t} + U_\infty\frac{\partial\Gamma}{\partial x}\right] \quad , \quad -b \leq x \leq b \qquad (4.110)$$

Introduciendo la expresión de la circulación

$$\Gamma(x,t) = \int_{r=-b}^{x} \gamma(r,t)dr \qquad (4.111)$$

y usando de nuevo las variables armónicas $\gamma_a(\xi,t) = \bar{\gamma}_a(\xi)\,e^{i\omega t}$, $\Delta c_p(x,t) = \Delta\bar{c}_p(\xi)\,e^{i\omega t}$ se llega a

$$\Delta\bar{c}_p(\xi) = \frac{2}{U_\infty}\left[\bar{\gamma}_a(\xi) + i\kappa\int_{\lambda=-1}^{\xi}\bar{\gamma}_a(\lambda)\,d\lambda\right] \quad , \quad -1 \leq \xi \leq 1 \qquad (4.112)$$

La expresión de $\bar{\gamma}_a(\xi)$ obtenida en el punto anterior —ver Ecs. (4.94) y (4.103)— se puede introducir en la ecuación anterior. Tras algunos pasos intermedios sencillos, aunque relativamente laboriosos (cuyo detalle no es de interés y se deja para el Apéndice C), se llega a una expresión relativamente compacta en función de las velocidades en el perfil $w_a(\xi, t)$, obtenidas a través de las condiciones de contorno.

$$\Delta c_p(\xi, t) = \frac{4}{\pi U_\infty} \sqrt{\frac{1-\xi}{1+\xi}} \int_{\eta=-1}^{1} \sqrt{\frac{1+\eta}{1-\eta}} \frac{\mathcal{W}_a(\xi, \eta, t)}{\xi - \eta} d\eta \qquad (4.113)$$

donde la función $\mathcal{W}_a(\xi, \eta, t)$, (denotada así por tener unidades de velocidad) vale

$$
\begin{aligned}
\mathcal{W}_a(\xi, \eta, t) &= w_a(\eta, t) \\
&+ \frac{b}{U_\infty} \frac{1+\xi}{1+\eta} \int_{\lambda=-1}^{\eta} \frac{\partial w_a(\lambda, t)}{\partial t} d\lambda \\
&+ (\xi - \eta)\left[1 - \mathcal{C}(\kappa)\right] w_a(\eta, t)
\end{aligned}
\qquad (4.114)
$$

y

$$\mathcal{C}(\kappa) = \frac{H_1^{(2)}(\kappa)}{H_1^{(2)}(\kappa) + i H_0^{(2)}(\kappa)} \qquad (4.115)$$

es la conocida como función de Theodorsen [81], deducida por este ingeniero de origen noruego en los años 30 que fue pionero en el tratamiento analítico de los problemas de inestabilidad por flameo, dejando atrás los métodos semi cualititativos vigentes hasta entonces. Es interesante la descomposición realizada en los sumandos anteriores: los dos primeros dan lugar a la distribución de presiones debida a la distribución de torbellinos en el mismo perfil. El último sumando, dependiente de la función $\mathcal{C}(\kappa)$ es el efecto en la distribución de presiones que tiene la estela de torbellinos y su influencia es medida por la frecuencia reducida. Tal y como se adelantaba al comienzo del tema, el efecto de la estela en el perfil se atenúa con frecuencias reducidas bajas pues se puede comprobar que

$$\lim_{\kappa \to 0} \mathcal{C}(\kappa) = 1 \qquad (4.116)$$

lo que implica que para valores de $\kappa \ll 1$, se verifica $\mathcal{C}(\kappa) \approx 1$ y el último término se puede despreciar. Sustituyendo la definición de $w_a = \dot{z}_u + U_\infty \partial z_u / \partial x$ en el primer término de $\mathcal{W}_a(\xi, \eta, t)$ se pueden obtener tres términos diferenciados

$$
\begin{aligned}
\mathcal{W}_a(\xi, \eta, t) &= \frac{U_\infty}{b} \frac{\partial z_u}{\partial \eta} \\
&+ \frac{\partial z_u}{\partial t} + \frac{b}{U_\infty} \frac{1+\xi}{1+\eta} \int_{\lambda=-1}^{\eta} \frac{\partial w_a(\lambda, t)}{\partial t} d\lambda \\
&+ (\xi - \eta)\left[1 - \mathcal{C}(\kappa)\right] w_a(\eta, t) \\
&\equiv \mathcal{W}_s + \mathcal{W}_{qs} + \mathcal{W}_u
\end{aligned}
\qquad (4.117)
$$

Con más detalle

$$\mathcal{W}_s(\xi, \eta, t) = \frac{U_\infty}{b} \frac{\partial z_u}{\partial \eta}$$

$$\mathcal{W}_{qs}(\xi, \eta, t) = \frac{\partial z_u}{\partial t} + \frac{b}{U_\infty} \frac{1+\xi}{1+\eta} \int_{\lambda=-1}^{\eta} \frac{\partial w_a(\lambda, t)}{\partial t} \, d\lambda$$

$$\mathcal{W}_u(\xi, \eta, t) = (\xi - \eta)\left[1 - \mathcal{C}(\kappa)\right] w_a(\eta, t) \tag{4.118}$$

Introduciendo cada una de las expresiones anteriores en la Ec. (4.113) del coeficiente de presiones, ésta se puede descomponer como una suma de tres partes

$$\Delta c_p(\xi, t) = \Delta c_{p,s}(\xi, t) + \Delta c_{p,qs}(\xi, t) + \Delta c_{p,u}(\xi, t) \tag{4.119}$$

El primer sumando $\Delta c_{p,s}(\xi, t)$ es la distribución de presiones estacionaria (*steady*), denominada así porque $\mathcal{W}_s(\xi, \eta, t)$ no contiene términos en derivadas temporales (velocidades y aceleraciones) y se corresponde con la distribución que tendría un perfil estático con una geometría $z_p(x)$ que no dependiera del tiempo. El segundo sumando $\Delta c_{p,qs}(\xi, t)$ se denomina distribución casi-estacionaria (*quasi-steady*), depende de las velocidades y aceleraciones del perfil en dirección perpendicular a la corriente. Las dependencias del tiempo aparecen como consecuencia de las derivadas temporales presentes en la condición de contorno y en la definición de $\Delta c_p(x, t)$. El tercer sumando $\Delta c_{p,u}(\xi, t)$ es el efecto de la estela de torbellinos en el perfil y es característico de la aerodinámica no-estacionaria del perfil (*unsteady*). Su influencia depende del valor de la frecuencia reducida del sistema a través de la función de Theodorsen $\mathcal{C}(\kappa)$. Puede parecer que esta distribución también tiene términos estacionarios por la dependencia directa de $w_a(\xi, t)$, sin embargo, la presencia de la función $1 - \mathcal{C}(\kappa)$ multiplicando esconde matemáticamente la influencia en las presiones de todos los ordenes de las derivadas de w_a.

Vamos a aplicar los resultados obtenidos para obtener la distribución de presiones teórica sobre un perfil de semicuerda b en una corriente subsónica incompresible de velocidad U_∞, oscilando en el modo de flexión según la variable $h(t)$ y en torsión con ángulo $\alpha(t)$ alrededor del punto $x = ab$ (ver Fig. 4.6). Cualquier movimiento vibratorio de un perfil rígido como el mostrado se puede descomponer en estos dos movimientos, por lo que de su superposición se puede obtener la distribución de presiones de un perfil oscilando simultáneamente a flexión y a torsión.

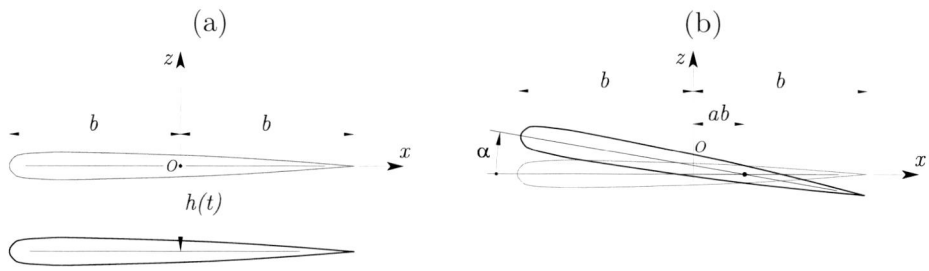

Figura 4.6: (a) Oscilación vertical de un perfil (flexión). (b) Oscilación de giro alrededor del punto $x = ab$ (torsión)

4.6.4 Ejemplo 1. Oscilaciones de flexión (desplazamiento vertical, heave)

La geometría de los puntos del perfil deformados en un instante t es directamente $z_p(x,t) = -h(t) \ \forall \ x \in [-b, b]$ (ver Fig. 4.6b), por lo que

$$w_a(\xi, t) = \frac{U_\infty}{b}\frac{\partial z_p}{\partial \xi} + \frac{\partial z_p}{\partial t} = -\dot{h} \qquad (4.120)$$

Para organizar las operaciones llamaremos

$$
\begin{aligned}
\mathcal{W}_I(\xi, \eta, t) &= w_a(\eta, t) = -\dot{h} \\
\mathcal{W}_{II}(\xi, \eta, t) &= \frac{b}{U_\infty}\frac{1+\xi}{1+\eta}\int_{\lambda=-1}^{\eta}\frac{\partial w_a(\lambda, t)}{\partial t}\,d\lambda = -\frac{b\,\ddot{h}}{U_\infty}(1+\xi) \\
\mathcal{W}_{III}(\xi, \eta, t) &= (\xi - \eta)\left[1 - \mathcal{C}(\kappa)\right]w_a(\eta, t) = -(\xi - \eta)\left[1 - \mathcal{C}(\kappa)\right]\dot{h} \quad (4.121)
\end{aligned}
$$

Calcularemos por separado las distribuciones asociadas a las tres expresiones anteriores

$$
\begin{aligned}
\Delta c_I(\xi,t) &= \frac{4}{\pi U_\infty}\sqrt{\frac{1-\xi}{1+\xi}}\int_{\eta=-1}^{1}\sqrt{\frac{1+\eta}{1-\eta}}\frac{\mathcal{W}_I(\xi,\eta,t)}{\xi-\eta}d\eta \\
&= -\frac{4\dot{h}}{\pi U_\infty}\sqrt{\frac{1-\xi}{1+\xi}}\int_{\eta=-1}^{1}\sqrt{\frac{1+\eta}{1-\eta}}\frac{d\eta}{\xi-\eta} = \frac{4\dot{h}}{U_\infty}\sqrt{\frac{1-\xi}{1+\xi}} \\
\Delta c_{II}(\xi,t) &= \frac{4}{\pi U_\infty}\sqrt{\frac{1-\xi}{1+\xi}}\int_{\eta=-1}^{1}\sqrt{\frac{1+\eta}{1-\eta}}\frac{\mathcal{W}_{II}(\xi,\eta,t)}{\xi-\eta}d\eta \\
&= -\frac{4b\ddot{h}}{\pi U_\infty^2}\sqrt{1-\xi^2}\int_{\eta=-1}^{1}\sqrt{\frac{1+\eta}{1-\eta}}\frac{d\eta}{\xi-\eta} = \frac{4b\ddot{h}}{U_\infty^2}\sqrt{1-\xi^2} \\
\Delta c_{III}(\xi,t) &= \frac{4}{\pi U_\infty}\sqrt{\frac{1-\xi}{1+\xi}}\int_{\eta=-1}^{1}\sqrt{\frac{1+\eta}{1-\eta}}\frac{\mathcal{W}_{III}(\xi,\eta,t)}{\xi-\eta}d\eta \\
&= -\frac{4\dot{h}}{\pi U_\infty}\sqrt{\frac{1-\xi}{1+\xi}}\left[1-\mathcal{C}(\kappa)\right]\int_{\eta=-1}^{1}\sqrt{\frac{1+\eta}{1-\eta}}d\eta \\
&= -\frac{4\dot{h}}{U_\infty}\sqrt{\frac{1-\xi}{1+\xi}}\left[1-\mathcal{C}(\kappa)\right]
\end{aligned}
$$

$$(4.122)$$

Sumando se obtiene

$$
\begin{aligned}
\Delta c_p(\xi,t) &= \Delta c_I(\xi,t) + \Delta c_{II}(\xi,t) + \Delta c_{III}(\xi,t) \\
&= \frac{4\dot{h}}{U_\infty}\mathcal{C}(\kappa)\sqrt{\frac{1-\xi}{1+\xi}} + \frac{4b\ddot{h}}{U_\infty^2}\sqrt{1-\xi^2} \equiv \Delta c_{p1}(\xi,t) + \Delta c_{p2}(\xi,t)
\end{aligned}
$$

$$(4.123)$$

donde $\Delta c_{p1}(\xi,t)$ representa la distribución debida a la velocidad (primera derivada, $\dot{h}$) y $\Delta c_{p2}(\xi,t)$ la debida a la aceleración (segunda derivada $\ddot{h}$). La sustentación total en el perfil se calcula como la suma del balance de presiones

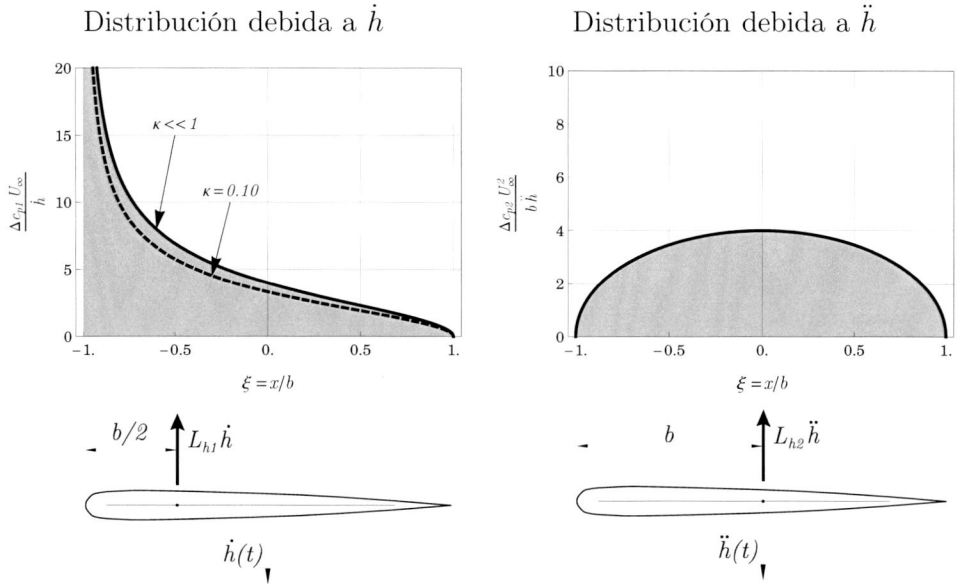

Figura 4.7: Arriba-izquierda: Distribución de presiones (parte real) debidas a $\dot{h}$, casi-estacionaria $\kappa \ll 1$ ($\mathcal{C}(\kappa) \approx 1$) y no estacionaria para $\kappa = 0.1$ ($\mathcal{C}(0.1) \approx 0.83 - 0.17i$). Arriba-derecha: distribución debida a $\ddot{h}$. Abajo, resultante de presiones localizadas en el punto de momento nulo en hipótesis casi-estacionaria

entre intradós y trasdós a lo largo de la cuerda. Así

$$
\begin{aligned}
L &= \int_{x=-b}^{b} \Delta p(x,t)\,dx = b \int_{\xi=-1}^{1} \frac{1}{2}\rho_\infty U_\infty^2 \Delta c_p(\xi,t)\,d\xi \\
&= \frac{b}{2}\rho_\infty U_\infty^2 \frac{4\dot{h}}{U_\infty}\mathcal{C}(\kappa) \int_{\xi=-1}^{1} \sqrt{\frac{1-\xi}{1+\xi}}\,d\xi + \frac{b}{2}\rho_\infty U_\infty^2 \frac{4b\ddot{h}}{U_\infty^2} \int_{\xi=-1}^{1} \sqrt{1-\xi^2}\,d\xi \\
&= 2\pi b\rho_\infty U_\infty \mathcal{C}(\kappa)\,\dot{h} + \pi b^2 \rho_\infty\,\ddot{h} \equiv L_{h1}\,\dot{h} + L_{h2}\,\ddot{h}
\end{aligned}
\tag{4.124}
$$

donde $L_{h1} = \partial L/\partial\dot{h}$ y $\equiv L_{h2} = \partial L/\partial\ddot{h}$ son las llamadas derivadas aerodinámicas (o simplemente derivadas) de la sustentación respecto de $\dot{h}$ y $\ddot{h}$, respectivamente. Nótese que L_{h1} depende de la frecuencia reducida κ a través de la función de Theodorsen. Mientras que el momento de la distribución calculado en un punto $x_a = ab$ es

$$
\begin{aligned}
M_a &= \int_{x=-b}^{b} \Delta p(x,t)\,(x_a - x)dx = -b^2 \int_{\xi=-1}^{1} \frac{1}{2}\rho_\infty U_\infty^2 \Delta c_p(\xi,t)\,(\xi - a)d\xi \\
&= -2b^2 \rho_\infty U_\infty\, \mathcal{C}(\kappa)\,\dot{h} \int_{\xi=-1}^{1} \sqrt{\frac{1-\xi}{1+\xi}}\,(\xi - a)d\xi \\
&\quad -2\rho_\infty b^3 \ddot{h} \int_{\xi=-1}^{1} \sqrt{1-\xi^2}\,(\xi - a)\,d\xi \\
&= 2\pi b^2 \rho_\infty U_\infty\, \mathcal{C}(\kappa)\left(\frac{1}{2}+a\right)\dot{h} + \pi\rho_\infty b^3 a\,\ddot{h} \equiv M_{h1}\,\dot{h} + M_{h2}\,\ddot{h} \quad (4.125)
\end{aligned}
$$

donde de nuevo se ha representado con la notación $M_{h1} = \partial M_a/\partial \dot{h}$ y $\equiv M_{h2} = \partial M_a/\partial \ddot{h}$ a las derivadas del momento aerodinámico.

En la Fig. 4.7 se han representado las distribuciones $\Delta c_{p1}(\xi,t)$, $\Delta c_{p2}(\xi,t)$ sobre el perfil junto con las resultantes localizadas en el punto de momento nulo. De la ecuación Ecs. (4.125) se deduce que el momento debido a las presiones proporcionales a $\dot{h}$ es nulo si lo calculamos en $x = -b/2$, mientras que el correspondiente a las aceleraciones se anula cuando se calcula en $x = 0$. De aquí se deduce que no existe ningún punto a lo largo del perfil en el que el momento total se anule independientemente del tiempo. En efecto, si intentamos calcular a, haciendo $M_a(t) = 0$, obtenemos un resultado, pero función de la frecuencia reducida, de $\dot{h}$ y $\ddot{h}$. Más estrictamente, si hacemos $h(t) = \bar{h}e^{i\omega t}$, con $\omega = U_\infty \kappa/b$, entonces se puede obtener un valor del punto de momento nulo $a = a(\kappa)$ función de la frecuencia reducida. La consecuencia más importante es que en este problema y en general en cualquier otro de aerodinámica no-estacionaria, no se puede encontrar un centro aerodinámico en el cual el momento sea independiente de las variables geométricas.

4.6.5   *Ejemplo 2. Oscilaciones en giros (giro de cabeceo, pitch)*

Vamos a considerar ahora el caso de un perfil simétrico oscilando alrededor de un punto localizado en la coordenada $x = ab$ según un giro $\alpha(t)$. La ecuación que define la cinemática de los puntos del perfil es (ver Fig. 4.6b)

$$
z_p(x,t) = -\alpha(t)(x - ab) = -\alpha(t)b\,(\xi - a) \tag{4.126}
$$

La velocidad vertical de los puntos del perfil (condiciones de contorno) es

$$w_a(\xi, t) = \frac{U_\infty}{b} \frac{\partial z_p}{\partial \xi} + \frac{\partial z_p}{\partial t} = -\alpha U_\infty - \dot{\alpha} b(\xi - a) \qquad (4.127)$$

Para organizar las operaciones llamaremos de nuevo

$$
\begin{aligned}
\mathcal{W}_I(\xi, \eta, t) &= w_a(\eta, t) = -\alpha U_\infty - \dot{\alpha} b(\eta - a) \\
\mathcal{W}_{II}(\xi, \eta, t) &= \frac{b}{U_\infty} \frac{1+\xi}{1+\eta} \int_{\lambda=-1}^{\eta} \frac{\partial w_a(\lambda, t)}{\partial t} d\lambda = \\
&= \frac{b}{U_\infty} \frac{1+\xi}{1+\eta} \left[-\dot{\alpha} U_\infty(1+\eta) - \ddot{\alpha} b \int_{\lambda=-1}^{\eta} (\lambda - a)d\lambda \right] \\
&= -\frac{b}{U_\infty}(1+\xi) \left[\dot{\alpha} U_\infty - \ddot{\alpha} \frac{b}{2}(1-\eta) - ab\ddot{\alpha} \right] \\
\mathcal{W}_{III}(\xi, \eta, t) &= (\xi - \eta) \left[1 - \mathcal{C}(\kappa) \right] w_a(\eta, t) \\
&= -(\xi - \eta) \left[1 - \mathcal{C}(\kappa) \right] \left[\alpha U_\infty + \dot{\alpha} b(\eta - a) \right]
\end{aligned}
$$

$$(4.128)$$

Teniendo en cuenta los siguientes resultados integrales

$$\int_{-1}^{1} \sqrt{\frac{1+\eta}{1-\eta}} \frac{d\eta}{\xi - \eta} = -\pi \ , \ \int_{-1}^{1} \sqrt{\frac{1+\eta}{1-\eta}} \frac{\eta\, d\eta}{\xi - \eta} = -\pi(1+\xi) \ , \ \int_{-1}^{1} \sqrt{\frac{1+\eta}{1-\eta}} d\eta = \pi$$

y, tras algunas operaciones de simplificación, se llega a las expresiones

$$
\begin{aligned}
\Delta c_I(\xi, t) &= \frac{4}{\pi U_\infty} \sqrt{\frac{1-\xi}{1+\xi}} \int_{\eta=-1}^{1} \sqrt{\frac{1+\eta}{1-\eta}} \frac{\mathcal{W}_I(\xi, \eta, t)}{\xi - \eta} d\eta \\
&= -\frac{4}{\pi U_\infty} \sqrt{\frac{1-\xi}{1+\xi}} \int_{\eta=-1}^{1} \sqrt{\frac{1+\eta}{1-\eta}} \frac{\alpha U_\infty + \dot{\alpha} b(\eta - a)}{\xi - \eta} d\eta \\
&= 4\left(\alpha - \frac{a\, \dot{\alpha}\, b}{U_\infty} \right) \sqrt{\frac{1-\xi}{1+\xi}} + \frac{4\dot{\alpha}\, b}{U_\infty} \sqrt{1 - \xi^2} \qquad (4.129)
\end{aligned}
$$

$$
\begin{aligned}
\Delta c_{II}(\xi, t) &= \frac{4}{\pi U_\infty} \sqrt{\frac{1-\xi}{1+\xi}} \int_{\eta=-1}^{1} \sqrt{\frac{1+\eta}{1-\eta}} \frac{\mathcal{W}_{II}(\xi, \eta, t)}{\xi - \eta} d\eta \\
&= -\frac{4b}{\pi U_\infty^2} \sqrt{1 - \xi^2} \int_{\eta=-1}^{1} \sqrt{\frac{1+\eta}{1-\eta}} \frac{\dot{\alpha} U_\infty - \ddot{\alpha} \frac{b}{2}(1-\eta) - ab\ddot{\alpha}}{\xi - \eta} d\eta \\
&= \frac{4b}{U_\infty^2} \sqrt{1 - \xi^2} \left(\dot{\alpha} U_\infty - \ddot{\alpha} \frac{b}{2}\xi - ab\ddot{\alpha} \right) \qquad (4.130)
\end{aligned}
$$

$$\Delta c_{III}(\xi,t) = \frac{4}{\pi U_\infty}\sqrt{\frac{1-\xi}{1+\xi}}\int_{\eta=-1}^{1}\sqrt{\frac{1+\eta}{1-\eta}}\frac{\mathcal{W}_{III}(\xi,\eta,t)}{\xi-\eta}d\eta$$

$$= -\frac{4\left[1-\mathcal{C}(\kappa)\right]}{\pi U_\infty}\sqrt{\frac{1-\xi}{1+\xi}}\int_{\eta=-1}^{1}\sqrt{\frac{1+\eta}{1-\eta}}\left[\alpha U_\infty + \dot{\alpha}b(\eta-a)\right]d\eta$$

$$= -\frac{4\left[1-\mathcal{C}(\kappa)\right]}{U_\infty}\sqrt{\frac{1-\xi}{1+\xi}}\left[\alpha U_\infty + \dot{\alpha}b\left(\frac{1}{2}-a\right)\right]$$

$$(4.131)$$

La distribución total no-estacionaria será entonces

$$\Delta c_p(\xi,t) = \Delta c_I(\xi,t) + \Delta c_{II}(\xi,t) + \Delta c_{III}(\xi,t)$$

$$= 4\alpha\,\mathcal{C}(\kappa)\sqrt{\frac{1-\xi}{1+\zeta}} + \frac{4b\dot{\alpha}}{U_\infty}\sqrt{\frac{1-\xi}{1+\xi}}\left[\frac{3}{2}+2\xi+\mathcal{C}(\kappa)\left(\frac{1}{2}-a\right)\right]$$

$$-\frac{4b^2\ddot{\alpha}}{U_\infty^2}\sqrt{1-\xi^2}\left(a+\frac{\xi}{2}\right)$$

$$\equiv \Delta c_{p0}(\xi,t) + \Delta c_{p1}(\xi,t) + \Delta c_{p2}(\xi,t)$$

$$(4.132)$$

donde $\Delta c_{p0}(\xi,t)$, $\Delta c_{p1}(\xi,t)$ y $\Delta c_{p2}(\xi,t)$ representan las distribuciones debidas a α, $\dot{\alpha}$ y $\ddot{\alpha}$, respectivamente. Teniendo en cuenta el valor de las siguientes integrales

$$\int_{-1}^{1}\sqrt{\frac{1-\xi}{1+\xi}}d\xi = \pi \ , \ \int_{-1}^{1}\sqrt{1-\xi^2}d\xi = -\pi/2 \ , \ \int_{-1}^{1}\xi\sqrt{1-\xi^2}d\xi = 0$$

la sustentación total (fuerza por unidad de envergadura) se puede obtener integrando la expresión (4.132) en la cuerda del perfil

$$L = \int_{x=-b}^{b}\Delta p(x,t)\,dx = b\int_{\xi=-1}^{1}\frac{1}{2}\rho_\infty U_\infty^2\Delta c_p(\xi,t)\,d\xi$$

$$= \pi b^2\rho_\infty U_\infty\dot{\alpha} - \pi b^3\rho_\infty\ddot{\alpha} + 2\pi\rho_\infty U_\infty b\mathcal{C}(\kappa)\left[\alpha U_\infty + b\left(\frac{1}{2}-a\right)\dot{\alpha}\right]$$

$$\equiv L_{\alpha 0}\,\alpha + L_{\alpha 1}\,\dot{\alpha} + L_{\alpha 2}\,\ddot{\alpha} \qquad (4.133)$$

Por otro lado, para obtener el momento nos hacen falta las siguientes integrales

$$\int_{-1}^{1}(\xi-a)\sqrt{\frac{1-\xi}{1+\xi}}d\xi = -\pi(a+1/2) \ , \ \int_{-1}^{1}(\xi-a)\sqrt{1-\xi^2}d\xi = -a\pi/2$$

$$\int_{-1}^{1} \xi(\xi - a)\sqrt{1 - \xi^2}d\xi = \pi/8$$

de forma que el momento por unidad de envergadura, calculado en $x = ab$ y en sentido horario se expresa como

$$
\begin{aligned}
M_a &= \int_{x=-b}^{b} \Delta p(x,t)\,(x_a - x)dx = -b^2 \int_{\xi=-1}^{1} \frac{1}{2}\rho_\infty U_\infty^2 \Delta c_p(\xi, t)\,(\xi - a)d\xi \\
&= -\pi\rho_\infty b^2 \left[U_\infty b\left(\frac{1}{2} - a\right)\dot{\alpha} + b^2\left(\frac{1}{8} + a^2\right)\ddot{\alpha} \right] \\
&\quad + 2\pi\rho_\infty U_\infty b^2 \left(\frac{1}{2} + a\right)\mathcal{C}(\kappa)\left[U_\infty \alpha + b\left(\frac{1}{2} - a\right)\dot{\alpha} \right] \\
&\equiv M_{\alpha 0}\,\alpha + M_{\alpha 1}\,\dot{\alpha} + M_{\alpha 2}\,\ddot{\alpha}
\end{aligned}
\tag{4.134}
$$

En la Fig. 4.8 se han representado las distribuciones $\Delta c_{p0}(\xi, t)$, $\Delta c_{p1}(\xi, t)$, $\Delta c_{p2}(\xi, t)$ debidas respectivamente a α, $\dot{\alpha}$ y $\ddot{\alpha}$. Las distribuciones $\Delta c_{p0}(\xi, t)$ y $\Delta c_{p1}(\xi, t)$ están afectadas por la función de Theodorsen, cuyo efecto en general (en la parte real) es reducir las presiones en el perfil. En el caso de $\Delta c_{p1}(\xi, t)$ se puede observar un efecto algo más complejo. Se verá posteriormente que una aceleración angular afecta a las fuerzas en el perfil de dos formas: (1) aumentando la aceleración vertical por el efecto de Coriolis (recordemos que $\dot{\alpha}$ es una aceleración angular que produce en unos ejes (x, z) que se mueven a velocidad horizontal U_∞ respecto a un observador fijo), (2) aumentando la sustentación debido a la aparición de cierto ángulo de ataque efectivo. Las resultantes de las distribuciones casi-estacionarias cuando se asume que $\kappa \ll 1$, $(\mathcal{C}(\kappa) \approx 1)$ se localizan en diferentes puntos, tal y como se muestra en los croquis de la Fig. 4.8. De hecho, se comprueba que la distribución debida a la aceleración angular $\ddot{\alpha}$ no tiene resultante pero sí es equivalente a un momento en el centro del perfil cuando $a = 0$. Este último momento $M_{\alpha 2}\,\ddot{\alpha}$ también se puede interpretar como el momento de las fuerzas de inercia de las partículas de aire alrededor del perfil, que de alguna manera se está oponiendo al movimiento del perfil, añadiendo masa aparente al sistema.

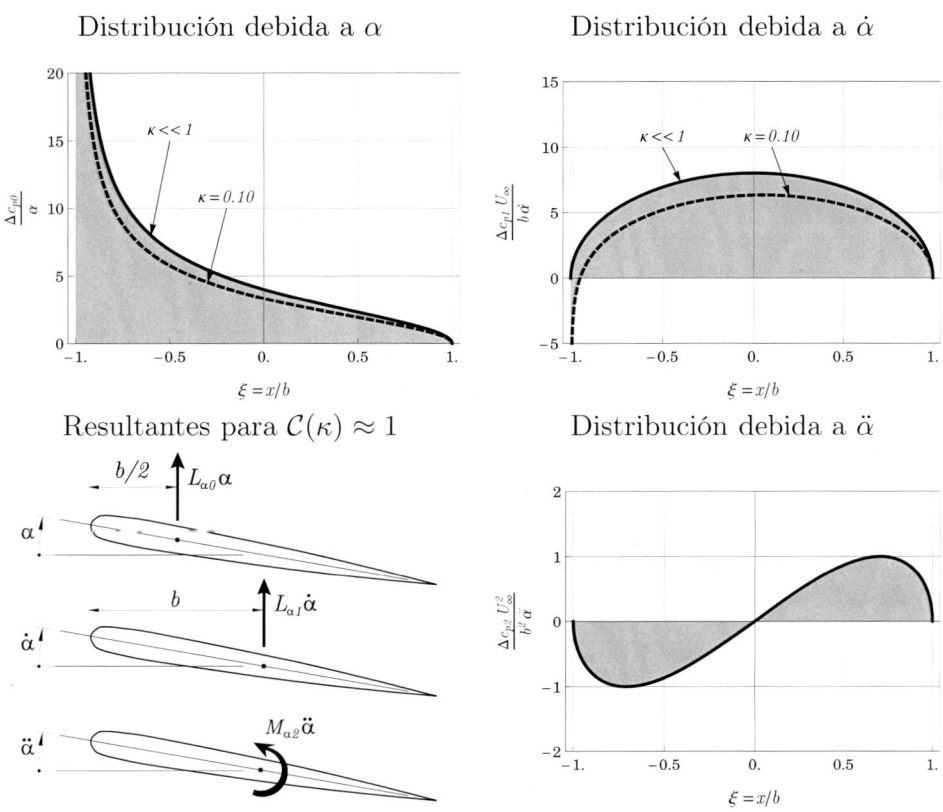

Figura 4.8: Arriba: Distribución de presiones (parte real) debidas a α (izquierda) y a $\dot{\alpha}$ (derecha), casi-estacionaria $\kappa \ll 1$ ($\mathcal{C}(\kappa) \approx 1$) y no estacionaria para $\kappa = 0.1$ ($\mathcal{C}(0.1) \approx 0.83 - 0.17i$). Abajo-derecha: distribución debida a $\ddot{\alpha}$. Abajo-izquierda: sistema equivalente de fuerza-momento en el perfil para hipótesis casi-estacionaria. Se ha representado el caso $a = 0$.

En la Fig. 4.8 se han representado dichas distribuciones junto con los sistemas equivalentes de fuerzas en los perfiles en hipótesis casi-estacionaria ($\kappa \ll 1$, $\mathcal{C}(\kappa) \approx 1$). Los sistemas equivalentes son básicamente la resultante localizada en el punto de momento nulo o, como en el caso de las presiones debidas a $\ddot{\alpha}$, el momento en el centro del perfil, pues la resultante (sustentación) es nula en este caso.

4.6.6 Fuerzas no-estacionarias en un perfil en flexión-torsión

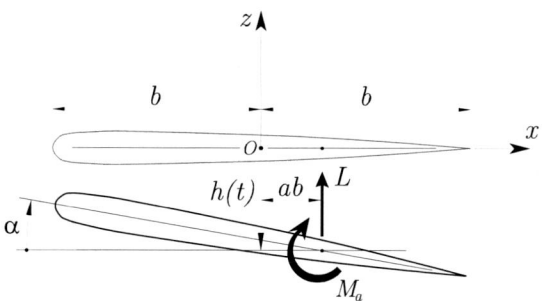

Figura 4.9: Movimiento del perfil en flexión y torsión alrededor del punto $x = ab$.

Por el principio de superposición, si el movimiento del perfil es descrito mediante la cinemática

$$z_p(x, t) = -h(t) - \alpha(t)\,(x - ab) \tag{4.135}$$

entonces la sustentación L y el momento M_a en el punto $x = ab$ serán la suma de los valores obtenidos en los dos ejemplos anteriores. Por tanto, de las Ecs. (4.124), (4.125), (4.133) y (4.134) se llega, tras algunas reordenaciones

$$L = \pi\rho_\infty b^2 \left(\ddot{h} + U_\infty\dot{\alpha} - ab\ddot{\alpha}\right) + 2\pi\rho_\infty U_\infty b \mathcal{C}(\kappa)\left[\dot{h} + U_\infty\alpha + b\left(\frac{1}{2} - a\right)\dot{\alpha}\right] \tag{4.136}$$

$$\begin{aligned}
M_\alpha = \ & \pi\rho_\infty b^2 \left[ab\ddot{h} - U_\infty b\left(\frac{1}{2} - a\right)\dot{\alpha} - b^2\left(\frac{1}{8} + a^2\right)\ddot{\alpha}\right] \\
& + 2\pi\rho_\infty U_\infty b^2 \left(\frac{1}{2} + a\right)\mathcal{C}(\kappa)\left[\dot{h} + U_\infty\alpha + b\left(\frac{1}{2} - a\right)\dot{\alpha}\right]
\end{aligned} \tag{4.137}$$

Interpretación de la sustentación no-estacionaria

Recordemos que la sustentación y el momento en aerodinámica se suelen expresar en la forma clásica en función del coeficiente de sustentación y momento en $x = ab$ como

$$L = \frac{1}{2}\rho_\infty U_\infty^2\, S_w\, c_l \ , \quad M_a = \frac{1}{2}\rho_\infty U_\infty^2\, c\, S_w\, c_{m_a} \tag{4.138}$$

siendo $S_w = 2b$ la superficie por unidad de envergadura en nuestro caso bidimensional y $c = 2b$ la cuerda[1]. Comparando las ecuaciones anteriores con las Ecs. (4.136) y (4.137) se puede obtener el coeficiente de sustentación y de momento no-estacionario

Los coeficientes de sustentación y momento son, por tanto,

$$
\frac{L}{\frac{1}{2}\rho_\infty U_\infty^2 S_w} \equiv c_l = \mathcal{C}(\kappa)\, c_{l_Q} + c_{l_A}
$$

$$
c_{l_Q} = 2\pi \left[\frac{\dot{h}}{U_\infty} + \alpha + \frac{b\dot{\alpha}}{U_\infty}\left(\frac{1}{2} - a\right) \right]
$$

$$
c_{l_A} = 2\pi \left[\frac{b\ddot{h}}{2U_\infty^2} + \frac{b\dot{\alpha}}{2U_\infty} - \frac{ab^2\ddot{\alpha}}{2U_\infty^2} \right]
$$

$$
\frac{M_a}{\frac{1}{2}\rho_\infty U_\infty^2 (2b) S_w} \equiv c_m = \mathcal{C}(\kappa)\, c_{m_Q} + c_{m_A}
$$

$$
c_{m_Q} = \pi \left[\frac{\dot{h}}{U_\infty} + \alpha + \frac{b\dot{\alpha}}{U_\infty}\left(\frac{1}{2} - a\right) \right]\left(\frac{1}{2} + a\right) =
$$

$$
c_{m_A} = \pi \left[\frac{ab\ddot{h}}{2U_\infty^2} + \frac{b\dot{\alpha}}{2U_\infty}\left(\frac{1}{2} - a\right) - \frac{b^2\ddot{\alpha}}{2U_\infty^2} \right]\left(\frac{1}{8} + a^2\right)
$$

$$(4.139)$$

A partir de esta descomposición, la sustentación $c_l = \mathcal{C}(\kappa)\, c_{l_Q} + c_{l_A}$ se puede desomponer en la suma de dos términos. Veamos qué significado tiene cada uno de ellos

c_{l_Q}: representa la parte *circulatoria* asociada a las presiones generadas por el efecto de las velocidades relativas entre el perfil y la corriente. Este coeficiente se puede escribir de forma compacta como $c_{l_Q} = 2\pi\,\alpha_{ef}$, recordando su equivalente en aerodinámica estacionaria, con un ángulo de ataque efectivo

$$
\alpha_{ef} = \alpha + \frac{\dot{h}_{b/2}}{U_\infty}
$$

donde $\dot{h}_{b/2} = \dot{h} + \dot{\alpha}(b/2 - ab) = -\dot{z}(b/2, t)$ representa la velocidad vertical del perfil en el punto $x = +b/2$.

$\mathcal{C}(\kappa)\, c_{l_Q}$: la función de Theodorsen introduce el efecto del desprendimiento de vorticidad del perfil y afecta a la sustentación en éste de naturaleza

---

[1] Aunque parece algo absurdo llamar a $2b$ de dos formas distintas, el objetivo es reducir la sustentación no-estacionaria a una forma conocida adoptada en aerodinámica estacionaria

circulatoria. Matemáticamente, el factor $\mathcal{C}(\kappa)$ es un número complejo y modifica a c_{l_Q} reduciendo su amplitud y desfasando su efecto en el tiempo, tal y como se verá en un ejemplo posterior.

c_{l_A}: representa una *masa aparente*, asociada con la aceleración instantánea del fluido alrededor del perfil. El valor de esta sustentación no depende de la velocidad de vuelo, lo que significa que si el perfil vibra en tierra ($U_\infty = 0$), esta fuerza también aparece afectando con su masa a las frecuencias naturales de vibración. Los tres términos en los que se descompone la sustentación $\frac{1}{2}\rho_\infty U_\infty^2 \, S_w \, c_{l_A}$

$$\pi\rho_\infty b^2 \ddot{h} + \pi\rho_\infty b^2 U_\infty \dot{\alpha} - a\,\pi\rho_\infty b^3 \ddot{\alpha}$$

tienen su interpretación física:

$\rho_\infty \pi b^2 \ddot{h}$: representa la inercia del cilindro de aire de radio b desplazándose a una aceleración $\ddot{h}$. Intuitivamente, la distribución de presiones en el perfil debida a esta fuerza debe ser simétrica como efectivamente ocurre, según la Fig. 4.7. El efecto real de esta fuerza es frenar al perfil, pues cuando éste es acelerado hacia abajo, la fuerza aparece hacia arriba y viceversa.

$\pi\rho_\infty b^2 U_\infty \dot{\alpha}$: los puntos del perfil se encuentran en un sistema de referencia que se mueve a una velocidad uniforme U_∞ respecto a un observador fijo. Por ello, cualquier velocidad angular en dicho sistema generará una aceleración vertical de tipo Coriolis en dichos puntos, proporcional a la velocidad U_∞. Este término recoge las fuerzas de inercia en las partículas de aire alrededor del perfil debidas a esta aceleración.

$-a\,\pi\rho_\infty b^3 \ddot{\alpha}$: este término representa la fuerza de inercia del aire girando a una aceleración angular $\ddot{\alpha}$. Será distinta de cero cuando el punto de giro no está en el centro pues en tal caso el punto de giro no coincide con el centro de gravedad de la masa aparente de aire alrededor del perfil. Se observa que cuando el centro de giro es el centro del perfil $a = 0$, se hacen cero.

El coeficiente de momento c_m también admite una descomposición similar. La naturaleza de los términos c_{m_Q} y c_{m_A} es la misma que sus homólogos c_{l_Q} y c_{l_A}, respectivamente: se trata de los momentos producidos por las fuerzas circulatorias y las de inercia (masa aparente). Inmediatamente observamos que la relación c_m/c_l depende del tiempo y por tanto no existe un centro aerodinámico cuya posición sea independiente del tiempo. Sin embargo sí se puede encontrar un punto en el perfil en el cual el momento de las fuerzas de naturaleza circulatoria se anula en todo instante, dado que como se puede comprobar en la Ec. (4.139) se verifica que

$$c_{m_Q} = \frac{c_{l_Q}}{2} \left(\frac{1}{2} + a \right)$$

siendo este punto el mismo centro aerodinámico que los perfiles simétricos, es decir, a $b/2$ del borde de ataque. Por tanto, se puede afirmar que el centro aerodinámico no-estacionario de las fuerzas circulatorias sigue estando a $c/4$ del borde de ataque.

Un sencillo ejemplo puede ayudarnos a entender un poco mejor el efecto del desprendimiento de torbellinos a través de la función de Theodorsen. Consideremos que el perfil tiene un movimiento armónico en flexión $h(t) = h_0\, e^{i\omega t}$ y por tanto sin girar, $\alpha(t) \equiv 0$. Nuestro objetivo es calcular la variación temporal del coeficiente de sustentación $\Re\{c_l(t)\}$. Introduciendo el movimiento del perfil en la Ec. (4.139)

$$
\begin{aligned}
c_{l_Q} &= 2\pi \left(\frac{\dot{h}}{U_\infty} \right) = 2\pi (i\omega) \frac{h_0}{U_\infty} e^{i\omega t} = \frac{2\pi h_0}{b} (i\kappa) e^{i\omega t} \\
c_{l_A} &= 2\pi \left(\frac{b\ddot{h}}{U_\infty^2} \right) = 2\pi \left(-\omega^2 \right) \frac{b h_0}{U_\infty^2} e^{i\omega t} = -\frac{2\pi h_0}{b} \kappa^2 e^{i\omega t}
\end{aligned}
$$
$$\text{(4.140)}$$

La función de Theodorsen devuelve números complejos para frecuencias reducidas enteras. Tendrá por tanto un valor absoluto, $C_0(\kappa)$ y un argumento $\gamma(\kappa)$ de forma que se puede escribir

$$\mathcal{C}(\kappa) = \Re\{\mathcal{C}(\kappa)\} + i\,\Im\{\mathcal{C}(\kappa)\} = C_0(\kappa)\, e^{i\gamma(\kappa)} \qquad \text{(4.141)}$$

Las partes real e imaginaria, así como el valor absoluto y el argumento (radianes) se han representado en la Fig. 4.10. El valor absoluto (y la parte real) tienden asintóticamente a $1/2$ cuando crece la frecuencia reducida estando siempre entre 0.50 y 1, mientras que el argumento (y la parte imaginaria) lo hace a 0. Usando la expresión módulo-argumento para $\mathcal{C}(\kappa)$, se obtiene un coeficiente de sustentación

$$
\begin{aligned}
\frac{\Re\{c_l\}}{2\pi h_0/b} &= \Re\{\mathcal{C}(\kappa)\, c_{l_Q} + c_{l_A}\} = \Re\left\{ i\kappa C_0(\kappa) e^{i(\gamma + \omega t)} - \kappa^2 e^{i\omega t} \right\} = \\
&= -\kappa\, C_0(\kappa) \sin[\gamma(\kappa) + \omega t] - \kappa^2 \cos \omega t
\end{aligned}
$$
$$\text{(4.142)}$$

175

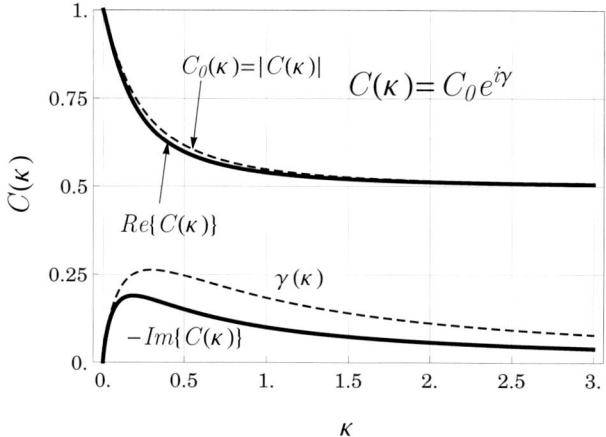

Figura 4.10: Partes real e imaginaria, módulo y argumento (radianes) de la función de Theodorsen en función de la frecuencia reducida.

El efecto de la función de Theodorsen es reducir la magnitud de la sustentación c_{l_Q} debida a la circulación multiplicándola por un factor $1/2 < C_0 < 1$ y además desfasar sus efectos en el tiempo un ángulo γ que varía entre 0 y -0.26 rad (-14.8^o). En la Fig. 4.11 se han representado los coeficientes de sustentación (sus partes reales) para un valor de la frecuencia reducida de $\kappa = 0.1$, lo que da lugar a un factor $C_0 = 0.849$ y un desfase $\gamma = -0.20 = -11.7^o$. Se comprueba que la componente circulatoria de la sustentación $\mathcal{C}(\kappa)c_{l_Q}$ tiene más importancia en la sustentación total que la debida a la masa aparente para valores pequeños de la frecuencia reducida. De hecho, si $\kappa \ll 1$, entonces $\mathcal{C}(\kappa) \approx 1$ y $c_{l_A} \approx 0$, pues es del orden $\mathcal{O}(\kappa^2)$. En tal caso se tiene que

$$\Re\{c_l\} \approx \Re\{c_{l_Q}\} = -\kappa \sin \omega t = \kappa \cos(\omega t + \pi/2) \qquad (4.143)$$

lo que significa que sustentación y movimiento están desfasados $\pi/2$. A medida que aumenta la frecuencia reducida, la función de Theodorsen reduce el valor de c_{l_Q} y aumenta el desfase, aunque hasta un valor máximo de unos 0.26 rad (15°) según la gráfica de la Fig. 4.10. Además, dado que $\Re\{c_{l_A}\} = -\kappa^2 \cos \omega t$, el aumento de κ incrementa la importancia de la masa aparente en el término final de la sustentación. Por tanto una simplificación razonable en problemas con bajas frecuencias reducidas es omitir las fuerzas de inercia debidas a la masa aparente, pues el mayor peso en el coeficiente de sustentación es debido a las componentes circulatorias.

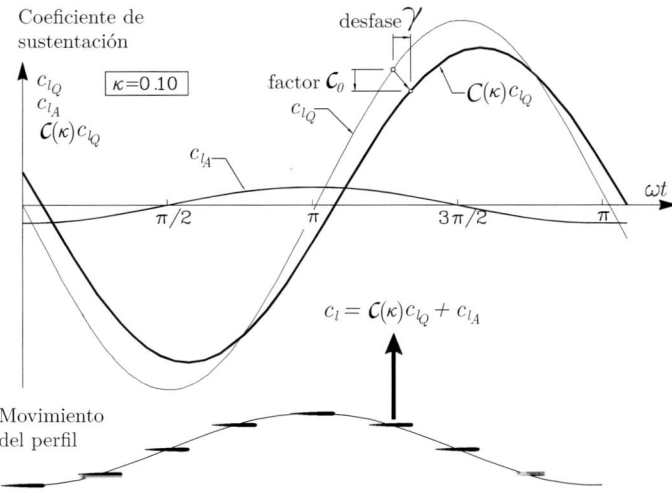

Figura 4.11: Componentes del coeficiente de sustentación (solo se ha representado la parte real) para perfiles sometidos a armónico desplazamiento vertical $h(t) = h_0 \cos \omega t$.

4.7 Teoría potencial no-estacionaria: régimen compresible supersónico

La aerodinámica supersónica se caracteriza por el análisis de cuerpos en movimiento cuya velocidad respecto al fluido U_∞ es mayor que la velocidad del sonido a_∞. Se hablará de números de Mach mayores que la unidad ($M_\infty = U_\infty/a_\infty > 1$), aunque la teoría que se presenta aquí (basada en la linealización de las ecuaciones) es válida para velocidades algo más altas (aproximadamente $M_\infty > 1.2$), para garantizar que los términos no-lineales son despreciables.

En los vuelos supersónicos, el flujo delante del objeto en movimiento permanece inalterado y además los efectos en la estela no influyen en la distribución de presiones sobre el perfil, al contrario de lo que ocurría en flujo incompresible. Estos resultados se deducen de las matemáticas, pero también se puede observar a partir de consideraciones físicas simples. Tomemos un cuerpo moviéndose a velocidad U_∞ en el seno de un fluido cuya velocidad del sonido en situación no perturbada es a_∞. En cualquier punto dentro del fluido perturbado por el paso del objeto, las perturbaciones originadas en el perfil se propagarán en forma de ondas circulares (esféricas en 3D) que crecen a una velocidad a_∞. En particular, en la dirección del movimiento, la perturbación viajará a una velocidad $+a_\infty$ hacia la derecha y $-a_\infty$ hacia la izquierda, con respecto al fluido, es decir, observándolas desde un sistema fijo de coordenadas. La correspondiente velocidad de propagación vista respecto al cuerpo o perfil in movimiento serán $U_\infty + a_\infty > 0$ (hacia la derecha) y $U_\infty - a_\infty > 0$ (hacia la izquierda). Nótese que ambas velocidades son positivas, por lo que los puntos delante del perfil nunca son perturbados hasta que éste los alcanza. La naturaleza de las ecuaciones cambia, de hecho pasan de ser elípticas en el caso subsónico a hiperbólicas en el supersónico. El análisis matemático es en general menos complicado que el caso subsónico. De hecho, una de las consecuencias de esta simplicidad es que no existe distinción entre problemas simétricos y antisimétricos (problemas de espesor y sustentadores), como ocurría en flujo incompresible. Entonces se proponían soluciones tipo manantiales y sumideros para el problema del espesor (en el cual no había salto de presiones) y soluciones tipo torbellinos para problemas de curvatura y ángulo de ataque (sustentadores). En el caso supersónico se obtiene una distribución de presiones válida para ambas situaciones.

4.7.1 *Potencial de velocidades no-estacionario*

Cuando nos encontramos en el seno de un fluido en movimiento a velocidades cercanas o superiores a la velocidad del sonido, los efectos de la compresibilidad no pueden ser despreciados. Así, debe considerarse que la densidad del fluido es función del espacio y por tanto compresible. En la Secc. 4.5 se dedujo la ecuación general del potencial de velocidades de un fluido compresible, que reescribimos a continuación

$$a^2 \nabla^2 \Phi = \frac{\mathrm{D}}{\mathrm{D}t} \left[\frac{\partial \Phi}{\partial t} + \frac{1}{2} \left(\nabla \Phi \cdot \nabla \Phi \right) \right] \tag{4.144}$$

donde $a = \sqrt{dp/d\rho}$ es la velocidad del sonido y $\Phi = \Phi(x, z, t)$ es el potencial de velocidades. Nótese que cuando el fluido es incompresible entonces la densidad no varía y por tanto $d\rho/dp \to 0$ y $a \to \infty$, reduciéndose la Ec. (4.144) a la ecuación de Laplace, vista en el punto anterior.

La Ec. (4.144) es altamente no-lineal y su resolución analítica es inabordable en la práctica. El procedimiento para obtener la distribución de presiones en perfiles en régimen supersónico será en origen similar al régimen incompresible: el método del potencial de velocidades de perturbacion. Cabe destacar que los pasos seguidos aquí permiten alcanzar una ecuación linealizada a partir de (4.144), válida para flujo subsónico y supersónico, aunque no transónico

$(0.7 < M_\infty < 1.2)$ pues como es sabido aquí los términos no-lineales son relevantes y no pueden ser despreciados.

La aerodinámica de perfiles se caracteriza por estudiar el flujo alrededor de objetos que alteran ligeramente el flujo uniforme con velocidad horizontal U_∞. Ya se introdujo esta metodología para linealizar tanto la ecuación como las condiciones de contorno en problemas aerodinámicos en fluidos incompresibles. Así, tal y como se apuntaba en la Ec. (4.25), la geometría del perfil se puede considerar como la combinación de una geometría estacionaria z_s que no varía con el tiempo, más una geometría oscilatoria alrededor de z_s, dependiente del tiempo y denotada por z_u. Ambas geometrías suponen pequeñas variaciones en la coordenada z respecto a las dimensiones longitudinales en x (cuerda), lo cual se representa por dos parámetros de perturbación ϵ, $\nu \ll 1$, de forma que

$$z = f_p(x,t) = z_s + z_u = \epsilon f_s(x) + \nu f_u(x,t) \tag{4.145}$$

Cuando $\epsilon = \nu = 0$, el potencial que queda es el debido a la velocidad U_∞, es decir $\Phi_\infty = U_\infty x$. Cuando $0 < \epsilon$, $\nu \ll 1$, el potencial resultante se puede aproximar por su desarrollo de Taylor, reteniendo la parte lineal y despreciando los términos de orden $\mathcal{O}(\epsilon^2)$, $\mathcal{O}(\nu^2)$, $\mathcal{O}(\epsilon\nu)$ y superiores

$$\Phi(x,z,t) \approx \Phi_\infty + \epsilon\Phi_s(x,z) + \nu\Phi_u(x,z,t) \equiv U_\infty x + \phi(x,z) + \varphi(x,z,t) \tag{4.146}$$

donde $\phi = \epsilon\Phi_s$ y $\varphi = \nu\Phi_u$ son los potenciales de perturbación estacionario y no-estacionario respectivamente y que pasan a ser las funciones incógnitas del problema. Para obtener las ecuaciones diferenciales que gobiernan el comportamiento de los potenciales de perturbación, es necesario introducir la expresión (4.26) en la ecuación del potencial (4.24) y separar términos en ϵ y en ν. En este proceso, se denotará por $\mathcal{O}(\varepsilon)$ a los sumandos que sean del orden de la perturbación y superiores, es decir indistintamente de $\mathcal{O}(\epsilon)$ u $\mathcal{O}(\nu)$ como mínimo. Para órdenes superiores $\mathcal{O}(\varepsilon^2)$ simbolizará los que sean de los órdenes $\mathcal{O}(\epsilon^2)$, $\mathcal{O}(\nu^2)$ u $\mathcal{O}(\epsilon\nu)$ o superiores.

Se va a expandir la Ec. (4.144) y para mejorar el seguimiento se va a hacer uso de una notación más compacta para las derivadas del potencial de forma que $(\bullet)_x = \partial/\partial x$. Igualmente para las parciales en z y t.

$$\left(a^2 - \Phi_x^2\right)\Phi_{xx} + \left(a^2 - \Phi_z^2\right)\Phi_{zz} = \Phi_{tt} + 2\left(\Phi_x\Phi_{xt} + \Phi_z\Phi_{zt} + \Phi_x\Phi_z\Phi_{xz}\right) \tag{4.147}$$

Veamos cada uno de los términos por separado.

Término $a^2 - \Phi_x^2$**:** a partir de la ecuación de Bernoulli, en la versión (4.12) se puede despejar la velocidad del sonido y expresar en función de su valor

179

en el infinito más ciertos sumandos proporcionales a la perturbación

$$a^2 = a_\infty^2 \left[1 - \frac{(\gamma - 1)M_\infty^2}{2U_\infty} \left(\epsilon \Phi_{s,x} + \nu \Phi_{u,x} + \frac{\nu}{U_\infty} \Phi_{u,t} \right) \right]$$

$$\equiv a_\infty^2 \left[1 + \mathcal{O}(\varepsilon) \right] \tag{4.148}$$

donde $M_\infty = U_\infty / a_\infty$ es el número de Mach. Por otro lado, se tiene que el cuadrado de velocidad horizontal es

$$\Phi_x^2 = (U_\infty + \epsilon \Phi_{s,x} + \nu \Phi_{u,x})^2 = U_\infty^2 + U_\infty^2 \mathcal{O}(\varepsilon)$$

$$= a_\infty^2 M_\infty^2 \left[1 + \mathcal{O}(\varepsilon) \right] \tag{4.149}$$

Finalmente se puede poner

$$a^2 - \Phi_x^2 = a_\infty^2 \left[(1 - M_\infty^2) + \mathcal{O}(\varepsilon) \right] = a_\infty^2 (1 - M_\infty^2) \left(1 + \frac{\mathcal{O}(\varepsilon)}{1 - M_\infty^2} \right) \tag{4.150}$$

Al poner esta última expresión de esta forma se busca que su introducción en la Ec. (4.147), el término $\mathcal{O}(\varepsilon)/(1 - M_\infty^2)$ logre *aniquilar* otros sumandos de orden $\mathcal{O}(\varepsilon)$ y eliminar así partes no lineales de la ecuación. Algo que sin duda se conseguirá siempre y cuando el denominador $1 - M_\infty^2$ no sea excesivamente pequeño, en cuyo caso $\mathcal{O}(\varepsilon)/(1 - M_\infty^2)$ ya no se podrá considerar despreciable pues será el producto de algo muy grande por algo muy pequeño; en términos matemáticos un producto del tipo $0 \cdot \infty$ que no es un infinitésimo, sino una indeterminación. De aquí surge la primera limitación en cuanto al régimen de vuelo y es que las soluciones a partir de aquí serán válidas cuando M_∞^2 esté lo suficientemente alejado de la unidad, es decir, fuera del conocido como régimen transónico. Pero, ¿cómo de alejado? Se puede encontrar una relación cuantitativa entre el número de Mach y la magnitud de la perturbación en el libro de Meseguer y Sanz [65], calculada en el problema estacionario, donde se concluye que si

$$\epsilon \ll \left| 1 - M_\infty^2 \right|^{3/2} \tag{4.151}$$

entonces se puede considerar que $\mathcal{O}(\varepsilon)/(1 - M_\infty^2)$ es efectivamente de orden $\mathcal{O}(\varepsilon)$ y así se puede suponer al introducirlo en la Ec. (4.147).

Término $a^2 - \Phi_z^2$: dado que $\Phi_z = \mathcal{O}(\varepsilon)$ se tiene que $a^2 - \Phi_z^2 = a_\infty^2 \left[1 + \mathcal{O}(\varepsilon) \right]$

Término $\Phi_{tt} + 2 \left(\Phi_x \Phi_{xt} + \Phi_z \Phi_{zt} + \Phi_x \Phi_z \Phi_{xz} \right)$: a partir de la definición de Φ se pueden obtener inmediatamente estas expresiones que desarrollaremos hasta el orden $\mathcal{O}(\varepsilon^2)$

$$\Phi_{tt} = \nu\Phi_{u,tt}$$
$$\Phi_x\Phi_{xt} = (U_\infty + \epsilon\Phi_{s,x} + \nu\Phi_{u,x})\,\nu\Phi_{u,xt} = \nu U_\infty\Phi_{u,xt} + \mathcal{O}(\varepsilon^2)$$
$$\Phi_z\Phi_{zt} = (\epsilon\Phi_{s,z} + \nu\Phi_{u,z})\,\nu\Phi_{u,zt} = \mathcal{O}(\varepsilon^2)$$
$$\Phi_x\Phi_z\Phi_{xz} = (U_\infty + \epsilon\Phi_{s,x} + \nu\Phi_{u,x})(\epsilon\Phi_{s,z} + \nu\Phi_{u,z})(\epsilon\Phi_{s,xz} + \nu\Phi_{u,xz}) = \mathcal{O}(\varepsilon^2)$$
$$(4.152)$$

Por tanto

$$\Phi_{tt} + 2\left(\Phi_x\Phi_{xt} + \Phi_z\Phi_{zt} + \Phi_x\Phi_z\Phi_{xz}\right) = \nu\Phi_{u,tt} + 2\nu U_\infty\Phi_{u,xt} + \mathcal{O}(\varepsilon^2)$$
$$(4.153)$$

Pasamos todos los términos de la Ec. (4.147) al lado derecho e introducimos los resultados obtenidos en las Ecs. (4.148) a (4.153) junto con la descomposición $\Phi = U_\infty x + \epsilon\Phi_s + \nu\Phi_u + \mathcal{O}(\varepsilon^2)$. Agrupando en ϵ y en ν se tiene

$$\begin{aligned}
0 &= \Phi_{tt} + 2\left(\Phi_x\Phi_{xt} + \Phi_z\Phi_{zt} + \Phi_x\Phi_z\Phi_{xz}\right) - \left(a^2 - \Phi_x^2\right)\Phi_{xx} - \left(a^2 - \Phi_z^2\right)\Phi_{zz}\\
&= \nu\Phi_{u,tt} + 2\nu U_\infty\Phi_{u,xt}\mathcal{O}(\varepsilon^2)\\
&- a_\infty^2(1 - M_\infty^2)\left[1 + \mathcal{O}(\varepsilon)\right]\left[\epsilon\Phi_{s,xx} + \nu\Phi_{u,xx} + \mathcal{O}(\varepsilon^2)\right]\\
&- a_\infty^2\left[1 + \mathcal{O}(\varepsilon)\right]\left[\epsilon\Phi_{s,zz} + \nu\Phi_{u,zz} + \mathcal{O}(\varepsilon^2)\right]\\
&= \epsilon\left[a_\infty^2(M_\infty^2 - 1)\Phi_{s,xx} - a_\infty^2\Phi_{s,zz}\right]\\
&+ \nu\left[a_\infty^2(M_\infty^2 - 1)\Phi_{u,xx} - a_\infty^2\Phi_{u,zz} + \Phi_{u,tt} + 2U_\infty\Phi_{u,xt}\right] + \mathcal{O}(\varepsilon^2)
\end{aligned}$$
$$(4.154)$$

En la hipótesis de pequeñas perturbaciones, la ecuación anterior se verificará razonablemente si los términos que multiplican a ϵ y ν se anulan de forma independiente, dado que el resto de términos serán de órdenes $\mathcal{O}(\epsilon^2)$, $\mathcal{O}(\nu^2)$ y $\mathcal{O}(\epsilon\nu)$. Quedan por tanto dos ecuaciones en derivadas parciales, una para el potencial estacionario $\phi(x,z) = \epsilon\Phi_s(x,z)$ y otra para el no-estacionario, $\varphi(x,z,t) = \nu\Phi_u(x,z,t)$

$$\text{Estacionario} \quad\rightarrow\quad \left(M_\infty^2 - 1\right)\frac{\partial^2\phi}{\partial x^2} - \frac{\partial^2\phi}{\partial z^2} = 0 \qquad (4.155)$$

$$\text{No--estacionario} \quad\rightarrow\quad \left(M_\infty^2 - 1\right)\frac{\partial^2\varphi}{\partial x^2} - \frac{\partial^2\varphi}{\partial z^2} + \frac{1}{a_\infty^2}\frac{\partial^2\varphi}{\partial t^2} + 2\frac{M_\infty}{a_\infty}\frac{\partial^2\varphi}{\partial x\partial t} = 0$$
$$(4.156)$$

En el caso estacionario, la naturaleza de la ecuación cambia radicalmente con el valor del número de M_∞. En el régimen subsónico $M_\infty < 0.7$, la ecuación es elíptica y se puede reducir a la ecuación de Laplace mediante la analogía de Prandtl–Glauert. Sin embargo, en régimen supersónico, $M_\infty > 1.2$, la ecuación es hiperbólica y la forma de abordar resolución cambia radicalmente [65].

En el caso no-estacionario, la ecuación es siempre hiperbólica. Basta comprobar que el cambio en las variables a un sistema de coordenadas fijo (X, Z, T) tal que

$$X = x - U_\infty t , \quad Z = z , \quad T = t$$

transforma la Ec. (4.156) en la ecuación de ondas bidimensional

$$\frac{\partial^2 \varphi}{\partial X^2} + \frac{\partial^2 \varphi}{\partial Z^2} = \frac{1}{a_\infty^2} \frac{\partial^2 \varphi}{\partial T^2} \tag{4.157}$$

donde se observa que cualquier perturbación se propaga en el fluido en forma de onda con velocidad a_∞. Lo que significa que si un cuerpo viaja a velocidades superiores $U_\infty > a_\infty$, los puntos situados corriente arriba *no se enteran* de la llegada del objeto hasta que lo tienen encima. Además, las perturbaciones ocasionadas en la estela tras el perfil no son capaces de alcanzarlo y por tanto no influyen en su distribución de presiones.

Condiciones de contorno

Las condiciones de contorno son las mismas que en el caso incompresible:

- El perfil debe mantenerse en todo instante como línea de corriente.

- En el infinito el potencial de perturbación es nulo.

La forma matemática de la condición de contorno en el perfil ya se presentó en el punto anterior, —Ec. (4.32) y siguientes—. Recordando lo dicho entonces, se debe verificar que

$$\frac{\mathrm{D}F}{\mathrm{D}t} = \frac{\partial F}{\partial t} + \nabla \Phi(x, f_p(x, t)) \cdot \nabla F = 0 \tag{4.158}$$

donde $F(x, z, t) = z - f_p(x, t) = 0$ es la ecuación implícita que define la geometría del perfil. Separando la parte estacionaria y la parte no-estacionaria de la geometría, se tiene que $f_p(x, t) = z_s(x) + z_u(x, t) = \epsilon f_s(x) + \nu f_u(x, t)$. Introduciendo estas expresiones en la Ec. (4.158) junto con $\Phi = \Phi_\infty + \epsilon \Phi_s + \nu \Phi_u$ se llega de nuevo a las expresiones que deben verificar las derivadas de los potenciales de perturbación $\phi(x,z)$ y $\varphi(x,z,t)$ en $z=0$

$$\text{Problema estacionario} \quad \rightarrow \quad \left.\frac{\partial \phi}{\partial z}\right|_{z=0} = U_\infty \frac{\partial z_s}{\partial x} \qquad (4.159)$$

$$\text{Problema no-estacionario} \quad \rightarrow \quad \left.\frac{\partial \varphi}{\partial z}\right|_{z=0} = \frac{\partial z_u}{\partial t} + U_\infty \frac{\partial z_u}{\partial x} \qquad (4.160)$$

Lejos del perfil debe verificarse que el potencial $\Phi \rightarrow \Phi_\infty$

$$\lim_{x^2+z^2 \to \infty} \Phi(x,z,t) = \Phi_\infty = U_\infty x \qquad (4.161)$$

o bien, en términos de los potenciales de perturbación

$$\lim_{x^2+z^2 \to \infty} \phi(x,z) = 0 \ , \quad \lim_{x^2+z^2 \to \infty} \varphi(x,z,t) = 0 \qquad (4.162)$$

Al contrario que en el caso incompresible, en la resolución del potencial de perturbación en régimen supersónico sí se usará explícitamente esta condición.

Coeficiente de presiones

Las fuerzas actuantes en el perfil aparecen como consecuencia de la variación de presiones en la superficie respecto del valor en el infinito p_∞. Asumiendo conocido el potencial de velocidades, $\Phi(x,z,t)$, la presión $p(x,z,t)$ en un punto cualquiera del fluido está relacionada con el potencial de velocidades a través de la ecuación de Bernouilli en régimen compresible —Sec. 4.4, Ec. (4.13)— y que reescribimos a continuación

$$\frac{\partial \Phi}{\partial t} + \frac{1}{2}(\nabla \Phi \cdot \nabla \Phi) + \frac{a_\infty^2}{\gamma-1}\left(\frac{p}{p_\infty}\right)^{\frac{\gamma-1}{\gamma}} = \frac{U_\infty^2}{2} + \frac{\gamma}{\gamma-1}\frac{p_\infty}{\rho_\infty} \qquad (4.163)$$

donde γ es la relación de calores específicos a presión y volumen constante, cuya relación con el resto de variables es $a_\infty^2 = \gamma p_\infty/\rho_\infty$. Despejando la presión

$$\frac{p(x,z,t)}{p_\infty} = \left[1 + \frac{\gamma-1}{2}M_\infty^2 - \frac{\gamma-1}{a_\infty^2}\left(\frac{\partial \Phi}{\partial t} + \frac{1}{2}\nabla \Phi \cdot \nabla \Phi\right)\right]^{\frac{\gamma}{\gamma-1}} \qquad (4.164)$$

Introduciendo la expansión del potencial $\Phi = U_\infty x + \epsilon \Phi_s + \nu \Phi_u$, la expresión anterior es función de los parámetros de perturbación ϵ y ν y, teniendo en cuenta que $0 < \epsilon, \nu \ll 1$, podemos expandir el resultado en serie de Taylor, reteniendo únicamente los términos lineales. Así, tras algunas operaciones y simplificaciones

$$
\begin{aligned}
\frac{p(x,z,t)}{p_\infty} &= \left.\frac{p(x,z,t)}{p_\infty}\right|_{\epsilon,\nu=0} + \left.\frac{\epsilon}{p_\infty}\frac{\partial p}{\partial \epsilon}\right|_{\epsilon,\nu=0} + \left.\frac{\nu}{p_\infty}\frac{\partial p}{\partial \nu}\right|_{\epsilon,\nu=0} \\
&= 1 - \frac{\epsilon\gamma U_\infty}{a_\infty^2}\frac{\partial \Phi_s}{\partial x} - \frac{\nu\gamma U_\infty}{a_\infty^2}\left(\frac{\partial U_\infty \Phi_u}{\partial x} + \frac{\partial \Phi_u}{\partial t}\right)
\end{aligned} \tag{4.165}
$$

El coeficiente de presiones es por tanto

$$
c_p(x,z,t) = \frac{p(x,z,t) - p_\infty}{\frac{1}{2}\rho_\infty U_\infty^2} = -\frac{2\epsilon}{U_\infty}\frac{\partial \Phi_s}{\partial x} - \frac{\nu\gamma U_\infty}{a_\infty^2}\left(U_\infty\frac{\partial \Phi_u}{\partial x} + \frac{\partial \Phi_u}{\partial t}\right) \tag{4.166}
$$

Para obtener el coeficiente de presiones en el perfil se debe evaluar la expresión anterior en los puntos de la forma $(x,z) = (x, f_p(x,t)) = (x, \epsilon f_s + \nu f_u)$ y desarrollar en serie de Taylor en los parámetros de perturbación

$$
\begin{aligned}
c_p(x, f_p(x,t), t) &= c_p(x, \epsilon f_s + \nu f_u, t) \\
&= c_p(x,0,t) + \left.\frac{\partial c_p}{\partial \epsilon}\right|_{\varepsilon=0}\epsilon + \left.\frac{\partial c_p}{\partial \nu}\right|_{\varepsilon=0}\nu + \mathcal{O}(\varepsilon^2)
\end{aligned} \tag{4.167}
$$

donde $\varepsilon = 0$ simboliza la situación en la que $\epsilon = \nu = 0$ y también es equivalente a evaluar las funciones en $z = 0$. Tras evaluar la expresión anterior, se obtiene la aproximación de primer orden del coeficiente de presiones en el perfil queda (resaltando el hecho de que solo es función de x y del tiempo)

$$
c_p(x,t) \approx -\frac{2\epsilon}{U_\infty}\left.\frac{\partial \Phi_s}{\partial x}\right|_{z=0} - \frac{2\nu}{U_\infty^2}\left[\frac{\partial \Phi_u}{\partial t} + U_\infty\frac{\partial \Phi_u}{\partial x}\right]_{z=0} \tag{4.168}
$$

En el caso particular de que la geometría estacionaria sea $z_s \equiv 0$, el coeficiente de presiones en función del potencial de perturbación no estacionario $\varphi = \nu\Phi_u$ es

$$
c_p(x,t) = -\frac{2}{U_\infty^2}\left[\frac{\partial \varphi}{\partial t} + U_\infty\frac{\partial \varphi}{\partial x}\right]_{z=0} \tag{4.169}
$$

El objetivo de los puntos siguientes es evaluar analíticamente esta expresión en función de las condiciones de contorno.

Resumen

Siguiendo la misma estructura que en el caso incompresible, se presenta aquí un resumen del problema aerodinámico no-estacionario de perfiles en régimen compresible. Aunque en los apartados siguientes se centran en el caso supersónico, las ecuaciones presentadas son válidas en régimen compresible (subsónico y supersónico), excluyendo por tanto la región transónica alrededor de $M_\infty = 1$, donde las componentes no-lineales de la ecuación del potencial no pueden ser despreciadas.

$$\text{Ecuación:} \quad (M_\infty^2 - 1)\frac{\partial^2 \varphi}{\partial x^2} - \frac{\partial^2 \varphi}{\partial z^2} + \frac{1}{a_\infty^2}\frac{\partial^2 \varphi}{\partial t^2} + 2\frac{M_\infty}{a_\infty}\frac{\partial^2 \varphi}{\partial x \partial t} = 0$$

$$\text{C.C. perfil:} \quad \left.\frac{\partial \varphi}{\partial z}\right|_{z=0} = \frac{\partial z_u}{\partial t} + U_\infty \frac{\partial z_u}{\partial x} \equiv w_a(x,t)$$

$$\text{C.C. en infinito:} \quad \lim_{x^2+z^2\to\infty} \varphi(x,z,t) = 0 \tag{4.170}$$

$$\text{Presiones:} \quad c_p(x,t) = -\frac{2}{U_\infty^2}\left[\frac{\partial \varphi}{\partial t} + U_\infty \frac{\partial \varphi}{\partial x}\right]_{z=0}$$

4.7.2 Solución del potencial de perturbación

En este apartado se obtendrá la solución analítica del potencial de perturbación no estacionario $\varphi(x,z,t)$ evaluado en $z = 0$. Se considerará entonces que la geometría del perfil es la correspondiente a la parte no-estacionaria $z = z_p(x,t)$. La obtención de una solución analítica del problema pasa por asumir en primer lugar que el movimiento del perfil es armónico, $z = z_u(x,t) = \bar{z}_u(x)e^{i\omega t}$. En consecuencia, la respuesta en términos de velocidad del perfil, potencial y presiones también será armónica, siendo

$$w_a(x,t) = \bar{w}_a(x)e^{i\omega t} , \quad \varphi(x,z,t) = \bar{\varphi}(x,z)e^{i\omega t} , \quad c_p(x,t) = \bar{c}_p(x)e^{i\omega t} \tag{4.171}$$

En la ecuación diferencial (4.170) desaparecen las derivadas temporales y pasa a tener la siguiente forma

$$\frac{\partial^2 \bar{\varphi}}{\partial z^2} = -\frac{\omega^2}{a_\infty} + 2i\omega \frac{M_\infty}{a_\infty}\frac{\partial \bar{\varphi}}{\partial x} + (M_\infty^2 - 1)\frac{\partial^2 \bar{\varphi}}{\partial x^2} \tag{4.172}$$

La condición de contorno aplicada en el perfil es entonces

$$\left.\frac{\partial \bar{\varphi}}{\partial z}\right|_{z=0} = \bar{w}_a(x) \tag{4.173}$$

Si el perfil se mueve en régimen supersónico, las perturbaciones no se propagan corriente arriba, por lo que el potencial de perturbación y sus derivadas (velocidades perturbadas del fluido) serán nulos en $x \leq 0$, es decir $\bar{\varphi}(0, z) = 0$ y $\partial \bar{\varphi}(0, z)/\partial x = 0$. Esto sugiere la aplicación de la transformada de Laplace en la coordenada x para reducir las derivadas de la ecuación. Definimos entonces las transformadas

$$\Psi(s, z) = \mathcal{L}\{\bar{\varphi}(x, z)\} = \int_{x=0}^{\infty} \bar{\varphi}(x, z)\, e^{-sx}\, dx \qquad (4.174)$$

$$W(s) = \mathcal{L}\{\bar{w}_a(x)\} = \int_{x=0}^{\infty} \bar{w}_a(x)\, e^{-sx}\, dx \qquad (4.175)$$

y aplicando la transformada de Laplace a las Ecs. (4.172) se llega a la ecuación diferencial en z

$$\frac{\mathrm{d}^2 \Psi}{\mathrm{d}z^2} = \mu^2 \Psi \qquad (4.176)$$

sujeta a las condiciones de contorno

$$\left.\frac{\mathrm{d}\Psi}{\mathrm{d}z}\right|_{z=0} = W(s)\,, \quad \Psi(s, \infty) = 0 \qquad (4.177)$$

siendo

$$\mu^2 = (M_\infty^2 - 1)\left[\left(s + \frac{iM_\infty \omega}{a_\infty(M_\infty^2 - 1)}\right)^2 + \left(\frac{\omega}{a_\infty(M_\infty^2 - 1)}\right)^2\right] \qquad (4.178)$$

Asumiendo que $\mu^2 > 0$, entonces la solución general a la Ec. (4.176) es

$$\Psi(s, z) = A\, e^{\mu z} + B\, e^{-\mu z} \qquad (4.179)$$

Elegimos $A = 0$ para garantizar la condición de contorno en el infinito, lo cual nos facilita la solución para $z > 0$. La constante B se determina por la condición en el perfil, cuya aplicación conduce a que $B = -W(s)/\mu$. En el semiplano inferior ($z < 0$) la solución sería por el contrario $A = W(s)/\mu$, mientras que $B = 0$. Siguiendo con la solución en $z > 0$, el potencial de perturbación (en el dominio de Laplace) queda

$$\Psi(s, z) = -\frac{W(s)}{\mu} e^{-\mu z} = W(s)\, G(s, z)\,, \quad z > 0 \qquad (4.180)$$

donde $G(s, z) = -e^{-\mu z}/\mu$. Llamando $g(x, z) = \mathcal{L}^{-1}\{G(s, z)\}$ se puede calcular $\bar{\varphi}(x, z)$ mediante el teorema de convolución

$$\bar{\varphi}(x, z) = (\bar{w}_a * g)(x) = \int_{r=0}^{x} \bar{w}_a(r)\, g(x - r, z)\, dr \qquad (4.181)$$

Para la evaluación del coeficiente de presiones solo interesa el potencial en $z = 0^+$, por tanto bastará con obtener la función $g(x, 0^+) = \mathcal{L}^{-1}\{-1/\mu\}$. Usando cualquier tabla de transformadas de Laplace se puede obtener

$$\mathcal{L}^{-1}\left\{ \frac{1}{\sqrt{(s+a)^2 + \alpha^2}} \right\} = e^{-ax} J_0(\alpha x) \tag{4.182}$$

donde $J_0(x)$ es la función de Bessel de orden 0. Comparando (4.182) con (4.178), se tiene

$$
\begin{aligned}
g(x, 0^+) &= \mathcal{L}^{-1}\left\{ \frac{-1}{\mu} \right\} = -\mathcal{L}^{-1}\left\{ \frac{(M_\infty^2 - 1)^{-1/2}}{\sqrt{\left(s + \frac{iM_\infty \omega}{a_\infty (M_\infty^2 - 1)}\right)^2 + \left(\frac{\omega}{a_\infty (M_\infty^2 - 1)}\right)^2}} \right\} \\
&= -\frac{1}{\sqrt{M_\infty^2 - 1}} e^{-\frac{iM_\infty \omega x}{a_\infty (M_\infty^2 - 1)}} J_0\left(\frac{\omega x}{a_\infty (M_\infty^2 - 1)} \right)
\end{aligned} \tag{4.183}
$$

Entrando en la integral de convolución

$$\bar{\varphi}(x, 0^+) = -\frac{1}{\beta} \int_{r=0}^{x} \bar{w}_a(r) e^{-\frac{iM_\infty \omega (x-r)}{a_\infty \beta^2}} J_0\left[\frac{\omega (x-r)}{a_\infty \beta^2} \right] dr \tag{4.184}$$

donde $\beta = \sqrt{M_\infty^2 - 1}$. Es habitual encontrar la expresión anterior en forma adimensional, tomando como origen el centro del perfil. Suponiendo que éste tiene una cuerda $2b$ entonces definimos la variable $\xi = x/b - 1$, de forma que $\xi = -1$ en $x = 0$ y $\xi = +1$ en $x = 2b$. Dentro de la integral, se tiene $\eta = r/b - 1$

$$\bar{\varphi}(\xi, 0^+) = -\frac{b}{\beta} \int_{\eta=-1}^{\xi} \bar{w}_a(\eta) e^{-\frac{i\kappa M_\infty^2}{\beta^2}(\xi-\eta)} J_0\left[\frac{\kappa M_\infty (\xi - \eta)}{\beta^2} \right] d\eta \tag{4.185}$$

donde $\kappa = \omega b / U_\infty$ es la frecuencia reducida. Introduciendo la función

$$\mathcal{I}(\xi, \eta) = e^{-\frac{i\kappa M_\infty^2}{\beta^2}(\xi-\eta)} J_0\left[\frac{\kappa M_\infty (\xi - \eta)}{\beta^2} \right] \tag{4.186}$$

la Ec. (4.185) se puede escribir de forma más compacta

$$\bar{\varphi}(\xi, 0^+) = -\frac{b}{\beta} \int_{\eta=-1}^{\xi} \bar{w}_a(\eta) \, \mathcal{I}(\xi, \eta) \, d\eta \tag{4.187}$$

Para intradós donde $z < 0$, cambia el signo de la solución. Así, se tiene que $g(x, 0^-) = -g(x, 0^+)$ y en consecuencia $\bar{\varphi}(\xi, 0^-) = -\bar{\varphi}(\xi, 0^+)$ y por tanto

$$\bar{\varphi}(\xi, 0^-) = \frac{b}{\beta} \int_{\eta=-1}^{\xi} \bar{w}_a(\eta) \, \mathcal{I}(\xi, \eta) \, d\eta \tag{4.188}$$

4.7.3 Solución del coeficiente de presiones

De acuerdo a la expresión del coeficiente de presiones —Ec. (4.170)—, éste presenta un salto en el perfil pues depende del potencial de velocidades de perturbación cuyo valor también es diferente en $z = 0^+$ y en $z = 0^-$, siendo $\Delta\bar{\varphi}(x,0) = -2\bar{\varphi}(\xi,0^+)$, tal y como se demostró en el punto anterior. El coefiente de presiones también es una variable armónica y por tanto $\Delta c_p(x,t) = \Delta\bar{c}_p(x)\,e^{i\omega t}$, siendo

$$
\begin{aligned}
\Delta\bar{c}_p(x) &= \bar{c}_{p,i}(x) - \bar{c}_{p,e}(x) \\
&= -\frac{2}{U_\infty^2}\left[i\omega\bar{\varphi} + U_\infty\frac{\partial\bar{\varphi}}{\partial x}\right]_{z=0^-} + \frac{2}{U_\infty^2}\left[i\omega\bar{\varphi} + U_\infty\frac{\partial\bar{\varphi}}{\partial x}\right]_{z=0^+} \\
&= -\frac{2}{U_\infty^2}\left[i\omega\Delta\bar{\varphi} + U_\infty\frac{\partial\Delta\bar{\varphi}}{\partial x}\right]_{z=0} \\
&= \frac{4}{bU_\infty}\left[\frac{\partial\bar{\varphi}}{\partial\xi}\bigg|_{z=0^+} + i\kappa\,\bar{\varphi}(\xi,0^+)\right]
\end{aligned}
\tag{4.189}
$$

donde el valor del potencial de perturbación en $z = 0^+$ se obtiene a partir de la Ec. (4.187). La expresión anterior permite conocer el salto de presiones no-estacionario en un perfil en régimen supersónico a partir de las condiciones de contorno. En un caso general, será necesaria la integración de expresions donde aparezca la función de Bessel, J_0. Existen por otro lado, algunos casos particulares en los que desaparece este escollo matemático al adoptar ciertas hipótesis sobre la frecuencia reducida. En estos casos, se puede obtener una solución analítica de $\Delta c_p(\xi,t)$ a partir de operaciones sencillas de derivación e integración de la geometría del perfil $z_u(\xi,t)$

Flujo estacionario, $\kappa \equiv 0$

En el caso particular de que el perfil no experimente oscilaciones perpendiculares al movimiento del fluido, la solución será puramente estacionaria. La geometría del perfil no depende del tiempo, $z = f_p(x)$ y por tanto la velocidad perpendicular al perfil es

$$
w_a(x) = U_\infty\frac{\mathrm{d}f_p}{\mathrm{d}x} = \frac{U_\infty}{b}\frac{\mathrm{d}f_p}{\mathrm{d}\xi}
\tag{4.190}
$$

Teniendo en cuenta que $\mathcal{I}(\xi,\eta) \equiv 1$ cuando $\kappa = 0$, el potencial de perturbación —Ec. (4.187)— se reduce a

$$
\varphi(\xi,0^+) = -\frac{b}{\beta}\int_{\eta=-1}^{\xi} w_a(\eta)d\eta = -\frac{b}{\beta}\int_{\eta=-1}^{\xi}\frac{U_\infty}{b}\frac{\mathrm{d}f_p}{\mathrm{d}\xi}d\eta = -\frac{U_\infty}{\beta}f_p(\xi)
\tag{4.191}
$$

y el salto de presiones en el perfil —Ec. (4.189)—

$$\Delta c_p(\xi) = \frac{4}{bU_\infty} \left.\frac{\partial \varphi}{\partial \xi}\right|_{z=0^+} = \frac{4}{bU_\infty}\left(-\frac{U_\infty}{\beta}\frac{\mathrm{d}f_p}{\mathrm{d}\xi}\right) = -\frac{4}{b\,\beta}\frac{\mathrm{d}f_p}{\mathrm{d}\xi} \tag{4.192}$$

Flujo casi-estacionario, $\kappa \ll 1$

Existen varias simplificaciones posibles asociadas a la hipótesis $\kappa \ll 1$ que conducen a expresiones analíticas del coeficiente de presiones. La más sencilla consiste en considerar que la función $\mathcal{I}(\xi, \eta) \approx 1$, lo que permite evitar integrales en las que esté involucrada la función de Bessel, $J_0(x)$. Así, bajo esta hipótesis, el potencial de perturbación es

$$\bar\varphi(\xi, 0^+) = -\frac{b}{\beta}\int_{\eta=-1}^{\xi} \bar{w}_a(\eta)\,d\eta \tag{4.193}$$

y el coeficiente de presiones

$$\begin{aligned}
\Delta \bar{c}_p(\xi) &= \frac{4}{bU_\infty}\left[\left.\frac{\partial \bar\varphi}{\partial \xi}\right|_{z=0^+} + i\kappa\,\bar\varphi(\xi, 0^+)\right] \\
&= \frac{4}{bU_\infty}\left[-\frac{b}{\beta}\bar{w}_a(\xi) - \frac{i\kappa b}{\beta}\int_{\eta=-1}^{\xi} \bar{w}_a(\eta)\,d\eta\right] \\
&= -\frac{4\bar{w}_a(\xi)}{U_\infty\beta} - \frac{4i\kappa}{U_\infty\beta}\int_{\eta=-1}^{\xi} \bar{w}_a(\eta)\,d\eta
\end{aligned} \tag{4.194}$$

La velocidad en el perfil $\bar{w}_a(\xi)$ se expresa en función de su geometría a través de la condición de contorno

$$\bar{w}_a(\xi) = i\omega\,\bar{z}_u + \frac{U_\infty}{b}\frac{\partial \bar{z}_u}{\partial \xi} = \frac{U_\infty}{b}\left(i\kappa\bar{z}_u + \frac{\partial \bar{z}_u}{\partial \xi}\right) \tag{4.195}$$

Entrando de nuevo en el coeficiente de presiones

$$
\begin{aligned}
\Delta \bar{c}_p(\xi) &= -\frac{4\bar{w}_a(\xi)}{U_\infty \beta} - \frac{4i\kappa}{U_\infty \beta} \int_{\eta=-1}^{\xi} \bar{w}_a(\eta)\, d\eta \\
&= -\frac{4}{U_\infty \beta} \frac{U_\infty}{b} \left(i\kappa \bar{z}_u + \frac{\partial \bar{z}_u}{\partial \xi} \right) \\
&\quad - \frac{4i\kappa}{U_\infty \beta} \frac{U_\infty}{b} \left[i\kappa \int_{\eta=-1}^{\xi} \bar{z}_u(\eta)d\eta + \bar{z}_u(\xi) - \bar{z}_u(-1) \right] \\
&= -\frac{4}{b\beta} \left(\frac{\partial \bar{z}_u}{\partial \xi} + \frac{2b}{U_\infty}(i\omega)\bar{z}_u - \frac{b}{U_\infty}(i\omega)\bar{z}_u(-1) + \frac{b^2}{U_\infty^2} \int_{\eta=-1}^{\xi} (i\omega)^2 \bar{z}_u(\eta)d\eta \right)
\end{aligned}
$$
$$(4.196)$$

Para llegar a la última expresión se ha sustituido la frecuencia reducida por su valor $\kappa = \omega b/U_\infty$. Ahora, considerando las expresiones armónicas $z_u(\xi,t) = \bar{z}_u(\xi)e^{i\omega t}$ y $\Delta c_p(\xi,t) = \Delta \bar{c}_p(\xi)e^{i\omega t}$ y las derivadas temporales $\partial(\bullet)/\partial t = (i\omega)(\bullet)e^{i\omega t}$, entonces la Ec. (4.196) se puede pasar al dominio del tiempo

$$
\Delta c_p(\xi,t) = \frac{4}{b\beta} \left(\frac{\partial z_u}{\partial \xi} + \frac{2b}{U_\infty} \frac{\partial z_u}{\partial t} - \frac{b}{U_\infty} \dot{z}_u(-1,t) + \frac{b^2}{U_\infty^2} \int_{\eta=-1}^{\xi} \frac{\partial^2 z_u}{\partial t^2}d\eta \right)
$$
$$(4.197)$$

Flujo hipersónico, $\kappa/M_\infty \ll 1$

El caso $\kappa/M_\infty \ll 1$ está vinculado a movimientos oscilatorios de frecuencias reducidas moderadas y velocidades muy altas, por lo general $M_\infty > 4$. Este régimen está presente en vuelos denominados hipersónicos y en la práctica se da en algunos aviones (denominados hipersónicos), misiles o lanzaderas espaciales. Desde el punto de vista matemático, la consecuencia más importante para el modelo es la desaparición de la función de Bessel, pues para valores $\kappa/M_\infty \ll 1$ se puede aproximar por la unidad, en efecto

$$
\lim_{\frac{\kappa}{M_\infty}\to 0} J_0 \left[\frac{\kappa M_\infty (\xi-\eta)}{\beta^2} \right] = \lim_{\frac{\kappa}{M_\infty}\to 0} J_0 \left[\frac{\kappa}{M_\infty} \frac{M_\infty^2}{M_\infty^2 - 1} (\xi - \eta) \right] = 1 \qquad (4.198)
$$

y por tanto, para valores del número de Mach altos, la función $\mathcal{I}(\xi,\eta)$ se puede aproximar directamente por

$$
\mathcal{I}(\xi,\eta) = e^{-\frac{i\kappa M_\infty^2}{\beta^2}(\xi-\eta)} J_0 \left[\frac{\kappa M_\infty (\xi-\eta)}{\beta^2} \right] \approx e^{-i\kappa(\xi-\eta)} \qquad (4.199)
$$

En la función exponencial se asume que $M_\infty^2/\beta^2 = M_\infty^2/(M_\infty^2 - 1) \approx 1$. De hecho se puede comprobar fácilmente que $1 < M_\infty^2/\beta^2 < 1.067$ para $M_\infty \geq 4$.

Bajo esta hipótesis, el potencial de perturbación se aproxima por

$$\bar{\varphi}(\xi, 0^+) = -\frac{b}{\beta} \int_{\eta=-1}^{\xi} \bar{w}_a(\eta)\, \mathcal{I}(\xi, \eta)\, d\eta \approx -\frac{b}{\beta} \int_{\eta=-1}^{\xi} \bar{w}_a(\eta) e^{-i\kappa(\xi-\eta)}\, d\eta \quad (4.200)$$

y el coeficiente depresiones (en extradós, $z = 0^+$)

$$
\begin{aligned}
\bar{c}_{p,e}(\xi) &= -\frac{2}{bU_\infty} \left[i\kappa\, \bar{\varphi}(\xi, 0^+) + \left.\frac{\partial \bar{\varphi}}{\partial \xi}\right|_{z=0^+} \right] \\
&= -\frac{2}{bU_\infty} \left[-i\kappa\, \frac{be^{-i\kappa\xi}}{\beta} \int_{\eta=-1}^{\xi} \bar{w}_a(\eta) e^{i\kappa\eta}\, d\eta \right] \\
&\quad - \frac{2}{bU_\infty} \left[\frac{i\kappa\, be^{-i\kappa\xi}}{\beta} \int_{\eta=-1}^{\xi} \bar{w}_a(\eta) e^{i\kappa\eta}\, d\eta - \frac{be^{-i\kappa\xi}}{\beta} \bar{w}_a(\xi) e^{i\kappa\xi} \right] \\
&= -\frac{2}{bU_\infty} \left[-\frac{b}{\beta} \bar{w}_a(\xi) \right] = \frac{2}{U_\infty \beta} \bar{w}_a(\xi) \quad (4.201)
\end{aligned}
$$

y, por tanto, en el dominio del tiempo $c_{p,e}(x,t) = \frac{2}{\beta} w_a(x,t)/U_\infty$. Recordando la definición del coeficiente de presiones como $c_p = 2(p - p_\infty)/\rho_\infty U_\infty^2$, las presiones totales en extradós e intradós son

$$
\begin{aligned}
p_e(x,t) &= p_\infty + \frac{1}{2}\rho_\infty U_\infty^2\, c_{p,e}(\xi, t) = p_\infty + \rho_\infty\, a_\infty\, w_a(x,t) \\
p_i(x,t) &= p_\infty - \frac{1}{2}\rho_\infty U_\infty^2\, c_{p,i}(\xi, t) = p_\infty - \rho_\infty\, a_\infty\, w_a(x,t) \quad (4.202)
\end{aligned}
$$

En la expresión anterior se ha tenido en cuenta que $\beta = \sqrt{M_\infty^2 - 1} \approx M_\infty = U_\infty/a_\infty$. El salto de presiones en un perfil inmerso en una corriente hipersónica (ver Fig. 4.12a) es

$$\Delta p(x,t) = p_i(x,t) - p_e(x,t) = \frac{1}{2}\rho_\infty U_\infty^2 \left[c_{p,i}(x,t) - c_{p,e}(x,t) \right] = -2\rho_\infty\, a_\infty\, w_a(x,t) \tag{4.203}$$

Esta ecuación puede interpretarse de la siguiente forma: la reacción vertical del fluido en el perfil $\Delta p(x,t)$ es proporcional a la velocidad $w_a(x,t)$. Físicamente este comportamiento (reacción proporcional a una velocidad) es típico de los amortiguadores o pistones, por ello a este modelo se le suele denominar en la bibliografía como teoría del pistón. El salto de presiones en un perfil

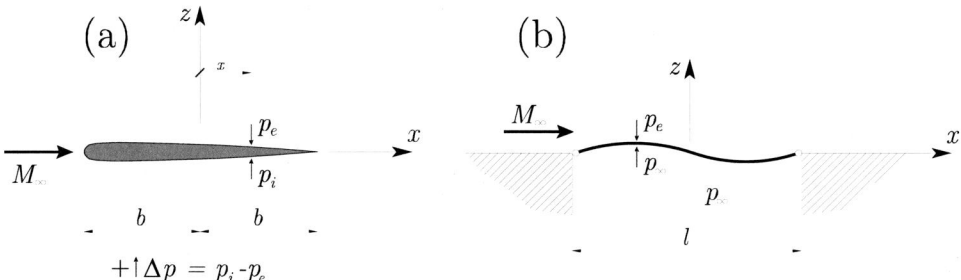

Figura 4.12: (a) Interpretación del salto de presiones en un perfil. (b) Geometría deformada de un panel de un vehículo hipersónico

Recordemos que la velocidad $w_a(x,t)$ es por definición

$$w_a(x,t) = \frac{\partial z_u}{\partial t} + U_\infty \frac{\partial z_u}{\partial x} \tag{4.204}$$

y representa la velocidad vertical del flujo en el punto ξ del perfil debido al flujo uniforme U_∞ (término $U_\infty \partial z_u / \partial x$) y debido al movimiento relativo del perfil respecto al fluido (término $\partial z_u / \partial t$). Así

$$\Delta p(x,t) = -2\rho_\infty\, a_\infty \left(\frac{\partial z_u}{\partial t} + U_\infty \frac{\partial z_u}{\partial x} \right) \tag{4.205}$$

expresión que pone de manifiesto que la distribución de presiones en el punto x y en instante t depende solo de la geometría del perfil en dicho punto y en dicho instante. Esto no ocurría en la distribución de presiones supersónica —Ecs. (4.187) y (4.189)—, en las cual el salto de presiones sí dependía de la geometría del perfil corriente arriba (en -1 y ξ) por la presencia de una integral. Otra observación de la ecuación anterior es que la distribución de presiones no depende de la aceleración del perfil. Sí depende de la velocidad, pero no lo hace proporcionalmente a U_∞, es decir, las presiones debidas a $\partial z_u / \partial t$ no aumentan con la velocidad del vuelo.

Ejemplo

Se considera un panel flexible de longitud l fijo en sus extremos al resto del fuselaje de un vehículo hipersónico (Fig. 4.12b). La presión en el interior es p_∞, mientras que la exterior p_e viene dada por la teoría del pistón no-estacionaria. Supongamos que la geometría del panel se escribe en términos de los dos primeros modos de vibración a flexión como

$$z_p(x,t) = q_1(t) \, \sin \frac{\pi x}{l} + q_2(t) \, \sin \frac{2\pi x}{l} \tag{4.206}$$

donde $q_1(t)$ y $q_2(t)$ son los dos grados de libertad considerados. Nos planteamos obtener lo siguiente

(i) La distribución de presiones en función de los grados de libertad adimensionales $\mathbf{u} = \{q_1/l, q_2/l\}^T$

(ii) Las fuerzas generalizadas del problema asociadas a $\mathbf{u} = \{q_1/l, q_2/l\}^T$

(i) **Distribución de presiones**. En primer lugar, expresaremos la geometría del perfil en forma compacta en función del vector $\mathbf{u}(t)$. Para ello agruparemos las funciones dependientes de la variable espacial $x = \xi l$ en un vector $\mathbf{N}(\xi)$

$$
\begin{aligned}
z_p(\xi, t) &= q_1(t) \sin \pi\xi + q_2(t) \sin 2\pi\xi \\
&= l \, \{\sin \pi\xi, \sin 2\pi\xi\} \left\{ \begin{array}{c} q_1/l \\ q_2/l \end{array} \right\} \equiv l \, \mathbf{N}^T(\xi)\mathbf{u}(t)
\end{aligned} \tag{4.207}
$$

El modelo hipersónico presentado en las Ecs. (4.202) y (4.203), también llamado modelo del pistón, permite obtener el salto de presiones en una superficie de sustentación en una corriente hipersónica a partir de la geometría deformada de ésta $z_p(x,t)$ sin necesidad de integración a lo largo de la cuerda. Es lo que se llama un *modelo local*, pues las presiones de un punto x del perfil únicamente dependen de la geometría y velocidad del perfil en el punto x. No dependen por tanto de la geometría del perfil corriente abajo, como ocurría en el modelo supersónico —Ec. (4.197)— donde una integral del tipo $\int_{\eta=-1}^{\xi}(\bullet)d\eta$ recogía esta dependencia. Por su puesto, tampoco depende de lo que ocurre corriente arriba, pues en régimen supersónico las perturbaciones no se propagan corriente abajo. En el caso particular de un panel expuesto solo en su cara de extradós a la corriente hipersónica se tiene un salto del coeficiente de presiones

$$
\begin{aligned}
p_e(x,t) &= p_\infty + \frac{1}{2}\rho_\infty U_\infty^2 \, c_{p,e}(\xi,t) = p_\infty + \rho_\infty \, a_\infty \, w_a(x,t) \\
p_i(x,t) &= p_\infty \\
\Delta p(x,t) &= p_i(x,t) - p_e(x,t) = -\frac{1}{2}\rho_\infty U_\infty^2 \, c_{p,e}(\xi,t) = -\rho_\infty \, a_\infty \, w_a(x,t) \\
&= -\rho_\infty \, a_\infty \left(\frac{\partial z_p}{\partial t} + U_\infty \frac{\partial z_p}{\partial x} \right) = -\rho_\infty \, a_\infty \left(U_\infty \frac{\partial \mathbf{N}^T}{\partial \xi} \, \mathbf{u} + l \, \mathbf{N}^T \dot{\mathbf{u}} \right)
\end{aligned}
$$

$$(4.208)$$

En la distribución de presiones anterior, el primer término, $-\rho_\infty \, a_\infty U_\infty \frac{\partial \mathbf{N}^T}{\partial \xi} \, \mathbf{u}$ proporcional a la pendiente local del perfil, es el asociado a la parte estacionaria. El segundo, $-\rho_\infty \, a_\infty \, l \, \mathbf{N}^T \dot{\mathbf{u}}$, es el término no-estacionario, asociado a la velocidad del perfil.

(i) **Fuerzas generalizadas**. En todo problema aeroelástico dinámico, son necesarias las denominadas fuerzas generalizadas asociadas a los gdl del problema y calculadas a partir del trabajo virtual de las fuerzas aerodinámica no-estacionarias. En el caso de las oscilaciones de un panel en flujo hipersónico, las fuerzas aerodinámicas vienen dadas por la distribución del salto del presiones no-estacionaria

$$
\Delta p(\xi,t) = -\rho_\infty \, a_\infty \left(U_\infty \frac{\partial \mathbf{N}^T}{\partial \xi} \, \mathbf{u} + l \, \mathbf{N}^T \dot{\mathbf{u}} \right)
\qquad (4.209)
$$

Si el panel se encuentra en una determinada posición dada por la ecuación $z_p(\xi,t) = l\,\mathbf{N}^T(\xi)\mathbf{u}(t)$ e imponemos una variación virtual de los grados de libertad de $\mathbf{u}$ a $\mathbf{u} + \delta\mathbf{u}$, entonces los puntos del panel se mueven un desplazamiento virtual $\delta z_p(\xi,t) = l\,\mathbf{N}^T(\xi)\delta\mathbf{u}(t)$ y las fuerzas aerodinámicas realizarán un trabajo elemental $\Delta p(x,t)\,\delta z_p\,dx$ en el punto $x = \xi l$. En todo el panel el trabajo será

$$
\delta\mathcal{W} = \int_{x=0}^{l} \Delta p(x,t)\,\delta z_p\,dx = l \int_{\xi=0}^{1} \Delta p(\xi,t)\,\delta z_p\,d\xi
\qquad (4.210)
$$

Usando las expresiones (4.209) y (4.207) podemos encontrar una forma compacta matricial del trabajo virtual como

$$
\begin{aligned}
\delta \mathcal{W} &= l \int_{\xi=0}^{1} \delta z_p^T \, \Delta p(\xi, t) \, d\xi \\
&= \delta \mathbf{u}^T l \int_{\xi=0}^{1} \mathbf{N}(\xi) \left(-\rho_\infty \, a_\infty \right) \left(U_\infty \frac{\partial \mathbf{N}^T}{\partial \xi} \mathbf{u} + l \, \mathbf{N}^T \dot{\mathbf{u}} \right) d\xi \\
&= \delta \mathbf{u}^T \left[\rho_\infty \, a_\infty \, U_\infty \, l \left(-\int_{\xi=0}^{1} \mathbf{N}(\xi) \frac{\partial \mathbf{N}^T}{\partial \xi} d\xi \right) \mathbf{u} \right. \\
&\quad + \left. \rho_\infty \, a_\infty \, U_\infty \, l^2 \left(-\int_{\xi=0}^{1} \mathbf{N}(\xi) \mathbf{N}^T(\xi) d\xi \right) \dot{\mathbf{u}} \right] \\
&\equiv \delta \mathbf{u}^T \left(\rho_\infty \, a_\infty \, U_\infty \, l \, \mathbf{A} \, \mathbf{u} + \rho_\infty \, a_\infty \, l^2 \, \mathbf{B} \, \dot{\mathbf{u}} \right)
\end{aligned}
\tag{4.211}
$$

de forma que las fuerzas generalizadas son las magnitudes que multiplican a la variación virtual de los gdl en la expresión de $\delta \mathcal{W}$. Su expresión en forma matricial es

$$
\mathbf{Q} = \rho_\infty \, a_\infty \, U_\infty \, l \, \mathbf{A} \, \mathbf{u} + \rho_\infty \, a_\infty \, l^2 \, \mathbf{B} \, \dot{\mathbf{u}}
\tag{4.212}
$$

5

Aeroelasticidad dinámica de perfiles

5.1 Introducción

Comenzamos en este capítulo la descripción del fenómeno más representativo de la aeroelasticidad: el flameo. El objetivo principal es poner en común las diferentes fuerzas que entran en juego en un problema vibratorio y que venían representadas por los vértices del triángulo de Collar: fuerzas elásticas, fuerzas inerciales y fuerzas aerodinámicas, en la Fig. 1.1. El soporte será de nuevo las ecuaciones del movimiento de Lagrange. Para introducir el fenómeno usaremos el clásico problema de dos gdl (flexión-torsión) mostrado en la Fig. 5.1 similar al usado en el estudio de la divergencia, el cual nos ayudará en su resolución numérica e interpretación física. Los grados de libertad son el desplazamiento vertical $h(t)$, positivo hacia abajo[1] y el giro del perfil alrededor del eje elástico $\theta(t)$ con el sentido positivo como el mostrado. Estos grados de libertad, que agruparemos en un vector adimensional $\mathbf{u}(t) = \{h/b, \theta\}^T$, representan las amplitudes de oscilación respecto a una determinada posición de equilibrio. Tal y como veremos, el problema del flameo es un problema de inestabilidad

---

[1]La razón de usar un desplazamiento con este sentido es principalmente histórica pues es el criterio usado de forma clásica en la inmensa mayoría de tratados de aeroelasticidad y heredado de la notación usada en aerodinámica no-estacionaria

dinámica y por tanto su resolución se basa en el análisis de autovalores de cierto problema homogéneo. De ahí que fuerzas cuyas magnitudes que no dependen de los grados de libertad no nos interesen (por ejemplo peso del perfil, momento aerodinámico debido a la curvatura del perfil o sustentación estacionaria debida a un ángulo de torsión geométrica...), pues se situarán como términos independientes en la ecuación del movimiento, como ya se comprobó en el problema aeroelástico estático. Así, $h = 0$ y $\theta = 0$ representan a un perfil horizontal sin fuerzas aerodinámicas actuantes.

En cuanto a las características del perfil, éstas se pueden descomponer en

Características geométricas. Dado que nuestra estructura es un perfil bidimensional de cuerda $2b$ no aparece la semienvergadura l en las ecuaciones y las magnitudes del problema son por unidad de envergadura. Históricamente [11, 34], cuando este problema se usaba para el análisis aeroelástico de alas se asumía como una sección equivalente de referencia, asumiendo que dicha sección representa bien el comportamiento de todo el ala cuando el ala es recta y de gran alargamiento.

Características mecánicas. Los grados de libertad h y θ representan simplificadamente los fenómenos de flexión y torsión elásticas en las alas reales. Se considera que las rigidez a flexión y torsión se concentran en un punto del perfil denominado eje elástico E y localizado en la coordenada $x_E = ab$, donde a es un parámetro adimensional. Las rigideces se representan por sendos muelles elásticos y lineales k_h y k_θ con unidades de rigidez por unidad de envergadura, es decir $[k_h] = FL^{-2}$ y $[k_\theta] = FL \cdot L^{-1} = F$.

Características másicas. Consideraremos el caso general de un perfil cuyo centro de gravedad se sitúa en $x_G = d\,b$ (d es un parámetro adimensional), con masa m por unidad de envergadura y momento de inercia I_G alrededor del CDG. Estos datos serán necesarios y aparecerán en la energía cinética del sistema.

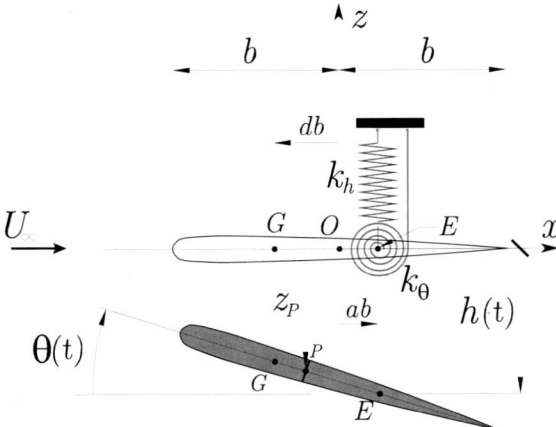

Figura 5.1: Modelo dinámico del perfil binario de dos grados de libertad: desplazamiento vertical $h(t)$ y giro $\theta(t)$ alrededor del eje elástico $x_E = ab$.

5.2 Ecuaciones del movimiento

Las incógnitas de nuestro problema son los dos grados de libertad definidos y agrupados de forma adimensional en el vector columna $\mathbf{u}(t) = \{h(t)/b, \theta(t)\}^T$. Las ecuaciones disponibles son las de Lagrange, basadas en un tratamiento energético del problema

$$\frac{\mathrm{d}}{\mathrm{d}t}\left(\frac{\partial \mathcal{T}}{\partial \dot{\mathbf{u}}}\right) + \frac{\partial \mathcal{D}}{\partial \dot{\mathbf{u}}} + \frac{\partial \mathcal{U}}{\partial \mathbf{u}} = \mathbf{Q}(t) \tag{5.1}$$

donde $\mathcal{T}$ y $\mathcal{U}$ representan las energías cinéticas y potencial y $\mathbf{Q}$ el vector columna de fuerzas generalizadas asociadas a los gdl, obtenido a partir del trabajo virtual de las fuerzas exteriores (en este caso, solo las aerodinámicas). $\mathcal{D}$ representa el potencial disipativo de Rayleigh del cual derivan las fuerzas de amortiguamiento. En la Ec. (5.1) están representadas todas las ecuaciones asociadas a los gdl (dos en el presente caso), pues $\partial\mathcal{U}/\partial\mathbf{u}$ es la notación usada para el gradiente de la función $\mathcal{U}$ respecto a las variables contenidas en $\mathbf{u}$. Por esta razón, de la Ec. (5.1) saldrá un sistema de ecuaciones diferenciales en el tiempo.

5.2.1 Matrices dinámicas y modos de vibración

Tradicionalmente usamos el término matrices dinámicas para referirnos a las matrices que entran en juego en el análisis de las vibraciones libres de un sistema mecánico: matriz de masas, rigidez y amortiguamiento. Esta última de momento no se considerará, dejando el efecto del amortiguamiento para un punto posterior. Las matrices de masa y amortiguamiento se extraen de las energías cinética y potencial asociada a la deformación de las partes elásticas (energía de deformación).

Matriz de masas

La energía cinética aportada al sistema es la debida a las velocidades de los puntos del perfil. Como es habitual, se consideran pequeñas oscilaciones, $\theta \ll 1$ y por tanto las velocidades horizontales se desprecian por ser de orden $\mathcal{O}(\theta^2)$ de forma que solo las velocidades verticales serán consideradas. En este sentido, todos los puntos del perfil en una vertical a $x =$cte. tendrán la misma velocidad vertical, igual a la del punto representativo en el plano $z = 0$. Llamando dm a la masa del perfil en el segmento dx localizado en la coordenada x. Su desplazamiento en un determinado instante es $z_p(x,t)$ y por tanto su velocidad $dz_p/dt = \dot{z}_P$ y su energía cinética $d\mathcal{T} = \dot{z}_P^2\, dm/2$. La energía cinética del perfil completo es

$$\mathcal{T} = \frac{1}{2} \int_{-b}^{b} \dot{z}_p^2(x,t)\, dm \tag{5.2}$$

La cinemática nos permite describir los movimientos de los puntos del sistema a partir de los grados de libertad y expresar $z_p(x,t)$ de forma compacta en función de $\mathbf{u}$. Por geometría (ver Fig. 5.1) se tiene que

$$z_P(x,t) = -h(t) - \theta(t)\,(x - x_E) = \{-b,\ -(x - x_E)\} \left\{ \begin{array}{c} h/b \\ \theta \end{array} \right\} \equiv \mathbf{d}^T(x)\,\mathbf{u}(t) \tag{5.3}$$

por tanto $\dot{z}_P(x,t) = \mathbf{d}^T(x)\,\dot{\mathbf{u}}$. Usando la propiedad $\dot{z}_P^2 = \dot{z}_P^T\,\dot{z}_P$ entonces la energía cinética se puede expresar como una forma cuadrática

$$\mathcal{T} = \frac{1}{2} \int_{-b}^{b} \dot{z}_p^T\,\dot{z}_p\, dm = \frac{1}{2}\dot{\mathbf{u}}^T \int_{-b}^{x_c} \mathbf{d}(x)\,\mathbf{d}^T(x)\, dm\,\dot{\mathbf{u}} \equiv \frac{1}{2}\dot{\mathbf{u}}^T \mathbf{M}\,\dot{\mathbf{u}}$$

donde $\mathbf{M}$ es la matriz de masas, cuyos elementos son

$$\mathbf{M} = \int_{-b}^{b} \mathbf{d}(x)\,\mathbf{d}^T(x)\, dm = \int_{-b}^{b} \left[\begin{array}{cc} b^2 & b(x - x_E) \\ b(x - x_E) & (x - x_E)^2 \end{array} \right] dm = \left[\begin{array}{cc} b^2 m & b S_E \\ b S_E & I_E \end{array} \right] \tag{5.4}$$

con

$$m = \int_{-b}^{b} dm \ , \quad I_E = \int_{-b}^{b} (x - x_E)^2 dm \ , \quad S_E = \int_{-b}^{b} (x - x_E) dm \qquad (5.5)$$

que son respectivamente la masa del perfil, la inercia y el momento estático respecto al eje elástico, medidos todos ellos por unidad de envergadura. Las magnitudes anteriores se relacionan con las características másicas en el cdg usando los teoremas de Steiner

$$I_E = I_G + m(x_G - x_E)^2 \ , \quad S_E = m(x_G - x_E) \qquad (5.6)$$

Matriz de rigidez

La matriz de rigidez se deduce a partir de la energía de deformación del sistema. Tenemos dos muelles localizados en el eje elástico, uno a flexión de rigidez k_h y otro a torsión de rigidez k_θ. Asumiendo que la posición natural es la correspondiente a tener el perfil en reposo horizontal sobre el eje x, entonces la energía de deformación es

$$\mathcal{U} = \frac{1}{2} k_h h^2 + \frac{1}{2} k_\theta \theta^2 = \frac{1}{2} \{h/b, \theta\} \begin{bmatrix} k_h b^2 & 0 \\ 0 & k_\theta \end{bmatrix} \begin{Bmatrix} h/b \\ \theta \end{Bmatrix} \equiv \frac{1}{2} \mathbf{u}^T \mathbf{K} \mathbf{u} \qquad (5.7)$$

La matriz de rigidez es por tanto

$$\mathbf{K} = \begin{bmatrix} k_h b^2 & 0 \\ 0 & k_\theta \end{bmatrix} \qquad (5.8)$$

Modos de vibración del perfil en tierra

Asumiendo que no existen fuerzas aerodinámicas en el perfil, las ecuaciones del movimiento (5.1) (sin amortiguamiento) son

$$\frac{\mathrm{d}}{\mathrm{d}t} \left(\frac{\partial \mathcal{T}}{\partial \dot{\mathbf{u}}} \right) + \frac{\partial \mathcal{D}}{\partial \dot{\mathbf{u}}} + \frac{\partial \mathcal{U}}{\partial \mathbf{u}} = \mathbf{M} \ddot{\mathbf{u}} + \mathbf{K} \mathbf{u} = \mathbf{0} \qquad (5.9)$$

Ecuaciones que representan el sistema de ecuaciones diferenciales homogéneo para la obtención de los modos y frecuencias naturales no-amortiguadas. Dado que el vector de grados de libertad es adimensional, todos los elementos de las matrices tienen las mismas dimensiones. Introduciremos los siguientes parámetros adimensionales en la matriz de masas

$$i_\theta = \sqrt{\frac{I_E}{mb^2}} \ , \quad r_\theta = \frac{S_E}{mb} = \frac{x_G - x_E}{b} \equiv d - a \qquad (5.10)$$

que representan el radio de giro adimensional de la sección y la distancia entre eje elástico y cdg. Mientras que $i_\theta > 0$, el parámetro $r_\theta = d - a$ tiene signo que depende de la posición relativa de G respecto de E. Asimismo usaremos las magnitudes ω_h y ω_θ con unidades de frecuencia en lugar de las rigideces de los muelles.

$$\omega_h = \sqrt{\frac{k_h}{m}} \ , \omega_\theta = \sqrt{\frac{k_\theta}{I_E}} \ , \quad \eta = \frac{\omega_h}{\omega_\theta} \tag{5.11}$$

Estas frecuencias tienen el siguiente significado físico: ω_h es la frecuencia del sistema suponiendo que no puede girar mientras que ω_θ es la frecuencia suponiendo que el perfil tiene una articulación fija en $x_E = ab$. De modo que las matrices se pueden escribir como

$$\mathbf{M} = \begin{bmatrix} b^2 m & b S_E \\ b S_E & I_E \end{bmatrix} = m b^2 \begin{bmatrix} 1 & r_\theta \\ r_\theta & i_\theta^2 \end{bmatrix} \equiv m b^2 \, \mathcal{M}$$

$$\mathbf{K} = \begin{bmatrix} k_h b^2 & 0 \\ 0 & k_\theta \end{bmatrix} = m b^2 \omega_\theta^2 \begin{bmatrix} \eta^2 & 0 \\ 0 & i_\theta^2 \end{bmatrix} \equiv m b^2 \omega_\theta^2 \, \mathcal{K} \tag{5.12}$$

donde los parámetros adimensionales se han dejado dentro de las matrices $\mathcal{M}$ y $\mathcal{K}$. Volviendo a las ecuaciones del movimiento y chequeando soluciones armónicas del tipo $\mathbf{u}(t) = \bar{\mathbf{u}} \, e^{i\omega t}$ se obtiene

$$\left[-m b^2 \omega^2 \, \mathcal{M} + m b^2 \, \omega_\theta^2 \, \mathcal{K} \right] \bar{\mathbf{u}} = \mathbf{0} \tag{5.13}$$

Las frecuencias naturales del sistema son las raíces $\lambda = \omega/\omega_\theta$ de la ecuación

$$\left[-\lambda^2 \, \mathcal{M} + \mathcal{K} \right] = r^2 - \eta^2 (\lambda^2 - 1)\lambda^2 + \lambda^2 - 1 = 0 \tag{5.14}$$

Por comodidad en la notación del resultado se ha introducido el ratio $r = r_\theta/i_\theta$. Así, tras algunas simplificaciones

$$\lambda_1^2 = \left(\frac{\omega_1}{\omega_\theta} \right)^2 = \frac{1 + \eta^2 + \sqrt{\eta^4 - 2\eta^2 + 4\eta^2 r^2 + 1}}{2 \left(1 - r^2 \right)}$$

$$\lambda_2^2 = \left(\frac{\omega_2}{\omega_\theta} \right)^2 = \frac{1 + \eta^2 - \sqrt{\eta^4 - 2\eta^2 + 4\eta^2 r^2 + 1}}{2 \left(1 - r^2 \right)} \tag{5.15}$$

Las dos frecuencias anteriores representan los dos modos de vibración asociados al problema. Ambos modos tienen parte de desplazamiento h y parte de giro θ, es decir existe un acoplamiento flexión-torsión en el problema heredado del hecho de que la matriz de masas esté *llena*, es decir, todos sus elementos son distintos de cero. El parámetro $r = r_\theta/i_\theta$ gobierna el grado de acoplamiento. Así, si el cdg y el eje elástico están juntos $r = 0$ mientras que si está muy separados r se acerca a la unidad sin sobrepasarla, de hecho se puede demostrar que $0 < r < 1$ cuando $G \neq E$. El otro parámetro $\eta = \omega_h/\omega_\theta$ es la relación entre las frecuencias desacopladas de flexión y torsión. En los problemas reales con las esbelteces habituales, la frecuencia del primer modo de flexión es bastante más baja que la del de torsión, del orden de $\omega_h < 0.30\omega_\theta$ y de forma habitual $\omega_h < 0.15\omega_\theta$. Se puede comprobar que frecuencias de la Ec. (5.15) aunque acopladas, representan modos aproximadamente iguales a los de flexión y torsión de la estructura para $\eta \ll 1$ y $r < 1$. De hecho, la frecuencia más alta $\lambda_1(> \lambda_2)$ se corresponde con la de torsión y se le denotará por $\lambda_\theta = \lambda_1 = \omega_1/\omega_\theta$, mientras que la otra ω_2 es la de flexión. Esta última la relacionaremos con ω_h, por lo que llamaremos $\lambda_h = \omega_2/\omega_h = (\omega_2/\omega_\theta)(\omega_\theta/\omega_h) = \lambda_2/\eta$. Estos valores se pueden aproximar por las siguientes expresiones

$$\lambda_\theta = \frac{\omega_1}{\omega_\theta} = \frac{2 + r^2\eta^2}{2\sqrt{1-r^2}} + \mathcal{O}(\eta^4) \, , \quad \lambda_h = \frac{\omega_2}{\omega_h} = 1 - \frac{r^2\eta^2}{2} + \mathcal{O}(\eta^4) \qquad (5.16)$$

con muy buenos resultados en el rango $0 < \eta < 1$

5.2.2 Fuerzas generalizadas

El objetivo es el análisis de la estabilidad dinámica y por tanto únicamente se considerarán las fuerzas exteriores que dependen de la deformabilidad del sistema, es decir aquellas que dependen de los gdl $\mathbf{u}(t)$, de sus velocidades $\dot{\mathbf{u}}(t)$ y aceleraciones $\ddot{\mathbf{u}}(t)$. El vector de fuerzas generalizadas $\mathbf{Q}(t)$ que ocupa el término de la derecha de las ecuaciones de Lagrange, Ec. (5.1), tiene una definición energética. Cada uno de sus términos está asociado a un gdl. Así, suponiendo que el sistema tiene n gdl, y el vector $\mathbf{u}(t) = \{q_1, \ldots, q_n\}^T$, la fuerza generalizada asociada al gdl j es el trabajo realizado por las fuerzas exteriores por unidad de variación virtual δq_j. Matemáticamente, si el sistema se encuentra en un determinado estado caracterizado por $\mathbf{u}$ y damos una variación virtual a los gdl $\delta\mathbf{u}$, entonces los puntos donde se encuentran aplicadas las fuerzas exteriores sufren un desplazamiento virtual y por tanto dichas fuerzas realizan un trabajo virtual que denotaremos por $\delta\mathcal{W}$. Se puede demostrar (ver Apéndice A) que el trabajo virtual se puede expresar como una combinación lineal

$$\delta\mathcal{W} = Q_1\,\delta q_1 + \cdots + Q_n\,\delta q_n = \{\delta q_1, \ldots, \delta q_n\} \left\{ \begin{array}{c} Q_1 \\ \vdots \\ Q_n \end{array} \right\} \equiv \delta\mathbf{u}^T\,\mathbf{Q} \qquad (5.17)$$

Las fuerzas generalizadas son las magnitudes[2] que multiplican a la variación virtual de los gdl para dar como resultado el trabajo virtual total.

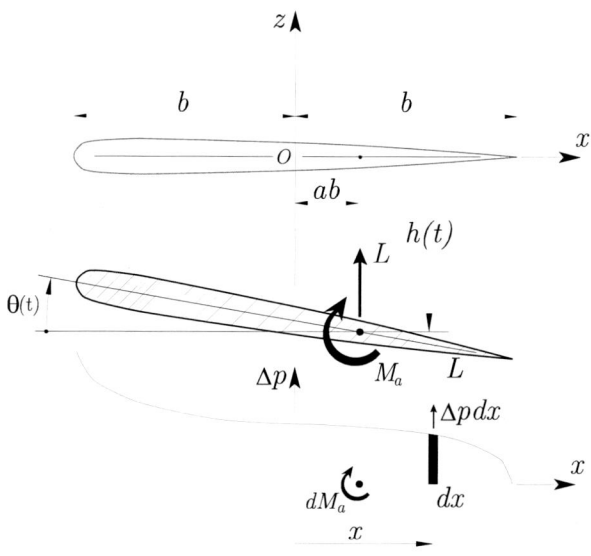

Figura 5.2: Distribución de presiones no-estacionaria en el perfil. Sustentación L y momento aerodinámico M_a en el punto $x = ab$.

Las fuerzas generalizadas asociadas a una superficie de sustentación de geometría $z_p(x,t)$[3] se calculan a partir del trabajo virtual de las fuerzas puntuales por unidad de superficie (es decir, distribución de presiones) que actúan en dicha superficie cuando se realiza una variación virtual de los gdl. En general, la deformación de la superficie de sustentación se puede expresar de forma separada como una combinación lineal de ciertas funciones de forma espaciales por los gdl, de forma que

---

[2]En realidad Q_j no tienen porqué ser de fuerzas estrictamente. Únicamente lo serán si el gdl asociado q_j es un desplazamiento. En el caso, por ejemplo, de que q_j sea un giro, entonces Q_j será un momento pues el resultado debe tener unidades de trabajo o energía.

[3]Se sobreentiende que nos encontramos en problemas 2D y por tanto se trata de superficies cuya deformación no depende de la dimensión perpendicular y (dirección de envergadura)

$$z_p(x,t) = N_1(x)\, q_1(t) + \cdots + N_n(x)\, q_n(t)$$

$$= \{N_1(x),\ldots,N_2(x)\} \left\{ \begin{array}{c} q_1 \\ \vdots \\ q_n \end{array} \right\} \equiv \mathbf{N}^T(x)\, \mathbf{u}(t) \qquad (5.18)$$

Al realizar una variación virtual $\delta\mathbf{u}$ de los gdl, la superficie pasa de tener una geometría δz_p a otra $z_p + \delta z_p$ y por tanto la presión de sustentación en el punto x realiza un trabajo $\Delta p(x,t)\, dx\, \delta z_p(x,t)$. La distribución de presiones completa realiza entonces el trabajo $\delta\mathcal{W}$ dado por la expresión

$$\delta\mathcal{W} = \int_{x=-b}^{b} \Delta p(x,t)\, \delta z_p(x,t)\, dx \qquad (5.19)$$

Usando la forma separada de la Ec. (5.18) se tiene

$$\delta\mathcal{W} = \int_{x=-b}^{b} \delta z_p^T(x,t)\, \Delta p(x,t)\, dx = \delta\mathbf{u}^T \int_{x=-b}^{b} \mathbf{N}(x)\, \Delta p(x,t)\, dx \equiv \delta\mathbf{u}^T\, \mathbf{Q}$$
$$(5.20)$$

y por tanto las fuerzas generalizadas de un problema bidimensional con la superficie de sustentación en el intervalo $-b \le x \le b$ se calculan como

$$\mathbf{Q} = \int_{x=-b}^{b} \mathbf{N}(x)\, \Delta p(x,t)\, dx \qquad (5.21)$$

Debe tenerse en cuenta que la magnitud $\delta\mathcal{W}$ representa trabajo por unidad de longitud (en la dirección de la envergadura). En el caso habitual de construir $\mathbf{u}$ de forma adimensional, los elementos de $\mathbf{Q}$ tendrán unidades de fuerza, es decir energía (o trabajo) por unidad de longitud.

Un caso habitual es el cálculo de las fuerzas generalizadas en superficies de sustentación que oscilan como un sólido rígido, como el mostrado en la Fig. 5.1 que se desplaza hacia abajo $h(t)$ y gira un ángulo $\theta(t)$ respecto al punto $x = ab$, sin deformarse (es decir las derivadas espaciales $z_p^{(n)} = \partial^n z_p / \partial x^n = 0$, $n \ge 2$). La ecuación de la superficie de sustentación en los gdl $\mathbf{u}(t) = \{h(t)/b, \theta(t)\}^T$ es

$$z_p(x,t) = -h(t) - \theta(t)(x - ab)\,, \quad \delta z_p(x,t) = -\delta h - \delta\theta\, (x - ab) \qquad (5.22)$$

Introduciendo esta última expresión en la Ec. (5.19)

$$
\begin{aligned}
\delta\mathcal{W} &= \int_{x=-b}^{b} \delta z_p^T(x,t)\,\Delta p(x,t)\,dx = \int_{x=-b}^{b} \left(-\delta h(t) - \delta\theta(t)(x-ab)\right)\Delta p(x,t)\,dx \\
&= \delta h\left(-\int_{x=-b}^{b} \Delta p(x,t)\,dx\right) + \delta\theta\left(-\int_{x=-b}^{b}(x-ab)\Delta p(x,t)\,dx\right)
\end{aligned}
$$

(5.23)

Pero las integrales que aparecen multiplicando a δh y $\delta\theta$ se corresponden con la sustentación y el momento aerodinámico en $x = ab$ —ver Ecs. (4.124) y (4.125)—

$$
L = \int_{x=-b}^{b} \Delta p(x,t)\,dx \quad , \quad M_a = -\int_{x=-b}^{b}(x-ab)\Delta p(x,t)\,dx \qquad (5.24)
$$

por tanto

$$
\delta\mathcal{W} = \delta h\,(-L) + \delta\theta\,M_a = \{\delta h/b, \delta\theta\}\left\{ \begin{array}{c} -Lb \\ M_a \end{array} \right\} \equiv \delta\mathbf{u}^T\,\mathbf{Q} \qquad (5.25)
$$

Esta última expresión es el trabajo virtual realizado por la sustentación y por el momento en el punto $x = ab$. En general, calcular las fuerzas generalizadas a partir del trabajo virtual de la resultante (sustentación) y el momento solo será posible cuando la superficie de sustentación se deforme como sólido rígido. Si existen curvaturas, la expresión $z_p(x,t)$ presentará términos al menos de orden cuadrático en x y por tanto aparecerán más sumandos en la Ec. (5.23) asociados a las curvaturas de órdenes superiores.

De acuerdo al análisis realizado arriba, las dos fuerzas generalizadas asociadas a nuestro problema binario con los gdl $\mathbf{u}(t) = \{h(t)/b, \theta(t)\}^T$ serían $Q_{h/b} = -L\,b$ y $Q_\theta = M_a$. La teoría aerodinámica no-estacionaria linealizada en régimen incompresible (Capítulo 4) permite obtener una solución analítica de la sustentación y el momento en un determinado punto. Los resultados presentados en las Ecs. (4.136) y (4.137) se reescriben a continuación usando la notación del presente capítulo para el giro.

$$
\begin{aligned}
L &= 2\pi\rho_\infty U_\infty b\mathcal{C}(\kappa)\left[\dot{h} + U_\infty\theta + b\left(\frac{1}{2} - a\right)\dot{\theta}\right] \\
&\quad + \pi\rho_\infty b^2\left(\ddot{h} + U_\infty\dot{\theta} - ab\ddot{\theta}\right) \\
&\equiv \mathcal{C}(\kappa)\,L_Q + L_A \\
M_a &= 2\pi\rho_\infty U_\infty b^2\left(\frac{1}{2} + a\right)\mathcal{C}(\kappa)\left[\dot{h} + U_\infty\theta + b\left(\frac{1}{2} - a\right)\dot{\theta}\right] \\
&\quad + \pi\rho_\infty b^2\left[ab\ddot{h} - U_\infty b\left(\frac{1}{2} - a\right)\dot{\theta} - b^2\left(\frac{1}{8} + a^2\right)\ddot{\alpha}\right] \\
&\equiv \mathcal{C}(\kappa)\,M_Q + M_A
\end{aligned}
\tag{5.26}
$$

En las expresiones anteriores se han separado los diferentes términos en función de su naturaleza adoptando la misma notación que se introdujo en el punto 4.6.6: términos de naturaleza *circulatoria* con subíndice $(\bullet)_Q$ y términos de *masa aparente* con subíndice $(\bullet)_A$. Recordemos que los términos circulatorios aparecen como consecuencia del ángulo de ataque efectivo no-estacionario del perfil respecto al flujo directamente proporcional a la circulación del perfil en cada instante, mientras que la masa aparente son las fuerzas de inercia en el perfil debidas a la masa de aire alrededor al acompañarlo en las oscilaciones (recordemos que se trata de un problema de acoplamiento fluido-estructura). Trabajando las expresiones los términos de la sustentación y el momento se pueden escribir en forma compacta como

$$
\begin{aligned}
L_Q &= \pi\rho_\infty U_\infty^2\, b\,\mathbf{a}_{l_Q}^T\mathbf{u} + \pi\rho_\infty U_\infty b^2\,\mathbf{b}_{l_Q}\dot{\mathbf{u}} \\
L_A &= \pi\rho_\infty U_\infty\, b^2\,\mathbf{b}_{l_A}^T\dot{\mathbf{u}} + \pi\rho_\infty b^3\,\mathbf{c}_{l_A}\ddot{\mathbf{u}} \\
M_Q &= \pi\rho_\infty U_\infty^2\, b^2\,\mathbf{a}_{m_Q}^T\mathbf{u} + \pi\rho_\infty U_\infty b^3\,\mathbf{b}_{m_Q}\dot{\mathbf{u}} \\
M_A &= \pi\rho_\infty U_\infty\, b^3\,\mathbf{b}_{m_A}^T\dot{\mathbf{u}} + \pi\rho_\infty b^4\,\mathbf{c}_{m_A}\ddot{\mathbf{u}}
\end{aligned}
\tag{5.27}
$$

donde los vectores

$$
\begin{aligned}
\mathbf{a}_{l_Q} &= \{0, 2\}^T & \mathbf{b}_{l_Q} &= \{2, 1 - 2a\}^T \\
\mathbf{b}_{l_A} &= \{0, 1\}^T & \mathbf{c}_{l_A} &= \{1, -a\}^T \\
\mathbf{a}_{m_Q} &= \{0, 1 + 2a\}^T & \mathbf{b}_{m_Q} &= \{1 + 2a, 1/2 - 2a^2\}^T \\
\mathbf{b}_{m_A} &= \{0, -1/2 + a\}^T & \mathbf{c}_{m_A} &= \{a, -a^2 - 1/8\}^T
\end{aligned}
\tag{5.28}
$$

se introducen para recoger los coeficientes numéricos en los gdl y sus derivadas temporales $\dot{h}, \ddot{h}, \alpha, \ldots$, en otras palabras se trata de las derivadas aerodinámicas (adimensionales). Las fuerzas generalizadas también admiten una separación en partes circulatoria e inercial por el hecho de separar sustentación y momento como en la Ec. (5.26). En efecto,

$$\mathbf{Q}(t) = \left\{ \begin{array}{c} -Lb \\ M_a \end{array} \right\} = \mathcal{C}(\kappa) \left\{ \begin{array}{c} -L_Q b \\ M_Q \end{array} \right\} + \left\{ \begin{array}{c} -L_A b \\ M_A \end{array} \right\} \equiv \mathcal{C}(\kappa)\,\mathbf{Q}_Q + \mathbf{Q}_A \quad (5.29)$$

Así, de las Ecs. (5.27) se tiene

$$\mathbf{Q}_Q = \left\{ \begin{array}{c} -L_Q b \\ M_Q \end{array} \right\} = \pi\rho_\infty U_\infty^2\, b^2\, \mathbf{A}_Q \mathbf{u} + \pi\rho_\infty U_\infty b^3\, \mathbf{B}_Q \dot{\mathbf{u}}$$

$$\mathbf{Q}_A = \left\{ \begin{array}{c} -L_A b \\ M_A \end{array} \right\} = \pi\rho_\infty U_\infty\, b^3\, \mathbf{B}_A \dot{\mathbf{u}} + \pi\rho_\infty b^4\, \mathbf{C}_A \ddot{\mathbf{u}} \qquad (5.30)$$

con

$$\mathbf{A}_Q = \left[\begin{array}{c} -\mathbf{a}_{l_Q}^T \\ \mathbf{a}_{m_Q}^T \end{array} \right] = \left[\begin{array}{cc} 0 & -2 \\ 0 & 1+2a \end{array} \right] , \quad \mathbf{B}_Q = \left[\begin{array}{c} -\mathbf{b}_{l_Q}^T \\ \mathbf{b}_{m_Q}^T \end{array} \right] = \left[\begin{array}{cc} -2 & -1+2a \\ 1+2a & 1/2-2a^2 \end{array} \right]$$

$$\mathbf{B}_A = \left[\begin{array}{c} -\mathbf{b}_{l_A}^T \\ \mathbf{b}_{m_A}^T \end{array} \right] = \left[\begin{array}{cc} 0 & -1 \\ 0 & -1/2+a \end{array} \right] , \quad \mathbf{C}_A = \left[\begin{array}{c} -\mathbf{c}_{l_A}^T \\ \mathbf{c}_{m_A}^T \end{array} \right] = \left[\begin{array}{cc} -1 & a \\ a & -a^2-1/8 \end{array} \right]$$
$$(5.31)$$

Las matrices anteriores definen completamente el modelo de fuerzas aerodinámicas generalizadas del problema del perfil oscilando a flexión y torsión de acuerdo a la teoría linelizada de perfiles en régimen incompresible no-estacionario. Llevando las Ecs. (5.30) a la Ec. (5.29) se llega a

$$\mathbf{Q}(t) = \pi\rho_\infty U_\infty^2\, b^2\, \mathbf{A}\, \mathbf{u} + \pi\rho_\infty U_\infty\, b^3\, \mathbf{B}\, \dot{\mathbf{u}} + \pi\rho_\infty\, b^4\, \mathbf{C}\, \ddot{\mathbf{u}} \qquad (5.32)$$

y

$$\mathbf{A} = \mathcal{C}(\kappa)\, \mathbf{A}_Q \;, \quad \mathbf{B} = \mathcal{C}(\kappa)\, \mathbf{B}_Q + \mathbf{B}_A \;, \quad \mathbf{C} = \mathbf{C}_A \qquad (5.33)$$

El modelo de la Ec. (5.32) representa la forma más completa de presentar las fuerzas aerodinámicas no-estacionarias. En su expresión se han tenido en cuenta las tres fuentes de la dependencia temporal de la solución:

(a) El movimiento del perfil respecto al flujo aparece en las condiciones de contorno asociado al término $\dot{z}_p$.

(b) El carácter no-estacionario del coeficiente de presiones viene heredado directamente del término $\dot{\varphi} = \partial\varphi/\partial t$ existente en la ecuación de Bernouilli no-estacionaria, culpable de la aparición de las fuerzas de inercia del aire entorno al perfil (masa aparente).

(c) El efecto en el perfil de la estela de torbellinos $\gamma_w(x, t)$ caracterizado por la ecuación de transporte

$$\frac{\partial \gamma_w}{\partial t} + U_\infty \frac{\partial \gamma_w}{\partial x} = 0 \ , \ x \geq b \ , \quad \gamma_w(b, t) = -\frac{\dot{\Gamma}_a}{U_\infty}$$

y cuya influencia se representa matemáticamente por la función de Theodorsen $\mathcal{C}(\kappa)$ dependiente de la frecuencia reducida.

Aunque se han evaluado las matrices para el presente caso de estudio (perfil con dos gdl), en general las fuerzas generalizadas siempre se podrán expresar como se indica en la Ec. (5.32) para un sistema genérico de múltiples gdl. Existirán entonces las tres matrices $\mathbf{A}$, $\mathbf{B}$ y $\mathbf{C}$ cuyos elementos (derivadas aerodinámicas o coeficientes de influencia aerodinámicos) pueden depender de la frecuencia reducida. El modelo estacionario aparece como una particularización, simplemente neutralizando los tres efectos anteriores, en cuyo caso las fuerzas generalizadas dependen únicamente de los grados de libertad a través de la matriz $\mathbf{A}_Q$. En el extremo opuesto, el modelo completo no-estacionario, considera la aportación de los tres mecanismos anteriores (a), (b) y (c). Entre el régimen estacionario y el no-estacionario existe un abanico de modelos posibles aproximados en los que alguno de las fuentes no-estacionarias son despreciadas o estimadas, dando lugar a los llamados modelos casi-estacionarios. La característica común de los modelos casi-estacionarios es que las derivadas aerodinámicas no dependen del tiempo ni de la frecuencia. En la Tabla 5.1 se han representado 3 variantes diferentes aunque pueden existir más. El modelo (II) considera el efecto de las fuerzas de inercia proporcionales a la velocidad y desprecia aquellas en términos de aceleraciones. El modelo (III) tiene en cuenta el efecto de la estela pero a través de la introducción de un término adicional en la sustentación y el momento proporcional a la velocidad angular del perfil $\dot{\theta}$. Ello permite considerar todos los términos y evitar la aparición en las ecuaciones de la función de Theodorsen $\mathcal{C}(\kappa)$, muy incómoda en términos computacionales para la obtención de frecuencias propias o la integración de las ecuaciones del movimiento. El uso de estos modelos casi-estacionarios puede ser útil por ejemplo en la evaluación de las fuerzas aerodinámicas no-estacionarias presentes en las maniobras de vuelo y poder integrar las trayectorias o en el cálculo simplificado de la respuesta transitoria frente a ráfagas.

Modelo	A	B	C	$\dot{z}_p$	$\frac{\partial \varphi}{\partial t}$	γ_w
Estacionario	$\mathbf{A}_Q$	—	—	0	0	0
Casi-estacionario (I)	$\mathbf{A}_Q$	$\mathbf{B}_Q$	—	✓	0	0
Casi-estacionario (II)	$\mathbf{A}_Q$	$\mathbf{B}_Q + \mathbf{B}_A$	—	✓	✓(*)	0
Casi-estacionario (III)	$\mathbf{A}_Q$	$\mathbf{B}_Q + \mathbf{B}_A$	$\mathbf{C}_A$	✓	✓	✓(**)
No-estacionario	$\mathcal{C}(\kappa)\mathbf{A}_Q$	$\mathcal{C}(\kappa)\mathbf{B}_Q + \mathbf{B}_A$	$\mathbf{C}_A$	✓	✓	✓

(*) Se desprecian los términos de las aceleraciones y se retienen los proporcionales a las velocidades (término de Coriolis).
(**) El efecto de la estela se puede introducir de forma aproximada añadiendo un término adicional a la sustentación y el momento proporcional a $\dot{\theta}$

Tabla 5.1: Diferentes regímenes de flujo no-estacionario. Términos despreciados y retenidos. Valores adoptados por las matrices aerodinámicas en función del modelo aerodinámico.

5.3 Solución del problema dinámico. Flameo

En el punto anterior se han obtenido todos los términos de la ecuación del movimiento de Lagrange en función de los gdl. Energía cinética, potencial se pueden expresar como sendas formas cuadráticas en términos de $\dot{\mathbf{u}}$ y $\mathbf{u}$, respectivamente

$$\mathcal{T} = \frac{1}{2}\dot{\mathbf{u}}^T \mathbf{M}\,\dot{\mathbf{u}} \ , \quad \mathcal{U} = \frac{1}{2}\mathbf{u}^T \mathbf{K}\,\mathbf{u} \tag{5.34}$$

En ausencia de amortiguamiento, el sistema de ecuaciones diferenciales del movimiento incluyendo el efecto de las fuerzas aerodinámicas es

$$\mathbf{M}\ddot{\mathbf{u}} + \mathbf{K}\,\mathbf{u} = \mathbf{Q}(t) \tag{5.35}$$

Las fuerzas generalizadas para problemas bidimensionales en flujo potencial incompresible tendrán en general una estructura del tipo

$$\mathbf{Q}(t) = \pi\rho_\infty U_\infty^2\, b^2\, \mathbf{A}\,\mathbf{u} + \pi\rho_\infty U_\infty\, b^3\, \mathbf{B}\,\dot{\mathbf{u}} + \pi\rho_\infty\, b^4\, \mathbf{C}\,\ddot{\mathbf{u}} \tag{5.36}$$

es decir, $\mathbf{Q}$ es proporcional a los grados de libertad, a sus velocidades y a sus aceleraciones. La introducción de estas fuerzas en la ecuación del movimiento —Ec. (5.35)— da lugar a un sistema de ecuaciones homogéneo que gobierna la respuesta en vibraciones libres del perfil inmerso en una corriente uniforme de velocidad U_∞. Es bien conocido que las características matemáticas de las vibraciones libres un sistema de múltiples grados de libertad están recogidas en el llamado espacio modal del sistema, formado por las frecuencias y los modos propios de vibración. El espacio modal contiene toda la información relativa a la respuesta dinámica y, en ausencia de fuerzas aerodinámicas y amortiguamiento, depende de las características másicas y elásticas de la estructura (matrices de masa y rigidez). Con los modelos disipativos adecuados se comprueba que las estructuras vibrando libremente *en tierra* presentan oscilaciones estables, es decir movimientos que tienden a una determinada posición de equilibrio que, en el infinito, carece de velocidades y aceleraciones. Sin embargo, la presencia de un flujo de aire modifica el espacio modal. Para empezar, se pierde la ortogonalidad de los modos y la simetría. Las frecuencias pasan a ser complejas, incluso en ausencia de un modelo disipativo, y su valor, así como el de las formas modales, depende de la velocidad de vuelo. En este punto hacemos la siguiente reflexión: Si la estabilidad de un sistema lineal depende del valor de sus autovalores (llámense frecuencias en el mundo de las vibraciones) y las frecuencias dependen de un parámetro variable como es la velocidad de vuelo, ¿existe alguna velocidad de vuelo que hace inestable al sistema? La respuesta es sí, existe tal velocidad y se denomina *velocidad de flameo*. Naturalmente, al fenómeno asociado por el cual estructuras aeronáuticas colapsan por vibraciones inestables se le denomina *flameo* (en inglés *flutter*). Aunque existen sistemas estructuras de un gdl que pueden flamear, este concepto se asocia generalmente a estructuras de más de un grado de libertad en las cuales el acoplamiento de dos o más modos por el efecto de las fuerzas aerodinámicas el principal causante de la inestabilidad estructural. El problema binario de 2 gdl $\mathbf{u} = \{h/b, \theta\}^T$ es adecuado para explicar el fenómeno y presentar los resultados más importantes así como las metodologías de cálculo de la velocidad de flameo. Para ello, se abordará el problema de la inestabilidad comenzando con el modelo más sencillo de fuerzas aerodinámicas: el modelo estacionario. En los sucesivos epígrafes se irán analizando el problema con modelos aerodinámicos cada vez más complejos. El objetivo obviamente es introducir al lector en el fenómeno secuencialmente, evitando el impacto de presentar un fenómeno ya de por sí complejo con un modelo también complejo.

5.3.1 Fuerzas aerodinámicas estacionarias

Comenzaremos el estudio de la aeroelasticidad dinámica del perfil con el modelo más sencillo de fuerzas aerodinámicas: el modelo estacionario. Estamos por tanto asumiendo en este problema que los términos en velocidades y aceleraciones, $\dot{\mathbf{u}}$ y $\ddot{\mathbf{u}}$ son despreciables frente a los proporcionales a $\mathbf{u}$. Las oscilaciones son por tanto *lentas* respecto a la velocidad del flujo, algo que matemáticamente se traduce en que la frecuencia reducida es $\kappa \ll 1$. Comprobaremos más adelante que es difícil que se cumpla esta hipótesis en régimen incompresible, sin embargo, el presente modelo es muy útil como introducción al fenómeno del flameo de forma cualitativa.

Es perfectamente conocido que la sustentación estacionaria sobre un perfil simétrico solo depende del ángulo de ataque θ y no de la posición vertical del perfil h. Las fuerzas generalizadas asociadas se han calculado en el punto anterior. Particularizando el caso general al caso estacionario tenemos

$$\mathbf{Q}(t) = \pi \rho_\infty U_\infty^2 \, b^2 \, \mathbf{A} \, \mathbf{u} \,, \qquad \mathbf{A} = \begin{bmatrix} 0 & -2 \\ 0 & 1 + 2a \end{bmatrix} \tag{5.37}$$

Introduciendo esta expresión en la ecuación del movimiento del perfil

$$\begin{cases} \mathbf{M}\ddot{\mathbf{u}} + \mathbf{K}\,\mathbf{u} = \pi \rho_\infty U_\infty^2 b^2 \mathbf{A}\mathbf{u} \\ \mathbf{u}(0) = \mathbf{u}_0 \,, \quad \dot{\mathbf{u}}(0) = \mathbf{v}_0 \end{cases} \tag{5.38}$$

Se han considerado ciertas condiciones iniciales para los grados de libertad. La Ec. (5.38) es un sistema de ecuaciones diferenciales lineales de 2.º orden. Su solución es una combinación lineal del conjunto de soluciones de su ecuación homogénea. Así, chequeando soluciones del tipo $\mathbf{u}(t) = \bar{\mathbf{u}}\,e^{i\omega t}$ se tiene que los valores de $\bar{\mathbf{u}}$, ω se pueden obtener resolviendo el siguiente problema de autovalores

$$\left[-\omega^2 \mathbf{M} + \mathbf{K} - \pi \rho_\infty U_\infty^2 b^2 \mathbf{A} \right] \bar{\mathbf{u}} = \mathbf{0} \tag{5.39}$$

Si el sistema tiene n gdl (en nuestro caso $n = 2$), entonces el polinomio característico

$$P(\omega) = \det \left[-\omega^2 \mathbf{M} + \mathbf{K} - \pi \rho_\infty U_\infty^2 b^2 \mathbf{A} \right]$$

es de grado $2n$ y por tanto tiene $2n$ raíces. Antes de obtener el valor de las raíces en función de los parámetros, supongamos que son conocidas y veamos la forma general de la respuesta. Notemos que $P(\omega)$ es una expresión bicuadrática en ω^2 y por tanto si ω_j es raíz, también lo es $-\omega_j$. En consecuencia podemos denotar por $\{\omega_1, \omega_2, -\omega_1, -\omega_2\}$ al conjunto de las 4 raíces de la ecuación $P(\omega) = 0$. Por otro lado, es obvio que ω_j y $-\omega_j$ tendrán el mismo autovector que llamaremos $\boldsymbol{\psi}_j$. La solución general se puede expresar de la forma

$$\mathbf{u}(t) = C_1 \boldsymbol{\psi}_1 \, e^{i\omega_1 t} + C_2 \boldsymbol{\psi}_2 \, e^{i\omega_2 t} + C_3 \boldsymbol{\psi}_1 \, e^{-i\omega_1 t} + C_4 \boldsymbol{\psi}_2 \, e^{-i\omega_2 t} \tag{5.40}$$

Los 4 coeficientes C_1, C_2, C_3, C_4 se calculan aplicando las condiciones de contorno, que en realidad son 4 ecuaciones también, pues $\mathbf{u}_0 \; \mathbf{v}_0$ son vectores de orden 2. El lector familiarizado con las vibraciones en sistemas mecánicos de múltiples grados de libertad comprobará que la Ec. (5.40) no es más que la respuesta expresada como combinación lineal de las formas modales del sistema. La novedad más importante es la existencia de un parámetro, la velocidad de vuelo U_∞ que afecta a los valores de las frecuencias y por tanto a los modos del sistema. De hecho las raíces de la ecuación $P(\omega) = 0$ son variables y van a evolucionar a medida que aumenta U_∞. Matemáticamente, fijadas las características másicas y mecánicas se puede expresar como

$$\omega_j = \omega_j(U_\infty) , \quad \boldsymbol{\psi}_j = \boldsymbol{\psi}_j(U_\infty) , \ j = 1, 2 \tag{5.41}$$

En general, para el análisis de las raíces se adimensionaliza el problema de autovalores nuestras matrices dinámicas dependen de parámetros físicos de diferente naturaleza, b, ρ_∞, U_∞, ω_θ, m que pueden ser reorganizados en términos adimensionales. Reescribimos la Ec. (5.39) introduciendo las expresiones de las matrices de masa y rigidez dada por las Ecs. (5.12)

$$\left[-\omega^2 m b^2 \boldsymbol{\mathcal{M}} + m b^2 \omega_\theta^2 \boldsymbol{\mathcal{K}} - \pi \rho_\infty U_\infty^2 b^2 \mathbf{A}\right] \bar{\mathbf{u}} = \mathbf{0} \tag{5.42}$$

Dividimos por mb^2 y llamamos $\mu = m/\pi\rho_\infty b^2$ al coeficiente másico del perfil que relaciona la masa de éste (por unidad de envergadura) con la masa del aire en un cilindro de radio b. Obtenemos por tanto

$$\left[-\omega^2 \boldsymbol{\mathcal{M}} + \omega_\theta^2 \boldsymbol{\mathcal{K}} - \frac{U_\infty^2}{\mu\,b^2} \mathbf{A}\right] \bar{\mathbf{u}} = \mathbf{0} \tag{5.43}$$

Definimos la frecuencia adimensional como $\lambda = \omega/\omega_\theta$ y la velocidad adimensional como $V_\infty = U_\infty/b\omega_0$. El problema de autovalores queda completamente adimensionalizado en la forma

$$\left[-\lambda^2 \boldsymbol{\mathcal{M}} + \boldsymbol{\mathcal{K}} - \frac{V_\infty^2}{\mu} \mathbf{A}\right] \bar{\mathbf{u}} = \mathbf{0} \tag{5.44}$$

La solución a este problema son las frecuencias naturales de un sistema cuya matriz de rigidez $\boldsymbol{\mathcal{K}}_{eq}(V_\infty) = \boldsymbol{\mathcal{K}} - V_\infty^2/\mu\mathbf{A}$ va cambiando con la velocidad. Tras algunas simplificaciones el polinomio característico es

$$P(\lambda) = \frac{i_\theta^2 - (1 + 2a)(V_\infty^2/\mu)}{i_\theta^2(1 - r^2)}\,\eta^2 + \frac{(1 + 2d)V_\infty^2/\mu - i_\theta^2(1 + \eta^2)}{i_\theta^2(1 - r^2)}\,\lambda^2 + \lambda^4 \tag{5.45}$$

donde, a modo de recordatorio

$$r = r_\theta/i_\theta, \quad r_\theta = (x_G - x_E)/b, \quad d = x_G/b, \quad a = x_E/b, \quad i_\theta = \sqrt{I_E/mb^2}$$

El parámetro d representa la coordenada adimensional del cdg del perfil. Fijados estos parámetros, nos planteamos estudiar como evolucionan las frecuencias en función de V_∞. En la Fig. 5.3 se han representado las partes real e imaginaria de las frecuencias λ en función de la velocidad. La parte real representa la frecuencia de vibración del modo correspondiente, mientras que la imaginaria representa el amortiguamiento. En general se tiene $\lambda(V_\infty) = \Omega(V_\infty) + ig(V_\infty)$. Inicialmente antes del vuelo, las frecuencias de vibración se localizan en el eje real (símbolo "○") pues nos encontramos en un problema *no-amortiguado* en el sentido de amortiguamiento inherente a la estructura o disipativo.

Al aumentar la velocidad comienza a cambiar la matriz de rigidez. Dado que los términos no-nulos de la matriz $\mathbf{A}$ son los asociados al giro de torsión, son éstos los más afectados por el aumento de velocidad y en consecuencia es la frecuencia de torsión la que presenta una variación más acusada. También cambia la frecuencia de flexión por el acoplamiento, pero lo hace de forma más suave. En la Fig. 5.3(c) se observa que las dos frecuencias se van acercando en la parte positiva del eje real (las frecuencias opuestas lo hacen paralelamente en la parte negativa). En este tramo (antes de coincidir) la estructura del conjunto de raíces es $\{\Omega_1, \Omega_2, -\Omega_1, -\Omega_2\} \in \mathbb{R}$ y por tanto la solución de la respuesta tiene la forma

$$\mathbf{u}(t) = C_1\,\boldsymbol{\psi}_1\,e^{i\Omega_1\omega_\theta t} + C_2\,\boldsymbol{\psi}_2\,e^{i\Omega_2\omega_\theta t} + C_3\,\boldsymbol{\psi}_1\,e^{-i\Omega_1\omega_\theta t} + C_4\,\boldsymbol{\psi}_2\,e^{-i\Omega_2\omega_\theta t} \quad (5.46)$$

solución que corresponde con vibraciones libres no-amortiguadas y por tanto estable. Sin embargo, la solución entra en el plano complejo a partir del punto de acoplamiento, denominado en este contexto *coalescencia* y representado por el símbolo "□" en la Fig. 5.3(a). Por un lado existen dos parejas de soluciones opuestas, λ y $-\lambda$ y por otro, toda solución compleja debe coexistir con su complejo-conjugada, pues la Ec. (5.45) tiene coeficientes reales. Esto nos lleva a que el conjunto de soluciones debe ser de la forma $\{\lambda, \lambda^*, -\lambda, -\lambda^*\}$. Fijada una velocidad, las cuatro forman un rectángulo en el plano complejo y en su evolución con V_∞ van dibujando una elipse como la mostrada en la Fig. 5.3(c), cuya forma dependerá del resto de parámetros. Si $\lambda = \Omega + ig$ es la raíz del primer cuadrante, entonces $\Omega, g > 0$ y entrando en la respuesta se tiene ahora

$$
\begin{aligned}
\mathbf{u}(t) &= C_1\,\boldsymbol{\psi}\,e^{i(\Omega+ig)\omega_\theta t} + C_2\,\boldsymbol{\psi}^*\,e^{i(\Omega-ig)\omega_\theta t} \\
&\quad + C_3\,\boldsymbol{\psi}\,e^{i(-\Omega-ig)\omega_\theta t} + C_4\,\boldsymbol{\psi}^*\,e^{i(-\Omega+ig)\omega_\theta t} \\
&= \underbrace{e^{-g\omega_\theta t}\left(C_1\,\boldsymbol{\psi}\,e^{i\Omega\omega_\theta t} + C_4\,\boldsymbol{\psi}^*\,e^{-i\Omega\omega_\theta t}\right)}_{\text{parte amortiguada}} + \underbrace{e^{g\omega_\theta t}\left(C_2\,\boldsymbol{\psi}^*\,e^{i\Omega\omega_\theta t} + C_3\,\boldsymbol{\psi}\,e^{-i\Omega\omega_\theta t}\right)}_{\text{parte inestable}}
\end{aligned}
$$

$$(5.47)$$

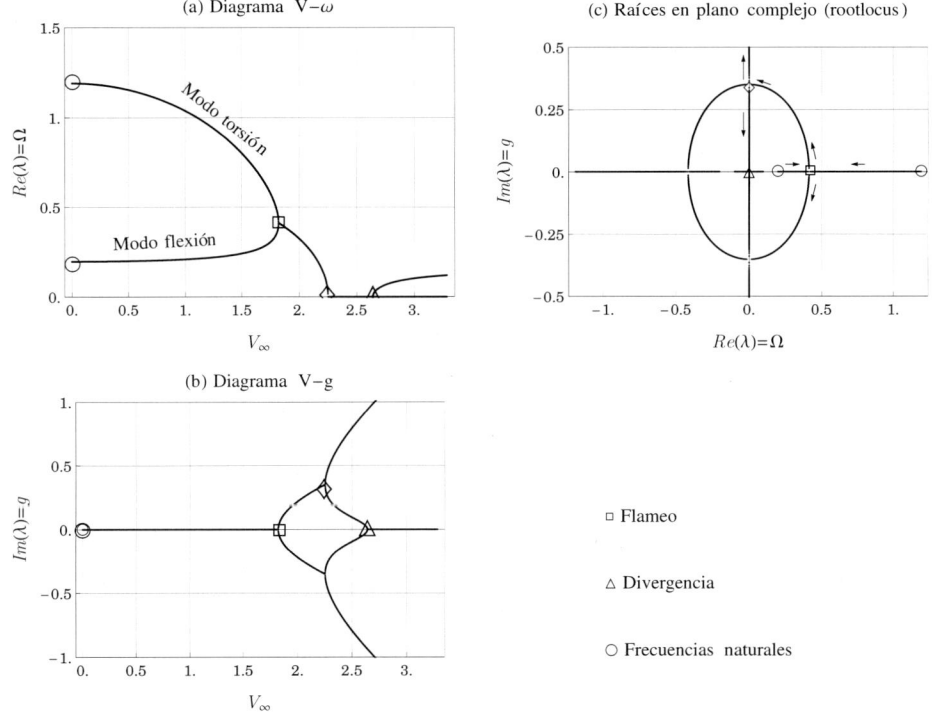

Figura 5.3: Curvas de flameo para el problema binario de dos grados de libertad con $a = -0.20$, $\mu = 30$, $i_\theta = 0.611$, $d = 0$, $\eta = 0.20$. Arriba-izda: Parte real frecuencias complejas adimensionales $\lambda = \omega/\omega_\theta$ vs. velocidad adimensional $V_\infty = U_\infty/b\omega_\theta$ (diagrama V-ω). Abajo-izquierda: Parte imaginaria vs. velocidad (diagrama V-g). Arriba-izquierda: Localización de las frecuencias en el plano complejo, las flechas indican la evolución de las frecuencias con la velocidad. Puntos característicos de las curvas: □, punto de flameo; ○, frecuencias naturales para $V_\infty = 0$; △, punto de divergencia estática; ◇, segundo punto de bifuración

Observamos que después de reagrupar existe una parte de la respuesta cuya amplitud es proporcional al término $e^{-g\omega_\theta t}$, con $g > 0$, que se va amortiguando con el tiempo, mientras que la otra, proporcional a $e^{-g\omega_\theta t}$, representa un aumento progresivo de la respuesta hacia el infinito produciendo inevitablemente el colapso estructural. Además, este proceso se realiza con oscilaciones de frecuencia Ω por lo que se trata de una inestabilidad dinámica, conocida como *flameo* (en inglés *flutter*). El punto representado por el símbolo "□" es el último punto de estabilidad, caracterizado por una velocidad $V_f = U_f/b\omega_\theta$ llamada velocidad de flameo y por una frecuencia de oscilación $\lambda_f = \Omega_f + 0i$ llamada frecuencia de flameo (adimensional). En este caso con fuerzas aerodinámicas estacionarias los modos de flexión y torsión alcanzan la misma frecuencia de oscilación en el punto de flameo (coealescencia), algo que como veremos en más tarde, no ocurre cuando se introducen modelos aerodinámicos más sofisticados. Sin embargo, la característica que comparte el fenómeo del flameo para cualquier modelo aerodinámico considerado es la presencia de una frecuencia compleja con parte imaginaria negativa. De hecho, nótese que son los términos con la frecuencia $\Omega - gi$ los que dan lugar a la parte inestable de la respuesta. Por tanto, matemáticamente la velocidad de flameo se puede definir como la máxima velocidad V_f para la que todos los modos verifican $g_j(V_f) \geq 0$

A partir del punto de flameo, pueden existir otros puntos de bifurcación de las frecuencias, como por ejemplo el punto representado por "$\diamond$", en el cual las frecuencias complejas dejan de tener parte real y pasan a tener solo parte imaginaria, con lo que se pierde el movimiento oscilatorio. Aumentando más la velocidad se alcanza una velocidad que anula el determinante cuando la frecuencia es cero (sin oscilaciones), punto representado por "$\triangle$". Dicha velocidad verifica

$$\det\left[\mathbf{\mathcal{K}} - \frac{V_\infty^2}{\mu}\mathbf{A}\right] = 0$$

Se trata por tanto de la velocidad de divergencia del sistema cuyo valor es

$$\frac{V_D^2}{\mu} = \frac{i_\theta^2}{1 + 2a} \tag{5.48}$$

Reorganizando los parámetros y usando la notación del Capítulo 2 se puede comprobar que su valor coincide con el obtenido entonces.

Desde el punto de vista de las seguridad estructural, es muy importante predecir la velocidad de flameo, por lo que debe establecerse un método para su obtención. Como veremos, el procedimiento cambia en función de la naturaleza de las fuerzas aerodinámicas de nuestro modelo. Cuando las fuerzas aerodinámicas son estacionarias, la velocidad de flameo coincide con el primer punto, en el cual alguno de los modos presenta una parte imaginaria negativa y con la coalescencia de los modos en la parte real. La Ec. (5.45) se puede escribir de forma simplificada como

$$P(\lambda) = \lambda^4 + R\lambda^2 + S = 0 \tag{5.49}$$

donde los coeficientes

$$S(V_\infty) = \frac{i_\theta^2 - (1 + 2a)(V_\infty^2/\mu)}{i_\theta^2(1 - r^2)}\, \eta^2 \,, \quad R(V_\infty) = \frac{(1 + 2d)V_\infty^2/\mu - i_\theta^2(1 + \eta^2)}{i_\theta^2(1 - r^2)}$$

$$(5.50)$$

Llamando λ_1^2 y λ_2^2 a las dos raíces en λ^2 de la Ec. (5.49) la velocidad de flameo es la menor raíz real positiva (si existe) de la ecuación $\lambda_1^2 = \lambda_2^2$. En términos matemáticos, las dos raíces se pueden extraer de la clásica fórmula

$$\lambda_{1,2}^2 = \frac{-R \pm \sqrt{R^2 - 4S}}{2}$$

$$(5.51)$$

Por tanto, para que ambas coincidan (condición de coalescencia) debe verificarse que el discriminante sea nulo

$$R^2(V_f) - 4S(V_f) = 0 \quad \rightarrow \quad V_f$$

$$(5.52)$$

y la frecuencia de flameo será $\lambda_f = -R(V_f)/2$. Aunque la Ec. (5.52) da lugar a un polinomio cuadrático en V_∞^2/μ y por tanto existe solución analítica en este problema, no vamos a transcribir la fórmula de la solución pues no resulta manejable y de ella no es fácil extraer conclusiones. Sin embargo, podemos aprovechar de nuevo el hecho de que las frecuencias de flexión y torsión desacopladas $\omega_h = \sqrt{k_h/m}$ y $\omega_\theta = \sqrt{k_\theta/I_E}$ verifican $\eta = \omega_h/\omega_\theta \ll 1$ (ya lo hicimos en el punto 5.2.1 para las frecuencias naturales) para obtener una expresión aproximada de la velocidad de flameo. Por comodidad en la notación, trabajaremos con la variable adimensional $p = V_\infty^2/\mu$, denominada así pues se puede comprobar que es proporcional a la presión dinámica, aunque se seguirá llamando velocidad. De la Ec. (5.52) es obvio que la velocidad de flameo depende de η, por lo que dicha ecuación se puede reescribir como

$$R^2(p(\eta), \eta) - 4S(p(\eta), \eta) = 0$$

$$(5.53)$$

Nos planteamos obtener la aproximación de primer orden $p(\eta) \approx p(0) + p'(0)\eta$. En primer lugar, $p(0)$ se obtiene haciendo $\eta = 0$ en la Ec.(5.53), de donde se obtiene

$$p(0) = \frac{i_\theta^2}{1 + 2a + 2r_\theta} = \frac{i_\theta^2}{1 + 2d}$$

$$(5.54)$$

Para obtener $p'(0)$ derivamos respecto de η en la Ec. (5.53) y particularizando de nuevo en $\eta = 0$ resolvemos en $p'(0)$. Analíticamente

$$p'(0) = -\left.\frac{\frac{\partial R}{\partial \eta} - 2\frac{\partial S}{\partial \eta}}{\frac{\partial R}{\partial p} - 2\frac{\partial S}{\partial p}}\right|_{\eta=0, p=p(0)} = -2p(0)\sqrt{\frac{2r_\theta(1 - r^2)}{1 + 2d}}$$

$$(5.55)$$

Teniendo en cuenta que $1-r^2 = (i_G/i_\theta)^2$ con $i_G = \sqrt{I_G/mb^2}$ y que $r_\theta = d-a$ la aproximación de la velocidad de flameo se puede expresar de forma compacta como

$$p_f = \frac{V_f^2}{\mu} \approx \frac{i_\theta^2}{1+2d}\left[1 - 2\eta\frac{i_G}{i_\theta}\sqrt{\frac{2(d-a)}{1+2d}}\right] \tag{5.56}$$

expresión que estima razonablemente el resultado analítico en el rango $0 \leq \eta \leq 0.50$. De esta expresión aproximada de la velocidad de flameo se pueden obtener algunas conclusiones preliminares sobre el comportamiento dinámico del sistema. En primer lugar, puede observarse que cuando el parámetro que relaciona las frecuencias es muy pequeño $\eta \to 0$, entonces la velocidad de flameo se puede aproximar por

$$\lim_{\eta\to 0} \frac{V_f^2}{\mu} = \frac{i_\theta^2}{1+2d} \tag{5.57}$$

Comparando esta expresión con la velocidad de divergencia —Ec. (5.48), $V_D^2/\mu = i_\theta^2/(1+2a)$— se observa que el cdg del perfil $d = x_G/b$ toma el papel de centro de rotación en hipótesis de flameo en baja frecuencia (problema cuasi-estático), de forma que la velocidad de flameo puede interpretarse como la velocidad de divergencia del perfil suponiendo que éste gira entorno a su cdg. Desde el punto de vista numérico la Ec. (5.56) sirve para obtener un orden de magnitud de la velocidad de flameo real. Para que el modelo aerodinámico adoptado fuera representativo de la realidad, los términos en las velocidades y aceleraciones de los gdl deberían ser despreciables, o de forma equivalente, la frecuencia reducida debería ser muy pequeña. Si calculamos la frecuencia reducida de flameo del ejemplo de la Fig. 5.3 obtenemos

$$\kappa_f = \frac{\omega_f b}{U_\infty} = \frac{\omega_f/\omega_\theta}{U_\infty/b\omega_\theta} = \frac{\lambda_f}{V_f} = 0.226$$

valor que no se puede considerar despreciable y que por tanto invalida parcialmente este modelo. Sin embargo, las Ecs. (5.56) y (5.57) tienen un valor cualitativo pues dan información acerca de cómo influyen las localizaciones de E y G en la estabilidad. Posteriormente, se realizará un análisis detallado de la influencia de los diferentes parámetros en la velocidad de flameo y podremos comparar estos resultados con los más precisos obtenidos con el modelo aerodinámico no-estacionario.

5.3.2 Fuerzas aerodinámicas casi-estacionarias

Los modelos aeroelásticos estacionarios como el descrito en el punto anterior presentan ventajas computacionales obvias pero carecen de la precisión suficiente para la estimación de la velocidad de flameo y de las curvas $V\omega$ y Vg pues desprecian efectos en las presiones aerodinámicas debidos a la velocidad y a la aceleración del perfil. En este punto mejoraremos el modelo introduciendo nuevas derivadas aerodinámicas, sin embargo, asumiremos que estos coeficientes son independientes de la frecuencia reducida. Buscamos que el modelo así construido sea una aproximación válida de aquel denominado como no-estacionario (Tabla 5.1), cuyas derivadas aerodinámicas dependen de la frecuencia reducida a través de la función de Theodorsen. Para este razonamiento inicial, reescribimos las expresiones de la sustentación y el momento aerodinámicos L y M_a —Ecs. (5.26)— despreciando los términos asociados a las aceleraciones por ser del orden $\mathcal{O}(\kappa^2)$ y reteniendo aquellos proporcionales a θ, $\dot{\theta}$ y $\dot{h}$. Nuestra aproximación se basa en considerar la existencia de ciertos coeficientes C_{l_θ}, $C_{l_{\dot{\theta}}}$, C_{m_θ} y $C_{m_{\dot{\theta}}}$ que funcionan como derivadas aerodinámicas independientes de κ y que permiten estimar la sustentación y el momento como

$$
\begin{aligned}
L &= 2\pi\rho_\infty U_\infty b\, \mathcal{C}(\kappa)\left[\dot{h} + U_\infty\theta + b\left(\frac{1}{2}-a\right)\dot{\theta}\right] + \pi\rho_\infty b^2 U_\infty\dot{\theta} \\
&\approx \frac{1}{2}\rho_\infty U_\infty^2 (2b)\left[C_{l_\theta}\left(\theta + \frac{\dot{h}}{U_\infty}\right) + C_{l_{\dot{\theta}}}\left(\frac{b\dot{\theta}}{U_\infty}\right)\right] \\
M_a &= 2\pi\rho_\infty U_\infty b^2\left(\frac{1}{2}+a\right)\mathcal{C}(\kappa)\left[\dot{h} + U_\infty\theta + b\left(\frac{1}{2}-a\right)\dot{\theta}\right] \\
&\quad -\pi\rho_\infty b^3 U_\infty\left(\frac{1}{2}-a\right)\dot{\theta} \\
&\approx \frac{1}{2}\rho_\infty U_\infty^2 (2b)^2\left[C_{m_\theta}\left(\theta + \frac{\dot{h}}{U_\infty}\right) + C_{m_{\dot{\theta}}}\left(\frac{b\dot{\theta}}{U_\infty}\right)\right]
\end{aligned}
\tag{5.58}
$$

Aunque se podrían retener los 4 coeficientes como independientes, normalmente se suelen reducir a 3 usando la relación $C_{m_\theta} = (1/2+a)C_{l_\theta}/2$ [80, 88]. Esto es debido a que las presiones proporcionales al ángulo de ataque efectivo $\theta + \dot{h}/U_\infty$ tienen su resultante localizada en el centro aerodinámico $x_A = -b/2$. No ocurre lo mismo con las derivadas que afectan a $\dot{\theta}$, pues se trata de resultantes que provienen de distribuciones diferentes como se mostró en el Capítulo 4. De hecho, de las dos derivadas que multiplican a $\dot{\theta}$, esto es $C_{l_{\dot{\theta}}}$ y $C_{m_{\dot{\theta}}}$, algunos autores [41, 88] se quedan únicamente con $C_{m_{\dot{\theta}}}$ debido a su influencia en la evolución de las frecuencias y por tanto en la velocidad de flameo, eliminando la contribución de $C_{l_{\dot{\theta}}}$. Hancock [41] realiza un análisis detallado de los valores que toma el parámetro $C_{m_{\dot\theta}}$ y de su influencia en la solución casi-estacionaria. En general presenta valores negativos, $C_{m_{\dot\theta}} < 0$ lo que explica un efecto amortiguador en la estructura producido por la estela de torbellinos, retrasando la inestabilidad (aumentando la velocidad de flameo). Si se evalúa adoptando la hipótesis clásica no-estacionaria ($\kappa \approx 0$, $\mathcal{C}(\kappa) \approx 1$) se está infravalorando su contribución y el resultado no es realista, de hecho en tal caso el modelo podría flamear instantáneamente ($V_f = 0$) para alguna combinación del resto de parámetros. Una forma de mejorar el modelo sin aumentar la complejidad computacional es evaluar $C_{l_{\dot\theta}}$ y $C_{m_{\dot\theta}}$ de la Ec. (5.58) como los coeficientes en $\dot\theta$ de la sustentación y del momento respectivamente. Como estos coeficientes dependen de la frecuencia reducida, una aproximacion razonable es evaluar la función de Theodorsen en la frecuencia reducida de flameo obtenida con el modelo estacionario, para la cual existe expresión analítica (en el ejemplo $\kappa_f = 0.2268$). En tal caso, siguiendo con el mismo ejemplo numérico se obtendría $C_{l_{\dot\theta}} = 6.254$, $C_{m_{\dot\theta}} = -0.6325$. Este último, muy parecido al usado por Hancock [41] y por Wright [88]. Para no perder la generalidad, a partir de las Ecs. (5.58) construimos las matrices aerodinámicas **A** y **B** sin usar valores numéricos para las derivadas aerodinámicas casi-estacionarias, resultando unas fuerzas generalizadas

$$\mathbf{Q}(t) = \left\{ \begin{array}{c} -Lb \\ M_a \end{array} \right\} = \pi\rho_\infty U_\infty^2 \, b^2 \, \mathbf{A}\,\mathbf{u} + \pi\rho_\infty U_\infty \, b^3 \, \mathbf{B}\,\dot{\mathbf{u}} \qquad (5.59)$$

donde

$$\mathbf{A} = \left[\begin{array}{cc} 0 & -C_{l_\theta}/\pi \\ 0 & 2C_{m_\theta}/\pi \end{array} \right], \quad \mathbf{B} = \left[\begin{array}{cc} -C_{l_\theta}/\pi & -C_{l_{\dot\theta}}/\pi \\ 2C_{m_\theta}/\pi & 2C_{m_{\dot\theta}}/\pi \end{array} \right] \qquad (5.60)$$

Introduciendo esta expresión en la ecuación del movimiento del perfil obtenemos

$$\begin{cases} \mathbf{M}\ddot{\mathbf{u}} + \mathbf{K}\,\mathbf{u} = \pi\rho_\infty U_\infty^2 b^2 \mathbf{A}\mathbf{u} + \pi\rho_\infty U_\infty \, b^3 \, \mathbf{B}\,\dot{\mathbf{u}} \\ \mathbf{u}(0) = \mathbf{u}_0 \,, \quad \dot{\mathbf{u}}(0) = \mathbf{v}_0 \end{cases} \qquad (5.61)$$

De nuevo la respuesta en oscilaciones libres vendrá gobernada por la solución del problema homogéneo, el cual presenta ahora una matriz **B** multiplicando a las velocidades de los gdl. Estos términos inducen un amortiguamiento al sistema y las soluciones del determinante serán en general frecuencias complejas, cuyo valor dependerá de la velocidad U_∞. La estabilidad de las oscilaciones estará condicionada por el signo que tenga la parte imaginaria de dichas frecuencias. Para el cálculo de las frecuencias seguiremos un proceso de adimensionalicióon similar al llevado a cabo en el punto anterior. Introduciendo las matrices de masa y rigidez adimensionales y chequeando soluciones armónicas del tipo $\mathbf{u}(t) = \bar{\mathbf{u}}e^{i\omega t}$

$$\left[-\omega^2 m b^2 \, \boldsymbol{\mathcal{M}} + m b^2 \omega_\theta^2 \boldsymbol{\mathcal{K}} - \pi\rho_\infty U_\infty^2 b^2 \mathbf{A} - \pi\rho_\infty U_\infty \, b^3 (i\omega) \, \mathbf{B} \right] \bar{\mathbf{u}} = \mathbf{0} \qquad (5.62)$$

$a = x_E/b = -0.20$	$d = x_G/b = 0$	$C_{l_\theta} = 2\pi$	$C_{m_{\dot\theta}} = -0.6235$
$\mu = m/\pi\rho_\infty b^2 = 30$	$i_\theta = \sqrt{I_E/mb^2} = 0.611$	$C_{m_\theta} = 0.3142$	$C_{l_{\dot\theta}} = 6.254$
$\eta = \omega_h/\omega_\theta = 0.20$			

Tabla 5.2: Parámetros usados para el ejemplo numérico

Dividimos por mb^2 e introducimos $\lambda = \omega/\omega_\theta$, $V_\infty = U_\infty/b\omega_0$.

$$\left[-\lambda^2 \mathcal{M} + \mathcal{K} - \frac{V_\infty^2}{\mu}\mathbf{A} - \frac{i\lambda V_\infty}{\mu}\mathbf{B} \right] \bar{\mathbf{u}} = \mathbf{0} \tag{5.63}$$

La ecuación característica resulta ser ahora un polinomio de grado $2n = 4$ cuyos coeficientes son reales en la variable a $s = i\lambda$. Así, la ecuación

$$P(s) - \det\left[s^2\mathcal{M} + \mathcal{K} - \frac{V_\infty^2}{\mu}\mathbf{A} - \frac{s\,V_\infty}{\mu}\mathbf{B} \right] - 0 \tag{5.64}$$

tiene, para cada velocidad V_∞, cuatro raíces complejas que podemos denotar como $s = \{i\lambda_1, i\lambda_2, (i\lambda_1)^*, (i\lambda_2)^*\}$, por tanto las frecuencias complejas (términos que multiplican a la unidad imaginaria) serán $\{\lambda_1, \lambda_2, -\lambda_1^*, -\lambda_2^*\}$.

Fijados todos los parámetros excepto λ y V_∞ en la Ec. (5.64), ésta se puede resolver para una lista de valores de la velocidad. En la Fig. 5.4 se han representado los resultados para los siguientes parámetros

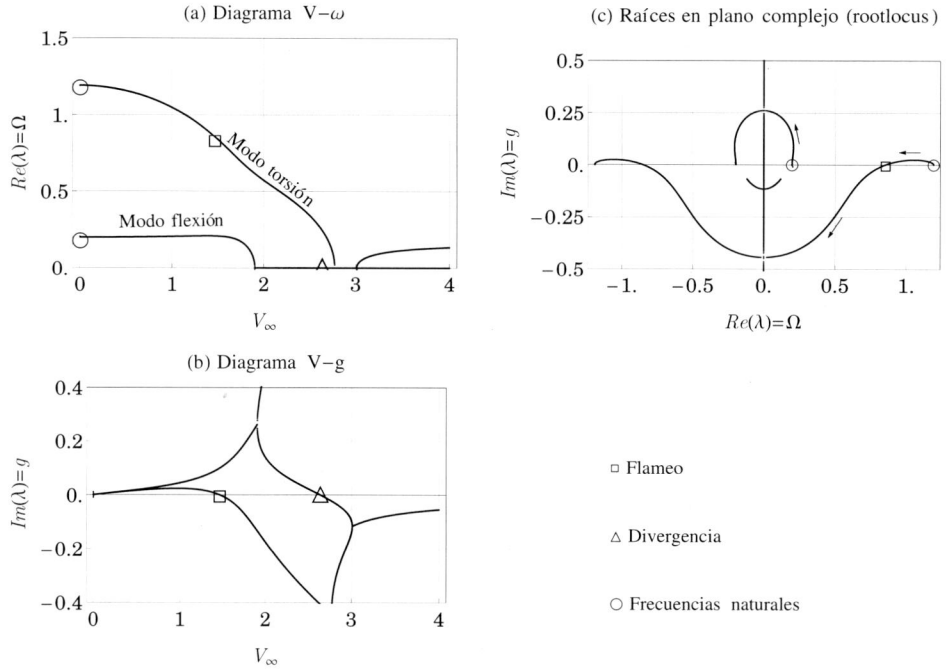

Figura 5.4: Curvas de flameo para el problema binario de dos grados de libertad con fuerzas aerodinámicas casi-estacionarias con $a = -0.20$, $\mu = 30$, $i_\theta = 0.611$, $d = 0$, $\eta = 0.20$, $C_{l_\theta} = 2\pi$, $C_{l_{\dot\theta}} = 6.254$, $C_{m_{\dot\theta}} = -0.6325$. Arriba-izda: Parte real frecuencias complejas adimensionales $\lambda = \omega/\omega_\theta$ vs velocidad adimensional $V_\infty = U_\infty/b\omega_\theta$ (diagrama V-ω). Abajo-izda: Parte imaginaria vs velocidad (diagrama V-g). Arriba-izda: Localización de las frecuencias en el plano complejo, las flechas indican la evolución de las frecuencias con la velocidad. Puntos característicos de las curvas: $\square$, Punto de flameo; $\bigcirc$, Frecuencias naturales para $V_\infty = 0$; $\triangle$, Punto de divergencia estática; $\diamond$, Segundo punto de bifuración

Las frecuencias $\lambda_j(V_\infty) = \Omega_j(V_\infty) + ig_j(V_\infty)$, comienzan desde el eje real pues el sistema no incluye un modelo disipativo. Aproximadamente en el intervalo de velocidades $0 < V_\infty < 1.46$ la parte imaginaria de las frecuencias representan un amortiguamiento positivo y son, por tanto, estables. Para cierta velocidad, el amortiguamiento de una de las dos frecuencias comienza a descender hasta hacerse nulo en la velocidad de flameo ($V_f \approx 1.468$, representado por "$\square$"). A partir de esta velocidad la parte imaginaria entra en la parte negativa y en consecuencia aparece el flameo. La parte real del modo de torsión es de nuevo la frecuencia que más se ve afectada por la velocidad en términos de reducción de su valor, sin embargo, en el punto de flameo no se da el fenómeno de la coalescencia (confluencia de las frecuencias en un mismo punto). Ahora, el punto de flameo se caracteriza por ser el valor más pequeño de la velocidad para el cual el amortiguamiento de alguna de las raíces se anula. El modo inestable es el de torsión, por lo que la frecuencia de flameo será la asociada a la parte real de éste, $\lambda_f \approx 0.855$. La velocidad de divergencia vuelve a aparecer en el mismo punto que en el caso de fuerzas estacionarias ($V_D \approx 2.64$ y representada por "$\triangle$"), pues tanto el modelo estacionario como el casi-estacionario planteados comparten la misma matriz $\mathbf{A}$. El punto de flameo cuando las fuerzas son estacionarias se obtenía imponiendo la condición de coalescencia modal. Sin embargo, dicha condición no vale para el modelo aerodinámico casi-estacionario (ni tampoco para el no-estacionario, como se verá después). Ahora la velocidad de flameo se caracteriza por ser el punto donde se anula el amortiguamiento (parte imaginaria) de alguna frecuencia (la de torsión en nuestro problema). Es posible su obtención analítica sin necesidad de obtener las curvas de flameo, mediante el llamado método de Theodorsen que se basa en el hecho de que la frecuencia en el punto de flameo es un número real $\lambda_f(V_f) = \Omega_f \subset \mathbb{R}$, $g_f(V_f) = 0$, por tanto, particularizando la Ec. (5.64) en $V_\infty = V_f$ se tiene la función

$$P(i\Omega_f) = \det\left[-\Omega_f^2 \boldsymbol{\mathcal{M}} + \boldsymbol{\mathcal{K}} - \frac{V_f^2}{\mu}\mathbf{A} - \frac{i\Omega_f V_\infty}{\mu}\mathbf{B}\right] = 0 \qquad (5.65)$$

es un número complejo donde todos las variables y parámetros que aparecen son reales excepto la unidad imaginaria $i = \sqrt{-1}$ que multiplica a Ω_f. Por tanto, al desarrollar el determinante aparecerán términos que multiplicarán a i (serán la parte imaginaria de P) y términos que no lo harán (parte real). Se puede escribir por tanto

$$P(i\Omega_f) = \Re\{P\} + i\,\Im\{P\} \equiv P_R(\Omega_f, V_f) + i\,P_I(\Omega_f, V_f) = 0 \qquad (5.66)$$

Tanto $P_R(\Omega_f, V_f) = \Re\{P\}$ como $P_I(\Omega_f, V_f) = \Im\{P\}$ serán función de las variables Ω_f y de V_f (y por supuesto del resto de parámetros). La ecuación anterior por tanto son en realidad dos

$$\begin{cases} P_R(\Omega_f, V_f) = 0 \\ P_I(\Omega_f, V_f) = 0 \end{cases} \qquad (5.67)$$

con dos incógnitas: Ω_f y V_f. En general aparecen multitud de soluciones, únicamente nos interesan aquellas parejas en las que Ω_f y V_f sean números reales positivos. Entre todas las que cumplan estas condiciones la velocidad de flameo es la que tiene un valor más pequeño de V_f. Las Ecs. (5.67) se pueden resolver numéricamente usando un *software* adecuado como por ejemplo Wolfram Mathematica, que combine cálculo simbólico (para la obtención de P_R y

Frecuencia, Ω_f	Velocidad, V_f	Frec. reducida, $\kappa_f = \Omega_f/V_f$	Comentarios
0.000000	$+9.81943 \times 10^{15}i$	0.000000	Vel. compleja
0.000000	$-9.81943 \times 10^{15}i$	0.000000	Vel. compleja
0.000000	2.63987	0.000000	Frec. nula (divergencia)
0.000000	-2.63987	0.000000	Frec. nula
-0.855423	1.46713	-0.583059	Frec. negativa
0.855423	-1.46713	$+0.583059$	Vel. negativa
-0.855423	-1.46713	-0.583059	Frec./Vel. negativa
0.855423	**1.46713**	**+0.583059**	**flameo**
1.191250	0.00000	∞	Vel. nula (Frec. natural)
-1.191250	0.00000	∞	Vel. nula (Frec. natural)
-0.198829	0.00000	∞	Vel. nula (Frec. natural)
0.198829	0.00000	∞	Vel. nula (Frec. natural)

Tabla 5.3: Resultados de la resolución de la velocidad de flameo mediante el método de Theodorsen con los datos numéricos de la Tabla 5.2

P_I) y numérico (para la resolución conjunta del sistema no-lineal de ecuaciones). En la Tabla 5.3 se han listado los resultados obtenidos para los datos numéricos de la Tabla 5.2. Según este modelo aerodinámico, el sistema flameo para velocidades superiores a $V_f = 1.46713$. La solución de las ecuaciones también detecta otros puntos característicos ya señalados como la divergencia o las frecuencias naturales.

El método de Theodorsen es operativo para sistemas de dos o tres grados de libertad. La razón es el tamaño del sistema de cada una de las Ecs. (5.67) cuando el número de grados de libertad n crece. Podemos cuantificarlo con un sencillo cálculo: considerando que todas las matrices implicadas en el determinante de la Ec. (5.65) más la correspondiente a la masa aparente, tienen todos sus elementos no-nulos (matrices llenas), entonces cada elemento de la matriz suma resultante tiene 5 sumandos. Tras el desarrollo completo de la expresión del determinante y de los productos internos, nos encontramos con un número total de términos igual a $5^n n!$, donde $n!$ representa el factorial de n. Evaluando esta expresión en $n = 4$ se tienen nada más y nada menos que ¡15 000 términos! Obviamente serán menos pues existen elementos nulos además no todos son parámetros desconocidos, sino que encontramos valores numéricos; pero esta estimación del orden de magnitud justifica la limitación del método.

Históricamente, el procedimiento fue usado de forma pionera por algunos de los autores más influyentes en el tratamiento analítico del flameo como Theodorsen y Garrick [81-83], en la solución de problemas de dos y tres grados de libertad, este último añadiendo una alerón semirígido a nuestro problema de flexión-torsión.

Métodos numéricos de resolución: método espacio-estado

Parece claro que la obtención de las frecuencias a partir de las raíces del polinomio característico desarrollando el determinante, es un método acotado a problemas de 2 o 3 grados de libertad. Sin embargo, salvo modelos reducidos simplificados, la mayoría de los modelos realistas aeroelásticos presentan entre decenas y miles de grados de libertad. Deben plantearse por tanto métodos numéricos eficaces para su resolución. Vamos a describir aquí el más extendido para la resolución numérica de las frecuencias complejas en problemas aeroelásticos con fuerzas aerodinámicas casi-estacionarias [88]. Consideraremos que el vector de grados de libertad $\mathbf{u}(t) \in \mathbb{R}^n$ tiene n componentes y que las fuerzas generalizadas se escriben de la forma

$$\mathbf{Q}(t) = \rho_\infty U_\infty^2 \, \mathbf{A} \, \mathbf{u} + \rho_\infty U_\infty \mathbf{B} \dot{\mathbf{u}} + \rho_\infty \mathbf{C} \, \ddot{\mathbf{u}} \tag{5.68}$$

donde $\mathbf{A}$, $\mathbf{B}$ y $\mathbf{C}$ son matrices numéricas independientes de la frecuencia. Las ecuaciones del movimiento son

$$\mathbf{M}\ddot{\mathbf{u}} + \mathbf{K}\,\mathbf{u} = \rho_\infty U_\infty^2 \mathbf{A}\mathbf{u} + \rho_\infty U_\infty \mathbf{B}\dot{\mathbf{u}} + \rho_\infty \, \mathbf{C}\,\ddot{\mathbf{u}} \tag{5.69}$$

Introducimos los vectores de orden n, $\mathbf{x}_0 = \mathbf{u}$ y $\mathbf{x}_1 = \dot{\mathbf{u}}$. La ecuación anterior se puede escribir en términos de estas nuevas variables (en total $2n$) como

$$\mathbf{M}\dot{\mathbf{x}}_1 + \mathbf{K}\,\mathbf{x}_0 = \rho_\infty U_\infty^2 \mathbf{A}\mathbf{x}_0 + \rho_\infty U_\infty \mathbf{B}\mathbf{x}_1 + \rho_\infty \, \mathbf{C}\,\dot{\mathbf{x}}_1 \tag{5.70}$$

Estas n ecuaciones junto con las n ecuaciones triviales $\mathbf{x}_1 = \dot{\mathbf{x}}_0$ constituyen un sistema de $2n$ ecuaciones diferenciales lineales de primer orden con $2n$ incógnitas $\{\mathbf{x}_0, \mathbf{x}_1\}$. En forma matricial por bloques se pueden escribir como

$$\begin{bmatrix} \mathbf{I} & \mathbf{0} \\ \mathbf{0} & \mathbf{M} - \rho_\infty\mathbf{C} \end{bmatrix} \left\{ \begin{array}{c} \dot{\mathbf{x}}_0 \\ \dot{\mathbf{x}}_1 \end{array} \right\} + \begin{bmatrix} \mathbf{0} & -\mathbf{I} \\ \mathbf{K} - \rho_\infty U_\infty^2 \mathbf{A} & -\rho_\infty U_\infty \mathbf{B} \end{bmatrix} \left\{ \begin{array}{c} \mathbf{x}_0 \\ \mathbf{x}_1 \end{array} \right\} = \left\{ \begin{array}{c} \mathbf{0} \\ \mathbf{0} \end{array} \right\} \tag{5.71}$$

Llamando

$$\mathbf{y} = \left\{ \begin{array}{c} \mathbf{x}_0 \\ \mathbf{x}_1 \end{array} \right\} \ , \ \mathbf{R} = \begin{bmatrix} \mathbf{I} & \mathbf{0} \\ \mathbf{0} & \mathbf{M} - \rho_\infty\mathbf{C} \end{bmatrix} \ , \ \mathbf{S} = \begin{bmatrix} \mathbf{0} & -\mathbf{I} \\ \mathbf{K} - \rho_\infty U_\infty^2 \mathbf{A} & -\rho_\infty U_\infty \mathbf{B} \end{bmatrix} \tag{5.72}$$

se tiene

$$\mathbf{R}\,\dot{\mathbf{y}} + \mathbf{S}\,\mathbf{y} = \mathbf{0} \tag{5.73}$$

Planteando soluciones exponenciales del tipo $\mathbf{u}(t) = \bar{\mathbf{u}}e^{st}$ (soluciones tipo Laplace, con $s = i\omega$) entonces

$$\mathbf{y} = \left\{ \begin{array}{c} \mathbf{x}_0 \\ \mathbf{x}_1 \end{array} \right\} = \left\{ \begin{array}{c} \mathbf{u} \\ \dot{\mathbf{u}} \end{array} \right\} = \left\{ \begin{array}{c} \bar{\mathbf{u}} \\ s\bar{\mathbf{u}} \end{array} \right\} e^{st} \equiv \bar{\mathbf{y}}\, e^{st} \tag{5.74}$$

y por tanto los modos $\bar{\mathbf{y}}$ y las frecuencias $s = i\omega$ se pueden obtener del problema lineal de autovalores de tamaño $2n$

$$[\mathbf{S} + s\,\mathbf{R}]\,\bar{\mathbf{y}} = \mathbf{0} \tag{5.75}$$

donde como se aprecia, la matriz $\mathbf{G}$ depende de la velocidad lo cual permite repetir el cálculo de la Ec. (5.75) para todo el rango deseado de velocidades, obteniendo así las curvas de flameo. En general siempre será posible transformar un sistema de n ecuaciones diferenciales de orden r en un sistema de rn ecuaciones de primer orden. La solución de las frecuencias se reduce a un problema lineal de autovalores generalizado como el mostrado en la Ec. (5.75) cuya complejidad computacional es $\mathcal{O}(8n^3)$ (orden de magnitud del número de operaciones necesarias para su resolución). El método de resolución se denomina de espacio-estado (más popular es el término en inglés *space-state method*) pues se puede reducir al sistema

$$\dot{\mathbf{y}} = \mathbf{T}\,\mathbf{y} \tag{5.76}$$

donde $\mathbf{T} = -\mathbf{R}^{-1}\mathbf{S}$. La Ec. (5.73) tiene la forma de la clásica representación de los modelos dinámicos tipo espacio-estado [44], en los que la velocidad de cambio de las variables del sistema depende del estado de dichas variables en cada instante.

5.3.3 Fuerzas aerodinámicas no-estacionarias

El modelo más completo de fuerzas aerodinámicas es aquel en el que se tienen en cuenta todos los efectos no estacionarios presentados en la Tabla. 5.1. Matemáticamente las fuerzas generalizadas tienen la expresión dada por las Ecs. (5.32) y (5.33) y que reescribimos a continuación resaltando la dependencia de la frecuencia reducida $\kappa = \omega b/U_\infty$

$$\mathbf{Q}(t) = \pi\rho_\infty U_\infty^2\, b^2\, \mathbf{A}(\kappa)\mathbf{u} + \pi\rho_\infty U_\infty\, b^3\, \mathbf{B}(\kappa)\dot{\mathbf{u}} + \pi\rho_\infty\, b^4\, \mathbf{C}\,\ddot{\mathbf{u}} \tag{5.77}$$

Rigurosamente esta expresión es inconsistente, pues en ella conviven frecuencia y tiempo en unas fórmulas en las que todavía no sabemos el valor de la respuesta. Para dar una explicación razonable a esta aparente contradicción, debemos remontarnos a la definición del coeficiente de presiones en el dominio de la frecuencia. En él, la frecuencia reducida aparecía en la función de Theodorsen y multiplicando a las variables $\bar{h}$ o $\bar{\alpha}$ en términos como $(i\kappa)\bar{h}$, $(i\kappa)\bar{\alpha}$, $(i\kappa)^2\bar{h}$, $(i\kappa)^2\bar{\alpha}$. Productos del tipo $\mathcal{C}(\kappa)\,(i\kappa)\bar{h}$ eran transformados, en una maniobra algo *atrevida* matemáticamente, en $(b/U_\infty)\mathcal{C}(\kappa)\dot{h}(t)$ en el dominio del tiempo, dejando κ como parámetro dentro de la función de Theodorsen. Estrictamente, si buscamos transformar un producto de funciones de la frecuencia como el anterior al domino del tiempo deberíamos usar el producto de convolución

$$\mathcal{F}^{-1}\left\{\mathcal{C}(\kappa)\,i\kappa\bar{h}(\kappa)\right\} = \frac{b}{U_\infty} \int_{\tau=0}^{t} \dot{h}(\tau)\,\mathcal{G}(t-\tau)\,d\tau$$

donde $\mathcal{F}\{\bullet\}$ representa la transformada de Fourier y $\mathcal{G}(t)$ es la transformada inversa de Fourier de la función de Theodorsen. La razón de esta falta de rigor en el tratamiento de las fuerzas generalizadas no-estacionarias tiene su justificación en el hecho de que al introducirlas en las ecuaciones del movimiento como haremos a continuación, éstas deben volver a expresarse en el dominio de la frecuencia para obtener la velocidad y la frecuencia de flameo como solución de un problema de autovalores, por lo que al final se trata de un camino de ida y vuelta. Al dejar la función de Theodorsen en el dominio de la frecuencia nos ahorramos arrastrar productos de convolución y además conseguimos encontrar una interpretación física a los diferentes términos que forman la sustentación y el momento aeordinámico como se hizo en el punto 4.6.6. Sin embargo, con este modelo no podemos integrar en el tiempo las ecuaciones del movimiento para analizar problemas transitorios pero no armónicos, como por ejemplo los problemas de ráfagas, turbulencias o maniobras en mecánica de vuelo. Veremos en la Secc. 6.5 una metodología en la que podemos considerar de forma exacta el efecto de retardo en las fuerzas aerodinámicas expresando la función de Theodorsen en el dominio de Laplace mediante una aproximación racional. Por el momento, presentaremos los métodos clásicos de uso extendido que permiten obtener con eficacia la velocidad de flameo.

El objetivo es entonces obtener la evolución de las frecuencias complejas con la velocidad de vuelo en base al modelo no-estacionario más completo para perfiles en movimiento armónico en el seno de una corriente incompresible en el plano. Las ecuaciones del movimiento quedan entonces

$$\mathbf{M\ddot{u}} + \mathbf{K\,u} = \pi\rho_\infty U_\infty^2\, b^2\, \mathbf{A}(\kappa)\mathbf{u} + \pi\rho_\infty U_\infty\, b^3\, \mathbf{B}(\kappa)\mathbf{\dot{u}} + \pi\rho_\infty\, b^4\, \mathbf{C\,\ddot{u}} \qquad (5.78)$$

Puede observarse que ya no incluimos las condiciones iniciales como en los casos anteriores. La razón ya ha sido comentada arriba: la Ec. (5.78) no debe ser interpretada como una ecuación del movimiento para su integración, sino como un problema homogeneo del que es necesario obtener las frecuencias complejas en función de la velocidad. Ahora la frecuencia y la velocidad se encuentran acopladas en la frecuencia reducida $\kappa = \omega b/U_\infty$ que a su vez forma parte de la función de Theodorsen. Los métodos numéricos de resolución deben tener esto en cuenta a la hora de resolver el prroblema. Existen dos métodos numéricos de uso generalizado para la obtención de las curvas de flameo: (1) el método americano o método k y (2) el método británico o método pk, descritos con detalle en los libros de Wright & Cooper [88] y Rodden [80].

Resolución numérica del problema del flameo: método americano (método k)

El método k se desarrolló en Estados Unidos en la década de 1950. Se basa en encontrar una expresión del problema de autovalores escrita en términos de la frecuencia de oscilación $\lambda = \omega/\omega_\theta$ y de la frecuencia reducida κ. A partir de la Ec. (5.78) derivaremos un problema en términos de dichas variables. Como siempre, las soluciones válidas a esta ecuación serán armónicas del tipo $\mathbf{u}(t) = \bar{\mathbf{u}}\, e^{i\omega t}$. Usando la versión adimensinal de las matrices de masa y rigidez, se tiene

$$\left[-\omega^2 mb^2\, \boldsymbol{\mathcal{M}} + mb^2\omega_\theta^2 \boldsymbol{\mathcal{K}}\right] \bar{\mathbf{u}}$$
$$= \left[\pi\rho_\infty U_\infty^2\, b^2\mathbf{A}(\kappa) + \pi\rho_\infty U_\infty\, b^3 (i\omega)\, \mathbf{B}(\kappa) - \omega^2\pi\rho_\infty\, b^4\, \mathbf{C}\right] \bar{\mathbf{u}} \quad (5.79)$$

Dividiendo por $\omega^2\, mb^2$, se distinguen las siguientes variables adimensionales: el coeficiente másico del perfil $\mu = m/\pi b^2\rho_\infty$, la frecuecia reducida $\kappa = \omega b/U_\infty$ la frecuencia adiemsional $\lambda = \omega/\omega_\theta$ resultando

$$\left[-\boldsymbol{\mathcal{M}} + \frac{1}{\lambda^2}\boldsymbol{\mathcal{K}}\right] \bar{\mathbf{u}} = \frac{1}{\mu}\left[\frac{1}{\kappa^2}\mathbf{A}(\kappa) + \frac{i}{\kappa}\mathbf{B}(\kappa) - \mathbf{C}\right] \bar{\mathbf{u}} \qquad (5.80)$$

Denotando

$$\mathbf{H}(\kappa) = \boldsymbol{\mathcal{M}} + \frac{1}{\mu}\left[\frac{1}{\kappa^2}\mathbf{A}(\kappa) + \frac{i}{\kappa}\mathbf{B}(\kappa) - \mathbf{C}\right] \,, \quad \tau = 1/\lambda \qquad (5.81)$$

la Ec. (5.80) se puede expresar en forma compacta como

$$\left[\mathbf{H}(\kappa) - \tau^2\boldsymbol{\mathcal{K}}\right] \bar{\mathbf{u}} = \mathbf{0} \qquad (5.82)$$

Expresión que representa un problema lineal generalizado de autovalores para cada valor de κ. El método k se aplica de la siguiente manera:

1. Imponiendo un valor de la frecuencia reducida κ_0, obtenemos el valor de la matriz $\mathbf{H}(\kappa_0)$

2. Resolvemos el problema (5.82) y extraemos los $2n$ valores complejos en $\lambda = 1/\tau$, de los cuales en general habrá n con parte real positiva y otros n con parte real negativa. Nos quedamos con los que tienen parte real positiva $\lambda_j = \Omega_j + ig_j$, $1 \leq j \leq n$, $\Omega_j > 0$.

3. Calculamos la velocidad asociada a cada frecuencia compleja con la expresión

$$V_j = \frac{\Re\{\lambda_j\}}{\kappa_0} = \frac{\Omega_j}{\kappa_0} \tag{5.83}$$

4. Formamos las parejas (V_j, g_j) y (V_j, Ω_j) para cada modo $j = 1, \ldots, n$ que formarán parte de las curvas Vg y $V\omega$ respectivamente.

5. Tomamos un nuevo $\kappa = \kappa_0 + \Delta\kappa$ y volvemos a repetir el proceso.

De esta forma se van configurando unas curvas de flameo que de forma aproximada representan la evolución de las frecuencias con la velocidad. Si hemos elegido adecuadamente el intervalo de chequeo en frecuencias reducidas $\kappa_{\min} \leq \kappa \leq \kappa_{\max}$, entonces para una de estos valores, llamémoslo κ_f, se verificará que una de las frecuencias tendrá solo parte real $\lambda_j = \Omega_f + 0.00i$. En dicho punto la ecuación se verificará idénticamente y la velocidad de flameo será entonces $V_f = \Omega_f/\kappa_f$. En el resto de frecuencias reducidas en el intervalo de chequeo la ecuación no se verifica, pues para cada $\kappa = \omega b/U_\infty \in \mathbb{R}$ introducido, se obtiene una frecuencia compleja, $\omega \in \mathbb{C}$. La parte imaginaria de ω (o de λ en términos adimensionales) no se debe interpretar como el ratio de caída de amplitudes de los modos sino como el amortiguamiento ficticio exterior que debe añadirse al sistema para conseguir que el movimiento sea armónico puro [80]. En efecto, si $\lambda = \Omega(1 + i\zeta)$ es la solución compleja de un modo para cierto valor de $\kappa = \Omega/V_\infty$ entonces asumiendo que $\zeta \ll 1$ el término de la Ec. (5.80) asociado a la rigidez se puede reescribir como

$$\frac{1}{\lambda^2}\mathcal{K} = \frac{1}{\Omega^2(1 + 2i\zeta - \zeta^2)}\mathcal{K} \approx \frac{1 - 2i\zeta}{\Omega^2}\mathcal{K} \tag{5.84}$$

Esta expresión es equivalente a introducir en la ecuación del movimiento (5.78) un término disipativo ficticio con matriz de amortiguamiento estructural tipo histerético (inversamente proporcional a la frecuencia) de valor $\mathbf{D}_e = \frac{g_e}{\omega}\mathbf{K}$, con coeficiente ficticio equivalente $g_e = -2\zeta$. Por ello, en algunos textos [80], se representa este amortiguamiento ficticio o requerido g_e que es negativo cuando el sistema es estable y positivo cuando no lo es, haciéndose cero en el punto de flameo.

Este método no puede aplicarse cuando la matriz de rigidez es singular debido a la existencia de modos de sólido rígido, algo habitual cuando se analiza la interacción de todos los modos de un aeronave. La razón es que en estos casos $\omega = 0$ es un autovalor de la matriz de rigidez y por otro lado es también una singularidad en la ecuación, por tanto tales modos no pueden *detectarse*. Existen diferentes formas de resolver este problema, nosotros destacamos dos: (i) Se pueden eliminar los grados de libertad asociados a los modos de sólido rígido [12, 80] y (ii) Se puede evitar el paso en el que la frecuencia ω^2 divide a toda la ecuación, dando lugar a una versión alternativa del método denominada *formulación modal del método k*, usada por ejemplo en el módulo aeroelástico del software MSC/NASTRAN [79, 80].

En la Fig. 5.5 se han representado los resultados del método k para nuestro problema binario de 2 gdl usando fuerzas aerodinámicas estacionarias Fig. 5.5(izquierda) y fuerzas no-estacionarias Fig. 5.5(derecha). En ambos modelos se observa que existen velocidades para las cuales se viola la inyectividad, es decir que en un mismo modo, existen dos frecuencias distintas Ω (o dos amortiguamientos, g) para alguna velocidad V_∞ una característia habitual de las curvas calculadas con el método k. Obviamente este hecho no se corresponde con la realidad y se deriva del método de cálculo basado en resolver imponiendo una frecuencia reducida en lugar de una velocidad.

Resolución numérica del problema del flameo: método británico (método pk)

El método británico o método pk combina las matrices de rigidez, amortiguamiento y masa aparente aerodinámicas con las estructurales para obtener un problema general donde la frecuencia reducida y la velocidad quedan como parámetros. El método fue propuesto a principios de la década de los 70 por Jocelyn Lawrence y Jackson [56] y por Woodcock y Jocelyn Lawrence [86]. El objetivo es transformar este sistema de $n = 2$ ecuaciones diferenciales de 2.º orden en un sistema de $2n = 4$ ecuaciones de primer orden usando el método espacio-estado descrito en las Ecs. (5.69) a (5.75), pero dejando la frecuencia reducida como parámetro. Aunque el proceso se realiza para nuestro ejemplo de perfil en flexión-torsión con 2 gdl, su generalización es inmediata para cualquier sistema de n gdl. Al evaluar las matrices $\mathbf{A}(\kappa)$, y $\mathbf{B}(\kappa)$ se obtienen números complejos debido a que la función de Theodorsen devuelve valores complejos. Para alcanzar un sistema de ecuaciones diferenciales de coeficientes

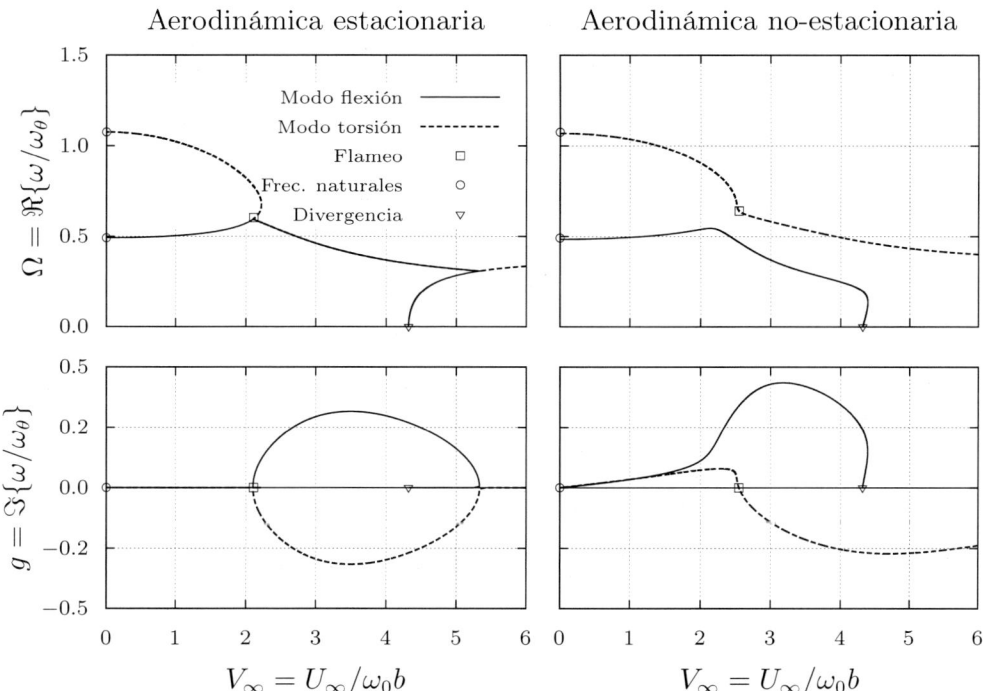

Figura 5.5: Gráficas $V\omega$ y Vg obtenidas con el métodos k para $a = -0.20$, $d = 0$, $i_\theta = 0.611$, $\eta = \omega_h/\omega_\theta = 0.50$, $\mu = 30$.

reales debemos separar la parte real e imaginaria de la función de Theodorsen y *transformar* esta última en un desfase en el tiempo asociado a movimientos armónicos. Debemos situarnos en la ecuación del movimiento en aerodinámica no-estacionaria —Ec. (5.78)—, donde las matrices aerodinámicas se pueden escribir separando la parte circulatoria y aparente de acuerdo a la Ec. (5.33) que volvemos a reescribir

$$\mathbf{A}(\kappa) = \mathcal{C}(\kappa)\,\mathbf{A}_Q \;, \quad \mathbf{B}(\kappa) = \mathcal{C}(\kappa)\,\mathbf{B}_Q + \mathbf{B}_A \;, \quad \mathbf{C} = \mathbf{C}_A \qquad (5.85)$$

Puesto que $\mathcal{C}(\kappa)$ devuelve números complejos y que además la parte imaginaria es nula en $\kappa = 0$ (ver Fig. 4.10), existen dos funciones $F(\kappa)$ y $G(\kappa)$ tales que $\mathcal{C}(\kappa) = F(\kappa) + i\kappa G(\kappa)$. Actualmente, obtener estas funciones por separado analíticamente carece de sentido, sin embargo, en los años 40 obtener soluciones numéricas de la función de Theodorsen no era inmediato por las limitaciones computacionales. Entonces se propusieron versiones algebraicas como la de

231

Jones [46]

$$\mathcal{C}(\kappa) \approx 1 - i\kappa \left(\frac{c_1}{c_2 + i\kappa} + \frac{d_1}{d_2 + i\kappa} \right) = F(\kappa) + i\kappa G(\kappa) \qquad (5.86)$$

donde

$$F(\kappa) = 1 - \kappa^2 \left(\frac{c_1}{c_2^2 + \kappa^2} + \frac{d_1}{d_2^2 + \kappa^2} \right) \ , \ G(\kappa) = - \left(\frac{c_1 c_2}{c_2^2 + \kappa^2} + \frac{d_1 d_2}{d_2^2 + \kappa^2} \right) \quad (5.87)$$

$$c_1 = 0.165 \ , \ d_1 = 0.335 \ , \ c_2 = 0.0455 \ , \ d_2 = 0.300$$

Usamos la descomposición de $\mathcal{C}(\kappa)$ y la forma $\mathbf{u}(t) = \bar{\mathbf{u}}e^{i\omega t}$ para poder *absorber* la parte imaginaria como una simple derivada temporal de una función armónica. Así entrando paso a paso en la Ec. (5.78)

$$
\begin{aligned}
\mathbf{Q}(\kappa) &= \pi\rho_\infty U_\infty^2 \, b^2 \, \mathbf{A}(\kappa)\mathbf{u} + \pi\rho_\infty U_\infty \, b^3 \, \mathbf{B}(\kappa)\dot{\mathbf{u}} + \pi\rho_\infty \, b^4 \, \mathbf{C}\,\ddot{\mathbf{u}} \\
&\equiv \mathbf{Q}_0(\kappa) + \mathbf{Q}_1(\kappa) + \pi\rho_\infty \, b^4 \, \mathbf{C}\,\ddot{\mathbf{u}} \\
\mathbf{Q}_0(\kappa) &= \pi\rho_\infty U_\infty^2 \, b^2 \left[F(\kappa) + (i\omega)G(\kappa)\frac{b}{U_\infty} \right] \mathbf{A}_Q \, \bar{\mathbf{u}}e^{i\omega t} \\
&= \pi\rho_\infty U_\infty^2 \, b^2 \, F(\kappa)\mathbf{A}_Q \bar{\mathbf{u}}e^{i\omega t} + \pi\rho_\infty U_\infty \, b^3 \, G(\kappa)\mathbf{A}_Q (i\omega)\bar{\mathbf{u}}e^{i\omega t} \\
&= \pi\rho_\infty U_\infty^2 \, b^2 \, F(\kappa)\mathbf{A}_Q \mathbf{u} + \pi\rho_\infty U_\infty \, b^3 \, G(\kappa)\mathbf{A}_Q \, \dot{\mathbf{u}} \\
\mathbf{Q}_1(\kappa) &= \pi\rho_\infty U_\infty \, b^3 \left[F(\kappa) + (i\omega)G(\kappa)\frac{b}{U_\infty} \right] \mathbf{B}_Q \, (i\omega)\bar{\mathbf{u}}e^{i\omega t} + \pi\rho_\infty U_\infty \, b^3 \, \mathbf{B}_A \dot{\mathbf{u}} \\
&= \pi\rho_\infty U_\infty \, b^3 F(\kappa)\mathbf{B}_Q(i\omega)\bar{\mathbf{u}}e^{i\omega t} + \pi\rho_\infty \, b^4 \, G(\kappa)\mathbf{B}_Q(i\omega)^2 \bar{\mathbf{u}}e^{i\omega t} \\
&\quad + \pi\rho_\infty U_\infty b^3 \mathbf{B}_A \dot{\mathbf{u}} \\
&= \pi\rho_\infty U_\infty b^3 F(\kappa)\mathbf{B}_Q \dot{\mathbf{u}} + \pi\rho_\infty b^4 \, G(\kappa)\mathbf{B}_Q \ddot{\mathbf{u}} + \pi\rho_\infty U_\infty b^3 \mathbf{B}_A \dot{\mathbf{u}} \qquad (5.88)
\end{aligned}
$$

Finalmente tenemos, de forma compacta

$$\mathbf{Q}(\kappa) = \pi\rho_\infty U_\infty^2 \, b^2 \, \mathbf{A}_{pk}(\kappa)\mathbf{u} + \pi\rho_\infty U_\infty \, b^3 \, \mathbf{B}_{pk}(\kappa)\dot{\mathbf{u}} + \pi\rho_\infty \, b^4 \, \mathbf{C}_{pk}(\kappa)\ddot{\mathbf{u}} \quad (5.89)$$

donde

$$
\begin{aligned}
\mathbf{A}_{pk}(\kappa) &= F(\kappa)\mathbf{A}_Q \\
\mathbf{B}_{pk}(\kappa) &= G(\kappa)\mathbf{A}_Q + F(\kappa)\mathbf{B}_Q + \mathbf{B}_A \\
\mathbf{C}_{pk}(\kappa) &= G(\kappa)\mathbf{B}_Q + \mathbf{C} \qquad (5.90)
\end{aligned}
$$

Introducimos estas expresiones en las ecuaciones del movimiento —Ec. (5.78)— y las adimensionalizamos introduciendo un cambio de la variable en el tiempo

$\tau = \omega_\theta\, t$, de forma que $(\bullet)' = d(\bullet)/d\tau$

$$mb^2\omega_\theta^2 \mathcal{M}\mathbf{u}'' + mb^2\omega_\theta^2 \mathcal{K}\,\mathbf{u}$$
$$= \pi\rho_\infty U_\infty^2\, b^2\, \mathbf{A}_{pk}(\kappa)\mathbf{u} + \pi\rho_\infty U_\infty\, b^3\, \omega_\theta \mathbf{B}_{pk}(\kappa)\mathbf{u}' + \pi\rho_\infty\, b^4\, \omega_\theta^2 \mathbf{C}_{pk}\, \mathbf{u}'' \quad (5.91)$$

Dividiendo por $mb^2\omega_\theta^2$ se tiene

$$\mathcal{M}\mathbf{u}'' + \mathcal{K}\,\mathbf{u} = \frac{1}{\mu}\left[V_\infty^2\, \mathbf{A}_{pk}(\kappa)\mathbf{u} + V_\infty \mathbf{B}_{pk}(\kappa)\mathbf{u}' + \mathbf{C}_{pk}(\kappa)\mathbf{u}''\right] \qquad (5.92)$$

donde $V_\infty = U_\infty/b\omega_\theta$ es la velocidad adimensional y $\mu = m/\pi b^2\rho_\infty$ el coeficiente másico. Ahora, llamamos $\mathbf{x}_0 = \mathbf{u}$, $\mathbf{x}_1 = \mathbf{u}'$. El sistema anterior se puede escribir como

$$\begin{bmatrix} \mathbf{I} & \mathbf{0} \\ \mathbf{0} & \mathcal{M} - \mathbf{C}_{pk}(\kappa)/\mu \end{bmatrix} \left\{ \begin{array}{c} \mathbf{x}_0' \\ \mathbf{x}_1' \end{array} \right\}$$
$$+ \begin{bmatrix} \mathbf{0} & -\mathbf{I} \\ \mathcal{K} - V_\infty^2\mathbf{A}_{pk}(\kappa)/\mu & -V_\infty\mathbf{B}_{pk}(\kappa)/\mu \end{bmatrix} \left\{ \begin{array}{c} \mathbf{x}_0 \\ \mathbf{x}_1 \end{array} \right\} = \left\{ \begin{array}{c} \mathbf{0} \\ \mathbf{0} \end{array} \right\} \quad (5.93)$$

Agrupamos introduciendo el vector $\mathbf{y} = \left\{ \begin{array}{c} \mathbf{x}_0 \\ \mathbf{x}_1 \end{array} \right\}$ y las matrices

$$\mathbf{R} = \begin{bmatrix} \mathbf{I} & \mathbf{0} \\ \mathbf{0} & \mathcal{M} - \mathbf{C}_{pk}(\kappa)/\mu \end{bmatrix}, \; \mathbf{S}(\kappa, V_\infty) = \begin{bmatrix} \mathbf{0} & -\mathbf{I} \\ \mathcal{K} - \frac{V_\infty^2}{\mu}\mathbf{A}_{pk}(\kappa) & -\frac{V_\infty}{\mu}\mathbf{B}_{pk}(\kappa) \end{bmatrix}$$
$$(5.94)$$

se tiene

$$\mathbf{R}\,\mathbf{y}' + \mathbf{S}(\kappa, V_\infty)\,\mathbf{y} = \mathbf{0} \qquad (5.95)$$

Si planteamos soluciones exponenciales (tipo Laplace), estas tienen la forma $\mathbf{u}(t) = \bar{\mathbf{u}}e^{st}$, donde $s = i\omega$ es la variable de Laplace (con unidades de frecuencia). Usando el tiempo adimensional $\tau = \omega_\theta t$ se tiene $\mathbf{u}(t) = \bar{\mathbf{u}}e^{p\tau}$ donde $p = s/\omega_\theta = i(\omega/\omega_\theta) = i\lambda$ es la variable de Laplace adimensional. En términos del vector $\mathbf{y}$ tenemos

$$\mathbf{y} = \left\{ \begin{array}{c} \mathbf{x}_0 \\ \mathbf{x}_1 \end{array} \right\} = \left\{ \begin{array}{c} \mathbf{u} \\ \mathbf{u}' \end{array} \right\} = \left\{ \begin{array}{c} \bar{\mathbf{u}} \\ p\bar{\mathbf{u}} \end{array} \right\} e^{p\tau} \equiv \bar{\mathbf{y}}\, e^{p\tau} \qquad (5.96)$$

por lo que $\mathbf{y}' = p\,\bar{\mathbf{y}}\, e^{p\tau}$, de forma que los valores de p se obtienen del problema de autovalores cuando la frecuencia reducida κ y la velocidad V_∞ son conocidas.

$$[\mathbf{S}(\kappa, V_\infty) + p\,\mathbf{R}]\,\bar{\mathbf{y}} = \mathbf{0} \qquad (5.97)$$

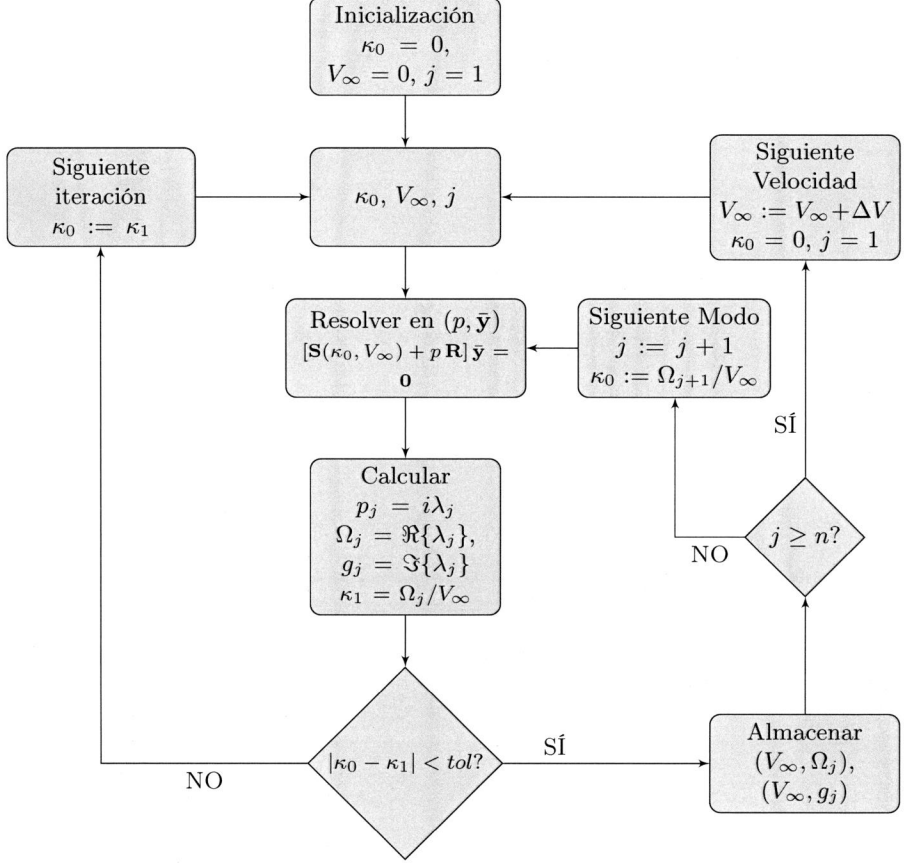

Figura 5.6: Diagrama de flujo del método pk para la obtención de las curvas de flameo $V\omega$ y Vg.

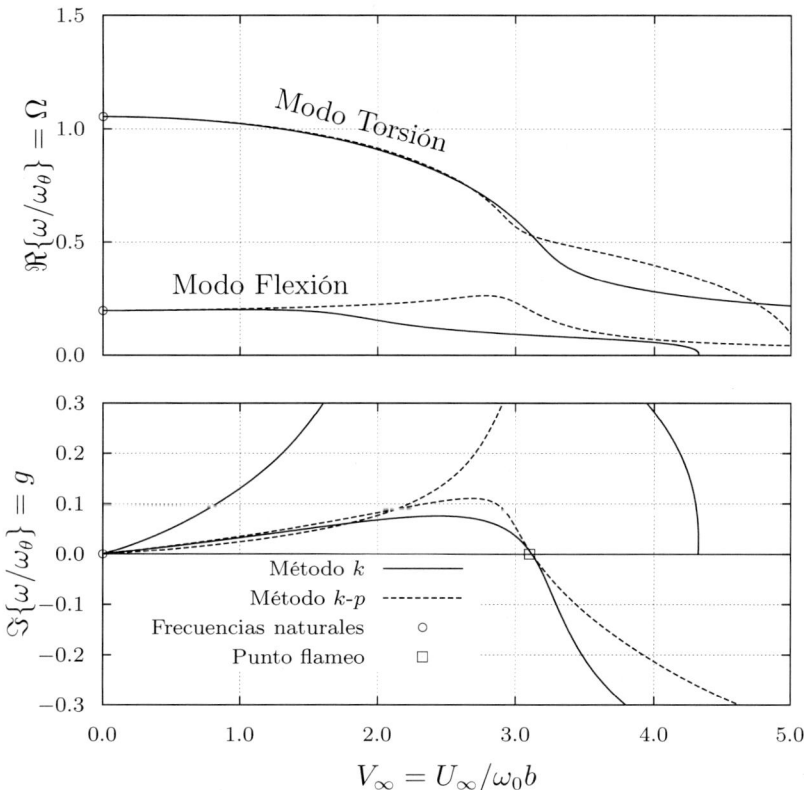

Figura 5.7: Gráficas $V\omega$ y Vg obtenidas con los métodos k y k–p para $a = -0.20$, $d = 0$, $i_\theta = 0.611$, $\eta = \omega_h/\omega_\theta = 0.20$, $\mu = 30$.

La solución en p de este problema de autovalores serán números reales o bien parejas de complejo-conjugados, debido a que el determinante es un polinomio de coeficientes reales. El algoritmo de resolución se ha representado en la Fig. 5.6 y cosiste en dos bucles enlazados. Se elige un rango de velocidades, $V_0, V_0 + \Delta V, \ldots$ y el proceso comienza con la primera velocidad V_0 y un valor inicial de la frecuencia reducida κ_0 y un modo j. Se resuelve el problema de autovalores (5.97) y se obtienen los autovalores para esa frecuencia reducida $p_1, p_2, \ldots, p_n$. Se actualiza la frecuencia reducida para el modo de estudio como $\kappa_1 = \Im\{p_j\}/V_\infty$ y se compara con el valor inicial κ_0. El proceso se repite hasta que se consigue $|\kappa_0 - \kappa_1| < tol$ para el modo de estudio. Cuando el proceso converge se pasa al siguiente modo $j + 1$ y volvemos a resolver el problema, aunque es razonable comenzar ahora por la frecuencia reducida $\kappa_0 := \Omega_{j+1}/V_\infty$

calculada con la frecuencia de la interación anterior. En el punto de flameo, los valores de entrada en el problema (5.97), κ_f y V_f, y uno de los autovalores de salida $p_f = \Omega_f i$ verifican la relación $\Omega_f = \kappa_f V_f$.

La principal ventaja del método pk sobre el método k es que permite obtener resultados directamente para cada velocidad, no se viola, por tanto la inyectividad y cada velocidad tiene asociado un único autovalor para cada modo. Además la parte imaginaria de las frecuencias complejas obtenidas es una buena aproximación física del amortiguamiento modal, es decir, del ratio de descenso de las amplitudes de vibración. Como hipótesis, el método está asumiendo implícitamente que los ratios de amortiguamiento son pequeños pues al imponer una frecuencia reducida al sistema κ_0 en las matrices aerodinámicas estamos despreciando su parte imaginaria. En consecuencia, los resultados serán aceptables siempre que $\lambda_j = \Omega_j + ig_j$ con $g_j \ll \Omega_j$. En la Fig. 5.7 se muestran las curvas de flameo obtenidas con los métodos k y pk para el problema de 2 gdl. Ambas soluciones coinciden en el punto de flameo pues es aquí donde la solución es estrictamente armónica, sin amortiguamiento. Ambos métodos se basan en aproximar cierta parte de la ecuación únicamente con la parte real de la frecuencia, por tanto cuando la parte imaginaria aumenta las diferencias entre ambos también se hacen más evidentes.

Numéricamente el método pk pierde eficacia cuando aumenta en número de grados de libertad n debido a que para cada pareja (κ, V_∞) debe resolverse un problema de autovalores de orden $2n$. Teniendo en cuenta que ambas variables, κ y V_∞, varían en dos bucles enlazados, pueden llegar a ser muchos los problemas a resolver. La complejidad computacinal es mayor que en el método k. Además, pueden aparecer soluciones no deseadas cuando la frecuencia reducida es muy pequeña, pues en este caso $G(0) = \lim_{\kappa \to 0} \frac{\Im\{\mathcal{C}(\kappa)\}}{k} \to \infty$, dando lugar a que algunas matrices aerodinámicas tomen valores muy elevados.

Consideraciones sobre la convergencia del método pk

El método pk es ampliamente utilizado para determinar los autovalores complejos asociados al *flutter*, ya que permite acoplar de forma iterativa la dinámica estructural con la aerodinámica no estacionaria. Sin embargo, conviene destacar que el método no siempre garantiza la convergencia hacia la solución física correcta.

En términos generales, la convergencia depende de tres factores principales:

1. **Inicialización y dependencia de la estimación inicial.** La formulación *pk* resuelve un problema no lineal en *p* mediante iteraciones sucesivas, por lo que una *mala elección* de la condición inicial puede conducir a soluciones espurias o divergencia numérica. En configuraciones con múltiples modos acoplados, la selección de una estimación inicial cercana al autovalor buscado es esencial.

2. **Sensibilidad al amortiguamiento aerodinámico.** Cuando la matriz de amortiguamiento inducida aerodinámicamente varía de forma brusca con la frecuencia reducida, como ocurre cerca de discontinuidades de la función de Theodorsen o en régimen transónico, el método puede presentar oscilaciones en la iteración y no converger. En estos casos, estrategias de homotopía o búsqueda modal asistida pueden mejorar la estabilidad numérica.

3. **Acoplamiento modal y soluciones múltiples.** En configuraciones donde varios modos estructurales participan simultáneamente en la inestabilidad, el método puede converger hacia un modo incorrecto o alternar entre ramas modales. Esto es particularmente relevante cuando las frecuencias naturales son próximas, pues el sistema presenta varias soluciones físicamente plausibles.

En la práctica, la convergencia puede mejorarse utilizando una combinación de:

- Selección de estimaciones iniciales basadas en el resultado del *método k*.

- Estrategias de búsqueda modal supervisada, verificando la continuidad de las ramas de autovalores.

- Comparación sistemática de resultados con métodos alternativos, como la *formulación en el dominio de Laplace* o técnicas basadas en *rational function approximation*.

Por tanto, aunque el método *pk* es muy eficiente y ampliamente utilizado en aeroelasticidad, es importante interpretar sus resultados con cautela, validando la solución obtenida frente a métodos complementarios y verificando siempre la coherencia física de los modos calculados.

5.4 Análisis paramétrico del flameo

A lo largo del desarrollo de las ecuaciones del movimiento y posterior solución del problema de flameo han aparecido repetidamente una serie de parámetros adimensionales que recogen las características del sistema. El objetivo de esta sección es analizar cómo influyen los diferentes parámetros físicos involucrados en el sistema en la velocidad de flameo. Los parámetros estudiados son los siguientes (ver Fig. 5.1 para el significado físico de alguno de ellos)

Eje elástico del perfil: controlado por el parámetro $a = x_E/b$. Se trata del punto que recoge las rigideces a flexión y torsión del perfil bidimensional.

Distribución de la masa del perfil: estos parámetros determinan cómo está distribuida la masa del perfil e incluye también masas no-estructurales, como combustible o propulsores. Para su caracterización basta con saber la posición del centro de gravedad (CDG) del perfil x_G y el momento de inercia I_G. Los parámetros adimensionales que aparecen en las ecuaciones son $d = x_G/b$ e $i_G = \sqrt{I_G/mb^2}$, donde m es la masa del perfil. Además, podemos encontrar otros parámetros que caracterizan la distribución de masas alrededor del eje elástico como

$$r_\theta = d - a \ , \quad i_\theta = \sqrt{I_E/mb^2} = \sqrt{i_G^2 + r_\theta^2} \ , \quad r = r_\theta/i_\theta$$

Relación de frecuencias flexión/torsión, $\eta = \omega_h/\omega_\theta$: recordemos que $\omega_h = \sqrt{m/k_h}$ y $\omega_\theta = \sqrt{k_\theta/I_E}$ representan las rigideces a flexión y torsión del perfil, esta última suponiendo que gira respecto al eje elástico.

Coeficiente másico, $\mu = m/\pi\rho_\infty b^2$:: relaciona la masa del perfil con la masa del aire en un cilindro de diámetro igual a la cuerda de éste. Depende de la masa del perfil, pero también fijada ésta, es variable (de hecho es creciente) con la altitud de vuelo.

Amortiguamiento estructural: en general las fuerzas de amortiguamiento disipativo inherente a la estructura, se introducen en la ecuación del movimiento a través de los elementos de una matriz de amortiguamiento estructural **D**.

En la Sec. 5.3.1 se obtuvo una expresión aproximada de la velocidad de flameo —Ec. (5.56)— que recogía los parámetros anteriores (excepto amortiguamiento y compresibilidad) bajo la hipótesis de flujo incompresible estacionario, es decir, despreciando fuerzas aerodinámicas en las velocidades y aceleraciones de los gdl. La expresión, que reescribimos aquí como

$$V_f \approx \sqrt{\frac{\mu\, i_\theta^2}{1+2d}\left(1-2\eta\frac{i_G}{i_\theta}\sqrt{\frac{d-a}{d+1/2}}\right)} \qquad (5.98)$$

será comparada en los siguientes puntos con los resultados obtenidos a partir la resolución numérica del método k. La Ec. (5.98) no predice la velocidad de flameo con gran precisión, sin embargo, sí permite extraer un orden de magnitud de la misma y, lo que es más importante, modeliza correctamente su variación con los diferentes parámetros.

5.4.1 Eje elástico y distribución de masas

Es conveniente estudiar conjuntamente la posición del eje elástico y del CDG (distribución de la masa) debido a su alto grado de acoplamiento en la velocidad de flameo. De hecho, la Ec. (5.98) nos da directamente una información relevante. Cuando el CDG se encuentra adelantado respecto al eje elástico ($x_G < x_E$, $d-a < 0$), el resultado de la fórmula es un número complejo, lo que se interpreta como que no existe velocidad de flameo. Cuando esto ocurre se dice que el sistema está equilibrado dinámicamente y la inestabilidad no llega en forma de flameo (dinámica), sino por divergencia (inestabilidad estática).

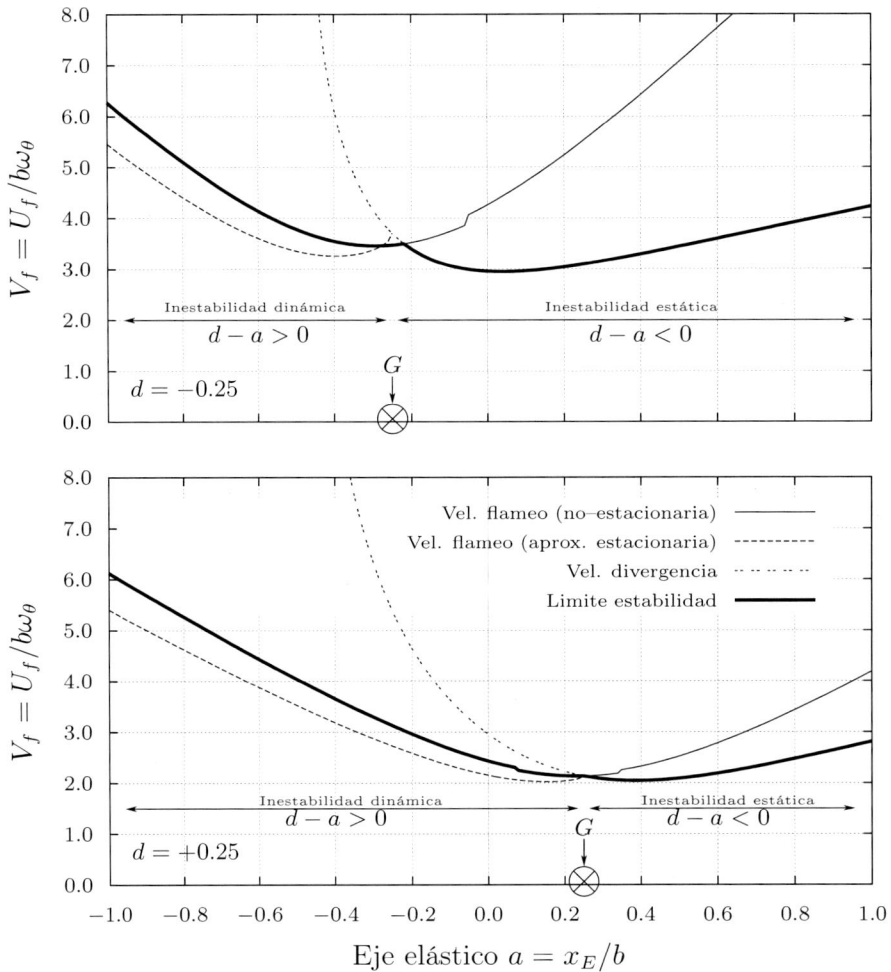

Figura 5.8: Velocidad de flameo y divergencia con la posición del eje elástico $a = x_E/b$ para dos posiciones diferentes del CDG ($x_G = \pm 0.25b$). Resto de parámetros: $\eta = \omega_h/\omega_\theta = 0.20$, $\mu = 30$, $i_G = 0.478$

En la Fig. 5.8 se han representado los resultados de la velocidad de flameo V_f y de la velocidad de divergencia V_D en función de la localización del eje elástico $a = x_E/b$. La velocidad crítica de inestabilidad es el mínimo entre las curvas anteriores. Tal y como se aprecia, V_f y V_D se cortan en un punto muy cercano a la localización del CDG, validando la conclusión a la que hemos llegado con la expresión aproximada basada en aerodinámica estacionaria. En general, una adecuada distribución de los elementos internos y externos en el ala, así como la colocación de masas concentradas estratégicamente, es una técnica de diseño que puede conducir a una localización favorable del centroide en la sección del perfil. Un ejemplo práctico lo podemos encontrar en la posición adelantada de los turborreactores en las alas de las aeronaves comerciales (Rodden [80]).

5.4.2 Relación de frecuencias flexión/torsión

La relación $\eta = \omega_h/\omega_\theta$ entre las frecuencias de flexión y torsión es un parámetro importante desde el punto de vista del diseño. Recordemos su significado: $\omega_h = \sqrt{k_h/m}$ es la frecuencia de oscilación del perfil cuando se desplaza sin girar, mientras que $\omega_\theta = \sqrt{k_\theta/I_E}$ es la correspondiente al perfil oscilando alrededor del eje elástico sin desplazarse. Estas frecuencias coincidirán con las naturales cuando el eje elástico y el CDG también lo hagan, es decir cuando $d = a$. Cuando se trata de flameo de alas, el parámetro η es en general menor que la unidad. Para estimar de forma más precisa el rango habitual de este parámetro podemos usar las expresiones analíticas de las frecuencias de vibración del primer modo de flexión y torsión de una viga recta de sección constante [13]

$$\omega_h \approx 3.52\sqrt{\frac{EI}{ml^2}} \ , \quad \omega_\theta \approx \frac{\pi}{2}\sqrt{\frac{GJ}{I_El^2}} \tag{5.99}$$

donde EI, GJ son las rigideces seccionales del ala a flexión y torsión respectivamente, l es la semienvergadura, m y I_E son la masa del perfil por unidad de envergadura y el momento de inercia respecto al eje elástico. Estas expresiones representan una aproximación válida si el ala es recta con poca variación de la rigidez a lo largo de la envergadura y $r_\theta \ll 1$ (poco acoplamiento flexión-torsión). Tras algunas manipulaciones se obtiene

$$\eta = \frac{\omega_h}{\omega_\theta} \approx 1.12\frac{i_\theta}{AR}\sqrt{\frac{EI}{GJ}} \tag{5.100}$$

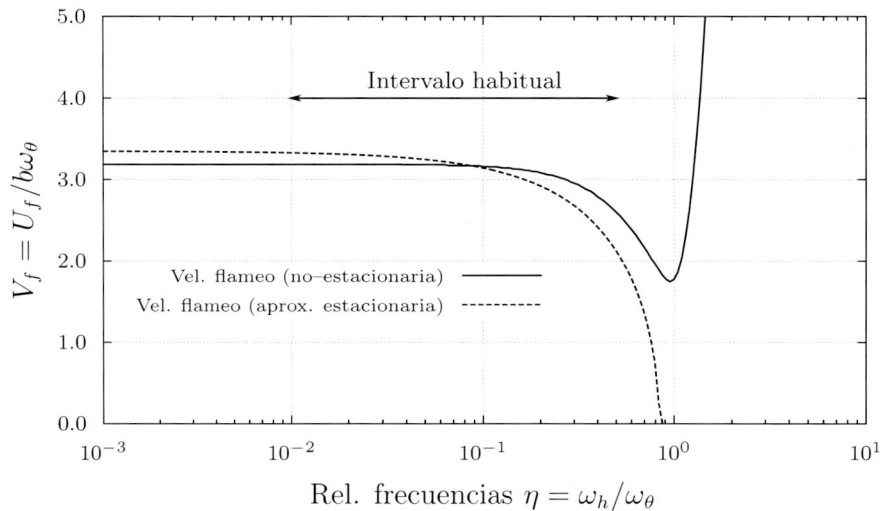

Figura 5.9: Relación entre la velocidad de flameo y el ratio de frecuencias flexión-torsión $\eta = \omega_h/\omega_\theta$. Resto de parámetros: CDG en $d = 0$, Eje elástico en $a = -0.20$, $\mu = 30$

donde AR representa el alargamiento del ala. La relación entre las rigideces EI/GJ en secciones cerradas suele encontrarse en el intervalo $0.30 < EI/GJ < 0.80$. El radio de giro puede presentar mas dispersión pues depende de la distribución de masas. Si la masa se distribuye uniformemente y el eje elástico coincide con el CDG su valor es $i_\theta = 0.577$. Tomando un intervalo del alargamiento $5 < AR < 15$ podemos estimar que la mayoría de las alas presenta una relación de frecuenias dentro de los límites $0.02 < \omega_h/\omega_\theta < 0.30$. Para otro tipo de superficies sustentadoras, como los estabilizadores de cola, el intervalo puede ampliarse por la derecha pues el alargamiento es bastante más reducido. En general, la velocidad de flameo se reduce a medida que crece la relación η hasta alcanzar un mínimo entorno a $\eta = 1$, tal y como se aprecia en la Fig. 5.9. El flameo por acoplamiento modal es un fenómeno que se da cuando las frecuencias de flexión y torsión se *acercan* o incluso se tocan (recuérdese el caso estacionario). Por tanto, si las frecuencias naturales ya están relativamente cerca una de otra antes de comenzar el vuelo, cabe esperar que se necesite menos velocidad para alcanzar el flameo, como queda reflejado en los ejemplos mostrados en las Figs. 5.10. Uno de los objetivos principales las etapas preliminares es el diseño de elementos estructurales cuyas frecuencias *sensibles* al flameo estén lo suficientemente alejadas.

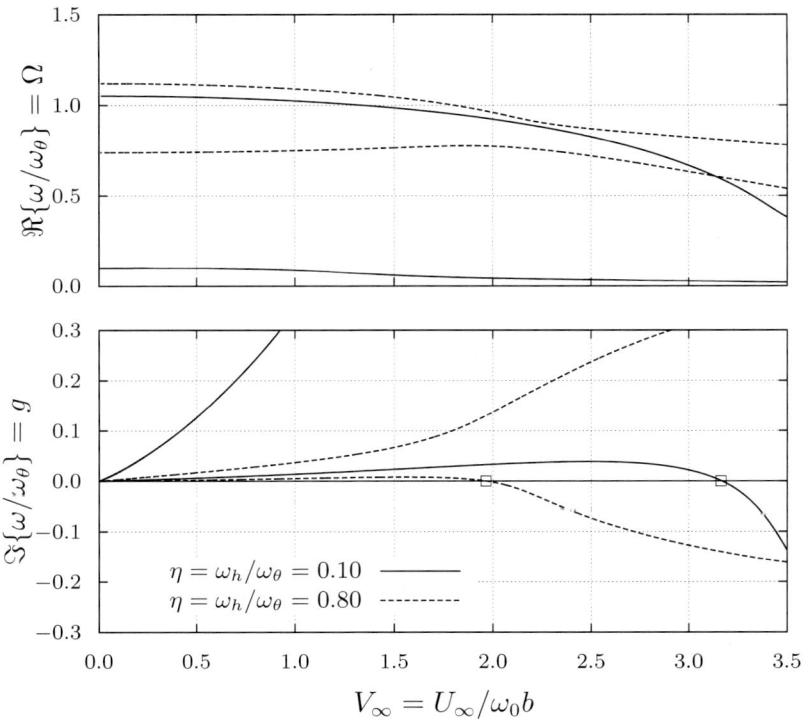

Figura 5.10: Curvas $V\omega$ y Vg para diferentes valores del parámetro *relación de frecuencia*, $\eta = \omega_h/\omega_\theta$

5.4.3   Coeficiente másico

En la Ec. (5.98) ya se adivina una relación creciente entre la velocidad de flameo y la masa del perfil del tipo $V_f \propto \sqrt{\mu}$. En la Fig. 5.11 la curva obtenida a partir del modelo no-estacionario predice valores algo más altos. Teniendo en cuenta el valor de $\mu = m/\pi\rho_\infty b^2$, esta curva puede interpretarse de dos formas:

(a) estructuras más pesadas son más estables frente al flameo

(b) la velocidad de flameo aumenta con la altitud

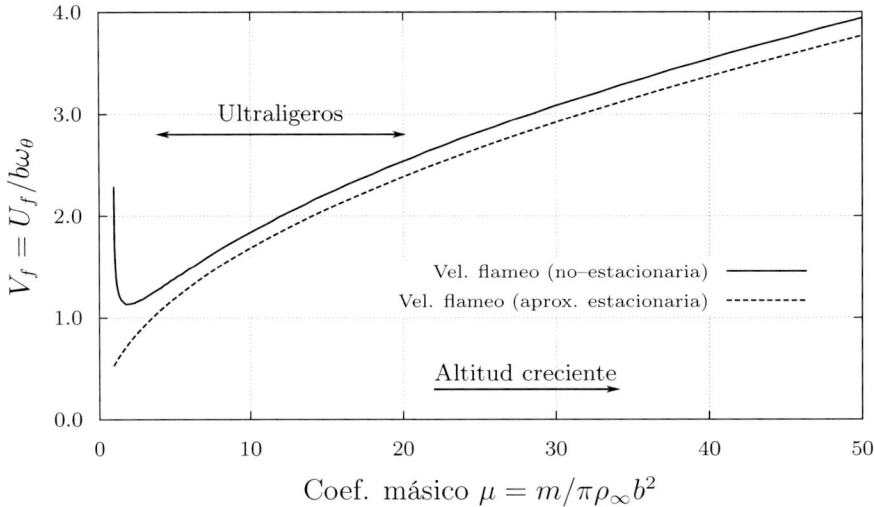

Figura 5.11: Relación entre la velocidad de flameo y el coeficiente másico $\mu = m/\pi\rho_\infty b^2$. Resto de parámetros: Resto de parámetros: CDG en $d = 0$, Eje elástico en $a = -0.20$, $\eta = \omega_h/\omega_\theta = 0.20$

Tipo de aeronave	Coeficiente másico, μ
Ultraligeros	5—15
Aviación general	10—20
Aviación comercial	15—30
Cazas de combate	25—55
Palas de Helicóptero	65—110

Tabla 5.4: Valores del coeficiente másico para diferentes tipos de aeronaves (Hodges [44])

A la izquierda de la gráfica, para $\mu < 1$ econtramos las estructuras en medios muy densos (líquidos). La curva presenta un mínimo y se interpreta que $V_f \to \infty$ cuando $\mu \to 0$, sin embargo esta conclusión teórica no está de acuerdo con los resultados experimentales. Algunos autores han concluido que las fuerzas viscosas en este tipo de medios sean la explicación a dichas diferencias, tal y como señala Dowell [23]

5.4.4 Amortiguamiento estructural

Consideraremos ahora que nuestro sistema tiene la capacidad de disipar energía y que en ausencia de fuerzas aerodinámicas las vibraciones serán amortiguadas. En general, en las ecuaciones del equilibrio de Lagrange aparecen unas fuerzas internas que derivan de cierto potencial disipativo que denotaremos por $\mathcal{D}$ de forma que

$$\frac{\mathrm{d}}{\mathrm{d}t}\left(\frac{\partial \mathcal{T}}{\partial \dot{\mathbf{u}}}\right) + \frac{\partial \mathcal{D}}{\partial \dot{\mathbf{u}}} + \frac{\partial \mathcal{U}}{\partial \mathbf{u}} = \mathbf{Q}(t) \tag{5.101}$$

El potencial disipativo (Rayleigh [76]) es una forma cuadrática en las velocidades de los gdl cuya expresión en forma compacta se puede escribir como

$$\mathcal{D} = \frac{1}{2}\dot{\mathbf{u}}^T \mathbf{D}\,\dot{\mathbf{u}} \tag{5.102}$$

donde $\mathbf{D}$ es la denominada matriz de amortiguamiento. Con este modelo, las fuerzas disipativas internas son proporcionales a las velocidades. Aunque son muchos los modelos de amortiguamiento compatibles con un sistema lineal (Adhikari [2]) dos son especialmente importantes en estructuras aeronáuticas

Amortiguamiento viscoso. Se trata del modelo más conocido en el campo de las vibraciones mecánicas y se caracteriza por tener una matriz de amortiguamiento cuyos elementos son constantes e independientes de la frecuencia, es decir $\mathbf{D} \in \mathbb{R}^{n\times n}$. Este modelo tiene unas fuerzas de amortiguamiento de valor $\mathfrak{f}_d(t) = \mathbf{D}\,\dot{\mathbf{u}}$. Aplicando la transformada de Fourier, las fuerzas en el dominio de la frecuencia se pueden expresar como $\hat{\mathfrak{f}}_d(i\omega) = (i\omega)\mathbf{D}\,\hat{\mathbf{u}}(i\omega)$. Esta expresión pone de manifiesto que el módulo de estas fuerzas es creciente con la frecuencia y, por tanto, los modos asociados a las frecuencias más altas están muy amortiguados, algo que no siempre está de acuerdo con la realidad [59].

Amortiguamiento histerético. Este modelo evita el excesivo amortiguamiento en altas frecuencias, característico de los modelos viscosos. Se basa en un artificio matemático consistente en considerar que la matriz de amortiguamiento es inversamente proporcional a la frecuencia. Así, existe cierta matriz $\mathbf{D}_0 \in \mathbb{R}^{n\times n}$

$$\mathbf{D} = \frac{1}{\omega}\mathbf{D}_0$$

El objetivo es claro, con este modelo en el dominio de la frecuencia las fuerzas de amortiguamiento son constantes

$$\hat{\mathfrak{f}}_d(i\omega) = i\,\mathbf{D}_0\,\hat{\mathbf{u}}$$

de forma que los modos no se irán amortiguando. Este modelo es de dudosa interpretación física pues viola el principio de causalidad, ya que se impone a las fuerzas de amortiguamiento una frecuencia cuyo valor no se conoce hasta haber resuelto el problema [18, 22]. Sin embargo, funciona bien para estimar los ratios de amortiguamiento modales en un rango amplio de frecuencias y su uso es habitual en el análisis modal de estructuras aeronáuticas [88]. Una versión simplificada con un solo parámetro consiste en considerar la matriz de amortiguamiento proporcional a la matriz de rigidez, así

$$\mathbf{D} = \frac{g_d}{\omega}\mathbf{K}$$

Este modelo también se denomina *amortiguamiento estructural*. El parámetro adimensional g_d es el factor de pérdida del modelo o ratio de amortiguamiento estructural.

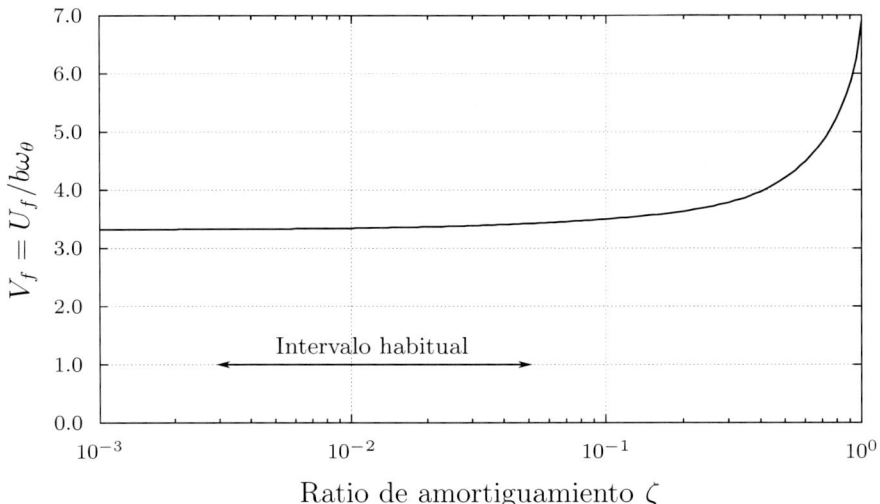

Figura 5.12: Relación entre la velocidad de flameo y el ratio de amortiguaiento g_d. Resto de parámetros: $\eta = \omega_h/\omega_\theta = 0.20$, CDG en $d = 0$, Eje elástico en $a = -0.20$, $\mu = 30$

Para interpretar el efecto que tiene el amortiguamiento en la velocidad de flameo usaremos el modelo de amortiguamiento histerético o estructural presentado arriba. Introduciendo este modelo en la ecuación del movimiento, el problema de autovalores deducido para el método k en la Ec. (5.80) quedaría ahora como

$$\left[-\mathcal{M} + \frac{1 + ig_d}{\lambda^2}\mathcal{K}\right]\bar{\mathbf{u}} = \frac{1}{\mu}\left[\frac{1}{\kappa^2}\mathbf{A}(\kappa) + \frac{i}{\kappa}\mathbf{B}(\kappa) - \mathbf{C}\right]\bar{\mathbf{u}} \qquad (5.103)$$

Denotando ahora por $\tau = (1 + ig_d)/\lambda$, se llegaría a la misma expresión (5.82), es decir

$$\left[\mathbf{H}(\kappa) - \tau^2\mathcal{K}\right]\bar{\mathbf{u}} = \mathbf{0}$$

El efecto del parámetro g_d en las frecuencias complejas es aumentar su parte imaginaria, es decir su ratio de amortiguamiento modal. Por tanto, si en el punto de flameo del problema no amortiguado se verifica que $g = 0$, entonces el modelo amortiguado tenderá a *levantar* la curva Vg y en consecuencia a retrasar la entrada en flameo aumentando el valor de V_f. En la Fig. 5.12 se aprecia la tendencia creciente de V_f con el factor g_d aunque en el rango habitual de valores la velocidad de flameo no es especialmente sensible. Por ello, es habitual no considerar el efecto favorable del amortiguamiento en el cálculo de la velocidad de flameo, estimando su valor de forma ligeramente conservadora.

5.5 Interpretación física del flameo

En este punto trataremos de explicar los mecanismos físicos del flameo en el perfil de dos grados de libertad inmerso en un flujo incompresible. El fenómeno ya se ha presentado anteriormente bajo un punto de vista matemático como una inestabilidad producida por la influencia de la velocidad de vuelo en el amortiguamiento de las frecuencias complejas hasta el punto de hacerlas negativas, instante en el cual el movimiento oscilatorio presenta amplitudes no-acotadas crecientes. Consideremos de nuevo el perfil de la Fig. 5.1. Las ecuaciones del movimiento se pueden expresar de forma expandida como

$$\begin{aligned} m\,\ddot{h} + S_E\,\ddot{\theta} + k_h\,h &= -L(t) \\ S_E\,\ddot{h} + I_E\,\ddot{\theta} + k_\theta\,\theta &= M_a(t) \end{aligned} \qquad (5.104)$$

donde $L(t)$ y $M_a(t)$ son respectivamente la sustentación y el momento aerodinámico calculados bajo la hipótesis de flujo no-estacionario y localizados en el eje elástico $x_E = ab$, de acuerdo a la Fig. 5.2. Para nuestros propósitos basta con considerar un modelo casi-estacionario basado en unas derivadas aerodinámicas independientes de la frecuencia reducida. Así, se puede escribir de forma simplificada que

$$\frac{L(t)}{\frac{1}{2}\rho_\infty U_\infty^2 (2b)} = c_l(t) = C_{l_\theta}\left(\theta + \frac{\dot h}{U_\infty}\right) + C_{l_{\dot\theta}}\left(\frac{b\dot\theta}{U_\infty}\right)$$

$$\frac{M_a(t)}{\frac{1}{2}\rho_\infty U_\infty^2 (2b)^2} = c_m(t) = C_{m_\theta}\left(\theta + \frac{\dot h}{U_\infty}\right) + C_{m_{\dot\theta}}\left(\frac{b\dot\theta}{U_\infty}\right) \qquad (5.105)$$

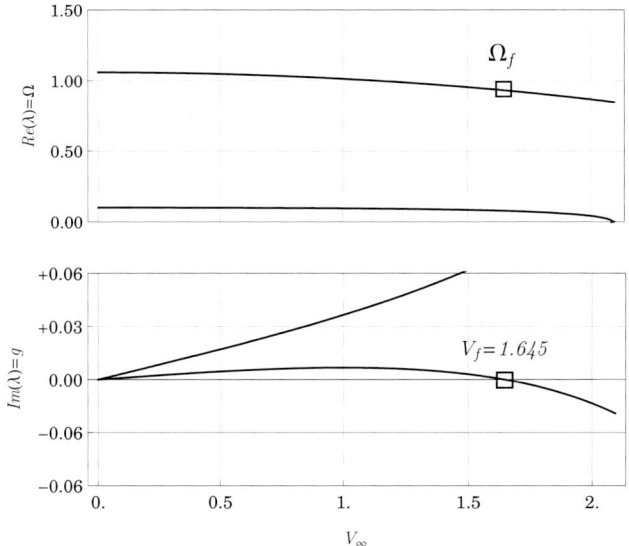

Figura 5.13: Curvas de flameo para el problema binario de dos grados de libertad con fuerzas aerodinámicas casi-estacionarias con $a = -0.20$, $\mu = 30$, $i_\theta = 0.611$, $d = 0$, $\eta = 0.20$, $C_{l_\theta} = 2\pi$, $C_{l_{\dot\theta}} = 6.254$, $C_{m_{\dot\theta}} = -0.6325$

Con los datos numéricos de la Tabla 5.2 se obtienen las curvas de flameo $V\omega$ y Vg de la Fig. 5.13, obtenidas de forma exacta resolviendo el problema de autovalores para cada velocidad adimensional V_∞. Matemáticamente, las frecuencias complejas de flexión y torsión están amortiguadas ($g > 0$) en el intervalo $0 < V_\infty < V_f = 1.645$. En el punto de flameo el modo de torsión deja de estar amortiguado y su comportamiento es puramente armónico. ¿Qué sucede físicamente en este punto para que al aumentar la velocidad el sistema sea incapaz de estabilizar las vibraciones? Para responder a esta pregunta analizaremos con algo de detalle lo que ocurre en el sistema desde el comienzo del vuelo hasta el punto de flameo. En primer lugar, podemos calcular los modos de vibración asociados a cada velocidad, es decir, el vector complejo $\mathbf{u}_0 = \{h_0/b, \theta_0\}^T$ que verifica

$$\left[-\lambda^2 \boldsymbol{\mathcal{M}} + \boldsymbol{\mathcal{K}} - \frac{V^2}{\mu}\mathbf{A} - \frac{i\lambda V}{\mu}\mathbf{B} \right] \left\{ \begin{array}{c} h_0/b \\ \theta_0 \end{array} \right\} = \left\{ \begin{array}{c} 0 \\ 0 \end{array} \right\} \tag{5.106}$$

donde las matrices $\mathbf{A}$ y $\mathbf{B}$ son las definidas en la Ec. (5.60). Dado que la matriz de los coeficientes es singular cualquiera de las dos ecuaciones nos vale para obtener una relación entre h_0/b y θ_0. Tomemos por ejemplo la primera ecuación

$$\frac{h_0}{b}\left(\eta^2 - \lambda^2 + \frac{iC_{l_\theta}V\lambda}{\pi\mu}\right) + \theta_0\left(\frac{iC_{l_{\dot\theta}}V\lambda}{\pi\mu} + \frac{C_{l_\theta}V^2}{\pi\mu} - i_\theta r\lambda^2\right) = 0 \tag{5.107}$$

Despejando

$$\frac{h_0}{b\theta_0} = \frac{iC_{l_{\dot\theta}}\lambda V + C_{l_\theta}V^2 - \pi i_\theta\lambda^2\mu r}{+\pi\lambda^2\mu - iC_{l_\theta}\lambda V - \pi\eta^2\mu} \tag{5.108}$$

El resultado de esta expresión es un número complejo que se puede expresar en la forma módulo-argumento como $\frac{h_0}{b\theta_0} = ce^{i\phi}$, donde $c = |h_0/b\theta_0|$ y $\phi = \arg(h_0/b\theta_0)$. La variación temporal de los gdl es por tanto

$$\mathbf{u}(t) = \left\{ \begin{array}{c} h(t)/b \\ \theta(t) \end{array} \right\} = \left\{ \begin{array}{c} h_0/b \\ \theta_0 \end{array} \right\} e^{i\omega t} = \theta_0 \left\{ \begin{array}{c} ce^{i(\omega t + \phi)} \\ e^{i\omega t} \end{array} \right\} \tag{5.109}$$

donde $\omega = \lambda\omega_\theta$. El movimiento de los grados de libertad estará definido por la parte real, es decir

$$h_R(t) = \Re\{h(t)\} = b\theta_0 c\cos(\omega t + \phi) , \quad \theta_R(t) = \Re\{\theta(t)\} = \theta_0\cos\omega t \tag{5.110}$$

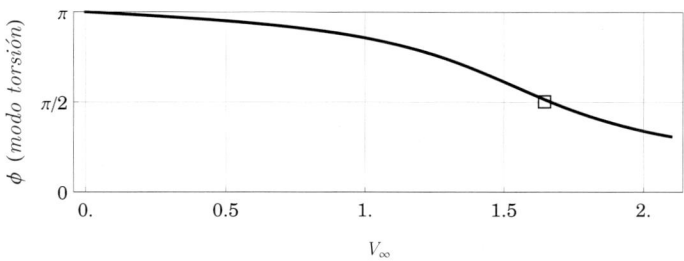

Figura 5.14: Desfase angular ϕ entre los grados de libertad $h(t)$ y $\theta(t)$, calculado para la frecuencia del modo de torsión. El cuadrado "□" representa el desfase en el punto de flameo

Para cada velocidad de vuelo tenemos dos frecuencias diferentes asociadas a los dos modos de vibración (flexión y torsión). Sustituyendo en la Ec. (5.110) el valor de la frecuencia λ que interese se puede obtener el desfase entre ambos grados de libertad en dicho modo. En la Fig. 5.14 se ha representado cómo varía este desfase con la velocidad para el modo en el que flamea la estructura, es decir el de torsión. En el punto de flameo $\phi \approx \pi/2$ lo que significa físicamente que cuando flamea el perfil los máximos y mínimos del movimiento vertical $h(t)$ coinciden con los ceros del movimiento $\theta(t)$. E inversamente, cuando $h(t)$ pasa por cero, el ángulo de ataque es máximo o mínimo. Este comportamiento se ha tratado de representar en la Fig. 5.15(abajo). Con los resultados de $h(t)$ y $\theta(t)$ se puede calcular el coeficiente de sustentación $c_l(t)$ a partir de la Ec. (5.105) cuyo valor se obtiene por la superposición de las tres contribuciones $c_l = C_{l_\theta}\theta + C_{l_{\dot h}}\dot h/U_\infty + C_{l_{\dot\theta}}b\dot\theta/U_\infty$. Nuevamente se han representado los resultados obtenidos en el punto de flameo en la Fig. 5.15(arriba) donde se aprecia que la contribución de $C_{l_{\dot h}}\dot h/U_\infty$ apenas tiene peso en la sustentación total y que la mayor parte es *aportada* por el término $C_{l_\theta}\theta$. La sincronización entre h, θ y c_l es por tanto aproximadamente la dibujada en la Fig. 5.15(abajo) donde se observa que $-L$ está en fase con $\dot h$. Recordemos que el signo $L > 0$ representa una fuerza de sustentación en la dirección de $\dot h < 0$, por tanto se produce el mismo fenómeno que la resonancia en sistemas vibratorios forzados: la fuerza está en fase con la velocidad del movimiento, tendiendo a incrementar la amplitud de éste. La diferencia es que las fuerzas aerodinámicas no dependen de una frecuencia exterior sino que lo hacen directamente del propio movimiento del perfil. Por esta razón, a las vibraciones producidas en sistemas aeroelásticos se les denomina en alguns contextos *autoexcitadas*.

Desde un punto de vista energético, cuando el sistema es inestable la sustentación realiza un trabajo sobre el movimiento del perfil positivo en cualquier ciclo. Denotaremos a este trabajo como W_h, resultado de la integral

$$\mathcal{W}_h = \int_{\text{ciclo}} (-\Re\{L\})\, dh_R = -\int_{t=t_0}^{t_0+T} \Re\{L\}\,\dot h_R\, dt \tag{5.111}$$

donde $T = 2\pi/\omega$ es el periodo del movimiento, asumido como armónico. Después de algunas operaciones, se obtiene que

$$W_h = c\left(V_\infty^2 \sin\phi - V_\infty \lambda\, c - V_\infty \frac{C_{l_{\dot\theta}}}{C_{l_\theta}}\lambda\cos\phi \right) \tag{5.112}$$

Este trabajo comienza siendo nulo cuando $V_\infty = 0$ y va creciendo a medida que aumenta la velocidad. De hecho, conforme nos acercamos al punto de flameo

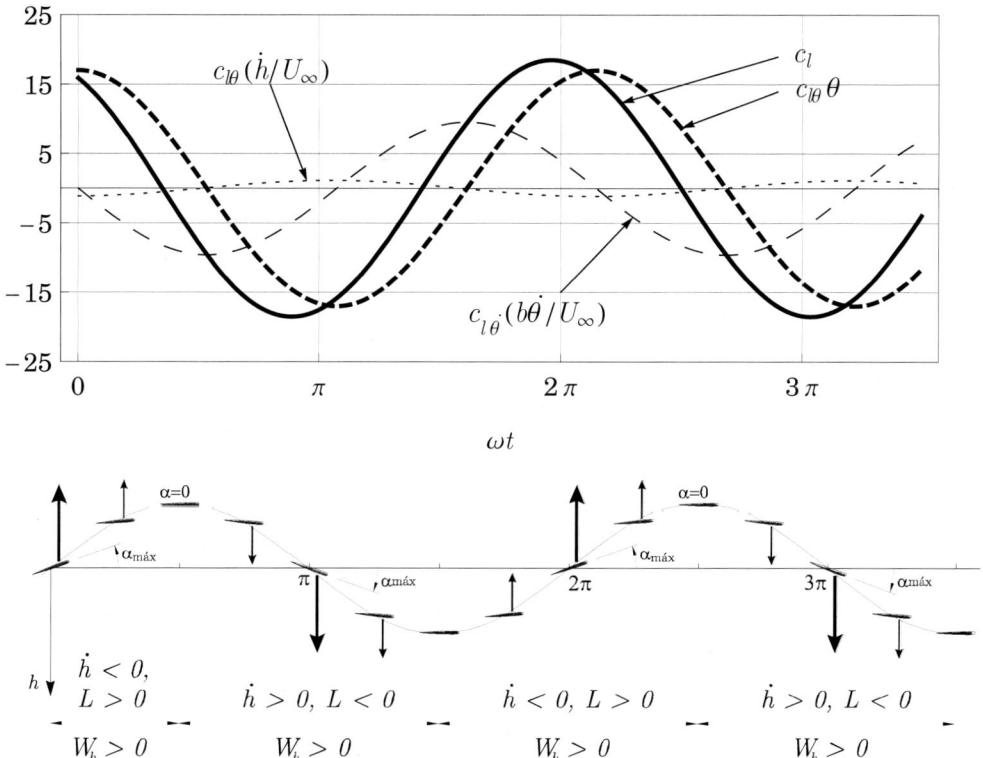

Figura 5.15: Curvas de flameo para el problema binario de dos grados de libertad con fuerzas aerodinámicas casi-estacionarias con $a = -0.20$, $\mu = 30$, $i_\theta = 0.611$, $d = 0$, $\eta = 0.20$, $C_{l_\theta} = 2\pi$, $C_{l_{\dot\theta}} = 6.254$, $C_{m_{\dot\theta}} = -0.6325$.

el tercer término tiende a desaparecer pues $\phi \to \pi/2$. En la Fig. 5.15 (abajo) se comprueba que en cada instante la fuerza está en fase con el movimiento del perfil y por tanto el trabajo realizado por la sustentación es siempre positiva.

Por otro lado el momento aerodinámico también realiza un trabajo sobre el ángulo de ataque, cuyo valor resulta de la integral

$$W_\theta = \int_{\text{ciclo}} \Re\{M_a\}\, d\theta_R = \int_{t=t_0}^{t_0+T} \Re\{M_a\}\, \dot\theta_R\, dt \qquad (5.113)$$

$$W_\theta = \frac{\lambda V_\infty}{C_{l_\theta}} \left(2C_{m_{\dot\theta}} + c C_{m_\theta} \cos\phi \right) \qquad (5.114)$$

251

La suma de ambos trabajos $W_h + W_\theta$ representa la energía aportado al sistema por las fuerzas aerodinámicas asumiendo un movimiento armónico. Podemos diferenciar tres casos posibles:

$W_h + W_\theta < 0$: el perfil recibe una energía negativa del aire o, de forma equivalente, el aire recibe energía positiva del perfil. En otras palabras, el fluido extrae o disipa energía del perfil y éste tenderá a perder amplitud con el tiempo hasta pararse finalmente.

$W_h + W_\theta = 0$: la energía recibida del aire iguala a la disipada hacia el fluido. Esta situación se dará cuando no hay viento (vibraciones libres no-amortiguadas) o bien en el punto de flameo, cuando el movimiento se trasnsforma en armónico puro

$W_h + W_\theta > 0$: el fluido aporta más energía al perfil de la que éste es capaz de disipar. Las amplitudes aumentan de forma descontrolada por un efecto de autoexcitación (resonancia de la sustentación con el movimiento del perfil) y las vibraciones son inestables.

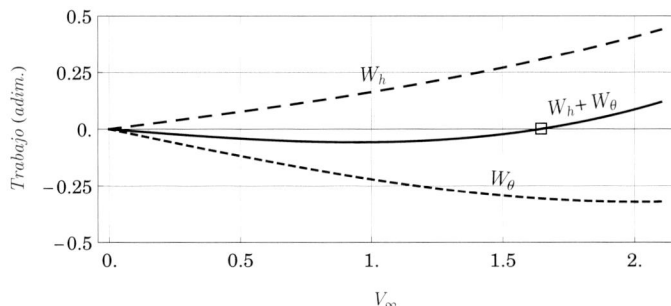

Figura 5.16: Representación de la energía por ciclo aportada al sistema por las fuerzas aerodinámicas en función de la velocidad. W_h, Trabajo de la sustentación. W_θ, trabajo del momento aerodinámico

En la Fig. 5.16 se ha representado el balance energético $W_h + W_\theta$ en función de la velocidad. En dicha gráfica se pueden apreciar las tres situaciones posibles descritas arriba. Nótese cómo el trabajo realizado por la sustentación W_h es siempre positivo, mientras que el realizado por el momento es negativo. Debido a la evolución del desfase ϕ con la velocidad, W_h y W_θ tienden a aumentar de manera que en el punto de flameo el balance energético se invierte y es a partir de este punto cuando el sistema comienza a recibir más energía de la que puede disipar, entrando en flameo.

En resumen, el flameo descrito aquí necesita de los dos grados de libertad, o mejor dicho, de los dos modos. Por un lado la fuerza es principalmente debida al ángulo de ataque, tal y como se muestra en la Fig. 5.15 (arriba). Por otro, para que el flameo se presente el sistema tiene que recibir energía del fluido, energía que viene del trabajo realizado sobre el desplazamiento, $W_h > 0$. Al aumentar la amplitud del desplazamiento, incrementa el ángulo de ataque por la Ec. (5.108), lo que provoca un aumento de la sustentación, explicando el fenómeno de la autoexcitación. Finalmente, si se desea profundizar conocimientos en el sentido físico del flameo se recomiendan las lecturas de los trabajos de Bispinghof [11], Rodden [80] y Hancock [41]

6

Aeroelasticidad dinámica de alas

6.1 Introducción

A lo largo de los capítulos precedentes, hemos introducido modelos para el análisis 3D de alas usando interpolación de desplazamientos usando para ello unos pocos grados de libertad, pero suficientes para explicar los fenómenos cuando añadimos la tercera dimensión. Además, hemos introducido modelos exactos en el dominio de la frecuencia para las fuerzas aerodinámicas no-estacionarias. Nuestro objetivo último es evaluar la velocidad de flameo o inestabilidad dinámica del ala fusionando los modelos estructural y aerodinámico para encontrar un modelo de acoplamiento.

Rig. flexión EI (m^{2}kN)	Rig. Torsión GJ (m^{2}kN)	Masa p.u.l. m (kg/m)	Inercia E.E. I_E (kg m^2/m)	Eje elástico x_e (m)
9770	990	35.83	9.38	0.59

Tabla 6.1: Propiedades de rigidez y masa del ala de estudio.

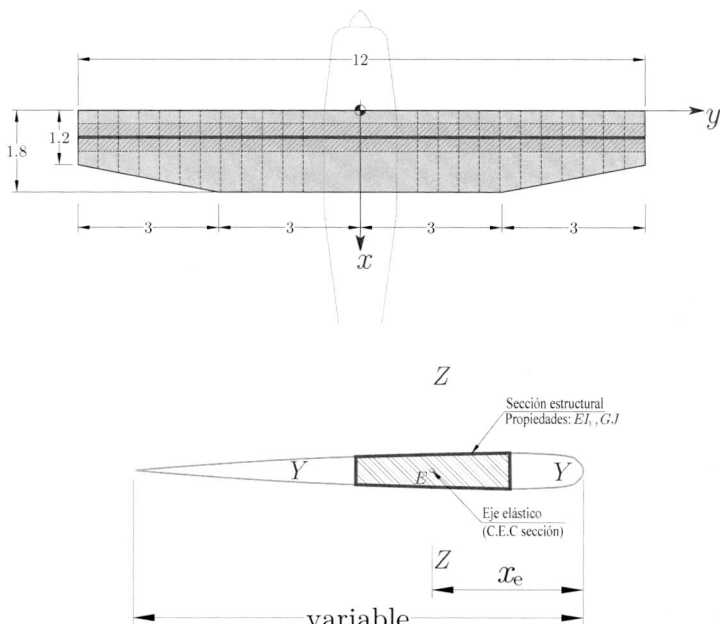

Figura 6.1: (Arriba) Geometría del plano de sustentación del ala usada en el análisis. (Abajo) Sección transversal y cajón de torsión (*wingbox*) usado para la modelización de la componente estructural. Datos numéricos de propiedades en Tabla 6.1

Consieraremos el ala con los datos geométricos y mecánicos mostrados en la Tabla 6.1 y en la Fig. 6.1 aunque los desarrollos permiten considerar cualquier distribución de cuerdas definida en función de la envergadura $c(y)$ y cualquier combinación de parámetros másicos y de rigidez. Incluso rigidez variable a lo largo de la envergadura, bajo la hipótesis de que se distribuye en un eje elástico.

6.2 Modelo estructural y modos de vibración

6.2.1 Modelo cinemático: funciones de forma

Supondremos que el ala se deforma de manera simétrica respecto al plano de simetría del avión. Modelizaremos la deformación a partir de un elemento finito

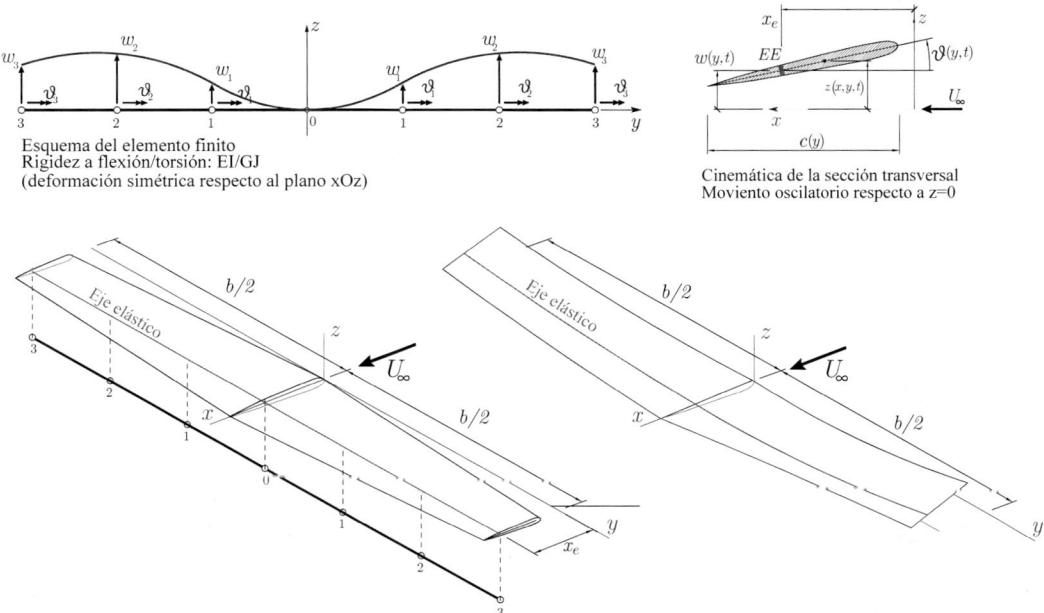

Figura 6.2: Geometría de un ala con características mecánicas localizadas en un eje elástico con rigidez a flexión y torsión EI y GJ, respectivamente. El eje elástico se modeliza con un elemento finito de 4 nodos (3 libres y uno con condiciones de empotramiento). Las funciones de interpolación son polinomios. Los puntos de la superficie de sustentación se mueven asumiendo que el eje elástico se desplaza en dirección vertical $w(y,t)$ y gira de acuerdo al giro de torsión longitudinal $\theta(y,t)$, ambas dependientes del tiempo.

tipo viga localizado en el eje elástico del ala y con capacidad para reproducir desplazamientos verticales (modelo de viga Euler-Bernouilli) y giros de torsión (modelo de torsión uniforme de Saint-Venant). Para la visualización de los resultados, se representará la deformación del ala completa replicando el mismo comportamiento en el semiala izquierda, tal y como muestra la Fig. 6.2. En el Capítulo 3 ya se presentó una metodología para diseñar las funciones de interpolación de desplazamientos y giros a lo largo de la longitud. Las hipótesis que asumiremos son las siguientes

- Se establece un sistema de referencia (x, y, z) centrado el borde de ataque de la sección de encastre (ver Fig. 6.2)

- El eje elástico es paralelo al eje y y está localizado en la coordenada $x_e \equiv$ cte.

- La cuerda es variable con la ley $c(y)$.

- Los centros aerodinámicos se localizan a $c(y)/4$ del borde de ataque de cada perfil en la coordenada $x_a(y)$ (puede ser variable con la envergadura)

- La rigidez a flexión y torsión en el ejemplo numérico se considerarán constantes. Aunque podrían ser variables en cuyo caso simplemente debería tenerse en cuenta en la evaluación de las correspondientes integrales para el cálculo de la matriz de rigidez.

- La masa del ala se considerará distribuida en forma de masas puntuales.

- El desplazamiento vertical $w(y,t)$ y el giro longitudinal de torsión $\theta(y,t)$ en los puntos del eje elástico es función de la variable $y = \eta l$ y del tiempo. La variable adimensional η se mueve en el intervalo $0 \leq \eta \leq 1$. Las funciones de forma serán definidas en la variable η.

Se considera que el eje elástico está empotrado en la sección de encastre, con desplazamiento vertical $w(0,t)$, giro de flexión $w'(0,t)$ y giro de torsión $\theta'(0,t)$ nulos. El desplazamiento y el giro de torsión en cualquier punto del eje elástico se interpolan mediante polinomios a partir de los valores en los 3 nodos libres, es decir los desplazamientos w_1, w_2, w_3 y los giros de torsión $\theta_1, \theta_2, \theta_3$. Estas seis variables serán por tanto los grados de libertad del problema, en general dependientes del tiempo, aunque esta dependencia se introducirá más tarde.

		$\eta = 0$ Nodo 0	$\eta = 1/3$ Nodo 1	$\eta = 2/3$ Nodo 2	$\eta = 1$ Nodo 3
Deformación	$w(y)$	0	w_1	w_2	w_3
Giro de flexión	$\frac{\mathrm{d}w}{\mathrm{d}y}$	0	–	–	–
Momento Flector	$\frac{\mathrm{d}^2 w}{\mathrm{d}y^2}$	–	–	–	0
Cortante	$\frac{\mathrm{d}^3 w}{\mathrm{d}y^3}$	–	–	–	0
Giro de torsión	$\theta(y)$	0	θ_1	θ_2	θ_3
Torsor	$\frac{\mathrm{d}\theta}{\mathrm{d}y}$	–	–	–	0

Tabla 6.2: Condiciones conocidas en los nodos del elemento en términos de $w(y)$, $\theta(y)$ y sus derivadas.

Derivaremos a continuación las funciones de interpolación de los desplazamientos verticales del eje elástico, $w(y,t)$. De momento por cuestiones de facilidad en la notación, no arrastraremos el tiempo como variable y lo retomaremos más adelante. Conocemos algunos valores para $w(y)$ y sus derivadas en los nodos, en concreto aquellos definidos en la Tabla 6.2. Pondremos $w(y)$ en función de w_1, w_2 y w_3 que tomarán el rol de incógnitas a partir de ahora. Tenemos 7 condiciones a imponer, por lo que necesitamos un polinomio de grado 6, que se escribirá en función de la variable adimensional $\eta = y/l$, es decir

$$w(\eta) \approx a_0 + a_1\eta + a_2\eta^2 + a_3\eta^3 + a_4\eta^4 + a_5\eta^5 + a_6\eta^6 \,, \quad \eta = y/l \qquad (6.1)$$

Para obtener los 6 coeficientes imponemos las siguientes ecuaciones en $w(\eta)$

$$
\begin{array}{llll}
w(0) = 0 & w(1/3) = w_1 & w(2/3) = w_2 & w(1) = w_3 \\
w'(0) = 0 & w''(1) = 0 & w'''(1) = 0 &
\end{array}
\qquad (6.2)
$$

donde $(\bullet)' = d(\bullet)/d\eta$. Las condiciones en punta de ala escritas en términos de la segunda y tercera derivadas vienen de imponer que el extremo en $y = l$ está libre de fuerzas y momentos puntuales. La resolución de las Ecs. (6.2) conduce a la solución de las 7 incógnitas $a_0, a_1, \ldots, a_6$ que se expresan linealmente en términos de w_1, w_2 y w_3. Devolviendo estos coeficientes a su polinomio en la Ec. (6.1), la expresión resultante se puede reordenar agrupando coeficientes en w_1, w_2 y w_3 como

$$w(\eta) = N_{w1}(\eta)\, w_1 + N_{w2}(\eta)\, w_2 + N_{w3}(\eta)\, w_3 \qquad (6.3)$$

donde los polinomios $N_{w1}(\eta)$, $N_{w2}(\eta)$ y $N_{w3}(\eta)$ son las funciones de forma asociadas a los grados de libertad w_1, w_2 y w_3, respectivamente.

$$
\begin{aligned}
N_{w1}(\eta) &= \frac{81}{74}(\eta-1)\eta^2(3\eta-2)(\eta(18\eta-41)+24) \\
N_{w2}(\eta) &= -\frac{81}{148}(\eta-1)\eta^2(3\eta-1)(33\eta^2-80\eta+51) \\
N_{w3}(\eta) &= \frac{1}{222}\eta^2(3\eta-2)(3\eta-1)(490\eta^2-1303\eta+924)
\end{aligned}
\qquad (6.4)
$$

No es habitual trabajar con polinomios de interpolación de orden mayor a 4 en elementos finitos. Una práctica más común es discretizar usando más elementos, con menos nodos por elemento y funciones de interpolación cúbicas o de orden 4 a lo sumo (por ejemplo usando un elemento de dos nodos para flexión o torsión en teoría clásica de vigas, ver ref. [68]). El uso de la interpolación definida arriba es meramente didáctico, pues de esta manera las integrales resultantes en la evaluación de la matriz de rigidez y las fuerzas generalizadas, o la definición de la superficie de sustentación deformada, se realiza en términos sencillos, evitando invocar a la definición de muchos elementos o al ensamblaje de matrices, habitual en modelos de EF.

La interpolación mediante giros puede realizarse usando polinomios de grado 4, pues de acuerdo a la Tabla 6.2 podemos imponer hasta 5 condiciones al polinomio, incluyendo el torsor nulo en punta de ala, que como sabemos está directamente relacionado con la derivada del giro en $y = l$ ($\eta = 1$). Tenemos entonces que

$$\theta(\eta) \approx b_0 + b_1\eta + b_2\eta^2 + b_3\eta^3 + b_4\eta^4 \ , \quad \eta = y/l \tag{6.5}$$

Para obtener los 5 coeficientes imponemos

$$\theta(0) = 0 \quad \theta(1/3) = \theta_1 \quad \theta(2/3) = \theta_2 \quad \theta(1) = \theta_3 \quad \theta'(1) = 0 \tag{6.6}$$

Tras resolver las ecuaciones se tiene que

$$\theta(\eta) = N_{\theta 1}(\eta)\,\theta_1 + N_{\theta 2}(\eta)\,\theta_2 + N_{\theta 3}(\eta)\,\theta_3 \tag{6.7}$$

donde los polinomios $N_{\theta 1}(\eta)$, $N_{\theta 2}(\eta)$ y $N_{\theta 3}(\eta)$ son las funciones de forma asociadas a los grados de libertad θ_1, θ_2 y θ_3, respectivamente.

$$
\begin{aligned}
N_{\theta 1}(\eta) &= -\frac{27}{4}(\eta - 1)^2\eta(3\eta - 2) \\
N_{\theta 2}(\eta) &= \frac{27}{2}(\eta - 1)^2\eta(3\eta - 1) \\
N_{\theta 3}(\eta) &= -\frac{1}{4}\eta(3\eta - 2)(3\eta - 1)(11\eta - 13)
\end{aligned}
\tag{6.8}
$$

De nuevo, obtenemos dos funciones polinómicas de interpolación que (juntas) permiten extender la aproximación de la función $\theta(\eta)$ a partir del valor en los nodos θ_1, θ_2 y θ_3. Las 6 funciones de forma obtenidas se han representado en la Fig. 6.3.

Las 6 variables, $w_1(t)$, $w_2(t)$, $w_3(t)$, $\theta_1(t)$, $\theta_2(t)$, $\theta_3(t)$ son libres y serán las incógnitas de nuestro problema dinámico, por tanto dependientes del tiempo. Las ecuaciones que permiten resolverlas son las ecuaciones de la dinámica en su versión no-estacionaria, que serán planteadas en forma energética en el siguiente punto (ecuaciones de Lagrange). Conviene reescribir las relaciones de interpolación en forma matricial pues éstas permite reducir la solución de un medio continuo a un sistema de ecuaciones discreto, con la misma estructura

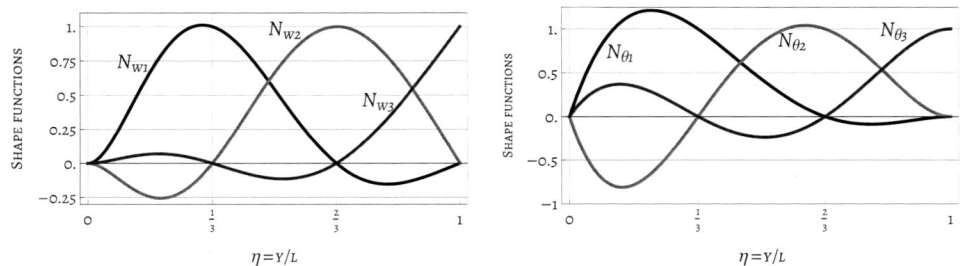

Figura 6.3: Funciones de forma para la interpolación de desplazamientos $w(\eta) = N_{w1}(\eta)\,w_1 + N_{w2}(\eta)\,w_2 + N_{w3}(\eta)\,w_3$ y giros $\theta(\eta) = N_{\theta 1}(\eta)\,\theta_1 + N_{\theta 2}(\eta)\,\theta_2 + N_{\theta 3}(\eta)\,\theta_3$ a lo largo de la envergadura.

que aquel usado en los Capítulo 2 y 3. Así, definimos el siguiente vector columna $\mathbf{u}(t)$ con los grados de libertad de nuestro modelo

$$\mathbf{u}(t) = \{w_1(t),\ \theta_1(t), w_2(t),\ \theta_2(t), w_3(t),\ \theta_3(t)\}^T \tag{6.9}$$

A diferencia de otros modelos de capítulos anteriores, definiremos el vector de grados de libertad a partir de las variables físicas, sin adimensionalizar. En el desarrollo del presente capítulo se van a obtener resultados numéricos para un ala con dimensiones y propiedades mecánicas fijadas, ver Tabla 6.1. Análogamente al desarrollo realizado en la Ecs. (3.35) y (3.36), tanto $w(\eta, t)$ como $\theta(\eta, t)$ se pueden expresar en forma separada como el producto de una función matricial dependiente de η por el vector de grados de libertad $\mathbf{u}(t)$ dependiente del tiempo, es decir, en la forma

$$w(\eta, t) = \mathbf{N}_w^T(\eta)\,\mathbf{u}(t) \quad , \quad \theta(\eta, t) = \mathbf{N}_\theta^T(\eta)\,\mathbf{u}(t) \tag{6.10}$$

261

Como el resultado tiene que ser en ambos casos un número, las matrices $\mathbf{N}_w^T(\eta)$ y $\mathbf{N}_\theta^T(\eta)$ deberán ser en realidad vectores fila 6 componentes. En efecto,

$$
\begin{aligned}
w(\eta, t) &= N_{w1}(\eta)w_1(t) + N_{w2}(\eta)w_2(t) + N_{w3}(\eta)w_3(t) \\
&= N_{w1}(\eta)w_1(t) + 0 \cdot \theta_1(t) + N_{w2}(\eta)w_2(t) + 0 \cdot \theta_2(t)N_{w3}(\eta)w_3(t) + 0 \cdot \theta_3(t) \\
&= \{N_{w1}(\eta),\ 0,\ N_{w2}(\eta),\ 0,\ N_{w3}(\eta),\ 0\}
\begin{Bmatrix}
w_1(t) \\
\theta_1(t) \\
w_2(t) \\
\theta_2(t) \\
w_3(t) \\
\theta_3(t)
\end{Bmatrix}
\equiv \mathbf{N}_w^T(\eta)\mathbf{u}(t) \qquad (6.11)
\end{aligned}
$$

$$
\begin{aligned}
\theta(\eta, t) &= N_{\theta1}(\eta)\theta_1(t) + N_{\theta2}(\eta)\theta_2(t) + N_{\theta3}(\eta)\theta_3(t) \\
&= 0 \cdot w_1(t) + N_{\theta1}(\eta)\theta_1(t) + 0 \cdot w_2(t) + N_{\theta2}(\eta)\theta_2(t) + 0 \cdot w_2(t) + N_{\theta3}(\eta)\theta_3(t) \\
&= \{0,\ N_{\theta1}(\eta),\ 0,\ N_{\theta2}(\eta),\ 0,\ N_{\theta3}(\eta)\}
\begin{Bmatrix}
w_1(t) \\
\theta_1(t) \\
w_2(t) \\
\theta_2(t) \\
w_3(t) \\
\theta_3(t)
\end{Bmatrix}
\equiv \mathbf{N}_\theta^T(\eta)\mathbf{u}(t) \qquad (6.12)
\end{aligned}
$$

donde hemos definido las siguientes matrices (vectores columna)

$$
\begin{aligned}
\mathbf{N}_w(\eta) &= \{N_{w1}(\eta),\ 0,\ N_{w2}(\eta),\ 0,\ N_{w3}(\eta),\ 0\}^T \\
\mathbf{N}_\theta(\eta) &= \{0,\ N_{\theta1}(\eta),\ 0,\ N_{\theta2}(\eta),\ 0,\ N_{\theta3}(\eta)\}^T \qquad (6.13)
\end{aligned}
$$

6.2.2 Matriz de rigidez

Las ecuaciones del movimiento de Lagrange (Apéndice A) en un sólido deformable elástico contienen las derivadas de la energía de deformación respecto a los grados de libertad. En un problema dinámico, los grados de libertad dependen del tiempo y están agrupados en un vector que denotaremos por $\mathbf{u}(t)$. En nuestro problema, la deformación del ala está gobernada por un comportamiento a flexión/torsión del eje elástico que permite predecir el desplazamiento vertical de cualquier otro punto del ala por simple superposición de traslación y giro. La energía de deformación es la energía potencial acumulada en la estructura cuando ésta se deforma una cantidad dada por el vector $\mathbf{u}(t)$. Ya se ha introducido en varios apartados a lo largo del presente libro en situaciones similares, ver por ejemplo Ecs. (3.41) y (3.107). Considerando la definición de energía de deformación a flexión y a torsión en el semiala se tiene

$$\mathcal{U} = \frac{1}{2} \int_0^l EI \left(\frac{\partial^2 w}{\partial y^2} \right)^2 dy + \frac{1}{2} \int_0^l GJ \left(\frac{\partial \theta}{\partial y} \right)^2 dy \equiv \mathcal{U}_b + \mathcal{U}_t \qquad (6.14)$$

donde $\partial^2 w / \partial y^2$ y $\partial \theta / \partial y$ representan la curvatura (deformación de flexión) y el giro unitario (deformación de torsión). Siguiendo la metodología presentada en el Capítulo 3, hacemos el cambio de variable $y = \eta l$ y reescribimos el cuadrado $(\partial^2 w / \partial y^2)^2$ introduciendo la expresión $w(\eta, t) = \mathbf{N}_w^T(\eta) \mathbf{u}(t)$. Usando la regla de la cadena para derivar y las propiedades de la traspuesta del producto se tiene

$$\begin{aligned} \left(\frac{\partial^2 w}{\partial y^2} \right)^2 &= \left(\frac{\partial^2 w}{\partial y^2} \right)^T \cdot \left(\frac{\partial^2 w}{\partial y^2} \right) = \frac{1}{l^4} \left(\frac{\partial^2 w}{\partial \eta^2} \right)^T \cdot \left(\frac{\partial^2 w}{\partial \eta^2} \right) \\ &= \frac{1}{l^4} \left(\mathbf{u}^T \frac{d^2 \mathbf{N}_w}{d\eta^2} \right) \left(\frac{d^2 \mathbf{N}_w^T}{d\eta^2} \mathbf{u} \right) = \frac{1}{l^4} \mathbf{u}^T \left(\frac{d^2 \mathbf{N}_w}{d\eta^2} \frac{d^2 \mathbf{N}_w^T}{d\eta^2} \right) \mathbf{u} \end{aligned} \qquad (6.15)$$

Volviendo ahora a la expresión de la energía de deformación asociada a la flexión, $\mathcal{U}_b$ en Ec. (6.14), se tiene

$$\begin{aligned} \mathcal{U}_b &= \frac{1}{2} \int_0^l EI \left(\frac{\partial^2 w}{\partial y^2} \right)^2 dy = \frac{1}{2} \int_0^1 EI \frac{1}{l^4} \mathbf{u}^T \left(\frac{\mathrm{d}^2 \mathbf{N}_w}{\mathrm{d}\eta^2} \frac{\mathrm{d}^2 \mathbf{N}_w^T}{\mathrm{d}\eta^2} \right) \mathbf{u} \, l \, d\eta \\ &= \frac{1}{2} \mathbf{u}^T \left(\int_0^1 \frac{EI}{l^3} \frac{\mathrm{d}^2 \mathbf{N}_w}{\mathrm{d}\eta^2} \frac{\mathrm{d}^2 \mathbf{N}_w^T}{\mathrm{d}\eta^2} \, d\eta \right) \mathbf{u} \equiv \frac{1}{2} \mathbf{u}^T \mathbf{K}_b \mathbf{u} \end{aligned} \qquad (6.16)$$

de donde la matriz de rigidez de flexión $\mathbf{K}_b$ se puede calcular en un caso general como

$$\mathbf{K}_b = \int_0^1 \frac{EI}{l^3} \frac{\mathrm{d}^2 \mathbf{N}_w}{\mathrm{d}\eta^2} \frac{\mathrm{d}^2 \mathbf{N}_w^T}{\mathrm{d}\eta^2} \, d\eta \qquad (6.17)$$

En esta expresión se asume el caso general de una inercia variable. La integral en tal caso puede resolverse numéricamente a lo largo de la semienvergadura. La matriz resultante es cuadrada de tamaño 6×6. De forma análoga puede obtenerse la energía de deformación y la matriz de rigidez asociada al mecanismo de torsión. Como sabemos, el giro longitudinal se interpola mediante $\theta(\eta, t) = \mathbf{N}_\theta^T(\eta) \mathbf{u}(t)$. Y por tanto

$$\begin{aligned} \mathcal{U}_t &= \frac{1}{2} \int_0^l GJ \left(\frac{\partial \theta}{\partial y} \right)^2 dy = \frac{1}{2} \int_0^1 \frac{GJ}{l^2} \left(\frac{\partial \theta}{\partial \eta} \right)^2 l \, d\eta \\ &= \frac{1}{2} \int_0^1 \frac{GJ}{l} \left(\frac{\partial \theta}{\partial \eta} \right)^T \left(\frac{\partial \theta}{\partial \eta} \right) d\eta = \frac{1}{2} \int_0^1 \frac{GJ(\eta)}{l} \left(\mathbf{u}^T \frac{\mathrm{d}\mathbf{N}_\theta}{\mathrm{d}\eta} \right) \left(\frac{\mathrm{d}\mathbf{N}_\theta^T}{\mathrm{d}\eta} \mathbf{u} \right) d\eta \\ &= \frac{1}{2} \mathbf{u}^T \left(\int_0^1 \frac{GJ(\eta)}{l} \frac{\mathrm{d}\mathbf{N}_\theta}{\mathrm{d}\eta} \frac{\mathrm{d}\mathbf{N}_\theta^T}{\mathrm{d}\eta} \, d\eta \right) \mathbf{u} \equiv \frac{1}{2} \mathbf{u}^T \mathbf{K}_t \mathbf{u} \end{aligned} \qquad (6.18)$$

de donde

$$\mathbf{K}_t = \int_0^1 \frac{GJ(\eta)}{l} \frac{d\mathbf{N}_\theta}{d\eta} \frac{d\mathbf{N}_\theta^T}{d\eta} \, d\eta \tag{6.19}$$

La matriz de rigidez de la estructura completa es el resultado de la suma

$$\mathbf{K} = \mathbf{K}_f + \mathbf{K}_t \tag{6.20}$$

Asumiendo rigidez constante a lo largo del ala y tras calcular las integrales usando la interpolación polinómica dada por las Ecs. (6.11) y (6.12), se obtiene que

$$\mathbf{K} = \begin{bmatrix} 29.74\frac{EI}{l^3} & 0 & -18.70\frac{EI}{l^3} & 0 & 5.32\frac{EI}{l^3} & 0 \\ 0 & 2.29\frac{GJ}{l} & 0 & -2.07\frac{GJ}{l} & 0 & 0.72\frac{GJ}{l} \\ -18.70\frac{EI}{l^3} & 0 & 17.06\frac{EI}{l^3} & 0 & -6.11\frac{EI}{l^3} & 0 \\ 0 & -2.07\frac{GJ}{l} & 0 & 3.15\frac{GJ}{l} & 0 & -1.57\frac{GJ}{l} \\ 5.32\frac{EI}{l^3} & 0 & -6.11\frac{EI}{l^3} & 0 & 2.52\frac{EI}{l^3} & 0 \\ 0 & 0.72\frac{GJ}{l} & 0 & -1.57\frac{GJ}{l} & 0 & 1.06\frac{GJ}{l} \end{bmatrix} \tag{6.21}$$

Por tanto, la energía de deformación de la estructura se puede expresar como la forma cuadrática

$$\mathcal{U} = \frac{1}{2}\mathbf{u}^T \mathbf{K} \mathbf{u} \tag{6.22}$$

No olvidemos que la expresión anterior es un escalar que por su forma estará será una suma de términos cuadráticos en los grados de libertad. Como sumatorio se tiene (para 6 grados de libertad)

$$\mathcal{U} = \frac{1}{2} \sum_{i=1}^6 \sum_{j=1}^6 u_i u_j K_{ij} \tag{6.23}$$

Las ecuaciones de Lagrange se expresan en términos de las derivadas de esta expresión respecto a los grados de libertad, es decir $\partial \mathcal{U}/\partial u_j$. El vector que reúne a todas estas derivadas se denota por $\partial \mathcal{U}/\partial \mathbf{u}$ (en realidad se trata del gradiente de la forma cuadrática $\mathcal{U}$). Se puede demostrar con relativa facilidad que la expresión de $\partial \mathcal{U}/\partial \mathbf{u}$ para nuestro caso es

$$\frac{\partial \mathcal{U}}{\partial \mathbf{u}} = \frac{\partial}{\partial \mathbf{u}} \left(\frac{1}{2}\mathbf{u}^T \mathbf{K} \mathbf{u} \right) = \mathbf{K} \mathbf{u} \tag{6.24}$$

6.2.3 Modelo cinemático de la superficie de sustentación

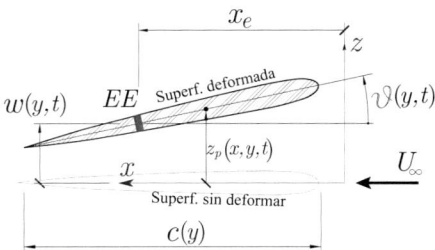

Cinemática de la sección transversal
Moviento oscilatorio respecto a z=0

Figura 6.4: Cinemática de un perfil genérico del ala. El desplazamiento de cualquier punto (x, y) de la superficie de sustentación se puede descomponer en una traslación del eje elástico, $w(y, t)$ y una rotación de magnitud $\theta(y, t)$, tal y como muestra la Ec. (6.25).

En la resolución de los problemas dinámicos necesitamos cuantificar la energía cinética y en particular la matriz de masas, que permite obtener los modos y frecuencias de vibraciones libres de la estructura así como la respuesta dinámica frente a acciones exteriores. Al igual que en el caso de la energía potencial, se requiere un modelo de deformación cinemática de la estructura. Dicho modelo debe reproducir el desplazamiento de cualquier punto en función de los grados de libertad definidos en el vector $\mathbf{u}(t)$ dados en la Ec. (6.9). Dado que el objetivo es obtener las ecuaciones que reproducen el comportamiento dinámico de la estructura, supondremos que el ala se deforma en el entorno de la situación de equilibrio tal y como muestra la fig 6.4. Supondremos vibraciones con bajas amplitudes relativas, por lo que cada punto del perfil tendrá aproximadamente el mismo desplazamiento vertical que su proyección en el plano medio, definido por $z_p(x, y, t)$. El desplazamiento vertical del punto del ala (x, y) en el instante t viene dado por el valor de z_p que se obtiene como suma de traslación+rotación alrededor del eje elástico.

$$z_p(x, y, t) = w(y, t) - (x - x_e)\,\theta(y, t) \tag{6.25}$$

donde el desplazamiento $w(y, t)$ del eje elástico y el giro de torsión $\theta(y, t)$ tienen la misma distribución basada en las funciones de forma definidas arriba, pero ahora con dependencia del tiempo a través de $\mathbf{u}(t)$. Reescribimos las expresiones (6.10)

$$w(\eta, t) = \mathbf{N}_w^T(\eta)\,\mathbf{u}(t)\ , \quad \theta(\eta, t) = \mathbf{N}_\theta^T(\eta)\,\mathbf{u}(t)\ , \quad 0 \le \eta \le 1 \tag{6.26}$$

donde $\eta = y/l$. Debido a la simetría del ala, podemos escribir el desplazamiento vertical del plano medio del ala podemos obtener z_p de forma compacta como

$$z_p(x, y, t) = \mathbf{N}_z^T(x, y)\,\mathbf{u}(t) \tag{6.27}$$

donde

$$\mathbf{N}_z(x, y) = \mathbf{N}_w(\eta) - (x - x_e)\,\mathbf{N}_\theta(\eta) \quad , \quad \eta = y/l \ , \quad 0 \le \eta \le 1 \tag{6.28}$$

La relación (6.27) se puede interpretar como una transformación del espacio de 6 grados de libertad $\mathbf{u}(t)$ al medio continuo formado por todos los puntos de la superficie de sustentación. La matriz $\mathbf{N}_z(x, y)$ se comporta como una función de forma bidimensional que permite predecir la deformación del plano del ala en el espacio a partir de los 6 grados de libertad del problema. La expresión (6.27) resultará de utilidad para evaluar desplazamientos y velocidades fuera de los puntos pertencientes al eje elástico. En la Fig. 6.5 se muestran dos ejemplos de la superficie deformada resultante para dos configuraciones diferentes del vector $\mathbf{u}$

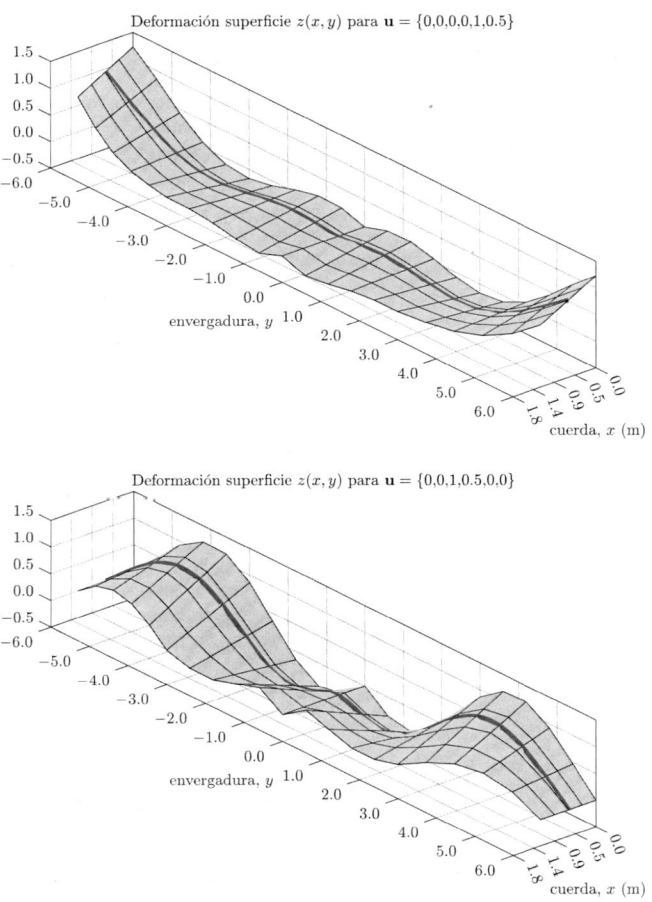

Figura 6.5: Deformación del plano del ala consistente con un modelo de deformación basado en el eje elástico. (Arriba) Deformación para unos grados de libertad $\mathbf{u} = \{0, 0, 0, 0, 1, 1/2\}^T$. (Abajo) Deformación para unos grados de libertad $\mathbf{u} = \{0, 0, 1, 1/2, 0, 0\}^T$

6.2.4 Matriz de masas

Para la determinación de las ecuaciones de Lagrange en su forma dinámica necesitamos obtener la energía cinética como función de las velocidades de los grados de libertad. Si al punto (x, y) del plano medio le asignamos una masa dm entonces la energía cinética de dicho punto es (las velocidades horizontales no se consideran) $d\mathcal{T} = \frac{1}{2}\dot{z}_p^2(x, y, t)\,dm$. Por tanto la energía cinética total será

$$\mathcal{T} = \frac{1}{2} \int_{\mathcal{M}} \dot{z}_p^2(x, y, t)\,dm \tag{6.29}$$

donde el dominio de integración bidimensional puede expresarse matemáticamente como

$$\mathcal{M} = \{(x, y) \in \mathbb{R}^2 : x \in \mathcal{A}(y),\ 0 \le y \le l\} \tag{6.30}$$

donde $\mathcal{A}$ representa la sección transversal en la coordenada y, pudiendo ser variable a lo largo de la envergadura (sección variable) Para completar la integración necesitamos la forma del elemento diferencial de masa. En el caso más general, podrá escribirse como la densidad del material en (x, y) multiplicado por el volumen, el cual a su vez se descompone entre el área de la sección transversal y la longitud.

$$dm = \rho(x, y)\,dA\,dy \tag{6.31}$$

$$
\begin{aligned}
\mathcal{T} &= \frac{1}{2} \int_{\mathcal{M}} \dot{z}_p^2(x, y, t)\,dm = \frac{1}{2} \int_{\mathcal{M}} \dot{z}_p^T\,\dot{z}_p\,dm \\[2mm]
&= \frac{1}{2} \int_{y=0}^{l} \int_{\mathcal{A}} \dot{\mathbf{u}}^T\,\mathbf{N}_z(x, y)\,\mathbf{N}_z^T(x, y)\,\dot{\mathbf{u}}\,\rho(x, y)dA\,dy \\[2mm]
&= \frac{1}{2}\dot{\mathbf{u}}^T \left[\int_{y=0}^{l} \int_{\mathcal{A}} \mathbf{N}_z(x, y)\,\mathbf{N}_z^T(x, y)\,\rho(x, y)dA\,dy \right] \dot{\mathbf{u}} \\[2mm]
&\equiv \frac{1}{2}\dot{\mathbf{u}}^T\,\mathbf{M}\,\dot{\mathbf{u}}
\end{aligned}
$$

donde la matriz $\mathbf{M}$ que define la forma cuadrática de la energía cinética se denomina matriz de masas. Al expandir los productos dentro de la matriz aparecen varios términos que pueden descomponerse en varias matrices, en efecto

$$\mathbf{M} = \int_{y=0}^{l} \int_{\mathcal{A}} \left[\mathbf{N}_w(\eta) - (x - x_e)\,\mathbf{N}_\theta(\eta)\right] \left[\mathbf{N}_w^T(\eta) - (x - x_e)\,\mathbf{N}_\theta^T(\eta)\right]\,\rho(x,y)dA\,dy$$

$$= \int_{y=0}^{l} \int_{\mathcal{A}} \mathbf{N}_w(\eta)\,\mathbf{N}_w^T(\eta)\,\rho(x,y)dA\,dy$$

$$- \int_{y=0}^{l} \int_{\mathcal{A}} (x - x_e)\left[\mathbf{N}_w(\eta)\,\mathbf{N}_\theta^T(\eta) + \mathbf{N}_\theta(\eta)\,\mathbf{N}_w^T(\eta)\right]\,\rho(x,y)dA\,dy$$

$$+ \int_{y=0}^{l} \int_{\mathcal{A}} (x - x_e)^2\,\mathbf{N}_\theta(\eta)\,\mathbf{N}_\theta^T(\eta)\,\rho(x,y)dA\,dy$$

$$\equiv \mathbf{M}_{ww} + \mathbf{M}_{w\theta} + \mathbf{M}_{\theta\theta} \qquad (6.32)$$

Con más detalle, las expresiones de cada una de las matrices es

$$\mathbf{M}_{ww} = \int_{\eta=0}^{l} \mathbf{N}_w(\eta)\,\mathbf{N}_w^T(\eta)\,\mathfrak{m}(\eta)\,dy$$

$$\mathbf{M}_{w\theta} = -\int_{\eta=0}^{l} \left(\mathbf{N}_w(\eta)\,\mathbf{N}_\theta^T(\eta) + \mathbf{N}_\theta(\eta)\,\mathbf{N}_w^T(\eta)\right)\,S_E(\eta)\,dy$$

$$\mathbf{M}_{\theta\theta} = \int_{\eta=0}^{l} \mathbf{N}_\theta(\eta)\,\mathbf{N}_\theta^T(\eta)\,I_E(\eta)\,dy \qquad (6.33)$$

donde

$$\mathfrak{m}(\eta) = \int_{\mathcal{A}} \rho(x,y)dA\ ,$$

$$S_E(\eta) = \int_{\mathcal{A}} (x - x_e)\,\rho(x,y)dA\ ,$$

$$I_E(\eta) = \int_{\mathcal{A}} (x - x_e)^2\,\rho(x,y)dA \qquad (6.34)$$

representan respectivamente la masa, el momento estático y el momento de inercia respecto al eje elástico, todas ellas por unidad de longitud y, en general, dependientes de la variable y. Estas tres magnitudes definen matemáticamente la distribución de la masa en todo el ala desde el punto de vista dinámico.

$$\mathfrak{m}(\eta) = \int_{\mathcal{A}} \rho(x,y)dA\ , \qquad (6.35)$$

$$S_E(\eta) = \int_{\mathcal{A}} (x - x_e)\rho(x,y)dA = (x_G(\eta) - x_e)\,\mathfrak{m}(\eta)\ , \qquad (6.36)$$

$$I_E(\eta) = \int_{\mathcal{A}} (x - x_e)^2\rho(x,y)dA = I_G(\eta) + (x_G(\eta) - x_e)^2\,\mathfrak{m}(\eta) \qquad (6.37)$$

En la Ec. (6.32) la matriz $\mathbf{M}_{ww}$ contiene los términos que contribuyen a la energía cinética por el desplazamiento vertical de flexión mientras que la matriz $\mathbf{M}_{\theta\theta}$ contiene los términos que contribuyen por el giro a torsión alrededor del eje elástico. Existe una tercera matriz $\mathbf{M}_{w\theta}$ que debido al acoplamiento entre la flexión y la torsión. Este término se hace nulo cuando el eje elástico pasa por el centro de gravedad de las secciones del ala. Aunque discutiremos más tarde el efecto de este acoplamiento, ya podemos predecir que cuando $x_e \equiv x_G$ a lo largo del ala las ecuaciones de las vibraciones libres estarán desacopladas porque no hay términos cruzados debidos a $\mathbf{M}_{w\theta}$.

Las integrales (6.32) se pueden resolver de forma analítica para el caso de un ala de cuerda constante c, masa por unidad de longitud m (constante), centro de gravedad localizado en x_G e inercia másica (por unidad de longitud) respecto al CDG igual a I_G (como si se tratara de una placa plana). La inercia respecto al eje elástico, localizado en la coordenada x_e será entonces $I_E = I_G + (x_G - x_e)^2 m$. Usando las funciones de forma definidas arriba se puede obtener una expresión cerrada en los parámetros másicos, que no reproduciremos aquí por su tamaño, aunque su cálculo es inmediato usando un motor de computación simbólica como Mathematica, por ejemplo.

Aunque matemáticamente están bien definidas, la geometría y distribución de masa de un ala real es muy complicada para su parametrización matemática, es decir las funciones $\mathfrak{m}(\eta)$, $S_E(\eta)$, $I_E(\eta)$. Téngase en cuenta que un ala en general es de geometría variable a lo largo de la longitud con una distribución muy irregular de la masa, dispone de elementos transversales como costillas o rigidizadores que no se distribuyen de forma continua en la envergadura. Además, existen elementos másicos no estructurales que también hay que contar: elementos de control, combustible, trenes de aterrizaje, motores, etc. que suponen masas puntuales. Las definiciones de las Ecs. (6.33) permiten predecir el comportamiento dinámico en función de algunos parámetros importantes como el centro de gravedad de las secciones del ala y por tanto son útiles en fases preliminares de diseño o desde un punto de vista académico, pero en los cálculos sobre estructuras reales, no suelen usarse para la obtención de la matriz de masas. En su lugar, una práctica común asignar una masa puntual a cada punto del ala y obtener la matriz de masas como la suma de todas las contribuciones teniendo en cuenta la ley cinemática que controla su movimiento en función de los grados de libertad. Así, en el caso de un ala en el que toda la masa se puede distribuir en el plano medio, entonces podríamos considerar r masas puntuales $m_1, \ldots, m_r$ localizadas en los puntos (x_k, y_k), $1 \leq k \leq r$ de forma que sus velocidades verticales serían

$$\dot{z}_p(x_k, y_k) = \mathbf{N}_z^T(x_k, y_k)\,\dot{\mathbf{u}}(t) \tag{6.38}$$

y, por tanto, la matriz de masas se obtendría directamente como

$$\mathbf{M} = \sum_{k=1}^{r} \mathbf{N}_z(x_k, y_k)\,\mathbf{N}_z^T(x_k, y_k)\,m_k \tag{6.39}$$

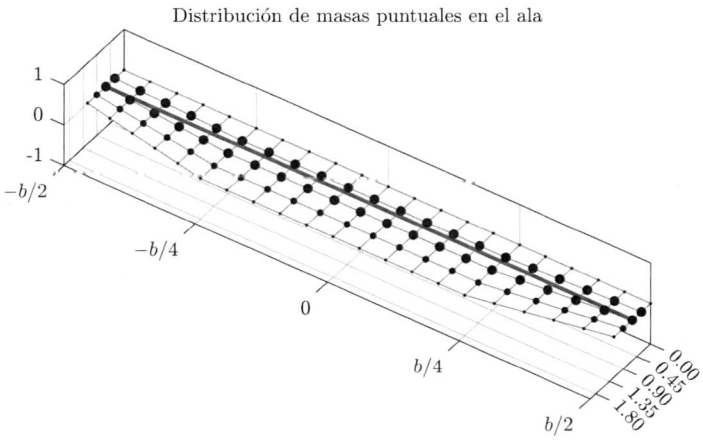

Figura 6.6: Ejemplo de distribución de masa puntuales en el ala. Masa total $M = 430$ kg distribuida en una parrilla de 5×21 masas puntuales con valores 2 kg en filas 1 y 5; 6 kg en filas 2 y 3; 4.2 kg en fila 4. Como resultado se obtiene una masa e inercia por unidad de longitud (valores promedio) dados en la Tabla 6.1. El CDG del ala se encuentra en las coordenadas $x_G = 0.778$ m, $y_G = 0$.

6.2.5   Análisis dinámico y modos de vibración en tierra

La respuesta dinámica de una estructura modelizada de forma discreta usando el método de la aproximación polinómica se obtiene invocando a las ecuaciones de Lagrange (ver Apéndice A) y usando los grados de libertad definidos en la Ec. (6.9) como variables generalizadas. En este punto se van a deducir las ecuaciones que nos permiten obtener la respuesta no-forzada del sistema (modos de vibración libre del ala) y la respuesta forzada frente a una fuerza exterior. Ilustraremos ambos casos (forzado y no forzado) con el ejemplo numérico cuyas propiedades se muestran en la Tabla 6.1. En los apartados anteriores hemos obtenido las energías potencial (por deformación elástica) y cinética. Las ecuaciones de Lagrange para la obtención de la respuesta dinámica pueden escribirse en general como

$$\frac{d}{dt}\left(\frac{\partial \mathcal{T}}{\partial \dot{\mathbf{u}}}\right) + \frac{\partial \mathcal{D}}{\partial \dot{\mathbf{u}}} + \frac{\partial \mathcal{U}}{\partial \mathbf{u}} = \mathbf{Q}(t) \tag{6.40}$$

donde

Energía cinética, $\mathcal{T}$: para pequeñas oscilaciones se puede expresar como una forma cuadrática de los velocidades de los grados de libertad, $\mathcal{T} = \dot{\mathbf{u}}^T \mathbf{M} \dot{\mathbf{u}}/2$, con $\mathbf{M}$ la matriz de masas. El vector

$$\frac{d}{dt}\frac{\partial \mathcal{T}}{\partial \dot{\mathbf{u}}} = \mathbf{M}\,\ddot{\mathbf{u}}$$

representa las fuerzas de inercia del problema, es decir, masa × aceleración

Energía potencial, $\mathcal{U}$: expresada como una forma cuadrática de los grados de libertad, $\mathcal{U} = \mathbf{u}^T \mathbf{K} \mathbf{u}/2$, donde $\mathbf{K}$ es la matriz de rigidez. El vector de fuerzas

$$\frac{\partial \mathcal{U}}{\partial \mathbf{u}} = \mathbf{K}\,\mathbf{u}$$

representa a las fuerzas elásticas o fuerzas de restitución, fuerzas internas que tienden a *tirar* del sistema para devolverlo a su posición inicial.

Potencial disipativo, $\mathcal{D}$: expresado como una forma cuadrática de las velocidades: $\mathcal{D} = \dot{\mathbf{u}}^T \mathbf{C} \dot{\mathbf{u}}/2$, siendo $\mathbf{C}$ la matriz de amortiguamiento. El vector

$$\frac{\partial \mathcal{D}}{\partial \dot{\mathbf{u}}} = \mathbf{C}\,\dot{\mathbf{u}}$$

representa a las fuerzas disipativas de naturaleza viscosa (proporcionales a la velocidad). En ausencia de estas fuerzas, la estructura no disipa energía y cualquier perturbación del equilibrio se convierte en un movimiento perpetuo en el que la energía cinética se intercambia con la energía potencial tal y como lo haría un péndulo o un sistema masa-muelle. En presencia del término viscoso, en cada ciclo se pierden amplitudes como consecuencia de la disipación de energía.

Fuerzas generalizadas, $\mathbf{Q}(t)$: asociadas a los grados de libertad $\mathbf{u}$. Representa el vector de fuerzas exteriores sobre el sistema y se obtienen tras la determinación del trabajo virtual de las fuerzas exteriores. Cuando son fuerzas aerodinámicas las que actúan, entonces el vector $\mathbf{Q}(t)$ dependerá de los grados de libertad, de sus velocidades y de sus aceleraciones (se introducirán más adelante para el caso del ala).

Operador gradiente (en columna), $\partial(\bullet)/\partial\mathbf{u}$: representa un vector columna donde cada componente es la derivada parcial respecto a cada elemento de $\mathbf{u}$ (o de $\dot{\mathbf{u}}$ cuando tenemos el operador $\partial(\bullet)/\partial\dot{\mathbf{u}}$).

Las ecuaciones del movimiento en su conjunto quedan entonces como

$$\mathbf{M}\ddot{\mathbf{u}} + \mathbf{C}\dot{\mathbf{u}} + \mathbf{K}\mathbf{u} = \mathbf{Q}(t) \tag{6.41}$$

Veamos por separado la resolución de los casos dinámicos de vibraciones libres y forzadas del ala.

Vibraciones libres, $\mathbf{Q} = \mathbf{0}$

El problema de vibraciones libres aporta información relevante sobre el comportamiento dinámico de la estructura. De la resolución de las ecuaciones del movimiento (6.41) con $\mathbf{Q} \neq \mathbf{0}$ y en ausencia de disipación $\mathbf{C} \equiv \mathbf{0}$ se obtienen los *modos y frecuencias propias del sistema.* Bajo estas hipótesis, las fuerzas exteriores y las fuerzas de amortiguamiento son nulas, por lo que las ecuaciones de equilibrio (6.41) se reducen al balance entre fuerzas de inercia y fuerzas elásticas

$$\frac{\partial \mathcal{U}}{\partial \mathbf{u}} = \mathbf{K}\,\mathbf{u} \quad , \quad \frac{d}{dt}\frac{\partial \mathcal{T}}{\partial \dot{\mathbf{u}}} = \mathbf{M}\,\ddot{\mathbf{u}} \tag{6.42}$$

Por tanto las ecuaciones de Lagrange se pueden escribir como

$$\mathbf{M}\ddot{\mathbf{u}} + \mathbf{K}\mathbf{u} = \mathbf{0} \tag{6.43}$$

En el caso particular del problema que se está tratando en este punto, el sistema (6.43) son 6 ecuaciones diferenciales y representa el problema homogéneo cuya solución general forma una base para resolver cualquier problema forzado bajos las mismas condiciones de masa y rigidez. Las soluciones a este problema homogéneo se denominan modos de vibración, tienen carácter armónico. Se obtienen resolviendo el problema lineal de autovalores que surge al introducir soluciones de la forma $\mathbf{u}(t) = \boldsymbol{\phi}\,e^{i\omega t}$. Tras algunas operaciones directas, la Ec.(6.43) se transforma en

$$\left[-\omega^2\mathbf{M} + \mathbf{K}\right]\mathbf{U} = \mathbf{0} \tag{6.44}$$

Para ilustrar el resultado de modos y frecuencias propias se usa el ala cuyas propiedades se muestran en la Tabla 6.1 con la misma geometría de la Fig. 6.1.

Modo,		$j = 1$	2	3	4	5	6
Frecuencias (Hz)	ω_j	7.51	15.00	40.18	52.88	71.44	161.88
Autovectores, $\boldsymbol{\phi}_j$	w_1	-0.0145	0.0019	-0.0203	-0.0532	-0.0200	-0.0812
	θ_1	0.0051	0.0771	0.0894	-0.0843	-0.0041	-0.0509
	w_2	-0.0482	0.0109	-0.0158	-0.0525	-0.0145	0.0559
	θ_2	0.0083	0.1258	-0.0440	-0.0131	-0.0879	0.0278
	w_3	-0.0889	0.0255	0.0236	0.0696	0.0083	-0.0505
	θ_3	0.0089	0.1397	-0.1730	0.0212	0.1645	0.0090

Tabla 6.3: Tabla de frecuencias (Hz) y modos de vibración (normalizados con la masa)

Para modelizar las fuerzas de inercia, se asume una distribución discreta de masas colocando un total de 105 masas puntuales con diferentes valores m_j. La masa total del ala es $\sum m_j = 430$ kg. En la Fig. 6.6 se muestra la distribución de las masas y su valor relativo a la masa total se representa como el tamaño de la masa asociada. Tras la resolución numérica del problema de valores propios, la solución de autovalores $\{\omega_j\}$ y los autovectores $\{\boldsymbol{\phi}_j\}$ son las denominadas frecuencias propias y modos propios de vibración. En la Tabla 6.3 se muestran los resultados obtenidos. Los autovectores $\boldsymbol{\phi}_j$ están normalizados con la matriz de masas, de forma que se verifica que $\boldsymbol{\phi}_j^T \mathbf{M} \boldsymbol{\phi}_j = 1$.

Las soluciones gráficas de los modos de vibración se muestran en la Fig. 6.7. Se han representado las deformaciones de la superficie del ala asociadas a ellos, mediante la ecuación (en forma de superficie deformada)

$$z_j(x, y, t) = \mathbf{N}_z^T(x, y)\mathbf{u}(t) = \mathbf{N}_z^T(x, y)\boldsymbol{\phi}_j \, e^{i\omega_j t} \equiv \bar{z}_j(x, y) \, e^{i\omega_j t}$$

donde $\bar{z}_j(x, y)$ representa la j-ésima forma modal de deformación. En la representación se observa que, aunque cada autovector $\boldsymbol{\phi}_j$ posee valores distintos de cero en todas sus componentes (ver Tabla 6.3), claramente el tipo de deformación obedece a un determinado patrón característico. Así, si ordenamos los modos en forma ascendente, los modos 1, 4 y 6 reproducen desplazamientos de flexión en el ala sin apenas giros de torsión. Por otro lado, los modos 2, 3 y 5 apenas presentan desplazamientos verticales en el eje elástico, de forma que el comportamiento predominante es de torsión. Diremos entonces que los modos 1, 4 y 6 son *modos de flexión* mientras que los modos 2, 3 y 5 son *modos de torsión*. Para detectar la naturaleza de cada modo no queda otro remedio que representarlos gráficamente, aunque también puede resultar útil observar en el autovector correspondiente los valores relativos de cada componente. El caso reproducido aquí es un ejemplo típico con modos acoplados aunque cada uno de ellos presenta claramente un comportamiento predominante. El desacoplamiento total se obtendrá si los centros de gravedad de cada sección coincide con el eje elástico. Matemáticamente el comportamiento flexión-torsión está desacoplado si en las Ecs. (6.43) hay dos subsistemas desacoplados de 3×3: uno en los desplazamientos verticales $w_1(t)$, $w_2(t)$, $w_3(t)$ y otro en los giros de torsión $\theta_1(t)$, $\theta_2(t)$, $\theta_3(t)$.

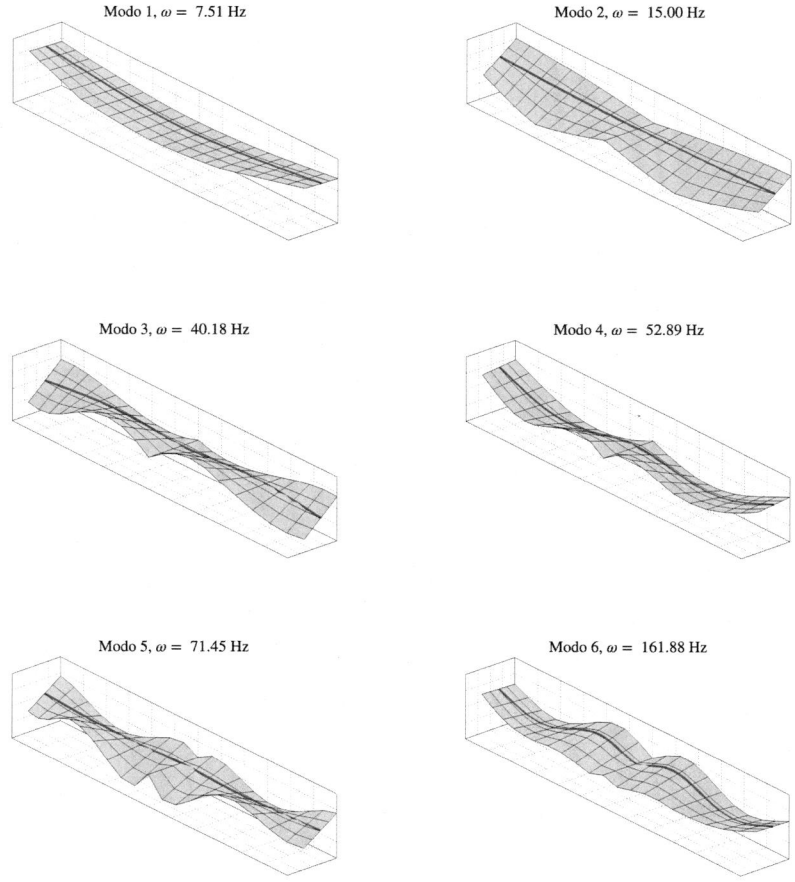

Figura 6.7: Visualización de los modos de vibración en la deformación del ala. Los autovectores se muestran en la Tabla 6.3

Vibraciones forzadas, $\mathbf{Q} \neq \mathbf{0}$

Consideraremos ahora una versión realista del problema dinámico con todos los términos de la ecuación del movimiento, incluida la fuerza exterior y una matriz de amortiguamiento. Reescribamos el sistema de ecuaciones diferenciales

$$\mathbf{M\ddot{u}} + \mathbf{C\dot{u}} + \mathbf{Ku} = \mathbf{Q}(t) \tag{6.45}$$

Como sabemos, al vector $\mathbf{Q}$ se le denomina *vector de fuerzas generalizadas* y se define como las componentes que multiplican a la variación virtual de los gdl para dar lugar al trabajo virtual de las fuerzas exteriores, denotado por $\delta\mathcal{W}$. Siempre vamos a poder realizar esta descomposición, de forma que siguiendo este procedimiento es posible encontrar al vector $\mathbf{Q}$, que tiene con tantas componentes como grados de libertad. A lo largo de los diferentes capítulos del libro hemos visto variados ejemplos de aplicación de la determinación de las fuerzas generalizadas. Así por ejemplo para (*i*) fuerzas y momentos puntuales se tiene la Ec. (2.18) en el Capítulo 2, (*ii*) fuerzas y momentos distribuidos a lo largo de un ala, la Ec. (3.56) y la Ec. (3.119), ambos ejemplos en el Capítulo 3. (*iii*) También se ha estudiado el caso de la determinación de fuerzas generalizadas a partir de la distribución general no-estacionaria de presiones en perfil, ver la Ec. (5.19), correspondiente al Capítulo 5. Resolveremos el problema (6.45) para un caso particular de una fuerza puntual aplicada en punta de ala, en borde de ataque con coordenadas $(x_F, y_F) = (0, +b/2)$ en dirección $-z$ y de valor

$$F(t) = \begin{cases} 1 \text{ kN} & 0.5 \leq t \leq 7.0 \\ 0 & t \notin [0.5, 7.0] \end{cases} \tag{6.46}$$

Conocidos los grados de libertad, $\mathbf{u}$, el desplazamiento vertical de el punto de aplicación de la fuerza es

$$z_F = \mathbf{N}_z^T(0, +b/2)\,\mathbf{u} \tag{6.47}$$

Por tanto, el trabajo virtual realizado es $\delta\mathcal{W} = -F(t)\,\delta z_F$ (recuérdese que la fuerza está orientada hacia abajo, en dirección contraria al criterio positivo de los desplazamientos, de ahí el signo negativo). Con las relaciones cinemáticas anteriores, el trabajo virtual se puede expresar como

$$\delta\mathcal{W} = -F\,\delta z_F = \delta\mathbf{u}^T\,[-\mathbf{N}_z(0, +b/2)F(t)] \equiv \delta\mathbf{u}^T\,\mathbf{Q} \tag{6.48}$$

Luego entonces

$$\mathbf{Q}(t) = -\mathbf{N}_z(0, +b/2)\,F(t) \tag{6.49}$$

El sistema de ecuaciones del movimiento dado por las Ecs (6.45) puede resolverse en el dominio del tiempo por cualquiera de los sistemas numéricos o analíticos conocidos. Se listan a continuación algunos de los métodos más populares junto con algunas referencias donde ampliar información sobre ellos.

- Descomposición modal: el sistema se diagonaliza en la base modal obtenida del análisis espectral de modos y se resuelve en el espacio modal, Ref. [71].

- Transformada de Fourier: las ecuaciones se transforman al dominio de la frecuencia y se obtiene la FRF o Función de Respuesta en Frecuencia. La solución se obtiene en el dominio de Fourier para luego volver al espacio físico mediante la transformada inversa, Ref. [24].

- Métodos de integración explícitos: tras transformar el sistema de ecuaciones de segundo orden en uno de primer orden con el doble de tamaño se aplican técnicas de integración numérica. Entre ellas una bastante conocida es el algoritmo de Runge-Kutta, implementado en Matlab mediante la función `ode45`.

- Métodos de integración implícitos: se trata de métodos paso a paso basados en la discretización de las derivadas en diferencias finitas. Un resumen de algunos métodos explícitos e implícitos aplicados el problema lineal descrito por las ecuaciones (6.45) puede consultarse en la Ref. [58]

Resolveremos el problema mediante el método de descomposición modal. Este método se basa en asumir que la solución $\mathbf{u}(t)$ (con tamaño n, en nuestro caso $n = 6$) se puede descomponer en la contribución de n modos naturales, de forma que existen n variables $q_j(t)$ tal que

$$\mathbf{u}(t) = \sum_{j=1}^{n} \boldsymbol{\phi}_j \, q_j(t) \tag{6.50}$$

donde $\boldsymbol{\phi}_j$ es el autovector j asociado al modo j con frecuencia natural ω_j, calculados en el punto anterior (caso no-forzado). Los autovectores $\boldsymbol{\phi}_j$ son ortogonales entre sí con las siguientes relaciones de ortogonalidad.

$$\boldsymbol{\phi}_j^T \mathbf{M} \boldsymbol{\phi}_k = \delta_{jk} \qquad , \qquad \boldsymbol{\phi}_j^T \mathbf{K} \boldsymbol{\phi}_k = \omega_j^2 \delta_{jk} \tag{6.51}$$

donde δ_{jk} es la función delta de Kronecker ($\delta_{jk} = 1$ si $j = k$ y cero en caso contrario).

La expresión (6.50) se puede expresar de forma matricial como $\mathbf{u}(t) = \boldsymbol{\Phi} \, \mathbf{q}(t)$, donde en nuestro caso

$$\boldsymbol{\Phi} = [\boldsymbol{\phi}_1, \boldsymbol{\phi}_2, \boldsymbol{\phi}_3, \boldsymbol{\phi}_4, \boldsymbol{\phi}_5, \boldsymbol{\phi}_6]$$

es una matriz 6×6, con los autovectores en columna. En términos matriciales las relaciones de ortogonalidad se pueden expresar como las relaciones matriciales

$$\boldsymbol{\Phi}^T \mathbf{M} \boldsymbol{\Phi} = \mathbf{I}_6 \quad , \quad \boldsymbol{\Phi}^T \mathbf{K} \boldsymbol{\Phi} = \boldsymbol{\Omega}^2 \tag{6.52}$$

donde $\mathbf{I}_6$ es la matriz identidad de orden 6 y $\boldsymbol{\Omega} = \text{diag}\,[\omega_1, \dots, \omega_6]$ es una matriz diagonal con las frecuencias naturales (en rad/s) dispuestas en la diagonal principal. Premultiplicando la Ec. (6.45) por $\boldsymbol{\Phi}^T$ y haciendo el cambio de variable $\mathbf{u}(t) = \boldsymbol{\Phi}\,\mathbf{q}(t)$ se obtiene

$$\mathbf{I}_6 \ddot{\mathbf{q}} + \mathbf{C}' \dot{\mathbf{q}} + \boldsymbol{\Omega}^2 \mathbf{q} = \boldsymbol{\Phi}^T \mathbf{Q}(t) \tag{6.53}$$

La matriz $\mathbf{C}' = \boldsymbol{\Phi}^T \mathbf{C} \boldsymbol{\Phi}$ representa la matriz de amortiguamiento en la base modal. Es habitual asumir que esta matriz es diagonal y de hecho es una hipótesis aceptable si el nivel de amortiguamiento en la estructura es débil, algo que en general es coherente con el comportamiento real de las estructuras. Bajo esta hipótesis (denominada habitualmente hipótesis de amortiguamiento clásico o proporcional) , el sistema de ecuaciones (6.53) queda desacoplado, de forma que la j-ésima ecuación queda en función de la variable $q_j(t)$. Así, se tiene

$$\ddot{q}_j + C'_{jj}\,\dot{q}_j + \omega_j^2\,q_j = f_j(t) = \boldsymbol{\phi}_j^T\,\mathbf{Q}(t) \tag{6.54}$$

La resolución de esta ecuación diferencial se puede obtener analíticamente en función de todos los parámetros, es decir las condiciones iniciales $q_j(0)$ y $\dot{q}_j(0)$ y la expresión de la fuerza para cada instante. No es nuestro objetivo desarrollar en detalle los procedimientos analíticos y numéricos para obtener la solución del problema transitorio. Para más información sobre el procedimiento matemático puede consultarse la bibliografía especializada en dinámica de estructuras y vibraciones. Por ejemplo en el libro de Penzien y Clough [71] se desarrolla con detalle la expresión resultante de la solución analítica de la Ec. (6.54). Dicha solución se puede escribir como

$$q_j(t) = \left(q_j(0)\,\cos \omega_{Dj} t + \frac{\dot{q}_j(0) + q_j(0)\zeta_j\,\omega_j}{\omega_{Dj}} \sin \omega_{Dj} t \right) e^{-\zeta_j \omega_j t} + \int_{\tau=0}^{t} h_j(t-\tau)\,f_j(\tau)\,d\tau \tag{6.55}$$

donde $\omega_{Dj} = \omega_j \sqrt{1 - \zeta_j^2}$ es la frecuencia amortiguada y $\zeta_j = C'_{jj}/2\omega_j$ es el ratio de amortiguamiento modal. La función $h_j(t)$, denominada habitualmente como *función impulso* es

$$h_j(t) = \frac{1}{\omega_{Dj}}\,e^{-\zeta_j\,\omega_j\,t}\,\sin \omega_{Dj} t \tag{6.56}$$

En nuestro ejemplo, supondremos que la estructura parte del reposo y por tanto $\mathbf{u}(0) = \mathbf{0}$, $\dot{\mathbf{u}}(0) = \mathbf{0}$. Se consideran los siguientes ratios de amortiguamiento modales son $\zeta_j = \{0.03, 0.01, 0.01, 0.04\}$. Estos datos junto con las frecuencias naturales suelen ser extraídos del análisis modal experimental de la estructura. Conocer sus valores reales ayuda a calibrar los parámetros de masa y rigidez de cara a tener un modelo preciso que reproduzca el comportamiento dinámico. Con estos valores de ζ_j (inventados aunque dentro del rango habitual) se ha obtenido la solución transitoria de los grados de libertad $\mathbf{u}(t)$ y finalmente el desplazamiento en los puntos de aplicación de la fuerza son

$$z_F(t) = \mathbf{N}^T(0, b/2)\, \mathbf{u}(t) = \mathbf{N}^T(0, b/2)\, \boldsymbol{\Phi}\, \mathbf{q}(t) \tag{6.57}$$

En la Fig. 6.8 se ha representado el perfil de la fuerza aplicada $F(t)$ (kN) y la respuesta dinámica del desplazamiento $z_F(t)$ en el punto de aplicación de las fuerza. Se ha representado todo el ala de forma simétrica. Además, el resultado se compara con el que tendría el sistema si ignoramos las fuerzas de inercia y las fuerzas de amortiguamiento. Se observa que tras unos instantes, la deformación de la estructura se estabiliza hacia el valor fruto del análisis estático. En aquellos puntos con variación brusca de la fuerza, (instantes $t = 0.5$ s y $t = 7$ s, inicio y fin de la carga), los movimientos sufren oscilaciones mucho mayores que los esperados por estática.

Notal final: descomposición modal usando un número reducido de modos

La descomposición modal de la solución transitoria es una técnica que consiste en expresar la respuesta de un sistema dinámico como una superposición de parte de sus modos propios. Téngase en cuenta que en estructuras reales con cientos o miles de grados de libertad, puede no ser necesario usar todos los grados de libertad para calcular la solución de manera que es muy habitual suponer que la solución se expresa como combinación de solo $m < n$ modos, es decir

$$\mathbf{u}(t) \approx \sum_{j=1}^{m} \boldsymbol{\phi}_j\, q_j(t)\,, \qquad m < n \tag{6.58}$$

Se obtienen varias ventajas clave con este procedimiento

1. **Reducción de la complejidad computacional**: al considerar solo los modos más relevantes (los de mayor contribución), se evita la necesidad de calcular y almacenar todos los modos, lo que reduce el costo computacional y facilita simulaciones más rápidas.

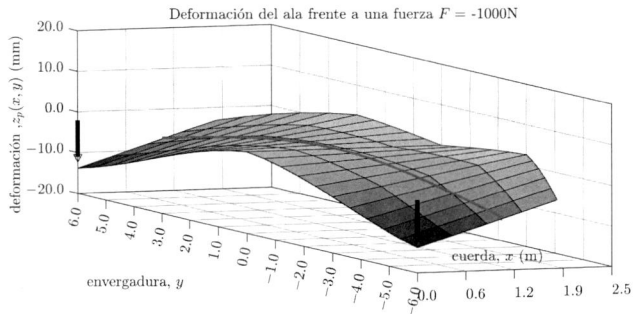

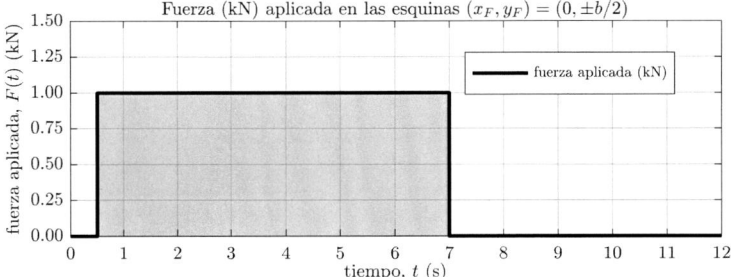

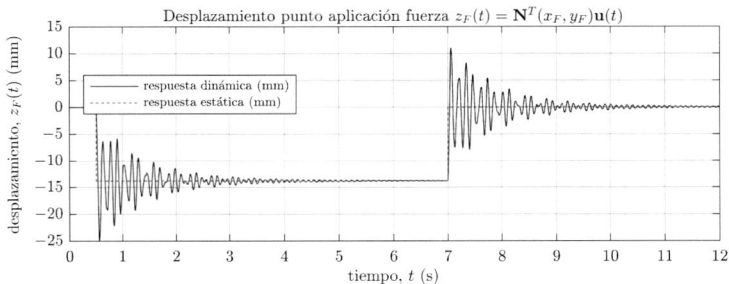

Figura 6.8: (Arriba) Estructura deformada para la aplicación de dos fuerzas iguales y simétricas de valor $F = 1$ kN en la esquina del ala (borde de ataque). En vertical se representan desplazamientos verticales (mm). (Centro) Magnitud de las fuerzas aplicadas en el punto $(x_F, y_F) = (0, \pm b/2)$ en dirección $-z$. (Abajo) Respuesta dinámica del desplazamiento en el punto de aplicación de la fuerza (mm). Se representa también el valor estático de la deformación obtenido (resolución estática) y con un valor de -13.8 mm.

2. **Filtrado de ruido y simplificación de la física del problema**: en muchos casos, los modos de alta frecuencia contribuyen poco a la respuesta general y pueden estar asociados a efectos numéricos o ruido. Al truncar la serie modal, se obtiene una descripción más limpia del comportamiento esencial del sistema.

3. **Mejor interpretación física**: los primeros modos suelen estar asociados a los comportamientos dominantes del sistema. Al reducir la cantidad de modos considerados, se facilita la interpretación de la dinámica sin perder los efectos más relevantes.

4. **Posibilidad de modelado reducido**: en ingeniería y física aplicada, la reducción de modelos basada en modos dominantes permite diseñar controles, realizar optimizaciones y predecir el comportamiento del sistema sin resolver ecuaciones completas en cada instante.

5. **Eficiencia en cálculos paramétricos**. si se requiere evaluar la respuesta del sistema bajo distintas condiciones o parámetros, un modelo reducido basado en pocos modos permite realizar estos estudios de manera mucho más eficiente.

La clave para que esta aproximación sea válida es que los modos seleccionados sean suficientes para capturar el comportamiento esencial del sistema dentro del rango de interés.

6.3 Modelo aerodinámico y acoplamiento aeroelástico

6.3.1 Fuerzas aerodinámicas no-estacionarias

El ala durante el movimiento oscilatorio genera unas fuerzas aerodinámicas de naturaleza no-estacionaria. Aproximaremos dichas fuerzas por unidad de longitud por su expresión derivada de la teoría no-estacionaria de perfiles en régimen incompresible desarrollada en el Capítulo 4. En dicho capítulo se obtuvieron las conocidas expresiones analíticas de la sustentación $L(t)$ y momento $M_a(t)$ por unidad de longitud localizadas en un punto a una distancia ab del centro del perfil que se desplaza $h(t)$ —*heave*— y gira $\alpha(t)$ —*pitch*—respecto a dicho punto (ver Fig. 6.9 (Izquierda)). Reescribimos a continuación dichas expresiones en función de los parámetros del perfil y los grados de libertad del

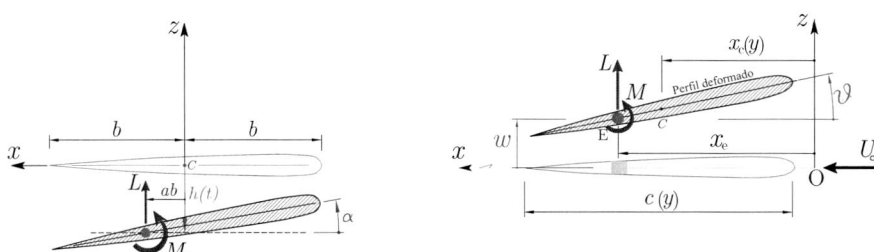

Figura 6.9: (Izquierda) Representación de un perfil de cuerda $2b$ con deformación a flexión $h(t)$ (positivo hacia abajo) y torsión $\alpha(t)$ respecto al punto $x = ab$ (positivo antihorario). La fuera de sustentación y el momento están evaluados en el punto $x = ab$, donde $-1 \leq a \leq 1$. (Derecha) El mismo perfil pero con otros ejes de referencia, localizados en un punto O genérico. La fuerza de sustentación y el momento están calculados en el mismo punto que ahora tiene una coordenada x_e respecto a los nuevos ejes. La cuerda del perfil es c. En general un ala tendrá cuerda variable y tanto c como el parámetro a dependerán de la coordenada y en la dirección de la envergadura.

movimiento

$$L(t) = \pi\rho_\infty b^2 \left(\ddot{h} + U_\infty\dot{\alpha} - ab\ddot{\alpha}\right) + 2\pi\rho_\infty U_\infty b\mathcal{C}(\kappa)\left[\dot{h} + U_\infty\alpha + b\left(\frac{1}{2} - a\right)\dot{\alpha}\right]$$

$$M_a(t) = \pi\rho_\infty b^2\left[ab\ddot{h} - U_\infty b\left(\frac{1}{2} - a\right)\dot{\alpha} - b^2\left(\frac{1}{8} + a^2\right)\ddot{\alpha}\right]$$

$$+ \ 2\pi\rho_\infty U_\infty b^2\left(\frac{1}{2} + a\right)\mathcal{C}(\kappa)\left[\dot{h} + U_\infty\alpha + b\left(\frac{1}{2} - a\right)\dot{\alpha}\right] \tag{6.59}$$

Las expresiones están modificadas parcialmente por la presencia de la función de Theodorsen, $\mathcal{C}(\kappa)$ de naturaleza compleja que genera un cierto desfase entre las fuerzas generadas y los movimientos del perfil, debido al efecto de la estela de torbellinos aguas abajo del perfil. Como es sabido la función de Theodorsen es funcón de la frecuencia reducida κ, definida como

$$\kappa = \frac{\omega b}{U_\infty} \tag{6.60}$$

donde ω es la frecuencia de oscilación y b es la semicuerda. Recordemos que en la derivación de las Ecs. (6.59) se asumía movimiento armónico simple bajo la frecuencia ω.

El problema que tratamos de abordar en este capítulo es tridimensional, cada perfil ocupa una posición en la envergadura de acuerdo a la variable y, tiene una cuerda $c(y)$ y se desplaza y gira respecto al eje elástico según los campos de desplazamientos y giros definidos por $w(y,t)$ y $\theta(y,t)$. Las fuerzas y momentos por unidad de envergadura dependerán explícitamente de las variables (y,t) y su expresión se puede obtener adaptando las Ecs. (6.59) con los siguientes cambios

$$b = \frac{c(y)}{2} \qquad a = \frac{2(x_e - x_c(y))}{c(y)} \qquad \kappa \approx \frac{\omega \bar{c}}{2 U_\infty}$$
$$h = -w(y,t) \qquad \alpha = \theta(y,t) \tag{6.61}$$

Las fuerzas y momentos por unidad de longitud $L(y,t)$ y $M(y,t)$ resultantes de la expresión (6.59) tras estos cambios, se han representado en la Fig. 6.9, localizadas en la posición del eje elástico. De ahí la relación entre a, x_e (posición del eje elástico en los ejes globales) y $x_c(y)$ (posición del centro del perfil en ejes globales). En nuestras hipótesis estamos asumiendo que el eje elástico no tiene flecha, por lo que seguirá una línea paralela a la envergadura y por tanto x_e no dependerá de y. Sin embargo, $x_c(y)$ en general sí dependerá de y con la variación de cuerdas considerada. La función de Theodorsen se evaluará en una frecuencia reducida definida para una cuerda característica del ala: $\bar{c}$ denota la cuerda media aerodinámica (c.m.a.). Con esta aproximación de la frecuencia reducida logramos que no dependa de y, asignándole un valor único a todo el ala para cada frecuencia y velocidad. Con estos cambios podemos agrupar fuerzas y grados de libertad en las siguientes variables

$$\mathbf{f}(y,t) = \left\{ \begin{array}{c} L(y,t) \\ M(y,t) \end{array} \right\}, \qquad \mathbf{v}(y,t) = \left\{ \begin{array}{c} w(y,t) \\ \theta(y,t) \end{array} \right\} \tag{6.62}$$

lo que permite expresar fuerzas en función del movimiento del ala en forma matricial como

$$\mathbf{f}(y,t) = \rho_\infty U_\infty^2 \, \mathbf{a}(y) \, \mathbf{v}(y,t) + \rho_\infty U_\infty \, \mathbf{b}(y) \, \dot{\mathbf{v}}(y,t) + \rho_\infty \, \mathbf{c}(y) \, \ddot{\mathbf{v}}(y,t) \tag{6.63}$$

donde las matrices $\mathbf{a}(y)$, $\mathbf{b}(y)$ y $\mathbf{c}(y)$ (de orden 2×2) se pueden expresar de manera similar a como se presentaron las fuerzas no-estacionarias en los Capítulos 4 y 5, Ecs. (4.139) y (5.29), es decir, como una parte circulatoria, $(\bullet)_Q$, más una parte no-circulatoria $(\bullet)_A$, vinculada a las aceleraciones de Coriolis y la masa aparente del perfil. Es decir,

$$\mathbf{a}(y) = \mathcal{C}(\kappa) \, \mathbf{a}_Q(y) \,, \quad \mathbf{b}(y) = \mathcal{C}(\kappa) \, \mathbf{b}_Q(y) + \mathbf{b}_A(y) \,, \quad \mathbf{c}(y) = \mathbf{c}_A(y) \tag{6.64}$$

Las matrices $\mathbf{a}_Q(y), \mathbf{b}_Q(y), \mathbf{b}_A(y), \mathbf{c}_A(y)$ dependen de la estación en la envergadura y y se pueden obtener explícitamente descomponiendo las expresiones

(6.59) y usando las equivalencias de la Ec. (6.61), resultando

$$\mathbf{a}_Q(y) = \begin{bmatrix} 0 & 2\pi b \\ 0 & \pi b^2(1+2a) \end{bmatrix}$$

$$\mathbf{b}_Q(y) = \begin{bmatrix} -2\pi b & \pi b^2(1-2a) \\ -2\pi b^2(\frac{1}{2}+a) & 2\pi b^3(\frac{1}{4}-a^2) \end{bmatrix} \quad \mathbf{b}_A(y) = \begin{bmatrix} 0 & \pi b^2 \\ 0 & -\pi b^3(\frac{1}{2}-a) \end{bmatrix}$$

$$\mathbf{c}_A(y) = \begin{bmatrix} -\pi b^2 & -\pi a b^3 \\ -\pi a b^3 & -\pi b^4(\frac{1}{8}+a^2) \end{bmatrix} \tag{6.65}$$

donde tanto la semicuerda b como la posición (adimensional) del centro de giro a dependen de y de acuerdo a las relaciones (6.61).

6.3.2   Acoplamiento: fuerzas generalizadas

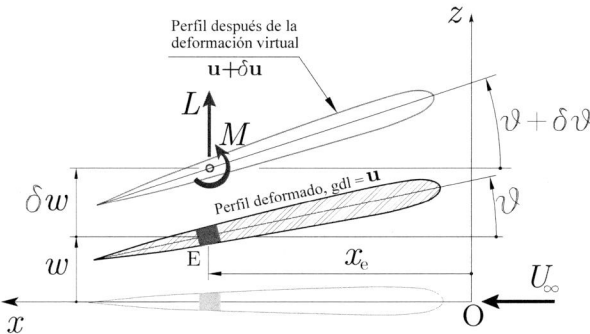

Figura 6.10: Fuerzas aplicadas en el perfil y deformación virtual de los grados de libertad.

Los desplazamientos y giros en cada sección del ala, definifdos mediante el vector $\mathbf{v}(y,t)$ en la Ec. (6.62) pueden a su vez separarse en una matriz con funciones de forma (dependiente de la posición y) y el vector con los grados de libertad (dependiente del tiempo, t). Así, usando la definición dada en las Ecs. (6.26) podemos escribir

$$\mathbf{v}(y,t) = \left\{ \begin{array}{c} w(y,t) \\ \theta(y,t) \end{array} \right\} = \left\{ \begin{array}{c} \mathbf{N}_w^T(\eta)\,\mathbf{u}(t) \\ \mathbf{N}_\theta^T(\eta)\,\mathbf{u}(t) \end{array} \right\} = \left[\begin{array}{c} \mathbf{N}_w^T(\eta) \\ \mathbf{N}_\theta^T(\eta) \end{array} \right] \mathbf{u}(t) \equiv \mathbf{N}(y)\,\mathbf{u}(t) \tag{6.66}$$

donde $\mathbf{N}(y)$ es una matriz de tamaño 2×6 que contiene todas las funciones de forma definidas arriba al comienzo del capítulo. Las fuerzas generalizadas son por definición la variación del trabajo virtual realizado por las fuerzas exteriores sobre un desplazamiento virtual de los grados de libertad. El vector de fuerzas generalizadas $\mathbf{Q}$ se obtiene por tanto calculando el trabajo virtual realizado por las únicas fuerzas exteriores consideradas: aquellas con naturaleza aerodinámica. Así, si el sistema se encuentra en una determinada posición definida por $\mathbf{u}$, entonces $\delta\mathcal{W}$ es el trabajo realizado por la fuerza distribuida $L(y)$ al pasar de la deformada dada por $\mathbf{u}$ a aquella definida por $\mathbf{u}+\delta\mathbf{u}$. Tanto el desplazamiento virtual como las fuerzas aerodinámicas se han representado en la Fig. 6.10. La fuerza $L(y,t)$ actúa en el punto cuyo desplazamiento es $w(y,t)$ en su misma dirección. Mientras que dicho punto gira $\theta(y,t)$ y el momento aplicado es $M(y,t)$. Una variación virtual $\delta\mathbf{u}$ de los 6 grados de libertad produce una variación virtual del desplazamiento y giro a torsión, respectivamente δw y $\delta\theta$. Por tanto, el trabajo virtual total, medido sobre toda la semienvergadura será

$$\delta\mathcal{W} = \int_{y=0}^{l} \left[L(y,t)\,\delta w(y,t) + M(y,t)\,\delta\theta(y,t) \right]\, dy \qquad (6.67)$$

Agrupando términos en forma matricial, usando las definiciones de $\mathbf{f}(y,t)$ y $\mathbf{v}(y,t)$ dadas en las Ecs. (6.62), el trabajo virtual se puede expresar en forma más compacta como

$$\delta\mathcal{W} = \int_{y=0}^{l} \left[L(y,t)\,\delta w(y,t) + M(y,t)\,\delta\theta(y,t) \right]\, dy = \int_{y=0}^{l} \delta\mathbf{v}^{T}(y,t)\,\mathbf{f}(y,t)dy \qquad (6.68)$$

Usando ahora las funciones de forma de la Ec. (6.66) tenemos

$$\delta\mathcal{W} = \int_{y=0}^{l} \delta\mathbf{v}^{T}(y,t)\,\mathbf{f}(y,t)dy = \delta\mathbf{u}^{T} \left[\int_{y=0}^{l} \mathbf{N}^{T}(y)\,\mathbf{f}(y,t)dy \right] \equiv \delta\mathbf{u}^{T}\,\mathbf{Q}(t) \qquad (6.69)$$

Por definición el vector $\mathbf{Q}(t)$ de 6 componentes son las fuerzas generalizadas del problema cuya expresión final es

$$\mathbf{Q}(t) = \int_{y=0}^{l} \mathbf{N}^{T}(y)\,\mathbf{f}(y,t)dy \qquad (6.70)$$

Las fuerzas aerodinámicas tienen expresión directa en función de los 6 grados de libertad, usando las funciones de forma definidas en (6.66). Así se tiene

$$\mathbf{f}(y,t) = \rho_{\infty}U_{\infty}^{2}\,\mathbf{a}(y)\,\mathbf{N}(y)\mathbf{u}(t) + \rho_{\infty}U_{\infty}\,\mathbf{b}(y)\,\mathbf{N}(y)\dot{\mathbf{u}}(t) + \rho_{\infty}\,\mathbf{c}(y)\,\mathbf{N}(y)\ddot{\mathbf{u}}(t) \qquad (6.71)$$

donde las matrices $\mathbf{a}(y)$, $\mathbf{b}(y)$ y $\mathbf{b}(y)$ están definidas en la Ec. (6.64). Después de introducir la Ec. (6.71) en la integral (6.70) se obtienen algunas integrales a resolver a lo largo de la envergadura, que acoplan la deformación del ala con las propiedades aerodinámicas. En general estas integrales se obtendrán de forma numérica por métodos convencionales, dividiendo por ejemplo el ala en un conjunto de estaciones con espesor Δy e integrando mediante el método de los trapecios.

$$\mathbf{A}_Q = \int_{y=0}^{l} \mathbf{N}^T(y)\,\mathbf{a}_Q(y)\,\mathbf{N}(y)dy$$

$$\mathbf{B}_Q = \int_{y=0}^{l} \mathbf{N}^T(y)\,\mathbf{b}_Q(y)\,\mathbf{N}(y)dy \qquad \mathbf{B}_A = \int_{y=0}^{l} \mathbf{N}^T(y)\,\mathbf{b}_A(y)\,\mathbf{N}(y)dy$$

$$\mathbf{C}_A = \int_{y=0}^{l} \mathbf{N}^T(y)\,\mathbf{c}_A(y)\,\mathbf{N}(y)dy \tag{6.72}$$

entonces las fuerzas generalizadas se pueden expresar como

$$\mathbf{Q}(t) = \rho_\infty U_\infty^2\,\hat{\mathbf{A}}(\kappa)\,\mathbf{u} + \rho_\infty U_\infty\,\hat{\mathbf{B}}(\kappa)\,\dot{\mathbf{u}} + \rho_\infty\,\mathbf{C}\,\ddot{\mathbf{u}} \tag{6.73}$$

donde las matrices $\hat{\mathbf{A}}(\kappa)$, $\hat{\mathbf{B}}(\kappa)$ y $\hat{\mathbf{C}}$ se obtienen como combinación de las matrices calculadas arriba en (6.72) y la función de Theodorse, resultando

$$\hat{\mathbf{A}}(\kappa) = \mathcal{C}(\kappa)\,\mathbf{A}_Q\ , \quad \hat{\mathbf{B}}(\kappa) = \mathcal{C}(\kappa)\,\mathbf{B}_Q + \mathbf{B}_A\ , \quad \mathbf{C} = \mathbf{C}_A \tag{6.74}$$

6.4 Ecuaciones del movimiento: aeroelasticidad dinámica

En las secciones previas se ha obtenido la energía cinética (fuerzas de inercia), la energía potencial (fuerzas elásticas) y el trabajo de las fuerzas generalizadas (fuerzas aerodinámicas). Suponiendo que no existen otras acciones exteriores, más allá de las calculadas en el punto anterior debidas exclusivamente a la deformación de la estructura, las ecuaciones del movimiento resultarán en un problema homogéneo. De la discusión de la estabilidad de dicho sistema observaremos existe una *velocidad de flameo*, a partir de la cual las vibraciones son inestables y las amplitudes no están acotadas, llevando la estructura al colapso. Para recapitular los resultados anteriores, reescribamos las ecuaciones del movimiento de Lagrange presentadas en el Apéndice A (en ausencia de potencial disipativo)

$$\mathbf{M}\ddot{\mathbf{u}} + \mathbf{K}\mathbf{u} = \mathbf{Q}(t) \tag{6.75}$$

donde $\mathbf{K}$ y $\mathbf{M}$ representan las matrices de rigidez y masa respectivamente, calculadas en las Secc. 6.2.2 y 6.2.4. Las fuerzas generalizadas $\mathbf{Q}(t)$ se han calculado en la Secc. 6.2.5 y su expresión depende además de la frecuencia reducida, $\kappa = \frac{\omega \bar{c}}{2U_\infty}$, pues recordemos que las fuerzas aerodinámicas fueron calculadas en el Capítulo 4 bajo la hipótesis de movimiento armónico simple. Su expresión más general es

$$\mathbf{Q}(t) = \rho_\infty U_\infty^2 \, \hat{\mathbf{A}}(\kappa) \, \mathbf{u} + \rho_\infty U_\infty \, \hat{\mathbf{B}}(\kappa) \, \dot{\mathbf{u}} + \rho_\infty \, \mathbf{C} \, \ddot{\mathbf{u}} \qquad (6.76)$$

donde las matrices $\hat{\mathbf{A}}(\kappa)$ y $\hat{\mathbf{B}}(\kappa)$ devuelven números complejos cuando son evaluadas con la frecuencia reducida. Como paso previo a la resolución de los modos de vibración en vuelo asociados a la velocidad U_∞ vamos a reorganizar la expresión de las fuerzas generalizadas de forma que las matrices de influencia aerodinámicas, dependientes de la frecuencia reducida κ no sean complejas. Asumiendo movimento armónico de la deformación estructural se tiene $\mathbf{u}(t) = \bar{\mathbf{u}} \, e^{i\omega t}$ y por tanto $\dot{\mathbf{u}} = (i\omega)\bar{\mathbf{u}} \, e^{i\omega t}$ y $\ddot{\mathbf{u}} = (i\omega)^2 \bar{\mathbf{u}} \, e^{i\omega t}$. Por ello, las fuerzas generalizadas tienen también una expresión con la forma $\mathbf{Q}(t) = \bar{\mathbf{Q}}(\omega) \, e^{i\omega t}$, donde ahora

$$\bar{\mathbf{Q}}(\omega) = \rho_\infty U_\infty^2 \, \hat{\mathbf{A}}(\kappa) \, \bar{\mathbf{u}} + \rho_\infty U_\infty \, \hat{\mathbf{B}}(\kappa) \, (i\omega)\bar{\mathbf{u}} + \rho_\infty \, \mathbf{C} \, (i\omega)^2 \bar{\mathbf{u}} \qquad (6.77)$$

Invocaremos ahora a la forma de las matrices de influencia aerodinámicas dada en (6.74) y al desglose de la función de Theodorsen en su parte real e imaginaria, $\mathcal{C}(\kappa) = F(\kappa) + iG(\kappa)$.

$$\begin{aligned}
\bar{\mathbf{Q}}(\omega) &= \rho_\infty U_\infty^2 \, \hat{\mathbf{A}}(\kappa) \, \bar{\mathbf{u}} + \rho_\infty U_\infty \, \hat{\mathbf{B}}(\kappa) \, (i\omega)\bar{\mathbf{u}} + \rho_\infty \, \mathbf{C} \, (i\omega)^2 \bar{\mathbf{u}} \\
&= \rho_\infty U_\infty^2 \, [F(\kappa)\mathbf{A}_Q + iG(\kappa)\mathbf{A}_Q] \, \bar{\mathbf{u}} + \\
&\quad \rho_\infty U_\infty \, [F(\kappa)\mathbf{B}_Q + iG(\kappa)\mathbf{B}_Q + \mathbf{B}_A] \, (i\omega)\bar{\mathbf{u}} \\
&\quad \rho_\infty \, \mathbf{C} \, (i\omega)^2 \bar{\mathbf{u}}
\end{aligned} \qquad (6.78)$$

Tras algunas operaciones algebraicas los términos procedentes de las matrices $\hat{\mathbf{A}}(\kappa)$ y $\hat{\mathbf{B}}(\kappa)$ pueden reordenarse en parte real y parte imaginaria, resultando

$$\begin{aligned}
\bar{\mathbf{Q}}(\omega) &= \rho_\infty U_\infty^2 \left[F(\kappa)\mathbf{A}_Q - \frac{\omega}{U_\infty} \, G(\kappa)\mathbf{B}_Q \right] \bar{\mathbf{u}} + \\
&\quad \rho_\infty U_\infty \left[F(\kappa)\mathbf{B}_Q + \frac{U_\infty}{\omega} G(\kappa)\mathbf{A}_Q + \mathbf{B}_A \right] (i\omega)\bar{\mathbf{u}} \\
&\quad + \rho_\infty \, \mathbf{C} \, (i\omega)^2 \bar{\mathbf{u}}
\end{aligned} \qquad (6.79)$$

Este reagrupamiento nos permite interpretar la parte imaginaria de los coeficientes de Fourier $\bar{\mathbf{Q}}(\omega)$ con un desfase de $\pi/2$ respecto a la parte real (recordemos que $i = e^{i\pi/2}$), similar al comportamiento físico de los coeficientes de Fourier procedentes de la velocidad respecto a los de los desplazamientos.

Introduciendo arriba la expresión $\omega = \frac{2\kappa U_\infty}{\bar{c}}$, queda

$$
\begin{aligned}
\bar{\mathbf{Q}}(\omega) &= \rho_\infty U_\infty^2 \left[F(\kappa)\mathbf{A}_Q - \frac{2\kappa}{\bar{c}} G(\kappa)\mathbf{B}_Q \right] \bar{\mathbf{u}} + \\
&\quad \rho_\infty U_\infty \left[F(\kappa)\mathbf{B}_Q + \frac{\bar{c}}{2\kappa}G(\kappa)\mathbf{A}_Q + \mathbf{B}_A \right] (i\omega)\bar{\mathbf{u}} + \rho_\infty\, \mathbf{C}\,(i\omega)^2\bar{\mathbf{u}} \\
&\equiv \rho_\infty\, U_\infty^2\, \mathbf{A}(\kappa)\,\bar{\mathbf{u}} + \rho_\infty\, U_\infty\, \mathbf{B}(\kappa)\,(i\omega)\bar{\mathbf{u}} + \rho_\infty\, \mathbf{C}\,(i\omega)^2\bar{\mathbf{u}} \qquad (6.80)
\end{aligned}
$$

donde ahora las matrices de influencia resultantes, aunque siguen dependiendo de la frecuencia reducida, ya no son complejas. Resultando

$$
\mathbf{A}(\kappa) = \mathbf{A}_Q - \frac{2\kappa}{\bar{c}} G(\kappa)\mathbf{B}_Q \;, \quad \mathbf{B}(\kappa) = F(\kappa)\mathbf{B}_Q + \frac{\bar{c}}{2\kappa}G(\kappa)\mathbf{A}_Q + \mathbf{B}_A \quad (6.81)
$$

Por tanto, podemos volver a escribir la expresión en el dominio del tiempo como

$$
\mathbf{Q}(t) = \rho_\infty\, U_\infty^2\, \mathbf{A}(\kappa)\,\mathbf{u} + \rho_\infty\, U_\infty\, \mathbf{B}(\kappa)\,\dot{\mathbf{u}} + \rho_\infty\, \mathbf{C}\,\ddot{\mathbf{u}} \qquad (6.82)
$$

Bajo esta nueva estructura, las ecuaciones diferenciales del movimiento (6.75) forman el siguiente sistema homogéneo

$$
\mathbf{M}\ddot{\mathbf{u}} + \mathbf{K}\mathbf{u} = \rho_\infty\, U_\infty^2\, \mathbf{A}(\kappa)\,\mathbf{u} + \rho_\infty\, U_\infty\, \mathbf{B}(\kappa)\,\dot{\mathbf{u}} + \rho_\infty\, \mathbf{C}\,\ddot{\mathbf{u}} \qquad (6.83)
$$

Esta ecuación es homogénea y permitirá predecir la naturaleza de las vibraciones del ala ante cualquier perturbación exterior en forma de condiciones iniciales. Reordenando términos se puede escribir como

$$
\mathbf{M}_{\text{eq}}\ddot{\mathbf{u}} + \mathbf{D}_{\text{eq}}\,\dot{\mathbf{u}} + \mathbf{K}_{\text{eq}}\mathbf{u} = \mathbf{0} \qquad (6.84)
$$

donde las matrices de masa, amortiguamiento y rigidez del modelo equivalente son

$$
\mathbf{M}_{\text{eq}} = \mathbf{M} - \rho_\infty\, \mathbf{C} \;, \quad \mathbf{D}_{\text{eq}} = -\rho_\infty\, U_\infty\mathbf{B}(\kappa) \;, \quad \mathbf{K}_{\text{eq}} = \mathbf{K} - \rho_\infty\, U_\infty^2\, \mathbf{A}(\kappa) \quad (6.85)
$$

Recordemos que los autovalores complejos de este problema permiten discutir la naturaleza estable o inestable de las vibraciones del ala, para la velocidad U_∞ y la frecuencia reducida κ. Consideremos por el momento estos dos parámetros (U_∞, κ) como conocidos. Más tarde, diseñaremos una estrategia para obtener la frecuencia reducida asociada a nuestro problema. Para entender el concepto de vibraciones estables e inestables debemos expresar la solución $\mathbf{u}(t)$ como superposición modal. Como sabemos, el sistema de ecuaciones diferenciales (6.83) tiene coeficientes constantes. Por tanto podemos buscar soluciones las soluciones son del tipo $\mathbf{u}(t) = \mathbf{U}e^{st}$, donde s y $\mathbf{U}$ son dos incógnitas a determinar (autovalor y autovector, respectivamente) . Introduciendo esta solución en la ecuación se tiene un problema cuadrático de autovalores que se puede expresar como

$$\boldsymbol{\mathcal{D}}(s)\,\mathbf{U} = \mathbf{0} \tag{6.86}$$

donde $\boldsymbol{\mathcal{D}}(s)$ representa la matriz de rigidez dinámica y se puede escribir como

$$\boldsymbol{\mathcal{D}}(s) = s^2\,\mathbf{M}_{\text{eq}} + s\,\mathbf{D}_{\text{eq}} + \mathbf{K}_{\text{eq}} \tag{6.87}$$

Buscamos soluciones para $\mathbf{U}$ distintas de la trivial, por lo que los valores de s admitidos deben verificar que $\det \boldsymbol{\mathcal{D}}(s) = 0$. En general, no es operativo desarrollar el determinante y obtener la solución excepto si tenemos 2 o 3 grados de libertad. Para resolver el problema de autovalores, la Ec. (6.86) se transforma introduciendo los dos vectores $\mathbf{x}_1 = \mathbf{U}$ y $\mathbf{x}_2 = s\mathbf{U}$ y el problema cuadrático se puede escribir como

$$s\,\mathbf{M}_{\text{eq}}\,\mathbf{x}_2 + \mathbf{D}_{\text{eq}}\,\mathbf{x}_2 + \mathbf{K}_{\text{eq}}\,\mathbf{x}_1 = \mathbf{0} \tag{6.88}$$

Esta ecuación junto con

$$s\,\mathbf{x}_1 - \mathbf{x}_2 = \mathbf{0} \tag{6.89}$$

conforman un sistema de ecuaciones con tamaño dos veces el inicial pero con la ventaja de ser lineal en s. En efecto, agrupando en una sola ecuación matricial las Ecs. (6.88) y (6.89), se tiene

$$(s\,\mathbf{R} + \mathbf{S})\,\mathbf{X} = \mathbf{0} \tag{6.90}$$

donde

$$\mathbf{R} = \begin{bmatrix} \mathbf{I}_6 & \mathbf{0}_6 \\ \mathbf{0}_6 & \mathbf{M}_{\text{eq}} \end{bmatrix}, \quad \mathbf{S} = \begin{bmatrix} \mathbf{0}_6 & -\mathbf{I}_6 \\ \mathbf{K}_{\text{eq}} & \mathbf{D}_{\text{eq}} \end{bmatrix}, \quad \mathbf{X} = \left\{ \begin{array}{c} \mathbf{x}_1 \\ \mathbf{x}_2 \end{array} \right\} \tag{6.91}$$

Para el caso particular desarrollado en este capítulo, el tamaño de las matrices $\mathbf{R}$ y $\mathbf{S}$ es 12. Por lo tanto de la Ec. (6.90) se obtendrán 12 autovalores $\{s_j\}$ con sus correspondientes autovectores (por la derecha y por la izquierda) $\{\mathbf{U}_j, \mathbf{V}_j\}$. Los autovalores pueden ser números reales o complejos, en cuyo caso invariablemente siempre aparecerán en forma de parejas complejo conjugadas. Por tanto, si bajo ciertas condiciones de velocidad (bajas velocidades) los 12 autovalores son complejos, éstos estarán formados por 6 parejas complejo-conjugadas. Los autovectores asociados a cada pareja también serán conjugados. En general, podemos escribir las relaciones modales

$$\boldsymbol{\mathcal{D}}(s_j)\,\mathbf{U}_j = \mathbf{0} \quad , \quad \mathbf{V}_j^T\,\boldsymbol{\mathcal{D}}(s_j) = \mathbf{0} \quad , \quad 1 \le j \le 12 \tag{6.92}$$

El papel de los autovectores por la izquierda es relevante en sistemas dinámicos que no son simétricos (en general las matrices $\mathbf{D}_{\text{eq}}$ y $\mathbf{K}_{\text{eq}}$ no lo son debido a las fuerzas aerodinámicas). Este comportamiento no es exclusivo de la aeroelasticidad, sino que pueden encontrarse en estructuras en las que actúan fuerzas giroscópicas o circulatorias, o se encuentran en sistemas de referencia no-inerciales: por ejemplo, el estudio de la estabilidad de vehículos de dos ruedas, vibraciones de barcos o el estudio de la dinámica estructural de cuerpos en rotación. La respuesta en el dominio del tiempo (en ausencia de fuerzas exteriores, solo condiciones iniciales $\mathbf{u}(0) = \mathbf{u}_0$, $\dot{\mathbf{u}}(0) = \dot{\mathbf{u}}_0$) se puede expresar como una combinación lineal de los efectos de cada modo. En general se tiene

$$\mathbf{u}(t) = \sum_{j=1}^{12} \gamma_j \, \mathbf{U}_j \, e^{s_j t} \tag{6.93}$$

donde

$$\gamma_j = \frac{\mathbf{V}_j^T \mathbf{M}_{\text{eq}} \dot{\mathbf{u}}_0 + s_j \mathbf{V}_j^T \mathbf{M}_{\text{eq}} \mathbf{u}_0}{\mathbf{V}_j^T \left(2 s_j \mathbf{M}_{\text{eq}} + \mathbf{D}_{\text{eq}} \right) \mathbf{U}_j} \tag{6.94}$$

En las siguientes referencias [1, 3, 4, 63, 64] se puede encontrar con detalle el desarrollo analítico que conduce a las expresiones de arriba, aunque en esencia se puede deducir usando la transformada de Fourier en el sistema de ecuaciones (6.84).

La estabilidad o inestabilidad del movimiento oscilatorio dependerá de la naturaleza de los autovalores s_j. Con el avión en tierra ($U_\infty = 0$) el sistema se reduce al problema clásico de vibraciones

$$\left(\mathbf{M} - \rho_\infty \, \mathbf{C} \right) \ddot{\mathbf{u}} + \mathbf{K} \mathbf{u} = \mathbf{0} \tag{6.95}$$

Obsérvese que la matriz de masa incluye los términos asociados a la masa del aire alrededor del ala, en general de mucha menor importancia pues es proporcional a la densidad del aire. Las soluciones son los modos y frecuencias naturales $\{\pm i\omega_{nj}\}$, con $i = \sqrt{-1}$. Por tanto las soluciones son puramente armónicas con una combinación de términos en $\cos \omega_{nj} t$ y $\sin \omega_{nj} t$. A medida que aumenta la velocidad, las componentes aerodinámicas afectan a los términos de las matrices y los autovalores s_j como funciones implícitas de la velocidad se mueven en el plano complejo. En general podemos escribir $s_j = -g_j + i\omega_j$, por lo que la forma en el tiempo asociada al modo j es

$$e^{s_j t} = e^{-g_j t} \left(\cos \omega_j t + i \sin \omega_j t \right) \tag{6.96}$$

Así, la respuesta para cualquier perturbación sería la combinación modal

$$\mathbf{u}(t) = \sum_{j=1}^{12} \gamma_j \, \mathbf{U}_j \, e^{-g_j t} \left(\cos \omega_j t + i \sin \omega_j t \right) \tag{6.97}$$

En general para velocidades relativamente pequeñas, todas las soluciones serán complejas y con una parte real verificando $g_j \geq 0$ (amortiguadas). Diremos entonces que la respuesta es estable pues las amplitudes de las oscilaciones están acotadas y, con el paso del tiempo, la respuesta asociada al modo j se irá reduciendo por el efecto de la función exponencial $e^{-g_j t}$, o como mucho se mantendrá constante si $g_j = 0$. Tanto el exponente $g_j(U_\infty, \kappa)$ como la frecuencia $\omega_j(U_\infty, \kappa)$ dependen de la velocidad y de la frecuencia reducida y dichos parámetros pueden cambiar su naturaleza, en particular es especialmente importante el signo de los ratios de decaimiento exponencial g_j con la velocidad. Si para cierta pareja de parámetros velocidad-frecuencia reducida (U_∞, κ), existe un modo (que llamaremos modo de flameo, $j = f$) se verifica que $g_f < 0$ entonces la función exponencial asociada tiene la forma $e^{|g_f|t}$ que hace crecer a las amplitudes asociadas a ese modo de forma descontrolada. Diremos entonces que la respuesta es inestable. Una respuesta inestable con frecuencia distinta de cero, $\omega_j \neq 0$, es una inestabilidad bajo movimiento armónico. En el límite, existe una velocidad para la que algún modo experimenta el cambio de signo en su parte real, es decir precisamente $g_f = 0$. Diremos entonces que estamos en la *velocidad de flameo* y la denotaremos por U_f. El modo de flameo tiene entonces dos autovalores $s_j, s_j^* = \pm i\omega_f$, donde ω_f es la frecuencia de flameo. Volando exactamente a la velocidad de flameo, cualquier perturbación producirá un movimiento que en los primeros instantes será combinación de todos los modos de la estructura. Tras algunos instantes, se desvanecerá toda la vibración asociada a cualquier modo que no sea el de flameo, pues sus ratios de decaimiento son estables, $g_j > 0$ para $j \neq f$ y la solución para ellos es amortiguada. Sobrevivirá el modo de flameo y permanecerá la estructura vibrando bajo una frecuencia ω_f a la velocidad U_f. Por tanto, la frecuencia reducida será $\kappa_f = \omega_f \bar{c}/2U_f$ (donde $\bar{c}$ es la c.m.a.). Esta frecuencia de cálculo no tienen porqué coincidir con el valor con el que hemos alimentado las fuerzas generalizadas por lo que, en general, volveremos a suministrar a nuestro modelo de fuerzas generalizadas un nuevo valor κ_f obtenido. Repetiremos el proceso de encontrar el punto de flameo, iterando hasta que la frecuencia reducida de flameo obtenida coincida (con cierto margen de error preestablecido) con la introducida en las fuerzas generalizadas.

En el problema de estudio, hemos comenzado con una frecuencia reducida inicial $\kappa_0 = 1$, tras una evaluación de las fuerzas generalizadas, se han obtenido las curvas de flameo cambiando la velocidad en el problema (6.90). Existe una velocidad de inestabilidad $U_f = 162.49$ m/s y un modo cuya frecuencia de flameo es $\omega_f = 71.89\mathrm{rad/s} = 11.442\mathrm{Hz}$. Con estos resultados se actualiza la frecuencia reducida a $\kappa_f = 0.3705$ tal y como se indica en la Tabla 6.4. Se

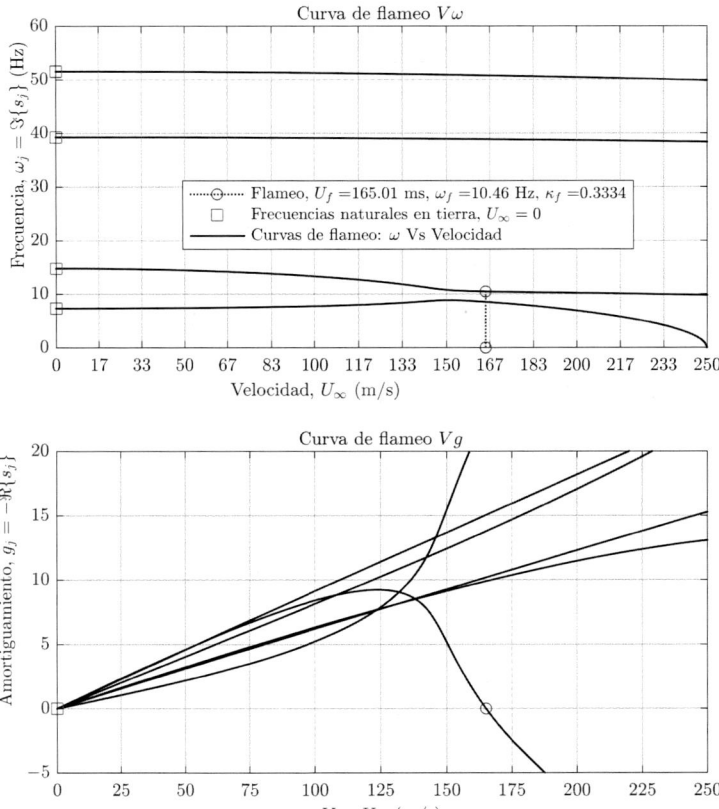

Figura 6.11: (Arriba) Curva $V\omega$, frecuencia $\omega_j(U_\infty)$ frente a velocidad U_∞. Las gráficas son simétricas respecto al eje horizontal, la parte negativa no se muestra. (Medio) Curva Vg, amortiguamiento $g_j(U_\infty)$ frente a velocidad U_∞. Los autovalores tienen la forma $s_j = -g_j(U_\infty) + i\omega_j(U_\infty)$. Para la obtención de las fuerzas generlizadas se ha usado la frecuencia reducida de flameo $\kappa_f = 0.3292$ obtenida por iteración, ver Tabla 6.4. (Abajo) Respuesta del giro en punta de ala $\theta_3(t)$ para diferentes velocidades.

		Modo inestable		
# iter.	κ	ω_f (Hz)	U_f (m/s)	$\kappa_f = \frac{\omega_f \bar{c}}{2U_f}$
1	1.0000	11.442	162.492	0.3705
2	0.3705	10.572	165.031	0.3371
3	0.3371	10.468	165.020	0.3338
4	0.3338	10.457	165.017	0.3334
5	**0.3334**	10.456	165.017	**0.3334**

Tabla 6.4: Iteraciones para obtener la velocidad de flameo en el problema de estudio. En general comenzamos por una frecuencia reducida inicial, digamos $\kappa_0 = 1$ y con dicho valor evaluamos las matrices $\mathbf{A}(\kappa_0)$ y $\mathbf{B}(\kappa_0)$. De la resolución de los autovalores con la velocidad se obtienen las curvas de flameo $V\omega$ y Vg, ver Fig. 6.11. Se identifica la velocidad de flameo U_f y la frecuencia del modo de flameo ω_f con $g_f = 0$. Se evalúa la frecuencia reducida de flameo $\kappa_f = \omega_f \bar{c}/2U_f$ y se utiliza este valor para repetir el proceso hasta que la frecuencia reducida de entrada y salida sean la misma (numéricamente). En el caso del ejemplo se obtiene $\kappa_f = 0.3292$.

repite el proceso de forma iterativa hasta que la frecuencia reducida usada en el cálculo κ_f coincide con el valor introducido. En general con pocas iteraciones se alcanza la solución en casos convencionales. Una vez alcanzada la solución, ya pueden representarse las curvas de flameo en función de la velocidad U_∞, ver la Fig. 6.11. Los autovalores, $s_j = -g_j \pm \omega_j$ de todos los modos se representan en su parte real (amortiguamiento, g_j) y su parte imaginaria (frecuencia de osclación, ω_j). Los ratios de decaimiento exponencial g_j de cada uno de los modos en velocidades distintas a U_f son una aproximación fruto de la evaluación de las matrices de influencia $\mathbf{A}(\kappa_f)$, $\mathbf{B}(\kappa_f)$ con la frecuencia reducida de flameo. En cualquier caso, son mejores aproximaciones que los aportados por el método k, descrito en la Secc. 5.3.3. Al final de este capítulo describiremos una metodología todavía más precisa para evaluar los autovalores en función de la velocidad, basada en la representación compleja de la función de Theodorsen en la variable de Laplace s.

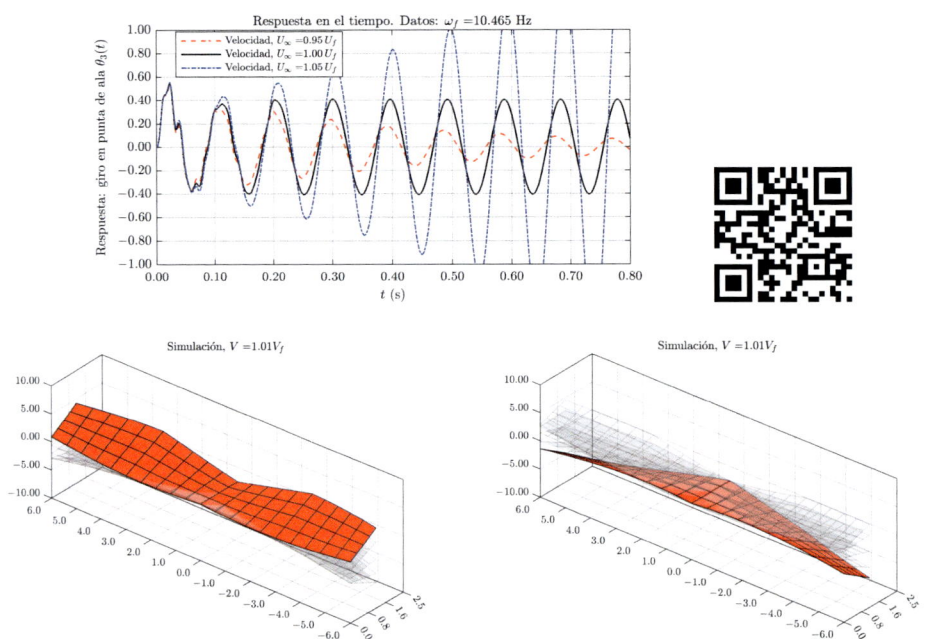

Figura 6.12: Respuesta en el tiempo del giro en la punta del ala $\theta_3(t)$ para tres valores de la velocidad del flujo U_∞, expresados en términos de la velocidad de flameo U_f. Se presentan los casos $U_\infty = 0.95U_f$ (línea roja punteada), $U_\infty = U_f$ (línea negra continua) y $U_\infty = 1.05U_f$ (línea azul a trazos). Se observa que para $U_\infty = 0.95U_f$, las oscilaciones son amortiguadas, mientras que para $U_\infty = 1.05U_f$, la amplitud crece con el tiempo de forma incontrolada: inestabilidad por flameo. En el caso exacto de $U_\infty = U_f$ las oscilaciones son autosostenidas (modo de flameo). La parte inferior de la figura muestra representaciones tridimensionales de la deformación estructural del ala obtenidas mediante simulación para $V = 1.01V_f$. Se muestran dos instantes en el ciclo del flameo para visualizar el movimiento. El ala experimenta flexión y torsión en el modo de flameo. En el siguiente enlace puede verse la simulación en vivo: `https://www.youtube.com/watch?v=h27fDaTc-4s`

.

En la Fig. 6.12 se reproduce la evolución temporal del giro en punta de ala alrededor de la velocidad de flameo. Tras algunos instantes en los que la respuesta transitoria es similar, el resto de modos se amortigua, mientras que el modo de flameo con menor amortiguamiento sobrevive. Para velocidades inferiores al flameo, las amplitudes se amortiguan con el tiempo y finalmente desaparecen. Exactamente a la velocidad de flameo, sobrevive un movimiento oscilatorio a la frecuencia de flameo ω_f (línea continua). Por encima de la velocidad de flameo, el modo es inestable y las amplitudes experimentan un crecimiento exponencial que se reproduce en la figura. La simulación dinámica del ala completa se observa en las dos gráficas que representan dos instantes de un ciclo completo. En el enlace mostrado en el pie de página puede verse la simulación en vivo

6.5 Método de análisis aeroelástico generalizado

La solución aproximada descrita en el punto anterior es adecuada para obtener la velocidad de flameo y los ratios de amortiguamiento en un entorno del punto de flameo. Sin embargo, es esperable que las fuerzas aerodinámicas no estén bien estimadas fuera de ese entorno de velocidades y frecuencia. Para determinar la información dinámica (frecuencias complejas de la estructura con parte oscilatoria y amortiguamiento) en el rango de velocidades $0 \leq U_\infty \leq U_f$, podemos recurrir al método PK, descrito en la Secc. 5.3.3. Pero todavía en este caso el método sigue siendo aproximado y presenta errores pues, si recordamos, las fuerzas aerodinámicas se descomponían en parte real e imaginaria que todavía seguían siendo dependientes de la frecuencia reducida. Ello conducía a un problema de autovalores en la variable de Laplace $s = i\omega$ (frecuencia compleja), pero que a su vez tenía términos que dependían del parámetro de la frecuencia reducida $\kappa = \omega\bar{c}/2U_\infty$. Para evitar esta doble dependencia de la frecuencia, lo idóneo sería tener las fuerzas generalizadas dependientes únicamente de la coordenada de Laplace, $s \in \mathbb{C}$, perteneciendo s al plano complejo. Comenzaremos esta sección con la expresión de las fuerzas generalizadas, derivada para el ala en la Ec. (6.82)

$$\mathbf{Q}(t) = \rho_\infty U_\infty^2 \, \hat{\mathbf{A}}(\kappa) \, \mathbf{u} + \rho_\infty U_\infty \, \hat{\mathbf{B}}(\kappa) \, \dot{\mathbf{u}} + \rho_\infty \, \mathbf{C} \, \ddot{\mathbf{u}} \tag{6.98}$$

donde

$$\hat{\mathbf{A}}(\kappa) = \mathcal{C}(\kappa) \, \mathbf{A}_Q \; , \quad \hat{\mathbf{B}}(\kappa) = \mathcal{C}(\kappa) \, \mathbf{B}_Q + \mathbf{B}_A \; , \quad \mathbf{C} = \mathbf{C}_A \tag{6.99}$$

La construcción matemática que finaliza en esta expresión tiene sus cimientos en la deducción de las fuerzas aerodinámicas en un perfil oscilando con frecuencia ω (Capítulo 4) tras asumir que el movimiento es armónico. En cada instante de tiempo, la estela tras el perfil tiene torbellinos que afectan a las fuerzas y que han sido originados a lo largo de todos los instantes anteriores. Este efecto de retardo en el tiempo queda reflejado en la función de Theodorsen $\mathcal{C}(\kappa)$, dependiente de la frecuencia reducida $\kappa = \frac{\omega\bar{c}}{2U_\infty}$. Realmente la expresión

(6.98) no tiene sentido si la respuesta $\mathbf{u}(t)$ oscila a otra frecuencia que no sea la que conduce a κ.

Tradicionalmente, la función de Theodorsen se expresa en términos de la frecuencia reducida κ, lo que permite describir la respuesta aerodinámica en el dominio de Fourier. La formulación de las fuerzas aerodinámicas puede extenderse al dominio de Laplace, lo cual ofrece ventajas significativas, especialmente en el análisis en el dominio del tiempo y en la formulación de modelos de orden reducido. En esta representación, la función de Theodorsen se reescribe como $\mathcal{C}(\bar{s})$, donde $\bar{s} = i\kappa = \frac{s\bar{c}}{2U_\infty}$ permite incorporar de manera natural efectos transitorios y disipativos cuando los autovalores de los modos son complejos. Esta reformulación facilita el acoplamiento con ecuaciones de estado en modelos aeroelásticos y mejora la estabilidad numérica en simulaciones. Además, permite una conexión más directa con técnicas de identificación de sistemas y control, ampliando su aplicabilidad en problemas de aeroelasticidad moderna [70, 80].

Como sabemos del Capítulo 4 y del Apéndice C, la definición exacta de la función de Theodorsen en términos de la frecuencia reducida $\kappa = \frac{\omega\bar{c}}{2U_\infty}$ es

$$\mathcal{C}(\kappa) = \frac{H_1^{(2)}(\kappa)}{H_1^{(2)}(\kappa) + iH_0^{(2)}(\kappa)} \tag{6.100}$$

donde $H_n^{(2)}(k)$ son las funciones de Hankel de segunda especie de orden n. La extensión de la función de Theodorsen al espacio-$\bar{s}$ de Laplace (reducida), donde $\bar{s}$ es un número complejo que puede tener parte real e imaginaria, fue facilitada primero en forma de tablas por Luke and Dengler [61] y más tarde derivada analíticamente por Edwards [26, 27]. Dicha función se denota por $\mathcal{C}(\bar{s})$ y se denomina función generalizada de Theodorsen, cuya expresión es

$$\mathcal{C}(\bar{s}) = \frac{K_1(\bar{s})}{K_1(\bar{s}) + K_0(\bar{s})} \tag{6.101}$$

donde $\bar{s} = i\kappa = \frac{s\bar{c}}{2U_\infty}$ representa la variable de Laplace reducida y donde $K_n(z)$ representa la función de Bessel modificada de segunda especie (orden n). Esta función devuelve los valores complejos dados por la Ec. (6.100) cuando $\bar{s} = i\kappa$ (imaginario puro), pero además permite extender su dominio a valores de $\bar{s}$ con parte real distinta de cero (ratios de amortiguamiento). Con esta nueva formulación, la restricción a valores estrictamente reales de la frecuencia reducida es innecesaria. Edwards et al. [28-30] en diferentes trabajos abordaron el análisis de problemas de divergencia y flameo con aerodinámica subsónica mediante el uso de frecuencias reducidas complejas. El método, por extensión, se denomina Análisis Aeroelástico Generalizado o *Generalized Aeroelastic Analysis Method* (GAAM). Veremos a continuación una aplicación simplificada de dicho método para determinar las curvas de flameo en el caso de estudio de este Capítulo. Introduciremos para ello lo que se conoce como aproximación racional de funciones (*Rational Funcion Approximation*, RFA) para sustituir las funciones de Bessel de la Ec. (6.101) por formas racionales, pues éstas son altamente trascendentes, definidas mediante series y/o integrales. Ello permite una manipulación matemática mucho más amable, para así resolver el problema de autovalores resultante mediante el método espacio-estado. En efecto, evaluar la función $\mathcal{C}(\bar{s})$ no es caro ni complicado computacionalmente. Pero cuando $\mathcal{C}(\bar{s})$ forma parte de un problema de autovalores, donde la incógnita es precisamente $\bar{s}$ entonces ya no es sencilla su resolución. Es habitual realizar una aproximación racional de dicha función en términos de $\bar{s}$ como la dada por

$$\mathcal{C}(\bar{s}) \approx \mathcal{C}_\infty + \frac{\alpha_1}{\bar{s} + \beta_1} + \frac{\alpha_2}{\bar{s} + \beta_2} \tag{6.102}$$

basada en la aproximación racional tipo Padé alrededor de cierto punto. Existen algoritmos depurados, estables y consistentes para la determinación de dichas aproximaciones, disponibles en las principales plataformas de computación simbólico/numérica, como Mathematica, Matlab o Python.

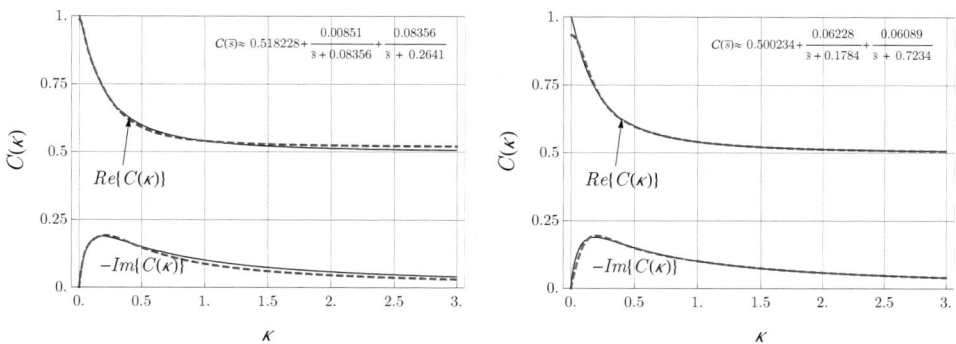

Figura 6.13: Aproximaciones racionales de la función de Theodorsen alrededor usando aproximación de Padé hasta el segundo orden (dos polos). (Izquierda) Aproximación centrada en el origen $\bar{s} = 0.1$. (Derecha) Aproximación centrada en $\bar{s} = 1$, con buenos resultados asintóticos para $\bar{s} \to \infty$
.

En la Fig. 6.13 se ha representado dos aproximaciones diferentes alrededor de un valor cercano al origen ($\bar{s} = 0.1$) y al infinito (en este caso basta con obtener los aproximantes alrededor de $\bar{s} = 1$ para obtener resultados satisfactorios del comportamiento asintóntico, como se puede apreciar). El valor exacto de la función de Theodorsen en $\bar{s} = 0$, $\bar{s} = \infty$

$$\mathcal{C}(0) \to 1 \ , \qquad \mathcal{C}(\infty) \to \frac{1}{2} \tag{6.103}$$

Así, la aproximación racional no es única y depende de la región del plano complejo donde se localizan el rango de valores de la frecuencia reducida de nuestro problema. Por supuesto, podemos extender y ampliar el número de términos racionales para conseguir una mejor aproximación. En este ejemplo nos quedaremos solo con dos polos (dos fracciones) pues nuestro objetivo no es la precisión, sino la didáctica del método.

Deshaciendo la expresión de $\bar{s} = \frac{s\bar{c}}{2U_\infty}$, podemos obtener una expresión equivalente a la Ec. (6.102) como

$$\mathcal{C}(s) \approx \mathcal{C}_\infty + \frac{2U_\infty}{\bar{c}} \left(\frac{\alpha_1}{s + \frac{2U_\infty \beta_1}{\bar{c}}} + \frac{\alpha_2}{s + \frac{2U_\infty \beta_2}{\bar{c}}} \right) \tag{6.104}$$

Introduciendo los parámetros auxiliares $\mu_0 = 2/\bar{c}$, $\mu_1 = 2\beta_1/\bar{c}$, $\mu_2 = 2\beta_2/\bar{c}$ para facilitar la manipulación algebraica de las expresiones, la expresión anterior se puede reescribir como

$$\mathcal{C}(s) \approx \mathcal{C}_\infty + \mu_0 U_\infty \left(\frac{\alpha_1}{s + \mu_0 \beta_1 U_\infty} + \frac{\alpha_2}{s + \mu_0 \beta_2 U_\infty} \right) \tag{6.105}$$

Asumiendo un movimiento con la forma general $\mathbf{u}(t) = \mathbf{U}e^{st}$, esta expresión admite valores complejos de s con parte real e imaginaria, permitiendo simular modos amortiguados (estables o inestables). Tras introducir esta expresión de nuevo en la ecuación de las fuerzas generalizadas (6.98) se obtiene que éstas se pueden expresar como $\mathbf{Q}(t) = \bar{\mathbf{Q}}(s) \, e^{st}$ donde

$$\bar{\mathbf{Q}}(s) = \rho_\infty U_\infty^2 \, \hat{\mathbf{A}}(s) \, \mathbf{U} + \rho_\infty U_\infty \, \hat{\mathbf{B}}(s) \, s\mathbf{U} + \rho_\infty \, \mathbf{C} \, s^2 \mathbf{U} \tag{6.106}$$

con

$$\hat{\mathbf{A}}(s) = \mathcal{C}(s) \, \mathbf{A}_Q \ , \quad \hat{\mathbf{B}}(s) = \mathcal{C}(s) \, \mathbf{B}_Q + \mathbf{B}_A \ , \quad \mathbf{C} = \mathbf{C}_A \tag{6.107}$$

Introduciendo esta expresión en las ecuaciones del movimiento en el dominio de Laplace

$$s^2\mathbf{MU} + \mathbf{KU} = \rho_\infty U_\infty^2 \mathbf{A}_Q \left(\mathcal{C}_\infty \mathbf{U} + \frac{\mu_0 U_\infty \alpha_1}{s + \mu_0 \beta_1 U_\infty} \mathbf{U} + \frac{\mu_0 U_\infty \alpha_2}{s + \mu_0 \beta_2 U_\infty} \mathbf{U} \right) +$$
$$\rho_\infty U_\infty \mathbf{B}_Q \left(\mathcal{C}_\infty s\mathbf{U} + \frac{\mu_0 U_\infty \alpha_1}{s + \mu_0 \beta_1 U_\infty} s\mathbf{U} + \frac{\mu_0 U_\infty \alpha_2}{s + \mu_0 \beta_2 U_\infty} s\mathbf{U} \right) +$$
$$\rho_\infty U_\infty \mathbf{B}_A \, s\mathbf{U} + \rho_\infty \mathbf{C}_A \, s^2 \mathbf{U} \tag{6.108}$$

La frecuencia s aparece aquí de forma explícita en la expresión. El problema de autovalores ya no es cuadrático y dependiente de la frecuencia reducida como el (6.87), sino racional e independiente de κ, suponiendo este punto una gran ventaja pues es previsible que en cada velocidad todos los modos reproduzcan con mayor precisión el comportamiento dinámico aeroelástico, tanto la frecuencia de oscilación (parte imaginaria) como en ratio de amortiguamiento (parte real). El sistema de ecuaciones (6.108) tiene tamaño 6. Veamos que definiendo nuevas variables podemos ampliar dicho sistema hasta obtener uno lineal en el parámetro s de tamaño 24×24. En efecto, consideremos los siguientes vectores definidos en función de $\mathbf{U}$

$$\begin{aligned}
\mathbf{X}_1 &= \mathbf{U} \\
\mathbf{X}_2 &= s\mathbf{U} \\
\mathbf{X}_3 &= \frac{\mu_0 U_\infty \alpha_1}{s + \mu_0 \beta_1 U_\infty} \mathbf{U} \\
\mathbf{X}_4 &= \frac{\mu_0 U_\infty \alpha_2}{s + \mu_0 \beta_2 U_\infty} \mathbf{U}
\end{aligned} \tag{6.109}$$

Las ecuaciones (6.108) en el dominio de Laplace se pueden expresar en términos de estos vectores como

$$\begin{aligned}
s\mathbf{M}\,\mathbf{X}_2 + \mathbf{K}\,\mathbf{X}_1 &= \rho_\infty U_\infty^2 \mathbf{A}_Q \left(\mathcal{C}_\infty \mathbf{X}_1 + \mathbf{X}_3 + \mathbf{X}_4 \right) + \\
&\quad \rho_\infty U_\infty \mathbf{B}_Q \left(\mathcal{C}_\infty \, \mathbf{X}_2 + s\mathbf{X}_3 + s\mathbf{X}_4 \right) + \\
&\quad \rho_\infty U_\infty \mathbf{B}_A \, \mathbf{X}_2 + \rho_\infty \, \mathbf{C}_A \, s\mathbf{X}_2
\end{aligned} \tag{6.110}$$

Eliminando $\mathbf{U}$ de las relaciones (6.109) se obtienen las otras tres relaciones

$$s\mathbf{X}_1 - \mathbf{X}_2 = \mathbf{0} \tag{6.111}$$
$$s\mathbf{X}_3 + \mu_0 \beta_1 U_\infty \mathbf{X}_3 - \mu_0 U_\infty \alpha_1 \mathbf{X}_1 = \mathbf{0} \tag{6.112}$$
$$s\mathbf{X}_4 + \mu_0 \beta_2 U_\infty \mathbf{X}_4 - \mu_0 U_\infty \alpha_2 \mathbf{X}_1 = \mathbf{0} \tag{6.113}$$

Las 4 ecuaciones de (6.110) a (6.113) forman un sistema lineal de ecuaciones en términos del parámetro s que se puede escribir en forma matricial como

$$
\begin{Bmatrix} \mathbf{0} \\ \mathbf{0} \\ \mathbf{0} \\ \mathbf{0} \end{Bmatrix} = s \begin{bmatrix} \mathbf{I}_6 & \mathbf{0}_6 & \mathbf{0}_6 & \mathbf{0}_6 \\ \mathbf{0}_6 & \mathbf{M} - \rho_\infty \mathbf{C}_A & -\rho_\infty U_\infty \mathbf{B}_Q & -\rho_\infty U_\infty \mathbf{B}_Q \\ \mathbf{0}_6 & \mathbf{0}_6 & \mathbf{I}_6 & \mathbf{0}_6 \\ \mathbf{0}_6 & \mathbf{0}_6 & \mathbf{0}_6 & \mathbf{I}_6 \end{bmatrix} \begin{Bmatrix} \mathbf{X}_1 \\ \mathbf{X}_2 \\ \mathbf{X}_3 \\ \mathbf{X}_4 \end{Bmatrix}
$$

$$
+ \begin{bmatrix} \mathbf{0}_6 & -\mathbf{I}_6 & \mathbf{0}_6 & \mathbf{0}_6 \\ \mathbf{K} - \rho_\infty U_\infty^2 \mathcal{C}_\infty \mathbf{A}_Q & -\rho_\infty U_\infty \left(\mathcal{C}_\infty \mathbf{B}_Q + \mathbf{B}_A \right) & -\rho_\infty U_\infty^2 \mathbf{A}_Q & -\rho_\infty U_\infty^2 \mathbf{A}_Q \\ -\alpha_1 \mu_0 U_\infty \mathbf{I}_6 & \mathbf{0}_6 & \mu_0 \beta_1 U_\infty \mathbf{I}_6 & \mathbf{0}_6 \\ -\alpha_2 \mu_0 U_\infty \mathbf{I}_6 & \mathbf{0}_6 & \mathbf{0}_6 & \mu_0 \beta_2 U_\infty \mathbf{I}_6 \end{bmatrix} \begin{Bmatrix} \mathbf{X}_1 \\ \mathbf{X}_2 \\ \mathbf{X}_3 \\ \mathbf{X}_4 \end{Bmatrix}
$$

$$
\equiv \left[s\,\mathbf{R}\left(U_\infty\right) + \mathbf{S}\left(U_\infty\right) \right] \mathbf{X} \quad (6.114)
$$

Esta configuración se denomina sistema espacio-estado asociado al modelo aeroelástico del ala. Permite resolver el problema de autovalores barriendo para todas las velocidades de estudio. Simplificadamente tenemos

$$
\left[s\,\mathbf{R}\left(U_\infty\right) + \mathbf{S}\left(U_\infty\right) \right] \mathbf{X} = \mathbf{0} \tag{6.115}
$$

Fuera del punto de flameo, las fuerzas generalizadas se evalúan correctamente, con permiso de la aproximación racional adoptada para la función de Theodorsen. En la Fig. 6.14 se han representado los resultados obtenidos con los mismos datos del ejemplo de estudio tanto para el método aproximado basado en la evaluación de las matrices de influencia con la frecuencia reducida de flameo (método *pk* simplificado) como para el método basado en la aproximación racional de la función de Theodorsen (*Rational Function Approximation*, RFA). Las frecuencias de oscilación se simulan bien con los dos métodos. Sin embargo, existe mayor desajuste en los ratios de amortiguamiento. En el entorno de la velocidad de flameo y para los modos involucrados en el flameo (primer modo de flexión y torsión) los ratios de amortiguamiento sí son parecidos. Sin embargo, fuera de dicho entorno se producen discrepancias. Además, el aumento del tamaño del sistema hace que aparezcan 12 modos adicionales que en general serán modos sin oscilación (frecuencia nula) y estables. Estos modos están asociados a la aerodinámica no-estacionaria y están vinculados directamente al hecho de que las fuerzas aerodinámicas llevan cierto retardo respecto a la respuesta. Aunque reciben diferentes nombres en la literatura, a veces se les llama *lag-modes* o *modos ficticios* para resaltar esa naturaleza.

Además de las ventajas de simular el comportamiento dinámico para todas las velocidades, el método RFA permite predecir también una velocidad de inestabilidad estática para la cual la frecuencia es nula: la velocidad de divergencia. Simplemente haciendo $\omega = 0$ en el problema dinámico y teniendo en cuenta

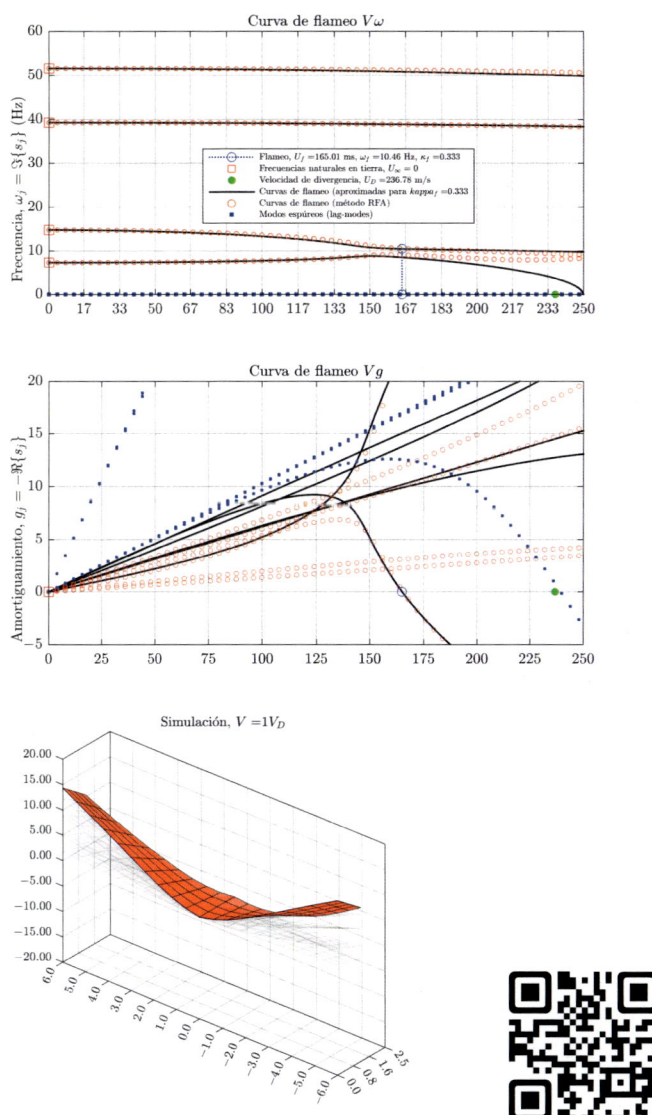

Figura 6.14: Curvas de flameo obtenidas mediante dos métodos: (i) una aproximación basada en la evaluación de las matrices de influencia aerodinámicas con la frecuencia reducida de flameo y (ii) el método basado en la aproximación racional de la función de Theodorsen (RFA). La parte superior muestra la evolución de la frecuencia de flameo ω_j, mientras que la parte inferior representa el amortiguamiento g_j. Se incluyen las frecuencias naturales en tierra ($U_\infty = 0$), la velocidad de divergencia U_D y los modos ficticios (*lag-modes*). (Abajo) Simulación de la inestabilidad por divergencia. En el siguiente enlace puede verse la simulación en vivo: `https://www.youtube.com/watch?v=Ox4aUjXf-a0`

que $\mathcal{C}(0) = 1$, se puede deducir que la velocidad de divergencia es solución al problema de autovalores siguiente

$$\left(\mathbf{K} - \rho_\infty U_\infty^2 \mathbf{A}_Q\right) \mathbf{U} = \mathbf{0} \tag{6.116}$$

La velocidad de divergencia obtenida es $U_D \approx 237$ m/s, muy cerca del punto de corte con el eje de uno de los modos ficticios (el error es debido a que la aproximación racional de Theodorsen no es exactamente la unidad en $s = 0$, aunque se acerca) . En la Fig. 6.14 se ha representado un instante en la simulación temporal del ala para una velocidad algo superior a la velocidad de divergencia. Se ha diseñado el eje elástico en una posición tal que $U_D < U_f$ de forma que una pequeña perturbación produce pequeñas oscilaciones para amortiguarse rápidamente. Tras algunos instantes el modo de divergencia se posiciona como el más relevante y al tener un amortiguamiento inestable sin oscilación, las amplitudes crecen de forma incontrolada y exponencialmente

Otro punto a favor del método es la capacidad de predecir simulaciones transitorias con mayor precisión. En efecto, en el caso de que se pretenda reproducir la solución temporal a un problema transitorio, todos los vectores $\mathbf{X}_1$, $\mathbf{X}_2$, $\mathbf{X}_3$ y $\mathbf{X}_4$ ya no juegan un papel como autovectores, sino como las transformada de Laplace de la solución. Se pueden definir en su lugar las funciones temporales siguientes, en consistencia con las Ecs. (6.109)

$$
\begin{aligned}
\mathbf{x}_1(t) &= \mathbf{u}(t) \\
\mathbf{x}_2(t) &= \dot{\mathbf{u}}(t) \\
\mathbf{x}_3(t) &= \int_{\tau=0}^{t} \mathcal{G}_1(t-\tau)\mathbf{u}(\tau)d\tau \\
\mathbf{x}_4(t) &= \int_{\tau=0}^{t} \mathcal{G}_2(t-\tau)\mathbf{u}(\tau)d\tau
\end{aligned}
\tag{6.117}
$$

donde las funciones $\mathcal{G}_1(t)$ y $\mathcal{G}_2(t)$ están definidas como

$$\mathcal{G}_1(t) = \mu_0 U_\infty \, \alpha_1 e^{-\mu_0 \beta_1 U_\infty t} \; , \quad \mathcal{G}_2(t) = \mu_0 U_\infty \, \alpha_2 e^{-\mu_0 \beta_2 U_\infty t} \tag{6.118}$$

Agrupando todas las funciones en un solo vector $\mathbf{x}(t) = \{\mathbf{x}_1(t), \mathbf{x}_2(t), \mathbf{x}_3(t), \mathbf{x}_4(t)\}^T$, la respuesta transitoria se puede obtener a partir de la solución de

$$\mathbf{R}(U_\infty)\dot{\mathbf{x}}(t) + \mathbf{S}(U_\infty)\,\mathbf{x}(t) = \mathbf{h}(t) \tag{6.119}$$

para cierta función de excitación forzada exterior definida en $\mathbf{h}(t)$.

Las funciones auxiliares $\mathbf{x}_3(t)$ y $\mathbf{x}_4(t)$ se definen mediante integrales que involucran las funciones $\mathcal{G}_1(t)$ y $\mathcal{G}_2(t)$, comúnmente denominadas núcleos hereditarios. Esta denominación se debe a que, bajo el signo integral, $\mathbf{x}_3(t)$ y $\mathbf{x}_4(t)$ dependen del historial de la respuesta entre $\tau = 0$ y el instante actual $\tau = t$. Se trata de un producto de convolución, por lo que la aplicación de la transformada de Laplace conduce a las expresiones (6.109). La presencia de estas funciones en el modelo matemático permite representar el efecto retardado en la respuesta debido a las fuerzas no estacionarias.

En problemas tridimensionales, no es habitual emplear un modelo basado en la aerodinámica de perfiles, como el utilizado en este libro. Métodos numéricos consolidados, como el método de la malla de torbellinos para flujo incompresible (*Vortex Lattice Method*, VLM [48]) o el método de la malla de dobletes para flujo compresible subsónico (*Doublet Lattice Method*, DLM [79]), se utilizan habitualmente para el acoplamiento con modelos estructurales en estudios aeroelásticos.

Las fuerzas generalizadas, expresadas en términos de los grados de libertad, adoptan una forma análoga a la mostrada en las Ecs. (6.98), en función de la frecuencia reducida (y del número de Mach en el caso del DLM). El método GAAM, junto con el RFA, también es aplicable en estos casos; aunque en este contexto no se aproxima la función de Theodorsen, sino las matrices con los coeficientes influencia aerodinámica, su esencia sigue siendo la aproximación racional en el dominio de Laplace para abarcar el rango de frecuencias y velocidades del problema [30, 74]. Finalmente, la transformación del sistema a su versión a la forma espacio-estado mediante la introducción de variables auxiliares que simulan los *lag-modes*, permite obtener una solución sin recurrir a iteraciones en la frecuencia reducida como los métodos clásicos k y pk. El procedimiento GAAM es en la actualidad el que devuelve una estimación más precisa de las frecuencias y los amortiguamientos del avión en vuelo para reproducir su respuesta dinámica estructural.

A

Mecánica lagrangiana en sistemas deformables

A.1 Introducción

La mecánica lagrangiana es una formulación poderosa y elegante de la mecánica clásica que proporciona un enfoque sistemático para analizar la dinámica de los sistemas mecánicos. A diferencia de la mecánica newtoniana, que se basa en ecuaciones vectoriales de movimiento, la formulación lagrangiana se basa en cantidades escalares derivadas de principios energéticos. Su dependencia de funciones de energía en lugar de vectores de fuerza la hace particularmente ventajosa en sistemas con restricciones y en campos más avanzados como la mecánica analítica, la mecánica cuántica y la teoría de campos. Al discretizar cuerpos deformables en grados finitos de libertad, la metodología se extiende naturalmente a la mecánica estructural, vibraciones y mecánica del continuo, convirtiéndola en una herramienta indispensable en la ingeniería y la física modernas. Este apéndice introduce la metodología general de las ecuaciones de Lagrange aplicadas a sistemas mecánicos discretos y deformables, enfatizando su derivación, principios fundamentales y aplicaciones prácticas.

A.2   Configuración y coordenadas generalizadas

Un sistema mecánico, ya sea discreto o deformable, consiste en un número finito de partículas, cuerpos rígidos o un medio continuo cuyo campo de desplazamientos es aproximado por un conjunto finito de grados de libertad. El movimiento puede describirse utilizando coordenadas generalizadas q_i, que capturan tanto los desplazamientos de cuerpo rígido como los modos de deformación.

Un sistema con n grados de libertad requiere n coordenadas generalizadas independientes $q_1, q_2, ..., q_n$ para especificar su configuración. Estas coordenadas suelen elegirse para reflejar las restricciones del sistema, reduciendo la complejidad de las ecuaciones de movimiento. Para cuerpos deformables, estos grados de libertad pueden representar desplazamientos o rotaciones nodales, amplitudes modales u otras medidas apropiadas de deformación.

A.3   Función de Lagrange y ecuaciones de movimiento

La cantidad fundamental en la mecánica lagrangiana es la **función de Lagrange**, $L(q_i, \dot{q}_i, t)$, definida como:

$$L = \mathcal{T} - V,$$

donde:

- $\mathcal{T}$ es la energía cinética del sistema,

- V es la energía potencial del sistema, incluyendo la energía de deformación elástica para cuerpos deformables y la energía potencial derivada de las fuerzas exteriores (conservativas).

Las **ecuaciones de Lagrange de movimiento** se obtienen aplicando el **principio de acción estacionaria**, que establece que el movimiento de un sistema sigue trayectorias que extremizan la integral de acción:

$$S = \int_{t_1}^{t_2} L(q_i, \dot{q}_i, t) dt.$$

Las trayectorias en el tiempo de los grados de libertad $q_i(t)$ que hace que este funcional sea mínimo son las soluciones del sistema. Exigiendo que la primera variación de la acción sea cero, obtenemos las **ecuaciones de Euler-Lagrange**:

$$\frac{d}{dt}\left(\frac{\partial L}{\partial \dot{q}_i}\right) - \frac{\partial L}{\partial q_i} = 0, \quad i = 1, ..., n.$$

Estas son las ecuaciones fundamentales que gobiernan el movimiento del sistema. Algunas referencias que cubren total o parcialmente el desarrollo y deducción de estas ecuaciones son Lanczos [54] y Monleón [66, 67], éstas dos últimas describen de forma rigurosa la derivación de las ecuaciones de forma unificada para elementos generales 1D y 2D. En la mayoría de los problemas considerados en mecánica clásica, la energía cinética depende cuadráticamente de las velocidades de los grados de libertad, mientras que la energía potencial lo hace de las mismas coordenadas. Por tanto las ecuaciones de Lagrange se pueden escribir como

$$\frac{d}{dt}\left(\frac{\partial T}{\partial \dot{q}_i}\right) + \frac{\partial V}{\partial q_i} = 0, \quad i = 1, ..., n. \tag{A.1}$$

La energía potencial almacenada en el sistema puede proceder de una deformación elástica y de la aplicación de fuerzas exteriores conservativas. Así podemos escribir que

$$V = \mathcal{U} + \Pi \tag{Λ.2}$$

donde $\mathcal{U}$ representa la energía interna almacenada en el sistema como consecuencia de la deformación elástica de elementos discretos tipo muelle o bien estructuras continuas con deformación tipo flexion, torsión, alargamientos, etc. El término Π representa la energía potencial de la que derivan las fuerzas exteriores conservativas, es decir de acuerdo con la mecánica clásica las fuerzas se calculan a partir de $\mathbf{F} = -\boldsymbol{\nabla}\Pi$. Introduciendo esta descomposición en las ecuaciones de Lagrange, se tiene

$$\frac{d}{dt}\left(\frac{\partial T}{\partial \dot{q}_i}\right) + \frac{\partial \mathcal{U}}{\partial q_i} = -\frac{\partial \Pi}{\partial q_i}, \quad i = 1, ..., n. \tag{A.3}$$

El término que queda a la derecha de la ecuación se denomina fuerza generalizada asociada al grado de libertad $q_i(t)$ y se representa en general por Q_i, es decir

$$Q_i = -\frac{\partial \Pi}{\partial q_i} \quad i = 1, ..., n. \tag{A.4}$$

Si multiplicamos cada fuerza generalizada por una variación virtual de su grado de libertad asociado (consistente con las condiciones de contorno de la estructura) obtenemos usando la regla de la cadena

$$\sum_i Q_i \, \delta q_i = -\frac{\partial \Pi}{\partial q_i} \, \delta q_i = -\delta \Pi \tag{A.5}$$

Por otro lado, la variación virtual de la energía potencial de las fuerzas aplicadas se puede evaluar a partir de su gradiente como

$$-\delta \Pi = -\boldsymbol{\nabla}\Pi \cdot \delta\mathbf{r} = \mathbf{F} \cdot \delta\mathbf{r} = \delta\mathcal{W} \tag{A.6}$$

donde $\delta\mathbf{r}$ representa la variación virtual de las coordenadas de los puntos de aplicación de las fuerzas, es decir los desplazamientos. El término obtenido $\delta\mathcal{W}$ representa entonces el trabajo virtual de las fuerzas exteriores. Por tanto, de las Ecs. (A.6) y (A.7) se tiene la siguiente igualdad entre las fuerzas generalizadas y el trabajo virtual

$$\delta\mathcal{W} = \sum_i Q_i\,\delta q_i = \{q_1,\dots,q_n\}^T \left\{ \begin{array}{c} Q_1 \\ \vdots \\ Q_n \end{array} \right\} \equiv \delta\mathbf{q}^T\,\mathbf{Q} \tag{A.7}$$

En forma matricial, la Ec. (A.3) se puede escribir como

$$\frac{d}{dt}\left(\frac{\partial T}{\partial\dot{\mathbf{q}}}\right) + \frac{\partial\mathcal{U}}{\partial\mathbf{q}} = \mathbf{Q} \tag{A.8}$$

A.4 Aplicaciones a sistemas deformables: discretos y continuos

A.4.1 Ecuaciones del movimiento

Los movimientos y deformaciones de una estructura debidos están gobernados por las ecuaciones de la dinámica estructural en las que se establece el equilibrio entre las fuerzas elásticas, las fuerzas de amortiguamiento y las fuerzas de inercia. Asumiendo la discretización de la estructura en elementos finitos, la posición de la estructura se puede definir a partir de la información dada por el vector (columna) de grados de libertad $\mathbf{u}(t) \in \mathbb{R}^N$ y dependiente del tiempo. Las ecuaciones diferenciales en el dominio del tiempo se pueden deducir a partir de las ecuaciones de Lagrange aplicadas a dinámica estructural ya presentadas en las Ecs. (A.8). Ahora vamos a introducir un nuevo término *ad hoc* para considerar el efecto de fuerzas disipativas o de amortiguamiento. Se asume que éstas proceden de cierto potencial de disipación $\mathcal{D}$ que se comporta como la energía elástica de deformación pero en términos de velocidades de los grados de libertad. Así las ecuaciones completas se pueden escribir como

$$\frac{d}{dt}\left(\frac{\partial\mathcal{T}}{\partial\dot{\mathbf{u}}}\right) + \frac{\partial\mathcal{D}}{\partial\dot{\mathbf{u}}} + \frac{\partial\mathcal{U}}{\partial\mathbf{u}} = \mathbf{Q}(t) \tag{A.9}$$

donde $\partial(\bullet)/\partial\mathbf{u}$ es un operador que representa un vector columna donde cada componente es la derivada parcial respecto a cada elemento de $\mathbf{u}$ (o de $\dot{\mathbf{u}}$ cuando tenemos el operador $\partial(\bullet)/\partial\dot{\mathbf{u}}$). En la Ec. (A.9), $\mathcal{T}$ representa la energía cinética, $\mathcal{U}$ la energía potencial de deformación, $\mathcal{D}$ representa el potencial disipativo y $\mathbf{Q}(t)$ las fuerzas generalizadas. Describiremos con más detalle cada término y su forma general.

Energía cinética del sistema, $\mathcal{T}$. Para pequeñas oscilaciones se puede expresar como una forma cuadrática de las velocidades de los grados de libertad,

$$\mathcal{T} = \frac{1}{2}\dot{\mathbf{u}}^T \mathbf{M}\dot{\mathbf{u}}$$

con $\mathbf{M} \in \mathbb{R}^{N \times N}$ la matriz de masas, que se asume simétrica y estrictamente definida positiva (es decir, todos sus autovalores son reales estrictamente mayores que cero). Arriba, la notación $(\bullet)^T$ denota matriz traspuesta. La energía cinética es siempre una magnitud escalar pues el vector de grados de libertad, escrito como $\mathbf{u}(t)$ será considerado como vector columna de N componentes. Además al tratarse de una forma cuadrática definida positiva, $\mathcal{T} > 0$ siempre.

Energía potencial, $\mathcal{U}$. Este término, dependiente estrictamente de los grados de libertad y no de sus velocidades, está formado estrictamente por la energía de deformación almacenada por los movimientos elásticos. Este término se obtiene por integración en el sólido de la energía de deformación elemental cuya estricta definición involucra el campo de tensiones $\sigma_{ij} = \{\sigma_{xx}, \sigma_{yy}, \tau_{xy}, \dots\}$ y deformaciones $\epsilon_{ij} = \{\epsilon_{xx}, \epsilon_{yy}, \gamma_{xy}, \dots\}$, es decir

$$\mathcal{U} = \frac{1}{2}\sum_{ij} \int_{\mathcal{V}} \sigma_{ij}\,\epsilon_{ij}\,dV$$

La linealidad tensiones-deformaciones junto con una apropiada interpolación de la solución en el dominio a través de las funciones de forma permite expresar la integral de arriba como una forma cuadrática en términos de los grados de libertad

$$\mathcal{U} = \frac{1}{2}\mathbf{u}^T \mathbf{K}\mathbf{u} \tag{A.10}$$

donde la matriz $\mathbf{K} \in \mathbb{R}^{N \times N}$ es la denominada matriz de rigidez de la estructura, simétrica y semidefinida positiva (todos los autovalores reales y mayores o iguales que cero).

Término disipativo, $\mathcal{D}$. Se trata del denominado potencial disipativo de Rayleigh. De este término se derivan directamente las fuerzas de amortiguamiento de forma que cuando éstas son de naturaleza viscosa el potencial se puede expresar como una forma cuadrática de las velocidades

$$\mathcal{D} = \frac{1}{2}\dot{\mathbf{u}}^T \mathbf{C} \dot{\mathbf{u}}$$

siendo $\mathbf{C}$ la matriz de amortiguamiento. Este término surge en las ecuaciones ante la necesidad de incluir el efecto de las pérdidas por disipación energética. Como es sabido la forma más universal de expresar las fuerzas de amortiguamiento es el modelo viscoso (aunque no la única que conserva la linealidad, ver por ejemplo su generalización a modelos no-viscosos en la Ref. [4]). En este modelo, las fuerzas de amortiguamiento son proporcionales a la velocidad de los grados de libertad. Los coeficientes de proporcionalidad se encuentran en la matriz de amortiguamiento, ya definida arriba como $\mathbf{C}$ que en general será simétrica. Mientras que las matrices de masa y rigidez se evalúan por integración a partir de las funciones de forma de la estructura y de las propiedades de inercia y elasticidad, la matriz de amortiguamiento no tiene una expresión paralela. Su evaluación correcta en una determinada estructura no se deduce a partir de propiedades más básicas del material y la estructura sino de forma experimental. De hecho uno de los objetivos del análisis modal es evaluar dicha matriz. Veremos algunos métodos a lo largo de este capítulo.

Fuerzas generalizadas, $\mathbf{Q}(t)$. Fuerzas generalizadas del sistema asociadas a los grados de libertad $\mathbf{u}$. Representa el vector de fuerzas exteriores sobre el sistema y se obtienen tras la determinación del trabajo virtual de las fuerzas exteriores. Las fuerzas exteriores pueden ser puerzas puntuales o distribuidas a lo largo de una longitud superficie o volumen. El trabajo virtual $\delta\mathcal{W}$ se define como el realizado por dichas fuerzas cuando el sistema se deforma de manera virtual o ficticia (pero compatible con las restricciones y condiciones de contorno), pasando de la situación de equilibrio $\mathbf{u}$ a una $\mathbf{u} + \delta\mathbf{u}$. Usando las correspondientes funciones de interpolación del campo de desplazamientos siempre se puede expresar en la forma lineal

$$\delta\mathcal{W} = \delta\mathbf{u}^T \mathbf{Q} = \sum_{j=1}^{n} \delta u_j \, Q_j$$

Por tanto $\mathbf{Q}(t) \in \mathbb{R}^N$ siempre tendrá exactamente el mismo número de términos que el vector de grados de libertad $\mathbf{u}(t)$.

El cálculo de las derivadas que aparecen en la Ec. (A.9) se lleva a cabo usando la siguiente propiedad, válida para matrices simétricas

$$\frac{\partial \mathcal{T}}{\partial \dot{\mathbf{u}}} = \frac{\partial}{\partial \dot{\mathbf{u}}} \left(\frac{1}{2} \dot{\mathbf{u}}^T \mathbf{M} \dot{\mathbf{u}} \right) = \mathbf{M} \dot{\mathbf{u}}$$

$$\frac{\partial \mathcal{D}}{\partial \dot{\mathbf{u}}} = \frac{\partial}{\partial \dot{\mathbf{u}}} \left(\frac{1}{2} \dot{\mathbf{u}}^T \mathbf{C} \dot{\mathbf{u}} \right) = \mathbf{C} \dot{\mathbf{u}} \ , \quad \frac{\partial \mathcal{U}}{\partial \mathbf{u}} = \frac{\partial}{\partial \mathbf{u}} \left(\frac{1}{2} \mathbf{u}^T \mathbf{K} \mathbf{u} \right) = \mathbf{K} \mathbf{u} \quad \text{(A.11)}$$

Por tanto, las Ecs. (A.9) se pueden escribir como el sistema de ecuaciones diferenciales de segundo orden

$$\mathbf{M} \ddot{\mathbf{u}} + \mathbf{C} \dot{\mathbf{u}} + \mathbf{K} \mathbf{u} = \mathbf{f}(t) \tag{A.12}$$

que además puede estar sujeto a unas condiciones iniciales dadas por $\mathbf{u}(0) = \mathbf{u}_0$ y $\dot{\mathbf{u}}(0) = \dot{\mathbf{u}}_0$.

A.4.2 Ejemplo 1. Sistema discreto

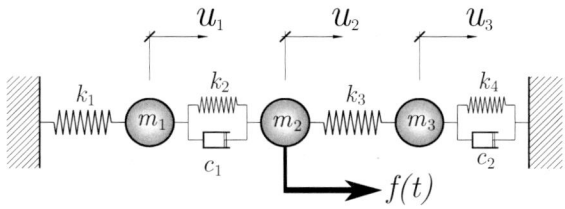

Figura A.1: Ejemplo de un sistema con 3 grados de libertad

Veamos en este ejemplo cómo determinar las ecuaciones del movimiento en un sistema discreto formado por tres masas puntuales unidas mediante muelles y amortiguadores. Consideremos los tres grados de libertad que representan los desplazamientos de cada masa, $\mathbf{u}(t) = \{u_1(t), u_2(t), u_3(t)\}^T$. La energía cinética del sistema se puede expresar por definición como

$$\mathcal{T} = \frac{1}{2} m_1 \dot{u}_1^2 + \frac{1}{2} m_2 \dot{u}_2^2 + \frac{1}{2} m_3 \dot{u}_3^2 \tag{A.13}$$

La energía potencial se determina como la energía almacenada en los elementos elásticos de la estructura (muelles) en su deformación. Así, tenemos un total de 4 muelles. En los muelles 1 y 4 el alargamiento es directamente el desplazamiento de las masas 1 y 4, sin embargo, en los muelles 2 y 3 dicho alargamiento se calcula como la diferencia de movimientos. Así, tenemos

$$\mathcal{U} = \frac{1}{2}k_1\,u_1^2 + \frac{1}{2}k_2\,(u_2 - u_1)^2 + \frac{1}{2}k_3\,(u_3 - u_2)^2 + \frac{1}{2}k_4\,u_3^2 \qquad (A.14)$$

La disipación en la estructura se concentra en elementos físicamente localizables como los amortiguadores viscosos entre las masas 1 y 2 y entre la masa 3 y el suelo. En este caso el potencial disipativo se calcula como la energía de deformación, pero en lugar de desplazamientos, la expresión de $\mathcal{D}$ depende de las velocidades. Tenemos por tanto

$$\mathcal{D} = \frac{1}{2}c_1\,(\dot{u}_2 - \dot{u}_1)^2 + \frac{1}{2}c_2\,\dot{u}_3^2 \qquad (A.15)$$

Como acciones exteriores, existe una fuerza localizada en el gdl 2 hacia la derecha. El trabajo virtual realizado por dicha fuerza es

$$\delta\mathcal{W} = \delta u_2\,f(t) = \{\delta u_1, \delta u_2, \delta u_3\} \left\{ \begin{array}{c} 0 \\ f(t) \\ 0 \end{array} \right\} \equiv \delta\mathbf{u}^T\,\mathbf{f}(t)$$

por lo que el vector de fuerzas generalizadas será directamente $\mathbf{f}(t) = \{0, f(t), 0\}^T$.

Aplicando las ecuaciones de Lagrange, se obtiene un sistema de ecuaciones diferenciales de igual tamaño que $\mathbf{u}(t)$.

$$\begin{array}{rcl} m_1\,\ddot{u}_1 + c_1\,\dot{u}_1 - c_1\,\dot{u}_2 + (k_1 + k_2)\,u_1 - k_2\,u_2 & = & 0 \\ m_2\,\ddot{u}_2 + c_1\,\dot{u}_2 - c_1\,\dot{u}_1 + (k_2 + k_3)\,u_1 - k_2\,u_1 - k_3\,u_3 & = & f(t) \\ m_3\,\ddot{u}_3 + c_2\,\dot{u}_3 - (k_3 + k_4)\,u_3 - k_3\,u_2 & = & 0 \end{array} \qquad (A.16)$$

En forma matricial se puede escribir como la Ec. (A.12) con las siguientes matrices

$$\mathbf{M} = \begin{bmatrix} m_1 & 0 & 0 \\ 0 & m_2 & 0 \\ 0 & 0 & m_3 \end{bmatrix}, \quad \mathbf{C} = \begin{bmatrix} c_1 & -c_1 & 0 \\ -c_1 & c_1 & 0 \\ 0 & 0 & c_2 \end{bmatrix},$$

$$\mathbf{K} = \begin{bmatrix} k_1 + k_2 & -k_2 & 0 \\ -k_2 & k_2 + k_3 & -k_3 \\ 0 & -k_3 & k_3 + k_4 \end{bmatrix}, \quad \mathbf{f}(t) = \left\{ \begin{array}{c} 0 \\ f(t) \\ 0 \end{array} \right\} \qquad (A.17)$$

A.4.3   Ejemplo 2: Viga modelada como un sistema discreto

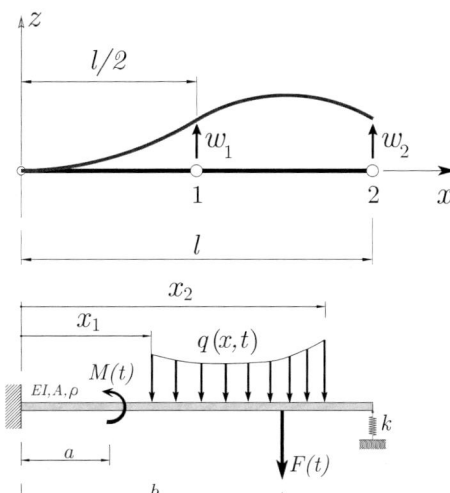

Figura A.2: Ejemplo de un sistema continuo formado por una viga tipo cantilever, una apoyo elástico. La deformación se aproxima por una interpolación polinómica con dos grados de libertad: $w_1(t)$ y $w_2(t)$ que representan los desplazamientos en el centro de la viga y en el extremo. Se aplican tres casos de carga: momento $M(t)$, fuerza puntual $F(t)$ y fuerza distribuida $q(x,t)$.

Sea una viga de longitud l, empotrada en $x = 0$ y libre en $x = L$, con un soporte elástico en el extremo libre $x = l$ de constante elástica k. Está sometida a los siguientes casos de carga

- un momento de eje perpendicular al papel, localizado en el punto $x = a$, sentido antihorario y valor $M(t)$

- una fuerza puntual $F(t)$ en el punto $x = b$

- una fuerza distribuida $q(x,t)$ genérica entre los puntos x_1 y x_2

Suponemos que los desplazamientos se interpolan con un polinomio y que los grados de libertad del sistema son los desplazamientos transversales $w_1(t)$ y $w_2(t)$ en el centro y en el extremo libre. Usaremos las ecuaciones de Lagrange para obtener las ecuaciones del movimiento.

Interpolación del desplazamiento

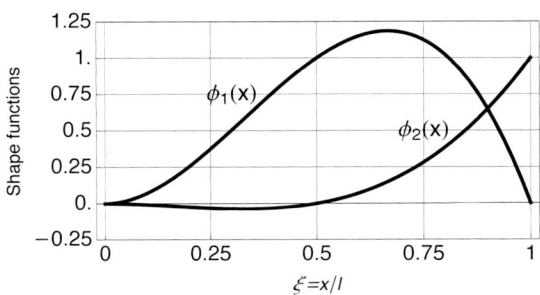

Figura A.3: Funciones de forma para el elemento de viga de Euler–Bernouilli.

Aproximamos el desplazamiento transversal $w(x, t)$ con un polinomio que cumpla las condiciones de contorno y esté expresado en función de dos parámetros libres, $w_1(t)$ y $w_2(t)$ que representan los desplazamientos transversales en el centro de la viga y en el extremo.

$$w(x, t) = w_1(t)\phi_1(x) + w_2(t)\phi_2(x)$$

donde $\phi_1(x)$ y $\phi_2(x)$ son funciones de forma que cumplen:

$$\phi_1(0) = 0, \quad \phi_1'(0) = 0, \quad \phi_1(l/2) = 1, \quad \phi_1'(l) = 0,$$

$$\phi_2(0) = 0, \quad \phi_2'(0) = 0, \quad \phi_2(l/2) = 0, \quad \phi_2(l) = 1,$$

Una elección común para estas funciones en vigas de Euler-Bernoulli es:

$$\phi_1(x) = 8\left(\frac{x}{l}\right)^2 - 8\left(\frac{x}{l}\right)^3,$$

$$\phi_2(x) = -\left(\frac{x}{l}\right)^2 + 2\left(\frac{x}{l}\right)^3.$$

obtenidas asumiendo polinomios cúbicos y aplicando las condiciones mencionadas arriba. Una forma compacta de expresar el campo de desplazamientos es usar un vector columna de grados de libertad $\mathbf{u}(t)$ dependiente del tiempo y definido como

$$\mathbf{u}(t) = \{w_1(t), w_2(t)\}^T \tag{A.18}$$

Por tanto el desplazamiento en cualquier punto de la viga y en cualquier instante se puede construir mediante el producto matricial (en realidad es como un producto escalar pues el resultado es un número)

$$w(x,t) = w_1(t)\phi_1(x) + w_2(t)\phi_2(x) = \{\phi_1(x), \phi_2(x)\} \left\{ \begin{array}{c} w_1(t) \\ w_2(t) \end{array} \right\} \equiv \mathbf{N}^T(x)\,\mathbf{u}(t) \tag{A.19}$$

donde

$$\mathbf{N}(x) = \left\{ \begin{array}{c} \phi_1(x) \\ \phi_2(x) \end{array} \right\} \tag{A.20}$$

representa la matriz de funciones de forma.

Energía cinética y matriz de masas

La energía cinética de la viga es:

$$\mathcal{T} = \frac{1}{2} \int_0^L \rho A \left(\frac{\partial w}{\partial t} \right)^2 dx.$$

Pero antes daremos una propiedad matemática útil que nos ayudará en la derivación de expresiones matriciales. Consideremos dos magnitudes escalares, p y q, expresadas en términos del producto escalar como

$$p = \mathbf{P}^T \mathbf{x} \,, \quad q = \mathbf{Q}^T \mathbf{y} \tag{A.21}$$

con $\mathbf{P}, \mathbf{Q}, \mathbf{x}, \mathbf{y} \in \mathbb{R}^n$ siendo arreglos columna de orden n. Entonces, el producto pq se puede calcular indistintamente como

$$\begin{aligned} pq &= p^T q = \mathbf{x}^T \left(\mathbf{P}\mathbf{Q}^T \right) \mathbf{y} \tag{A.22} \\ &= q^T p = \mathbf{y}^T \left(\mathbf{Q}\mathbf{P}^T \right) \mathbf{x} \tag{A.23} \end{aligned}$$

donde $(\mathbf{P}\mathbf{Q}^T)$ y $(\mathbf{Q}\mathbf{P}^T)$ son matrices cuadradas de tamaño $n \times n$. Esta propiedad se utilizará repetidamente a lo largo de todo el libro. Sustituyendo la interpolación tenemos la siguiente forma cuadrática

$$\begin{aligned} \mathcal{T} &= \frac{1}{2} \int_0^l \rho A \left(\frac{\partial w}{\partial t} \right)^2 dx = \frac{1}{2} \int_0^l \rho A \left(\dot{\mathbf{u}}^T \mathbf{N}(x) \right)^T \left(\mathbf{N}^T(x)\dot{\mathbf{u}} \right) dx \\ &= \frac{1}{2}\dot{\mathbf{u}} \left(\int_0^l \rho A\, \mathbf{N}(x)\mathbf{N}^T(x)dx \right) \dot{\mathbf{u}} \equiv \frac{1}{2}\dot{\mathbf{u}}^T \mathbf{M}\dot{\mathbf{u}} \tag{A.24} \end{aligned}$$

donde la matriz de masas $\mathbf{M}$ es:

$$\mathbf{M} = \int_0^l \rho A\, \mathbf{N}(x)\mathbf{N}^T(x)dx \tag{A.25}$$

mientras que cada uno de los elementos se calcula como

$$M_{ij} = \int_0^L \rho A \phi_i \phi_j dx \ , \qquad 1 \leq i,j \leq 2$$

por lo que la matriz de masas es simétrica. Además, el modelo permite considerar una distribución de masas variable simplemente asumiendo que el término ρA es función de x.

Energía potencial y matriz de rigidez

La energía potencial de deformación elástica es suma de la debida a la flexión y la almacenada en el muelle, localizado en el punto $x = l$

$$\mathcal{U} = \frac{1}{2} \int_0^l EI \left(\frac{\partial^2 w}{\partial x^2} \right)^2 dx + \frac{1}{2} k \, w_2^2 \equiv \mathcal{U}_b + \mathcal{U}_k$$

Sustituyendo la interpolación, obtenemos:

$$
\begin{aligned}
\mathcal{U}_b &= \frac{1}{2} \int_0^l EI \left(\frac{\partial^2 w}{\partial x^2} \right)^2 dx = \frac{1}{2} \int_0^1 EI \left(\frac{\partial^2 w}{\partial x^2} \right)^2 dx = \frac{1}{2} \int_0^1 EI \left(\frac{\partial^2 w}{\partial x^2} \right)^T \left(\frac{\partial^2 w}{\partial x^2} \right) dx \\
&= \frac{1}{2} \int_0^1 EI \left(\mathbf{u}^T \frac{d^2 \mathbf{N}}{dx^2} \right) \left(\frac{d^2 \mathbf{N}^T}{dx^2} \mathbf{u} \right) dx = \frac{1}{2} \mathbf{u}^T \left(\int_0^1 EI \frac{d^2 \mathbf{N}}{dx^2} \frac{d^2 \mathbf{N}^T}{dx^2} dx \right) \mathbf{u} \\
&\equiv \frac{1}{2} \mathbf{u}^T \mathbf{K}_b \mathbf{u}
\end{aligned}
\tag{A.26}
$$

donde

$$\mathbf{K}_b = \int_0^1 EI \frac{d^2 \mathbf{N}}{dx^2} \frac{d^2 \mathbf{N}^T}{dx^2} dx \tag{A.27}$$

y cada uno de los elementos de la matriz de rigidez asociada a la flexión $\mathbf{K}_b$ pueden calcularse como

$$(\mathbf{K}_b)_{ij} = \int_0^L EI \phi_i'' \phi_j'' dx \ , \qquad 1 \leq i,j \leq 2$$

Por otro lado, la energía de deformación asociada al muelle puede escribirse de forma matricial como

$$\mathcal{U}_k = \frac{1}{2} \mathbf{u}^T \begin{bmatrix} 0 & 0 \\ 0 & k \end{bmatrix} \mathbf{u} = \frac{1}{2} \mathbf{u}^T \mathbf{K}_k \mathbf{u} \tag{A.28}$$

por lo que la matriz de rigidez total es

$$\mathbf{K} = \mathbf{K}_b + \mathbf{K}_k = \begin{bmatrix} \int_0^L EI\phi_1''\phi_1''dx & \int_0^L EI\phi_1''\phi_2''dx \\ \int_0^L EI\phi_1''\phi_1''dx & \int_0^L EI\phi_2''\phi_2''dx + k \end{bmatrix} \tag{A.29}$$

Hemos conseguido por tanto una expresión de la forma (A.10).

Trabajo virtual y fuerzas generalizadas

El vector de fuerzas generalizadas contiene la suma de las contribuciones asociadas a los tres casos de carga considerados, identificando las componentes del trabajo virtual de las fuerzas exteriores asociadas a cada grado de libertad. Las fuerzas exteriores están formadas por (1) un momento puntual en $x = a$ y sentido antihorario, de valor $M(t)$, (2) una fuerza puntual en $x = b$ y sentido hacia abajo de valor $F(t)$ y una fuerza distribuida $q(x,t)$ genérica y dependiente del tiempo, localizada en el intervalo $x_1 \leq x \leq x_2$, ver Fig. A.2. Suponiendo que la estructura está en una situación de equilibrio dado por un vector $\mathbf{u}(t)$, entonces el trabajo virtual realizado por las fuerzas exteriores cuando los grados de libertad sufren un *desplazamiento* virtual $\delta\mathbf{u}$, compatible con las condiciones de ligadura

$$\delta\mathcal{W} = \delta\theta_M\, M(t) - \delta w_F\, F(t) + \int_{x=x_1}^{x_2} \delta w(x,t)\, q(x,t)\, dx \equiv \delta\mathcal{W}_F + \delta\mathcal{W}_M + \delta\mathcal{W}_q \tag{A.30}$$

donde

$$\begin{aligned} \delta\theta_M &= \left.\frac{dw}{dx}\right|_{x=a} = \delta\mathbf{u}^T\mathbf{N}'(a) \\ \delta w_F &= \delta w(b,t) = \delta\mathbf{u}^T\mathbf{N}(b) \\ \delta w_q &= \delta w(x,t) = \delta\mathbf{u}^T\mathbf{N}(x)\,, \quad x_1 \leq x \leq x_2 \end{aligned} \tag{A.31}$$

son los *desplazamientos* asociados a cada fuerza/momento exterior (debemos entender que el giro es el *desplazamiento* asociado a los momentos). Si introducimos estas expresiones en la Ec. (A.30) podemos obtener las fuerzas generalizadas $\mathbf{Q}$ como el vector de 2 componentes que multiplica a la variación virtual de los grados de libertad.

$$
\begin{aligned}
\delta \mathcal{W} &= \delta\theta_M \, M(t) - \delta w_F \, F(t) + \int_{x=x_1}^{x_2} \delta w(x,t) \, q(x,t) \, dx \\
&= \delta \mathbf{u}^T \left(\mathbf{N}'(a)M(t) + \mathbf{N}(b)F(t) + \int_{x=x_1}^{x_2} \mathbf{N}(x) \, q(x,t) \, dx \right) \\
&\equiv \delta \mathbf{u}^T \mathbf{Q}(t)
\end{aligned}
\tag{A.32}
$$

Por lo tanto, el vector de fuerzas generalizadas es:

$$
\mathbf{Q}(t) = \mathbf{N}'(a)M(t) + \mathbf{N}(b)F(t) + \int_{x=x_1}^{x_2} \mathbf{N}(x) \, q(x,t) \, dx
$$

Ecuaciones del movimiento

Aplicamos las ecuaciones de Lagrange incluyendo el potencial disitivativo

$$
\frac{d}{dt}\left(\frac{\partial \mathcal{T}}{\partial \dot{q}_i} \right) + \frac{\partial \mathcal{D}}{\partial \dot{q}_i} + \frac{\partial \mathcal{U}}{\partial q_i} = Q_i.
$$

Los grados de libertad son dos $q_1 \equiv w_1$ y $q_2 \equiv w_2$. Pueden ir alojados en un vector columna $\mathbf{u} = \{w_1, w_2\}^T$. La relación anterior se puede escribir en forma matricial como

$$
\frac{d}{dt}\left(\frac{\partial \mathcal{T}}{\partial \dot{\mathbf{u}}} \right) + \frac{\partial \mathcal{D}}{\partial \dot{\mathbf{u}}} + \frac{\partial \mathcal{U}}{\partial \mathbf{u}} = \mathbf{Q}.
\tag{A.33}
$$

con

$$
\mathcal{T} = \frac{1}{2}\dot{\mathbf{u}}^T \mathbf{M}\dot{\mathbf{u}} \ , \quad \mathcal{D} = \frac{1}{2}\dot{\mathbf{u}}^T \mathbf{C}\dot{\mathbf{u}} \ , \quad \mathcal{U} = \frac{1}{2}\mathbf{u}^T \mathbf{K}\, \mathbf{u}
\tag{A.34}
$$

La matriz $\mathbf{C}$ es la matriz de amortiguamiento del modelo. Los elementos C_{ij} no se pueden obtener explícitamente en función de la geometría y las propiedades mecánicas o másicas como sí ocurre con las matrices de masa y rigidez. La naturaleza de las fuerzas disipativas es mucho más compleja y para obtener $\mathbf{C}$ se usan procedimientos de identificación basados en ensayos experimentales de análisis modal [5]. Las derivadas de la energía cinética, energía potencial y potencial disipativo sobre los grados de libertad y sus velocidades dan como resultado el producto de la matriz por los grados de libertad. En forma matricial, las ecuaciones del movimiento (A.33) quedan como

$$
\mathbf{M}\ddot{\mathbf{u}} + \mathbf{C}\dot{\mathbf{u}} + \mathbf{K}\mathbf{u} = \mathbf{Q}(t).
$$

B

Teoría potencial linealizada de perfiles: caso estacionario

B.1 Fundamentos de la aerodinámica de perfiles

Asumiremos que inicialmente nuestro problema se desarrolla en el seno de un campo fluido con velocidad constante U_∞ y consideraremos que dicha velocidad genera unas líneas de corriente horizontales (paralelas al eje x). La velocidad de cada punto deriva de un potencial estacionario que denotaremos por $\Phi_\infty = U_\infty\, x$. En el análisis aerodinámico de perfiles o en general de cualquier superficie de sustentación, éstas se pueden considerar como cuerpos esbeltos que al introducirse en el fluido gobernado por el potencial (inicial) Φ_∞ producen una pequeña perturbación. En términos matemáticos la geometría del perfil perturba ligeramente la situación inicial, lo que significa que las nuevas lineas de corriente cambiarán de geometría pero de forma suave y de forma proporcional a la magnitud de dicha perturbación. Por ejemplo, una placa plana colocada horizontal en el seno del fluido no produce ninguna deformación. Sin embargo, si se le da una pequeña inclinación, la geometría pasa a ser $z_p = -\alpha x$, donde α es el ángulo de ataque (medido en radianes). Al valor α se denomina parámetro de perturbación (en general denotado por ϵ) y se caracteriza por ser

$\epsilon = \alpha \ll 1$. Existen otras formas de perturbación, por ejemplo, la aparición de una función de espesor en el perfil, para cumplir con la condición de pequeña perturbación, se requeriría que el máximo espesor e fuera mucho menor que la cuerda, $\epsilon = e/c \ll 1$. Otro ejemplo es la introducción de curvatura, en cuyo caso la máxima *flecha* f fuera mucho menor que la cuerda, $\epsilon = f/c \ll 1$. Por tanto, se considerará que la geometría del perfil $f_p(x)$ es proporcional a cierto parámetro $\epsilon \ll 1$. Matemáticamente se pueden expresar las cotas como

$$z = f_p(x) = \epsilon f_0(x) \tag{B.1}$$

En general, para que una perturbación esté bien definida deberíamos comprobar que el flujo cambia suavemente alrededor del perfil en la nueva configuración y ello pasa por asumir que localmente el perfil proporcional ángulos de ataque suaves. Así, en cada punto debemos suponer que

$$\left| \frac{\partial f_p}{\partial x} \right| \ll 1 \tag{B.2}$$

Ahora, el potencial tras la nueva geometría no es solo función de x y z, sino también debe interpretarse como función de ϵ; se puede poner $\Phi(x, z, \epsilon)$. Como cualquier otra función, se puede obtener la expansión en serie de Taylor alrededor de $\epsilon = 0$ como

$$\Phi(x, z, \epsilon) = \Phi(x, z, 0) + \left. \frac{\partial \Phi}{\partial \epsilon} \right|_{\epsilon=0} \epsilon + \left. \frac{\partial^2 \Phi}{\partial \epsilon^2} \right|_{\epsilon=0} \frac{\epsilon^2}{2!} + \cdots \tag{B.3}$$

Como $\epsilon \ll 1$ se pueden despreciar los términos de orden superior $\mathcal{O}(\epsilon^n)$ con $n \geq 2$. Es obvio que el potencial inicial para $\epsilon = 0$ es $\Phi(x, z, 0) = \Phi_\infty$, es decir el que había antes de la perturbación. Al producto conjunto

$$\varphi(x, z) = \left. \frac{\partial \Phi}{\partial \epsilon} \right|_{\epsilon=0} \epsilon \equiv \Phi_s(x, z)\, \epsilon \tag{B.4}$$

se le denomina potencial de perturbación. Así, el potencial total se puede expresar como

$$\Phi(x, z) \approx \Phi_\infty + \varphi(x, z) = U_\infty\, x + \Phi_s(x, z)\, \epsilon \tag{B.5}$$

El campo de velocidades se obtiene directamente como el gradiente de la función potencial. Así, cada componente de la velocidad se puede a su vez descomponer en la componente antes de la perturbación $(U_\infty, 0)$ más las componentes

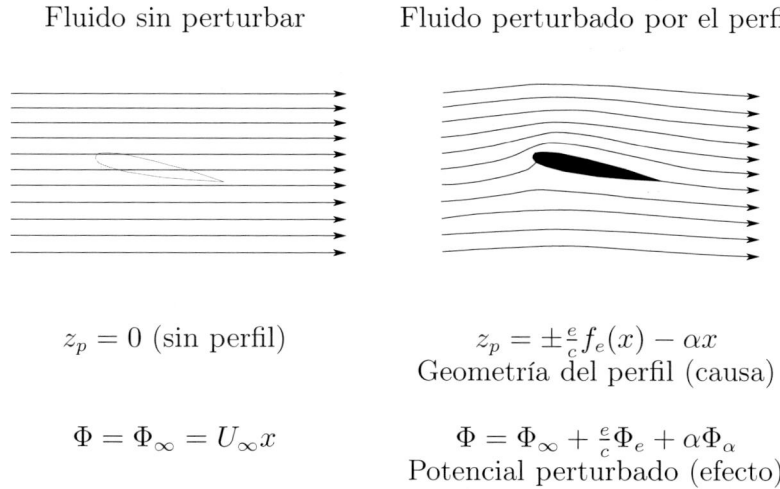

Fluido sin perturbar

Fluido perturbado por el perfil

$z_p = 0$ (sin perfil)

$z_p = \pm \frac{e}{c} f_e(x) - \alpha x$
Geometría del perfil (causa)

$\Phi = \Phi_\infty = U_\infty x$

$\Phi = \Phi_\infty + \frac{e}{c} \Phi_e + \alpha \Phi_\alpha$
Potencial perturbado (efecto)

Figura B.1: Representación de las relaciones causa–efecto que representa una perturbación en el flujo inicial. La función $f_e(x)$ representa la ley de variación de espesores. Se trata de un ejemplo con dos parámetros de perturbación: $\epsilon_1 = e/c \ll 1$ (relación entre espesor y cuerda) y $\epsilon_2 = \alpha \ll 1$ (ángulo de ataque)

de la velocidad debidas a la perturbación, que llamaremos (u, v). Así, podemos escribir

$$
\begin{aligned}
\frac{\partial \Phi}{\partial x} &= U_\infty + \frac{\partial \varphi}{\partial x} = U_\infty + u(x, z) \\
\frac{\partial \Phi}{\partial z} &= U_\infty + \frac{\partial \varphi}{\partial z} = 0 + w(x, z)
\end{aligned}
\tag{B.6}
$$

Estas expresiones se pueden escribir como $\mathbf{V} = \nabla \Phi(x, z) = \mathbf{V}_\infty + \mathbf{u}$, donde $\mathbf{V}_\infty = U_\infty \mathbf{i}$ es la velocidad del flujo antes de la perturbación y $\mathbf{u} = \nabla \varphi(x, z) = u\mathbf{i} + w\mathbf{k}$ son las velocidades perturbadas. Como se sabe, la ecuación de continuidad en aerodinámica estacionaria se puede expresar matemáticamente como

$$
\mathrm{div}\mathbf{V}(x, z) = \nabla \cdot \mathbf{V}(x, z) = 0
\tag{B.7}
$$

de donde se obtiene que la ecuación que debe verificar el potencial de perturbación es

$$
0 = \nabla \cdot \mathbf{V}(x, z) = \nabla \cdot \nabla \Phi = \nabla^2 \Phi_\infty + \nabla^2 \varphi
\tag{B.8}
$$

Dado que $\nabla^2 \Phi_\infty$, entonces la ecuación que se cumple para el potencial perturbado es también la ecuación de Laplace, $\nabla^2 \varphi = 0$. Asumiendo conocido dicho potencial $\varphi(x, z)$, es de suma importancia relacionarlo con la diferencia de presiones en el perfil, pues esta diferencia de presiones (de sustentación) es la que define directamente la fuerza a la que está sometida el perfil.

El objetivo final es obtener el balance de presiones en el perfil y por tanto las fuerzas que sobre éste actúan debidas al flujo no-estacionario. Suponiendo el problema resuelto de forma que el potencial es conocido para el cálculo de la presión $p(x, z)$ se evalúa la ecuación de la cantidad de movimiento (principio de Bernoulli en su versión incompresible estacionaria) a lo largo de una línea de corriente entre el infinito y un punto dentro del campo fluido (x, z)

$$\frac{1}{2}\left(\nabla\Phi \cdot \nabla\Phi\right) + \frac{p(x, z)}{\rho_\infty} = \frac{U_\infty^2}{2} + \frac{p_\infty}{\rho_\infty} \tag{B.9}$$

donde ρ_∞ y p_∞ representan la densidad del fluido en el campo lejano (igual a la densidad en cualquier punto, no se considera la compresibilidad) y la presión en el infinito, igual a la que existía antes de perturbar el fluido. Despejando la presión se tiene que

$$p(x, z) = p_\infty + \frac{1}{2}\rho_\infty U_\infty^2 - \frac{\rho_\infty}{2}\nabla\Phi \cdot \nabla\Phi \tag{B.10}$$

Como es sabido, en problemas de aerodinámica, la presión se presenta de forma adimensional usando como presión de referencia la presión dinámica $q_\infty = U_\infty^2 \rho_\infty / 2$. Así se define el coeficiente de presiones como la presión relativa a p_∞

$$c_p(x, z) = \frac{p(x, z) - p_\infty}{\frac{1}{2}\rho_\infty U_\infty^2} = 1 - \frac{2}{U_\infty^2}\left(\frac{1}{2}\nabla\Phi \cdot \nabla\Phi\right) \tag{B.11}$$

Para obtener el coeficiente de presiones en el perfil se debe evaluar la expresión anterior en los puntos de la forma $(x, z) = (x, f_p(x)) = (x, \epsilon f_0)$ y desarrollar en serie de Taylor en el parámetro de perturbación ϵ, reteniendo los términos lineales

$$\begin{aligned} c_p(x, f_p(x)) &= c_p(x, \epsilon f_0(x)) \\ &= c_p(x, 0) + \left.\frac{\partial c_p}{\partial \epsilon}\right|_{\epsilon=0} \epsilon + \mathcal{O}(\varepsilon^2) \end{aligned} \tag{B.12}$$

Evaluando cada uno de los términos de la expresión anterior se observa que, en primer lugar, $c_p(x, 0) = 0$. En efecto, dado que en ausencia de perturbación se tiene que $\Phi(\epsilon = 0) = U_\infty x$ y por tanto $\Phi_{,x}(\epsilon = 0) = U_\infty$, $\Phi_{,z}(\epsilon = 0) = 0$, entonces

$$c_p(x, 0) = 1 - \frac{2}{U_\infty^2}\left(\frac{U_\infty^2}{2}\right) = 1 - 1 = 0 \tag{B.13}$$

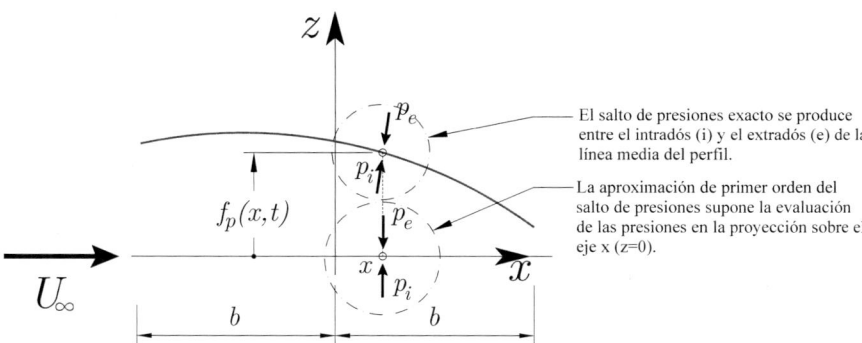

Figura B.2: El salto de presiones sobre el perfil $\Delta p(x, f_p(x)) = p_i(x, f_p(x)) - p_e(x, f_p(x))$ admite también una expansión en el parámetro de perturbación. El resultado de dicha aproximación consiste en evaluar el salto de presiones en la proyección sobre el eje x (en $z = 0$), tal y como se representa en la figura

Por otro lado, teniendo en cuenta la definición del potencial como $\Phi = U_\infty x + \epsilon \Phi_s$ se tienen las siguientes igualdades que

$$
\begin{aligned}
\Phi_{,\epsilon}(\epsilon = 0) &= \left. \frac{\partial \Phi}{\partial \epsilon} \right|_{\epsilon=0} = \Phi_s(x, 0) \\
\nabla \Phi_{,\epsilon}(\epsilon = 0) &= \left. \frac{\partial \nabla \Phi}{\partial \epsilon} \right|_{\epsilon=0} = \nabla \Phi_s(x, 0) = \Phi_{s,x} \mathbf{i} + \Phi_{s,z} \mathbf{k} \\
\nabla \Phi(\epsilon = 0) &= U_\infty \mathbf{i}
\end{aligned}
\tag{B.14}
$$

a partir de las cuales se pueden evaluar las derivadas

$$
\left. \frac{\partial c_p}{\partial \epsilon} \right|_{\epsilon=0} = -\frac{2}{U_\infty^2} \left[\nabla \Phi_{,\epsilon} \cdot \nabla \Phi \right]_{\epsilon=0} = -\frac{2}{U_\infty} \left. \frac{\partial \Phi_s}{\partial x} \right|_{z=0}
\tag{B.15}
$$

Finalmente, la aproximación de primer orden del coeficiente de presiones en el perfil queda (resaltando el hecho de que solo es función de x)

$$
c_p(x) \approx -\frac{2\epsilon}{U_\infty} \left. \frac{\partial \Phi_s}{\partial x} \right|_{z=0} = -\frac{2}{U_\infty} \left. \frac{\partial \varphi}{\partial x} \right|_{z=0}
\tag{B.16}
$$

De acuerdo a este resultado, la expansión del coeficiente de presiones en un punto del perfil $(x, f_p(x))$ en términos del parámetro de perturbación permite aproximar su valor por el que se obtiene en la proyección sobre el eje x, es decir en $z = 0$. En la Fig. B.2 se observa gráficamente el resultado del salto de presiones $\Delta p(x, f_p(x)) = p_i(x, f_p(x)) - p_e(x, f_p(x)) \approx p_i(x, 0) - p_e(x, 0)$. Por tanto, la expresión (B.16) debe evaluarse en intradós ($z = 0^-$) y en extradós ($z = 0^+$) para calcular el salto en el perfil y en consecuencia el coeficiente de sustentación. Así, en términos de los potenciales de perturbación estacionario y no-estacionario, $\varphi = \epsilon \Phi_s$ se tiene

$$\text{Intradós} \quad \rightarrow \quad c_{p,i}(x) \approx -\frac{2}{U_\infty} \left. \frac{\partial \varphi}{\partial x} \right|_{z=0^-}$$

$$\text{Extradós} \quad \rightarrow \quad c_{p,e}(x) \approx -\frac{2}{U_\infty} \left. \frac{\partial \varphi}{\partial x} \right|_{z=0^+} \tag{B.17}$$

de forma que el coeficiente de presiones sobre el perfil es

$$\Delta c_p(x) = c_{p,i}(x) - c_{p,e}(x) = \frac{p_i(x) - p_e(x)}{\frac{1}{2}\rho_\infty U_\infty^2} = -\frac{2}{U_\infty}\frac{\partial \Delta\varphi}{\partial x} \tag{B.18}$$

donde $\Delta\varphi = \varphi(x, 0^-) - \varphi(x, 0^+)$ representa el salto del potencial de perturbación en un punto dentro del perfil, entre intradós ($z = 0^-$) y extradós ($z = 0^+$). El salto de presiones mide el balance de presiones en el perfil y se calcula como

$$\Delta p(x) = \Delta c_p(x) \frac{1}{2}\rho_\infty U_\infty^2 \tag{B.19}$$

Si $\Delta c_p(x) > 0$ entonces la fuerza $\Delta p(x) = \frac{1}{2}\rho_\infty U_\infty^2 \Delta c_p(x) dx$, medida en fuerza por unidad de longitud y localizada en el punto de coordenada x lleva la dirección $+z$ (hacia arriba).

La resolución del problema pasa por localizar singularidades aerodinámicas a lo largo del perfil [65]. Se sabe que para un perfil tipo, la variación de espesor produce una perturbación del campo de velocidades pero no genera sustentación. Para resolver el problema se colocan fuentes y sumideros a lo largo de la línea media. Sin embargo, variaciones de curvatura y ángulo de ataque son problemas de sustentación y para simularlos es necesario colocar torbellinos. Así, asumiremos cierta distribución de torbellinos que denotaremos por $\gamma_a(x)$ (incógnita) colocados a lo largo de toda la cuerda del perfil. Sencillos razonamientos aerodinámicos permiten deducir que el salto en e las velocidades horizontales desde intradós hasta extradós es igual a la intensidad de la distribución de torbellinos $\gamma_a(x)$ localizados en $z = 0$

$$\begin{aligned} \gamma_a(x) &= -\Delta u(x, 0^\pm) = -\Delta\varphi_x(x, 0^\pm) \\ &= \left. \frac{\partial \varphi}{\partial x} \right|_{z=0^+} - \left. \frac{\partial \varphi}{\partial x} \right|_{z=0^-} = -\frac{\partial \Delta\varphi}{\partial x} = \frac{U_\infty}{2}\Delta c_p(x) \end{aligned} \tag{B.20}$$

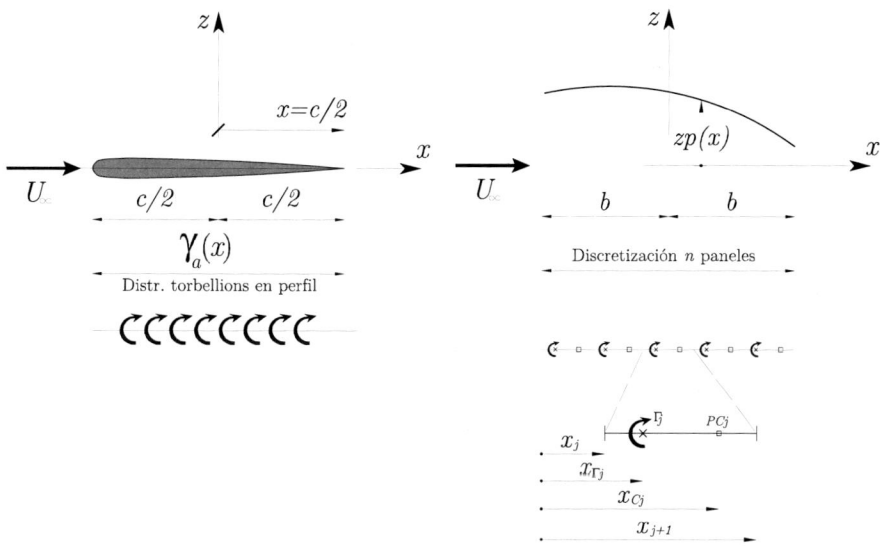

Figura B.3: (Izquierda) Distribución teórica de torbellinos en el perfil. (Derecha) Distribución discreta de torbellinos en el perfil. Método de los paneles

donde u es la componente horizontal de la velocidad de perturbación, producida por φ. En el libro de Anderson [6] se puede encontrar una explicación sencilla y muy intuitiva de esta conclusión. La sustentación total en el perfil se define como

$$L = \int_{x=-c/2}^{c/2} \Delta p(x)\, dx \tag{B.21}$$

Usando la Ec. (B.18) primero el resultado de la Ec. (B.20) después, se tiene

$$
\begin{aligned}
L &= \int_{x=-c/2}^{c/2} \Delta p(x)\, dx = \frac{1}{2}\rho_\infty U_\infty^2 \int_{x=-c/2}^{c/2} \Delta c_p(x)\, dx \\
&= \frac{1}{2}\rho_\infty U_\infty^2 \frac{2}{U_\infty} \int_{x=-c/2}^{c/2} \gamma_a(x)\, dx \equiv \rho_\infty\, U_\infty\, \Gamma_a
\end{aligned}
\tag{B.22}
$$

donde $\Gamma_a = \int_{x=-c/2}^{c/2} \gamma_a(x)\, dx$ es la circulación total en el perfil. La Ec. (B.22) representa el teorema de Kutta–Joukovsky. Existen soluciones analíticas para obtener la función $\gamma_a(x)$ a partir de una geometría inicial (de la linea media) del perfil. Las más destacables son el método de expansión en series trigonométricas (método de Glauert) y la solución basada en la resolución de la ecuación integral (método de Goldstein). Puede encontrarse una descripción rigurosa de ambos métodos en el libro de Meseguer y Sanz [65].

Condición de contorno sobre el perfil

En cualquier punto del perfil (en nuestro caso, se considera el perfil a la línea media) se debe verificar que la velocidad normal a la superficie definida por el perfil es nula. Matemáticamente dicha condición se puede expresar como $\mathbf{n} \cdot \mathbf{V} = 0$ en todo punto del perfil. El vector normal al perfil se puede expresar como $\mathbf{n} = (-\frac{\partial z_p}{\partial x}, 1)$, mientras que el vector velocidad es $\mathbf{V} = \left(U_\infty + \frac{\partial \varphi}{\partial x}, \frac{\partial \varphi}{\partial z}\right)$. Haciendo el producto escalar se tiene que

$$\mathbf{n} \cdot \mathbf{V} = -U_\infty \frac{\partial z_p}{\partial x} - \frac{\partial \varphi}{\partial x}\frac{\partial z_p}{\partial x} + \frac{\partial \varphi}{\partial z} \approx -U_\infty \frac{\partial z_p}{\partial x} + \frac{\partial \varphi}{\partial z} \tag{B.23}$$

donde se ha despreciado el término $\frac{\partial \varphi}{\partial x}\frac{\partial z_p}{\partial x}$ por ser considerado de segundo orden en la perturbación considerada. En efecto, tanto φ como z_p dependen linealmente de la perturbación y por tanto su producto en general será mucho menor que los otros términos de la ecuación (lineales en ϵ). La condición de contorno se puede escribir como

$$\left.\frac{\partial \varphi}{\partial z}\right|_{\text{perfil}} = U_\infty \frac{\partial z_p}{\partial x} \tag{B.24}$$

Condición de contorno en el infinito

Muy lejos del perfil, el potencial debe mantenerse igual al que existía antes de la perturbación pues por definición ésta debe afectar únicamente una zona localizada en un entorno finito alrededor del perfil. Así, matemáticamente se puede escribir

$$\lim_{x^2+z^2\to\infty} \Phi(x, z, t) = \Phi_\infty = U_\infty x \tag{B.25}$$

o bien, en términos de los potenciales de perturbación

$$\lim_{x^2+z^2\to\infty} \phi(x, z) = 0 \, , \quad \lim_{x^2+z^2\to\infty} \varphi(x, z, t) = 0 \tag{B.26}$$

En el planteamiento de la resolución del problema no se impondrá esta condición en ningún momento, sin embargo se encuentra implícitamente en la solución dada en forma de torbellinos potenciales distribuidos (al igual que en el problema estacionario) pues el efecto de éstos se atenúa con la distancia.

B.2   Método de los paneles en la línea media

Se considera que el perfil tiene una geometría $z = z_p(x)$ de la línea media (función conocida). Para obtener la distribución de fuerzas sobre el perfil, o el coeficiente de presiones dividimos la linea media en n paneles. Como la geometría puede considerarse una ligera perturbación de la situación horizontal inicial, se asume que las pendientes de la función $z_p(x)$ son pequeñas y por tanto los cosenos de dichas pendientes se aproximan a la unidad. Ello significa que considerar los paneles sobre el perfil y considerarlos sobre la proyección de la cuerda es lo mismo a efectos matemáticos.

Llamaremos x_j a las coordenadas de los puntos extremos de los paneles, así tendremos la lista de puntos

$$x_1, x_2, \ldots, x_n, x_{n+1} \tag{B.27}$$

de forma que se verifica que $x_j = x_{j-1} + \Delta x$, donde $\Delta x = c/n = 2b/n$ es la longitud de cada panel (asumidos todos iguales). En general se puede poner

$$x_j = -b + \frac{2b}{n}(j - 1) , \quad j = 1, 2, \ldots n + 1 \tag{B.28}$$

En cada panel localizamos dos puntos característicos. El *centro aerodinámico* de cada panel está colocado a $\Delta x/4$ del borde de entrada del panel y su coordenada es $x_{\Gamma j}$. El *punto de control*, PC, de cada panel está a $3\Delta x/4$ del borde de entrada del panel y su coordenada es x_{Cj}. Es inmediato que

$$
\begin{aligned}
x_{\Gamma j} &= \frac{3}{4}x_j + \frac{1}{4}x_{j+1} \\
x_{Cj} &= \frac{1}{4}x_j + \frac{3}{4}x_{j+1}
\end{aligned} \tag{B.29}
$$

En cada panel localizamos un torbellino de intensidad Γ_j (unidades $\mathrm{m}^2\,\mathrm{s}^{-1}$) en el punto de control. Las n intensidades de los torbellinos serán las incógnitas del problema. El potencial derivado de los n torbellinos se denota por $\varphi(x, z)$ siguiendo la notación del potencial de perturbación. Las ecuaciones para obtener dichas intensidades se deducen de la aplicación de la condición de contorno en cada panel, imponiendo que

$$\left. \frac{\partial \varphi}{\partial z} \right|_{x=x_{Cj}, z=0} = U_\infty \left. \frac{\partial z_p}{\partial x} \right|_{x=x_{Cj}, z=0} , \quad j = 1, 2, \ldots, n \tag{B.30}$$

Recordemos que el término de la izquierda representa la velocidad vertical (dirección z) en el punto $(x_{Cj}, 0)$ debida a todos los torbellinos de todos los paneles. Recordando la expresión del campo de velocidades debidas a un tor-bellino (Meseger [65]) la Ec. (B.30) particularizada para el punto de control j

$$-\frac{1}{2\pi}\sum_{k=1}^{n}\frac{\Gamma_k}{x_{Cj}-x_{\Gamma k}}=U_\infty\left.\frac{\partial z_p}{\partial x}\right|_{x=x_{Cj},z=0}\equiv U_\infty\,a_j \tag{B.31}$$

Definimos

$$\xi=x/b\;,\quad g_j=\frac{\Gamma_j}{U_\infty b}\;,\quad a_j=\left.\frac{\partial z_p}{\partial x}\right|_{\xi=\xi_{Cj},z=0} \tag{B.32}$$

Se tiene, en forma matricial

$$\mathbf{A}\,\mathbf{g}=\mathbf{a} \tag{B.33}$$

donde

$$\mathbf{A}=-\frac{1}{2\pi}\begin{bmatrix}\dfrac{1}{\xi_{C1}-\xi_{\Gamma 1}} & \dfrac{1}{\xi_{C1}-\xi_{\Gamma 2}} & \cdots & \dfrac{1}{\xi_{C1}-\xi_{\Gamma n}}\\[2mm]\dfrac{1}{\xi_{C2}-\xi_{\Gamma 1}} & \dfrac{1}{\xi_{C2}-\xi_{\Gamma 2}} & \cdots & \dfrac{1}{\xi_{C2}-\xi_{\Gamma n}}\\[2mm]\cdots & \cdots & \ddots & \cdots\\[2mm]\dfrac{1}{\xi_{Cn}-\xi_{\Gamma 1}} & \dfrac{1}{\xi_{Cn}-\xi_{\Gamma 2}} & \cdots & \dfrac{1}{\xi_{Cn}-\xi_{\Gamma n}}\end{bmatrix}\in\mathbb{R}^{n\times n} \tag{B.34}$$

y

$$\mathbf{g}=\{g_1,g_2,\ldots,g_n\}^T\in\mathbb{R}^n\;,\quad \mathbf{a}=\{a_1,a_2,\ldots,a_n\}^T\in\mathbb{R}^n \tag{B.35}$$

La sustentación (por unidad de envergadura, unidades de fuerza por unidad de longitud, por ejemplo $\mathrm{N\,m}^{-1}$) generada en cada panel es

$$L_j=\rho U_\infty\Gamma_j \tag{B.36}$$

de acuerdo al teorema de Kutta–Joukovsky. Ahora bien, la diferencia de pre-siones en un panel debe ser igual a la fuerza total del panel dividido entre la longitud. Así, llamando Δp_j a la presión en el panel j se tiene que

$$\Delta p_j=\frac{L_j}{\Delta x}=\frac{\rho_\infty U_\infty\Gamma_j}{2b/n}=n\frac{1}{2}\rho_\infty U_\infty^2\,g_j \tag{B.37}$$

Si buscamos representar la distribución de presiones a lo largo del perfil debe-remos localizar Δp_j dentro del panel j pero no en cualquier punto. De hecho Δp_j debe localizarse en el centro aerodinámico del panel x_{Γ_j}. Teniendo en cuenta que el coeficiente de presiones es $\Delta c_p=\frac{\Delta p}{\frac{1}{2}\rho_\infty U_\infty^2}$, entonces

$$\Delta c_{pj}=n\,g_j \tag{B.38}$$

La sustentación total es

$$
\begin{aligned}
L &= \sum_{j=1}^{n} L_j = \Delta x \sum_{j=1}^{n} \Delta p_j = \Delta x \sum_{j=1}^{n} n\frac{1}{2}\rho_\infty U_\infty^2 \, g_j \\
&= \frac{2b}{n}\frac{1}{2}\rho_\infty U_\infty^2 \sum_{j=1}^{n} g_j \equiv \frac{1}{2}\rho_\infty U_\infty^2 \, c\, C_L
\end{aligned}
\tag{B.39}
$$

donde $c = 2b$ representa la cuerda del perfil. Identificando, el coeficiente de sustentación vale

$$
C_L = \sum_{j=1}^{n} g_j = \frac{1}{n} \sum_{j=1}^{n} \Delta c_{pj}
\tag{B.40}
$$

Veamos el valor del momento aerodinámico en un punto A, de coordenadas $x_a - b\,\xi_u$. El momento de la fuerza L_j en el punto A es $-L_j(x_{\Gamma j} - x_a)$ (momento de cabeceo positivo). Este momento tiene unidades de fuerza pues se trata de un momento por unidad de envergadura. Se toma la coordenada $x_{\Gamma j}$ de referencia porque la sustentación (y el coeficiente de presiones) de cada panel se encuentran en el punto donde se localiza el vórtice Γ_j. Así, el momento total en A es

$$
\begin{aligned}
M_a &= -\sum_{j=1}^{n} L_j(x_{\Gamma j} - x_A) = -\sum_{j=1}^{n} \Delta x\, \Delta p_j\, b\,(\xi_{\Gamma j} - \xi_A) = \\
&= -\sum_{j=1}^{n} \frac{2b}{n}\frac{n}{2}\rho_\infty U_\infty^2 \, b\, g_j(\xi_{\Gamma j} - \xi_A) \equiv \frac{1}{2}\rho_\infty U_\infty^2 \, c^2\, C_{mA}
\end{aligned}
\tag{B.41}
$$

de donde se tiene que

$$
C_{mA} = -\frac{1}{2}\sum_{j=1}^{n} (\xi_{\Gamma j} - \xi_A)g_j = -\frac{1}{2n}\sum_{j=1}^{n} (\xi_{\Gamma j} - \xi_A)\Delta c_{pj}
\tag{B.42}
$$

si A es el centro aerodinámico del perfil, entonces $x_A = -c/4$ y $\xi_A = x_A/b = -1/2$.

B.3 Ejemplos

En este ejemplo aplicaremos el modelo de paneles descrito arriba para obtener la distribución de presiones sobre dos configuraciones distintas:

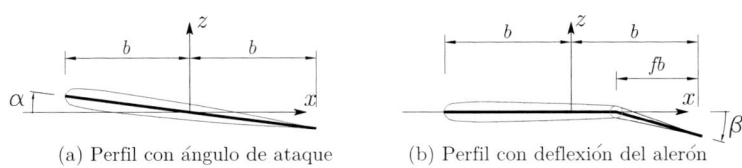

(a) Perfil con ángulo de ataque (b) Perfil con deflexión del alerón

Figura B.4: Dos configuraciones distintas: (a) Perfil con ángulo de ataque, α. (b) Perfil con deflexión del alerón (de longitud fb) de valor β. En ambos casos la cuerda es $2b$.

(a) Perfil simétrico con ángulo de ataque α.

(b) Perfil con alerón de longitud fb, $0 \leq f \leq 1$ e inclinación β. Como aplicación numérica, tomaremos $f = 1/2$ (longitud del alerón igual al 25% de la cuerda)

Tal y como se ha descrito, para obtener la distribución neta de presiones basta con usar la linea media del perfil. De los dos casos presentados se conoce la solución analítica, que nos permitirá comparar los resultados numéricos cuando el número de paneles es pequeño. En general el método converge rápido lejos de los puntos donde existen grandes gradientes de presiones como en el borde de ataque en el caso (a), o en la charnela del alerón en el (b).

La solución analítica viene definida por las siguientes expresiones

Caso (a) Perfil con ángulo de ataque, α. Salto de presiones $\Delta c_p(\xi)$, donde $\xi = x/b$,

$$\Delta c_p(\xi) = 4\alpha \sqrt{\frac{1+\xi}{1-\xi}} \,, \quad -1 < \xi < 1$$

$$C_L/\alpha = 2\pi \,, \quad C_{mO}/\alpha = \pi/2$$

Caso (b) Perfil con deflexión del alerón β, con $f = 1/2$;

$$\Delta c_p(\xi) = 4\frac{\beta}{\pi} \left(\theta_0 \sqrt{\frac{1+\xi}{1-\xi}} - J(\xi) \right) \,, \quad -1 < \xi < 1$$

$$C_L/\beta = \sqrt{3} + \frac{2\pi}{3} \,, \quad C_{mO}/\beta = \frac{\pi}{6} - \frac{\sqrt{3}}{8}$$

donde

$$J(\xi) = \text{Log} \left| \frac{\tan\left(\frac{\theta_0}{2}\right)\sqrt{1-\xi^2} + \xi - 1}{\tan\left(\frac{\theta_0}{2}\right)\sqrt{1-\xi^2} - \xi + 1} \right| \quad , \quad \theta_0 = \arccos(1-\mu)$$

Arriba, C_L y C_{mO} representan los coeficientes de sustentación y de momento (respecto al origen $x = 0$) del perfil definidos en las Ecs. (B.39) y (B.41), respectivamente. En ambas configuraciones la matriz de coeficientes de influencia $\mathbf{A}$ es independiente de la geometría del perfil y solo depende de las coordenadas de los puntos de control y puntos vórtice de los n paneles. Una configuración con n paneles es perfectamente compatible con cualquier geometría del alerón; es decir, no es necesario que la charnela coincida con el final de un panel. El vector $\mathbf{a}$ que recoge los ángulos de ataque de cada panel será en ambos casos:

Caso (a) Perfil con ángulo de ataque, α. Salto de presiones $\Delta c_p(\xi)$, donde $\xi = x/b$,

$$a_j = -\alpha \ , \quad 1 \le j \le n$$

Caso (b) Perfil con deflexión del alerón β, con $f = 1/2$;

$$a_j = \begin{cases} 0 & -1 < \xi_{Cj} \le 1 - f \\ -\beta & 1 - f < \xi_{Cj} < 1 \end{cases} \ , \quad 1 \le j \le n$$

donde recordemos $\xi_{Cj} = x_{Cj}/b$ representa la coordenada del punto de control del panel j.

La resolución de la Ec. (B.33) permite obtener el vector (adminensional) de torbellinos y por tanto la distribución de los coeficientes de presión, el coeficiente de sustentación y el coeficiente de momento son inmediatos a partir de las Ecs. (B.38), (B.40) y (B.42). Los resultados se recogen en la Fig. B.5 para los dos casos y para dos tamaños de malla: $n = 10$ y $n = 200$. Se puede demostrar que en el caso (a) del perfil con ángulo de ataque los coeficientes C_L y C_{mO} no son estimaciones sino valores exactos para cualquier número de paneles. Sin embargo, esto no se verifica para otras configuraciones, en particular para el perfil con alerón (b), se observa que la estimación numérica no es exacta, aunque se va aproximando a la teórica a medida que aumenta n. También es interesante observar que la solución numérica recoge una estimación del coeficiente de presiones en determinados puntos. Si se desea extrapolar a más puntos del perfil sería necesaria una curva de ajuste. De acuerdo a la teoría, la fuerza de sustentación en cada panel se localiza en el punto donde se ha situado el vórtice, es decir, $x_{\Gamma j}$. Por tanto, a la hora de realizar la representación de las

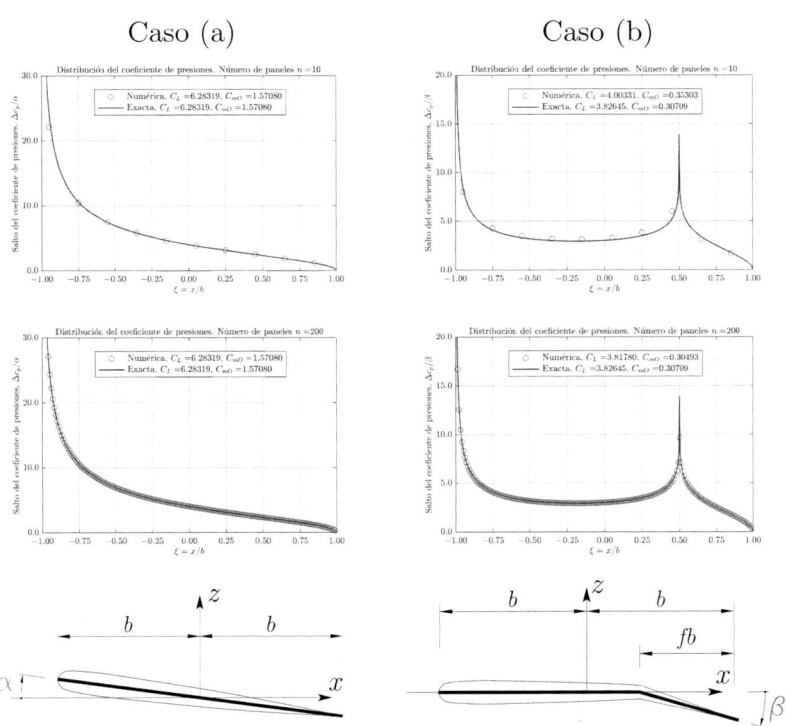

Figura B.5: Distribución del coeficiente de presiones: (a) Caso de perfil con ángulo de ataque α. (b) Caso de perfil con deflexión del alerón β.

presiones, éstas también estarán localizadas en dicho punto y no en otro del panel. En general la solución numérica será más pobre en aquellas regiones con fuertes gradientes de la solución, como en la charnela o en el borde de ataque.

El método numérico descrito es compatible con una configuración con paneles de distinta longitud Δx_j. Esto puede ser útil si queremos poner más paneles en las regiones con fuerte cambio de la solución, dejando un malla más discreta en las zonas suaves. En tal caso los extremos de cada panel verificarían la relación

$$x_{j+1} = x_j + \Delta x_j \quad , \quad j = 1, 2, \ldots, n \tag{B.43}$$

que sustituirían a la Ec. (B.28). Una vez obtenidos los resultados solución del sistema (B.33), entonces la presión asociada a cada panel sería

$$\Delta p_j - \frac{L_j}{\Delta x_j} = \frac{\rho_\infty U_\infty \Gamma_j}{\Delta x_j} = \frac{1}{2}\rho_\infty U_\infty^2 \frac{c\, g_j}{\Delta x_j} \tag{B.44}$$

y el coeficiente de presiones quedaría como

$$\Delta c_{pj} = \frac{c\, g_j}{\Delta x_j} \tag{B.45}$$

donde $c = 2b$ es la cuerda del perfil. A su vez la sustentación y el momento total sobre el perfil se calcularían como

$$L = \sum_{j=1}^{n} L_j = \sum_{j=1}^{n} \rho_\infty U_\infty \Gamma_j = \sum_{j=1}^{n} \rho_\infty U_\infty^2 b\, g_j = \frac{1}{2}\rho_\infty U_\infty^2 c \sum_{j=1}^{n} g_j$$

$$M_a = -\sum_{j=1}^{n} L_j(x_{\Gamma j} - x_A) = -\sum_{j=1}^{n} \rho_\infty U_\infty \Gamma_j\, b\, (\xi_{\Gamma j} - \xi_A)$$

$$= -\sum_{j=1}^{n} \rho_\infty U_\infty^2 g_j\, b^2\, (\xi_{\Gamma j} - \xi_A) \tag{B.46}$$

De ambas relaciones se deduce inmediatamente el valor del coeficiente de sustentación C_L y momento C_{ma} a partir de los torbellinos adimensionales g_j

$$C_L = \sum_{j=1}^{n} g_j \ , \quad C_{mA} = -\frac{1}{2} \sum_{j=1}^{n} (\xi_{\Gamma j} - \xi_A) g_j \tag{B.47}$$

El modelo numérico presentado aquí es adecuado para la evaluación de la distribución de fuerzas sobre el perfil y para la determinación de los coeficientes de sustentación y momento. Sin embargo, no es recomendable para la estimación del campo de velocidades en el entorno del perfil, pues no se ha tenido en cuenta el efecto del espesor. Existen modelos más sofisticados de paneles que se construyen mapeando todo el contorno del perfil mediante paneles (véase por ejemplo las Refs. [35, 48]). Tienen la ventaja de ser más precisos pues ocupan la geometría definitiva evitando los errores derivados de la aproximación por pequeñas perturbaciones. Pero poseen la desventaja de tener una matriz de coeficientes de influencia que depende de la configuración asumida para el perfil.

Integrales para cálculo aerodinámico

C.1 Algunas integrales útiles

En las Tablas C.1 y C.2 se muestran algunas integrales que aparecen en los cálculos relacionados con la aerodinámica estacionaria y no-estacionaria de perfiles.

En el presente apéndice se desarrollan algunas expresiones que por su longitud y naturaleza (puramente matemática) se han omitido del texto principal. Se justifican aquí los siguientes desarrollos:

- Relación entre funciones de Bessel y funciones de Hankel, Ec. (4.100)

- Cálculo de $\bar{\Gamma}_{a,0}$, Ec. (4.99)

- Cálculo de $\bar{\Gamma}_{a,\infty}$ y $\psi(\kappa)$, Ec. (4.99)

- Expresiones de $\Lambda_1(\xi,\eta)$ y $\Lambda_2(\xi,\mu)$

- Desarrollo y simplificación de $\Delta c_p(x,t)$

$$\int_{-1}^{1} \sqrt{\frac{1+\eta}{1-\eta}} \frac{d\eta}{\xi-\eta} = -\pi$$

$$\int_{-1}^{1} \sqrt{\frac{1-\eta}{1+\eta}} \frac{d\eta}{\xi-\eta} = \pi$$

$$\int_{-1}^{1} \sqrt{\frac{1+\eta}{1-\eta}} \frac{\eta \, d\eta}{\xi-\eta} = -\pi(1+\xi)$$

$$\int_{-1}^{1} \sqrt{\frac{1-\eta}{1+\eta}} \frac{\eta \, d\eta}{\xi-\eta} = -\pi(1-\xi)$$

$$\int_{-1}^{1} \eta \sqrt{\frac{1-\eta}{1+\eta}} \, d\eta = -\frac{\pi}{2}$$

$$\int_{-1}^{1} \sqrt{\frac{1-\eta}{1+\eta}} \frac{\eta^2 \, d\eta}{\xi-\eta} = \pi\left(\frac{1}{2} - \xi + \xi^2\right)$$

$$\int_{-1}^{1} \sqrt{\frac{1-\eta}{1+\eta}} \, d\eta = \pi$$

$$\int_{-1}^{1} \sqrt{\frac{1+\eta}{1-\eta}} \frac{\eta^2 \, d\eta}{\xi-\eta} = -\pi\left(\frac{1}{2} + \xi + \xi^2\right)$$

$$\int_{-1}^{1} \eta^2 \sqrt{\frac{1-\eta}{1+\eta}} \, d\eta = \frac{\pi}{2}$$

$$\int_{-1}^{1} \sqrt{\frac{1+\eta}{1-\eta}} \frac{d\eta}{(\eta-\xi)(\eta-\mu)} = \frac{\pi}{\xi-\mu} \sqrt{\frac{\mu+1}{\mu-1}}$$

$$\int_{0}^{1} \eta \sqrt{\frac{1-\eta}{1+\eta}} \, d\eta = 1 - \frac{\pi}{4}$$

$$\int_{0}^{1} \eta^2 \sqrt{\frac{1-\eta}{1+\eta}} \, d\eta = \frac{\pi}{4} - \frac{2}{3}$$

$$\int_{-1}^{1} \ln\left|\frac{1+\sqrt{1-\eta^2}}{\eta}\right| d\eta = \pi$$

$$\int_{-1}^{1} \eta \ln\left|\frac{1+\sqrt{1-\eta^2}}{\eta}\right| d\eta = 0$$

$$\int_{0}^{1} \eta \ln\left|\frac{1+\sqrt{1-\eta^2}}{\eta}\right| d\eta = \frac{1}{2}$$

$$\int_{-1}^{1} \sqrt{\frac{1+\eta}{1-\eta}} \frac{d\eta}{\eta-\mu} = \pi\left(1 - \sqrt{\frac{\mu+1}{\mu-1}}\right)$$

$$\int_{0}^{1} \eta^2 \ln\left|\frac{1+\sqrt{1-\eta^2}}{\eta}\right| d\eta = \frac{\pi}{12}$$

$$\int_{-1}^{1} \sqrt{\frac{1-\eta}{1+\eta}} \frac{d\eta}{\eta-\mu} = -\pi\left(1 - \sqrt{\frac{\mu-1}{\mu+1}}\right)$$

Tabla C.1: Tabla de integrales, para $-1 \leq \xi \leq 1$, $\mu \geq 1$

$$\int_{-1}^{1} \sqrt{\frac{1+\eta}{1-\eta}} \frac{d\eta}{\eta-\mu} = \pi \left(1 - \sqrt{\frac{\mu+1}{\mu-1}} \right)$$

$$\int_{-1}^{1} \sqrt{\frac{1+\eta}{1-\eta}} \frac{d\eta}{\eta-\mu} = -\pi \left(1 - \sqrt{\frac{\mu-1}{\mu+1}} \right)$$

$$\int_{-1}^{1} \sqrt{\frac{1+\eta}{1-\eta}} \frac{d\eta}{(\eta-\xi)(\eta-\mu)} = \frac{\pi}{\xi-\eta} \sqrt{\frac{\mu+1}{\mu-1}}$$

Tabla C.2: Tabla de integrales, para $-1 \leq \xi \leq 1$, $\mu \geq 1$

C.2 Funciones de Hankel

Las funciones de Bessel aparecen en la solución analítica del cálculo aerodinámico de las presiones no-estacionarias en un perfil en forma de un tipo especial de funciones denominadas funciones de Hankel, también llamadas funciones de Bessel de tercera especie. Las funciones de Hankel se definen como

$$H_n^{(1)}(\kappa) = J_n(\kappa) + iY_n(\kappa) , \quad H_n^{(2)}(\kappa) = J_n(\kappa) - iY_n(\kappa) \qquad (C.1)$$

donde $J_n(\kappa)$ y $Y_n(\kappa)$ son las funciones de Bessel de primera y segunda especie, respectivamente. Nosotros necesitaremos las expresiones integrales de estas funciones para $n = 0$ y $n = 1$, expresiones que pueden obtenerse de la referencia [89].

$$
\begin{aligned}
J_0(\kappa) &= \frac{2}{\pi} \int_{\mu=1}^{\infty} \frac{\sin(\kappa\mu)\,d\mu}{\sqrt{\mu^2-1}} & Y_0(\kappa) &= -\frac{2}{\pi} \int_{\mu=1}^{\infty} \frac{\cos(\kappa\mu)\,d\mu}{\sqrt{\mu^2-1}} \\[2mm]
J_1(\kappa) &= -\frac{2}{\pi} \int_{\mu=1}^{\infty} \frac{\mu\,\cos(\kappa\mu)\,d\mu}{\sqrt{\mu^2-1}} & Y_1(\kappa) &= -\frac{2}{\pi} \int_{\mu=1}^{\infty} \frac{\mu\,\sin(\kappa\mu)\,d\mu}{\sqrt{\mu^2-1}}
\end{aligned}
$$
$$(C.2)$$

Las funciones de Hankel $H_0^{(2)}(\kappa)$ y $H_1^{(2)}(\kappa)$ se pueden expresar como

$$
\begin{aligned}
H_0^{(2)}(\kappa) &= J_0(\kappa) - iY_0(\kappa) = \frac{2}{\pi} \int_{\mu=1}^{\infty} \frac{\sin(\kappa\mu) + i\cos(\kappa\mu)}{\sqrt{\mu^2 - 1}} \, d\mu \\
&= \frac{2i}{\pi} \int_{\mu=1}^{\infty} \frac{e^{-i\kappa\mu}}{\sqrt{\mu^2 - 1}} \, d\mu
\end{aligned}
\tag{C.3}
$$

$$
\begin{aligned}
H_1^{(2)}(\kappa) &= J_1(\kappa) - iY_1(\kappa) = -\frac{2}{\pi} \int_{\mu=1}^{\infty} \mu \frac{\cos(\kappa\mu) - i\sin(\kappa\mu)}{\sqrt{\mu^2 - 1}} \, d\mu \\
&= -\frac{2}{\pi} \int_{\mu=1}^{\infty} \frac{\mu \, e^{-i\kappa\mu}}{\sqrt{\mu^2 - 1}} \, d\mu
\end{aligned}
\tag{C.4}
$$

Cálculo de la integral $\psi(\kappa) = \int_{\mu=1}^{\infty} \left(\sqrt{\frac{\mu+1}{\mu-1}} - 1 \right) e^{-i\kappa\mu} d\mu$

Teniendo en cuenta las expresiones de las funciones de Hankel $H_0^{(2)}(\kappa)$ y $H_1^{(2)}(\kappa)$ dadas en las Ecs. (C.3), (C.4)

$$
\begin{aligned}
\psi(\kappa) &= \int_{\mu=1}^{\infty} \left(\sqrt{\frac{\mu+1}{\mu-1}} - 1 \right) e^{-i\kappa\mu} d\mu \\
&= \int_{\mu=1}^{\infty} \left(\sqrt{\frac{(\mu+1)(\mu+1)}{\mu^2 - 1}} - 1 \right) e^{-i\kappa\mu} d\mu \\
&= \int_{\mu=1}^{\infty} \frac{\mu+1}{\sqrt{\mu^2 - 1}} e^{-i\kappa\mu} d\mu - \frac{e^{-i\kappa}}{i\kappa} \\
&= \int_{\mu=1}^{\infty} \frac{\mu \, e^{-i\kappa\mu}}{\sqrt{\mu^2 - 1}} d\mu + \int_{\mu=1}^{\infty} \frac{e^{-i\kappa\mu}}{\sqrt{\mu^2 - 1}} d\mu - \frac{e^{-i\kappa}}{i\kappa} \\
&= -\frac{\pi}{2} \left[H_1^{(2)}(\kappa) + iH_0^{(2)}(\kappa) \right] - \frac{e^{-i\kappa}}{i\kappa}
\end{aligned}
\tag{C.5}
$$

Este resultado aparece en el texto cuando se busca una expresión para la circulación en el perfil en aerodinámica no estacionaria, en concreto en el cálculo de $\bar{\Gamma}_a$

C.3   Cálculo salto de presiones no-estacionario

Tal y como se demuestra en el texto, el coeficiente de presiones no estacionaria $\Delta c_p(\xi, t) = \Delta \bar{c}_p(\xi) e^{i\omega t}$ depende directamente de la distribución de torbellinos como

$$\Delta \bar{c}_p(\xi) = \frac{2}{U_\infty} \left[\bar{\gamma}_a(\xi) + i\kappa \int_{\lambda=-1}^{\xi} \bar{\gamma}_a(\lambda)\, d\lambda \right] \ , \quad -1 \leq \xi \leq 1 \qquad (C.6)$$

La distribución de torbellinos en el perfil tiene la nada cómoda expresión

$$\bar{\gamma}_a(\xi) = \frac{2}{\pi} \sqrt{\frac{1-\xi}{1+\xi}} \int_{-1}^{1} \sqrt{\frac{1+\eta}{1-\eta}} \frac{\bar{w}_a(\eta)}{\xi-\eta} d\eta + \frac{i\kappa \bar{\Gamma}_a e^{i\kappa}}{\pi b} \sqrt{\frac{1-\xi}{1+\xi}} \int_{1}^{\infty} \sqrt{\frac{\mu+1}{\mu-1}} \frac{e^{-i\kappa\mu}}{\xi-\mu} d\mu \tag{C.7}$$

donde

$$\bar{\Gamma}_a = \frac{4b}{i\kappa\, \pi\, e^{i\kappa}} \frac{\displaystyle\int_{\eta=-1}^{1} \sqrt{\frac{1+\eta}{1-\eta}} \bar{w}_a(\eta)\, d\eta}{H_1^{(2)}(\kappa) + i H_0^{(2)}(\kappa)} \tag{C.8}$$

Teóricamente las Ecs. (C.6),(C.7),(C.8) permiten obtener la distribución de presiones buscada en función del movimiento del perfil, sin embargo,tras algunas simplificaciones, vamos a ver que se puede encontrar una expresión más operativa de $\Delta \bar{c}_p(\xi)$.

Centrémonos de momento en la expresión dentro de la integral

$$
\begin{aligned}
\int_{\lambda=-1}^{\xi} \bar{\gamma}_a(\lambda)\, d\lambda &= \int_{\lambda=-1}^{\xi} \left(\frac{2}{\pi} \sqrt{\frac{1-\xi}{1+\xi}} \int_{-1}^{1} \sqrt{\frac{1+\eta}{1-\eta}} \frac{\bar{w}_a(\eta)}{\xi - \eta}\, d\eta \right) d\lambda \\
&+ \int_{\lambda=-1}^{\xi} \left(\frac{i\kappa \bar{\Gamma}_a e^{i\kappa}}{\pi b} \sqrt{\frac{1-\xi}{1+\xi}} \int_{1}^{\infty} \sqrt{\frac{\mu+1}{\mu-1}} \frac{e^{-i\kappa\mu}}{\xi - \mu}\, d\mu \right) d\lambda \\
&= \frac{2}{\pi} \int_{\eta=-1}^{1} \sqrt{\frac{1+\eta}{1-\eta}}\, \bar{w}_a(\eta) \left(\int_{\lambda=-1}^{\xi} \sqrt{\frac{1-\lambda}{1+\lambda}} \frac{d\lambda}{\lambda - \eta} \right) d\eta \\
&+ \frac{i\kappa \bar{\Gamma}_a e^{i\kappa}}{\pi b} \int_{\mu=1}^{\infty} \sqrt{\frac{\mu+1}{\mu-1}}\, e^{-i\kappa\mu} \left(\int_{\lambda=-1}^{\xi} \sqrt{\frac{1-\lambda}{1+\lambda}} \frac{d\lambda}{\lambda - \mu} \right) d\mu \\
&\equiv \frac{2}{\pi} \int_{\eta=-1}^{1} \sqrt{\frac{1+\eta}{1-\eta}}\, \bar{w}_a(\eta) R_1(\eta, \xi)\, d\eta \\
&+ \frac{i\kappa \bar{\Gamma}_a e^{i\kappa}}{\pi b} \int_{\mu=1}^{\infty} \sqrt{\frac{\mu+1}{\mu-1}}\, e^{-i\kappa\mu} R_2(\mu, \xi)\, d\mu
\end{aligned}
\tag{C.9}
$$

donde las integrales

$$
\begin{aligned}
R_1(\eta, \xi) &= \int_{\lambda=-1}^{\xi} \sqrt{\frac{1-\lambda}{1+\lambda}} \frac{d\lambda}{\lambda - \eta} \\
&= -\left[\frac{\pi}{2} + \arcsin\xi + \frac{1}{2}\sqrt{\frac{1-\eta}{1+\eta}} \log\left(\frac{1 - \xi\eta + \sqrt{1-\eta^2}\sqrt{1-\xi^2}}{1 - \xi\eta + \sqrt{1-\eta^2}\sqrt{1-\xi^2}} \right) \right] \\
&\equiv -\left[\frac{\pi}{2} + \arcsin\xi + \sqrt{\frac{1-\eta}{1+\eta}}\Lambda_1(\eta, \xi) \right], \quad -1 < \xi < 1,\ -1 < \eta < 1 \\
R_2(\mu, \xi) &= \int_{\lambda=-1}^{\xi} \sqrt{\frac{1-\lambda}{1+\lambda}} \frac{d\lambda}{\lambda - \mu} \\
&= -\left[\frac{\pi}{2} + \arcsin\xi + \frac{1}{2}\sqrt{\frac{\mu-1}{\mu+1}} \left(-\pi + 2\arctan\sqrt{\frac{(\mu+1)(1-\xi)}{(\mu-1)(1+\xi)}} \right) \right] \\
&\equiv -\left[\frac{\pi}{2} + \arcsin\xi + \sqrt{\frac{\mu-1}{\mu+1}}\Lambda_2(\mu, \xi) \right], \quad -1 < \xi < 1,\ \mu > 1
\end{aligned}
\tag{C.10}
$$

volviendo a la Ec. (C.9)

$$
\begin{aligned}
\int_{\lambda=-1}^{\xi} \bar{\gamma}_a(\lambda)\, d\lambda \;=\;& \frac{2}{\pi} \int_{\eta=-1}^{1} \sqrt{\frac{1+\eta}{1-\eta}}\; \bar{w}_a(\eta) R_1(\eta,\xi) d\eta \\[2mm]
&+ \frac{i\kappa \bar{\Gamma}_a e^{i\kappa}}{\pi b} \int_{\mu=1}^{\infty} \sqrt{\frac{\mu+1}{\mu-1}}\; e^{-i\kappa\mu} R_2(\mu,\xi)\, d\mu \\[2mm]
=\;& -\frac{2}{\pi}\left(\frac{\pi}{2}+\arcsin\xi\right)\int_{\eta=-1}^{1}\sqrt{\frac{1+\eta}{1-\eta}}\;\bar{w}_a(\eta) d\eta \\[2mm]
&- \frac{2}{\pi}\int_{\eta=-1}^{1} \bar{w}_a(\eta)\,\Lambda_1(\eta,\xi) d\eta \\[2mm]
&- \frac{i\kappa \bar{\Gamma}_a e^{i\kappa}}{\pi b}\left(\frac{\pi}{2}+\arcsin\xi\right)\int_{\mu=1}^{\infty}\sqrt{\frac{\mu+1}{\mu-1}}\; e^{-i\kappa\mu} d\mu \\[2mm]
&- \frac{i\kappa \bar{\Gamma}_a e^{i\kappa}}{\pi b}\int_{\mu=1}^{\infty} e^{-i\kappa\mu}\Lambda_2(\mu,\xi)\, d\mu
\end{aligned}
$$

$$(C.11)$$

De la expresión anterior con 4 términos, veamos que el primero y el cuarto son iguales y de signo opuesto, usando los resultados de las Ecs.(C.8),(C.5) tenemos (prescindiendo del término $\pi/2 + \arcsin\xi$ que ya está en ambos términos)

$$
-\frac{i\kappa\bar{\Gamma}_a e^{i\kappa}}{\pi b}\int_{\mu=1}^{\infty}\sqrt{\frac{\mu+1}{\mu-1}}\, e^{-i\kappa\mu}\, d\mu = -\frac{i\kappa e^{i\kappa}}{\pi b}\,\bar{\Gamma}_a\left(-\frac{\pi}{2}\left[H_1^{(2)}(\kappa)+iH_0^{(2)}(\kappa)\right]\right)
$$

$$
= -\frac{i\kappa e^{i\kappa}}{\pi b}\left(\frac{4b}{i\kappa\,\pi\,e^{i\kappa}}\frac{\displaystyle\int_{\eta=-1}^{1}\sqrt{\frac{1+\eta}{1-\eta}}\bar{w}_a(\eta)\,d\eta}{H_1^{(2)}(\kappa)+iH_0^{(2)}(\kappa)}\right)\left(-\frac{\pi}{2}\left[H_1^{(2)}(\kappa)+iH_0^{(2)}(\kappa)\right]\right)
$$

$$
= \frac{2}{\pi}\int_{\eta=-1}^{1}\sqrt{\frac{1+\eta}{1-\eta}}\bar{w}_a(\eta)\, d\eta
$$

luego por tanto

$$
\int_{\lambda=-1}^{\xi} \bar{\gamma}_a(\lambda)\, d\lambda \;=\; -\frac{2}{\pi} \int_{\eta=-1}^{1} \bar{w}_a(\eta)\, \Lambda_1(\eta,\xi)\, d\eta
$$
$$
-\;\frac{i\kappa \bar{\Gamma}_a e^{i\kappa}}{\pi b} \int_{\mu=1}^{\infty} e^{-i\kappa\mu} \Lambda_2(\mu,\xi)\, d\mu
\tag{C.12}
$$

donde recordemos que

$$
\Lambda_1(\eta,\xi) \;=\; \frac{1}{2}\log\left(\frac{1-\xi\eta + \sqrt{1-\eta^2}\sqrt{1-\xi^2}}{1-\xi\eta + \sqrt{1-\eta^2}\sqrt{1-\xi^2}} \right)
$$
$$
\Lambda_2(\mu,\xi) \;=\; -\pi + 2\arctan\sqrt{\frac{(\mu+1)(1-\xi)}{(\mu-1)(1+\xi)}}
\tag{C.13}
$$

Recapitulemos hasta ahora, el coeficiente de presiones actualizado con la Ec.(C.12) e introduciendo la expresión de $\bar{\gamma}_a(\xi)$

$$
\begin{aligned}
\Delta \bar{c}_p(\xi) \;=\;& \frac{2}{U_\infty}\left[\bar{\gamma}_a(\xi) + i\kappa \int_{\lambda=-1}^{\xi} \bar{\gamma}_a(\lambda)\, d\lambda \right] \\[2mm]
=\;& \frac{4}{\pi U_\infty} \sqrt{\frac{1-\xi}{1+\xi}} \int_{-1}^{1} \sqrt{\frac{1+\eta}{1-\eta}} \frac{\bar{w}_a(\eta)}{\xi-\eta}\, d\eta \\[2mm]
+\;& \frac{2i\kappa\bar{\Gamma}_a e^{i\kappa}}{\pi b U_\infty} \sqrt{\frac{1-\xi}{1+\xi}} \int_{\mu=1}^{\infty} \sqrt{\frac{\mu+1}{\mu-1}} \frac{e^{-i\kappa\mu}}{\xi-\mu}\, d\mu \\[2mm]
-\;& \frac{4i\kappa}{\pi U_\infty} \int_{\eta=-1}^{1} \bar{w}_a(\eta)\, \Lambda_1(\eta,\xi)\, d\eta \\[2mm]
-\;& \frac{2i^2\kappa^2 \bar{\Gamma}_a e^{i\kappa}}{\pi b U_\infty} \int_{\mu=1}^{\infty} e^{-i\kappa\mu} \Lambda_2(\mu,\xi)\, d\mu
\end{aligned}
\tag{C.14}
$$

Integrando por partes se puede obtener una expresión alternativa para la última integral

$$
\begin{aligned}
\int_{\mu=1}^{\infty} e^{-i\kappa\mu}\Lambda_2(\mu,\xi)\,d\mu &= \left[\frac{i}{\kappa}e^{-i\kappa\mu}\Lambda_2(\mu,\xi)\right]_{\mu=1}^{\infty} + \int_{\mu=1}^{\infty}\frac{i}{\kappa}e^{-i\kappa\mu}\frac{\partial\Lambda_2}{\partial\mu}\,d\mu \\
&\quad - \frac{i}{\kappa}\sqrt{\frac{1-\xi}{1+\xi}}\int_{\mu=1}^{\infty}e^{-i\kappa\mu}\sqrt{\frac{\mu+1}{\mu-1}}\left(\frac{1}{\mu+1}-\frac{1}{\mu-\xi}\right)d\mu \\
&= -\frac{i}{\kappa}\sqrt{\frac{1-\xi}{1+\xi}}\int_{\mu=1}^{\infty}\frac{e^{-i\kappa\mu}}{\sqrt{\mu^2-1}}d\mu \\
&\quad - \frac{i}{\kappa}\sqrt{\frac{1-\xi}{1+\xi}}\int_{\mu=1}^{\infty}\sqrt{\frac{\mu+1}{\mu-1}}\frac{e^{-i\kappa\mu}}{\xi-\mu}d\mu \\
&= -\frac{\pi}{2\kappa}\sqrt{\frac{1-\xi}{1+\xi}}H_0^{(2)}(\kappa) - \frac{i}{\kappa}\sqrt{\frac{1-\xi}{1+\xi}}\int_{\mu=1}^{\infty}\sqrt{\frac{\mu+1}{\mu-1}}\frac{e^{-i\kappa\mu}}{\xi-\mu}d\mu
\end{aligned}
\tag{C.15}
$$

donde se ha usado $\Lambda_2(1,\xi)=0$ y $\lim_{\mu\to\infty}e^{-i\kappa\mu}\Lambda_2(\mu,\xi)=0$. Introduciendo el resultado en el coeficiente de presiones

$$
\begin{aligned}
\Delta\bar{c}_p(\xi) &= \frac{4}{\pi U_\infty}\sqrt{\frac{1-\xi}{1+\xi}}\int_{-1}^{1}\sqrt{\frac{1+\eta}{1-\eta}}\frac{\bar{w}_a(\eta)}{\xi-\eta}d\eta \\
&\quad + \frac{2i\kappa\bar{\Gamma}_a e^{i\kappa}}{\pi b U_\infty}\sqrt{\frac{1-\xi}{1+\xi}}\int_{\mu=1}^{\infty}\sqrt{\frac{\mu+1}{\mu-1}}\frac{e^{-i\kappa\mu}}{\xi-\mu}d\mu - \frac{4i\kappa}{\pi U_\infty}\int_{\eta=-1}^{1}\bar{w}_a(\eta)\Lambda_1(\eta,\xi)d\eta \\
&\quad - \frac{2i^2\kappa^2\bar{\Gamma}_a e^{i\kappa}}{\pi b U_\infty}\left(-\frac{\pi}{2\kappa}\sqrt{\frac{1-\xi}{1+\xi}}H_0^{(2)}(\kappa)\quad\frac{i}{\kappa}\sqrt{\frac{1-\xi}{1+\xi}}\int_{\mu=1}^{\infty}\sqrt{\frac{\mu+1}{\mu-1}}\frac{e^{-i\kappa\mu}}{\xi-\mu}d\mu\right) \\
&= \frac{4}{\pi U_\infty}\sqrt{\frac{1-\xi}{1+\xi}}\int_{-1}^{1}\sqrt{\frac{1+\eta}{1-\eta}}\frac{\bar{w}_a(\eta)}{\xi-\eta}d\eta \\
&\quad + \frac{2i\kappa\bar{\Gamma}_a e^{i\kappa}}{\pi b U_\infty}\sqrt{\frac{1-\xi}{1+\xi}}\int_{\mu=1}^{\infty}\sqrt{\frac{\mu+1}{\mu-1}}\frac{e^{-i\kappa\mu}}{\xi-\mu}d\mu - \frac{4i\kappa}{\pi U_\infty}\int_{\eta=-1}^{1}\bar{w}_a(\eta)\Lambda_1(\eta,\xi)d\eta \\
&\quad - \frac{\kappa e^{i\kappa}}{b U_\infty}\bar{\Gamma}_a\sqrt{\frac{1-\xi}{1+\xi}}H_0^{(2)}(\kappa) - \frac{2i\kappa\bar{\Gamma}_a e^{i\kappa}}{\pi b U_\infty}\sqrt{\frac{1-\xi}{1+\xi}}\int_{\mu=1}^{\infty}\sqrt{\frac{\mu+1}{\mu-1}}\frac{e^{-i\kappa\mu}}{\xi-\mu}d\mu
\end{aligned}
\tag{C.16}
$$

Usando la definición de la circulación $\bar{\Gamma}_a$ dada en la Ec. (C.8) y agrupando

$$
\begin{aligned}
\Delta \bar{c}_p(\xi) &= \frac{4}{\pi U_\infty} \sqrt{\frac{1-\xi}{1+\xi}} \int_{-1}^{1} \sqrt{\frac{1+\eta}{1-\eta}} \frac{\bar{w}_a(\eta)}{\xi - \eta} d\eta \\
&\quad - \frac{4i\kappa}{\pi U_\infty} \int_{\eta=-1}^{1} \bar{w}_a(\eta)\, \Lambda_1(\eta, \xi) d\eta \\
&\quad - \frac{\kappa e^{i\kappa}}{\pi b U_\infty} \left(\frac{4b}{i\kappa\, e^{i\kappa}} \frac{\int_{\eta=-1}^{1} \sqrt{\frac{1+\eta}{1-\eta}} \bar{w}_a(\eta)\, d\eta}{H_1^{(2)}(\kappa) + i H_0^{(2)}(\kappa)} \right) \sqrt{\frac{1-\xi}{1+\xi}}\, H_0^{(2)}(\kappa) \\
&= \frac{4}{\pi U_\infty} \sqrt{\frac{1-\xi}{1+\xi}} \int_{-1}^{1} \sqrt{\frac{1+\eta}{1-\eta}} \frac{\bar{w}_a(\eta)}{\xi - \eta} d\eta - \frac{4i\kappa}{\pi U_\infty} \int_{\eta=-1}^{1} \bar{w}_a(\eta)\, \Lambda_1(\eta, \xi) d\eta \\
&\quad + \frac{4}{\pi U_\infty} \left(\frac{i H_0^{(2)}(\kappa)}{H_1^{(2)}(\kappa) + i H_0^{(2)}(\kappa)} \right) \sqrt{\frac{1-\xi}{1+\xi}} \int_{\eta=-1}^{1} \sqrt{\frac{1+\eta}{1-\eta}} \bar{w}_a(\eta)\, d\eta
\end{aligned}
$$

$$(C.17)$$

Introducimos ahora una función que juega un papel importante en la aerodinámica no-estacionaria: la función de Theodorsen $\mathcal{C}(\kappa)$ definida matemáticamente como

$$
\mathcal{C}(\kappa) = \frac{H_1^{(2)}(\kappa)}{H_1^{(2)}(\kappa) + i H_0^{(2)}(\kappa)} \tag{C.18}
$$

por lo que la distribución se puede escribir como

$$
\begin{aligned}
\Delta \bar{c}_p(\xi) &= \frac{4}{\pi U_\infty} \sqrt{\frac{1-\xi}{1+\xi}} \int_{-1}^{1} \sqrt{\frac{1+\eta}{1-\eta}} \frac{\bar{w}_a(\eta)}{\xi - \eta} d\eta - \frac{4i\kappa}{\pi U_\infty} \int_{\eta=-1}^{1} \bar{w}_a(\eta)\, \Lambda_1(\eta, \xi) d\eta \\
&\quad + \frac{4}{\pi U_\infty} [1 - \mathcal{C}(\kappa)] \sqrt{\frac{1-\xi}{1+\xi}} \int_{\eta=-1}^{1} \sqrt{\frac{1+\eta}{1-\eta}} \bar{w}_a(\eta)\, d\eta
\end{aligned}
$$

$$(C.19)$$

Por último, integrando por partes se puede obtener una expresión algo más condensada para la integral que afecta a la función $\Lambda_1(\eta, \xi)$. Para ello, vamos a definir la función $\bar{W}_a(\eta)$ como

$$
W_a(\eta) = \int_{\lambda=-1}^{\eta} \bar{w}_a(\lambda) d\lambda \tag{C.20}
$$

y por tanto

$$
\begin{aligned}
\int_{\eta=-1}^{1} \bar{w}_a(\eta)\,\Lambda_1(\eta,\xi)d\eta &= \left[W_a(\eta)\Lambda_1(\eta,\xi)\right]_{\eta=-1}^{1} - \int_{\eta=-1}^{1} W_a(\eta)\frac{\partial\Lambda_1}{\partial\mu}\,d\mu \\
&= -\int_{\eta=-1}^{1} \sqrt{1-\xi^2}\frac{W_a(\eta)}{\sqrt{1-\eta^2}(\xi-\eta)}\,d\mu \\
&= -\sqrt{\frac{1-\xi}{1+\xi}}\int_{\eta=-1}^{1}\sqrt{\frac{1+\eta}{1-\eta}}\,W_a(\eta)\left(\frac{1}{1+\eta}+\frac{1}{\xi-\eta}\right)d\mu
\end{aligned}
$$

(C.21)

Introduciendo esta expresión en la Ec. (C.19) conseguimos que todos los términos tengan la misma estructura

$$
\begin{aligned}
\Delta\bar{c}_p(\xi) &= \frac{4}{\pi U_\infty}\sqrt{\frac{1-\xi}{1+\xi}}\int_{-1}^{1}\sqrt{\frac{1+\eta}{1\ \eta}}\frac{\bar{w}_a(\eta)}{\xi-\eta}d\eta \\
&+ \frac{4i\kappa}{\pi U_\infty}\sqrt{\frac{1-\xi}{1+\xi}}\int_{\eta=-1}^{1}\sqrt{\frac{1+\eta}{1-\eta}}\,W_a(\eta)\left(\frac{1}{1+\eta}+\frac{1}{\xi-\eta}\right)d\mu \\
&+ \frac{4}{\pi U_\infty}\left[1-\mathcal{C}(\kappa)\right]\sqrt{\frac{1-\xi}{1+\xi}}\int_{\eta=-1}^{1}\sqrt{\frac{1+\eta}{1-\eta}}\bar{w}_a(\eta)\,d\eta
\end{aligned}
$$

(C.22)

de forma, definiendo la función

$$
\bar{\mathcal{W}}_a(\xi,\eta) = \bar{w}_a(\eta) + (i\kappa)\frac{1+\xi}{1+\eta}\int_{\lambda=-1}^{\eta}\bar{w}_a(\lambda)d\lambda + \left[1-\mathcal{C}(\kappa)\right](\xi-\eta)\bar{w}_a(\eta)
$$

(C.23)

podemos expresar de forma compacta el coeficiente de presiones como

$$
\Delta\bar{c}_p(\xi) = \frac{4}{\pi U_\infty}\sqrt{\frac{1-\xi}{1+\xi}}\int_{-1}^{1}\sqrt{\frac{1+\eta}{1-\eta}}\frac{\bar{\mathcal{W}}_a(\xi,\eta)}{\xi-\eta}d\eta
$$

(C.24)

En el dominio del tiempo se tiene que

$$
\Delta c_p(\xi,t) = \Delta\bar{c}_p(\xi)e^{i\omega t}\ ,\ w_a(\xi,t) = \bar{w}_a(\xi)e^{i\omega t}\ ,\ \mathcal{W}_a(\xi,\eta,t) = \bar{\mathcal{W}}_a(\xi,\eta)e^{i\omega t}
$$

(C.25)

y

$$
\dot{w}_a(\xi,t) = \frac{\partial w_a(\xi,t)}{\partial t} = i\omega\,\bar{w}_a(\xi)e^{i\omega t} = \frac{i\kappa U_\infty}{b}\bar{w}_a(\xi)e^{i\omega t}
$$

por lo que podemos expresar el coeficiente de presiones en función del tiempo como

$$
\Delta c_p(\xi,t) = \frac{4}{\pi U_\infty}\sqrt{\frac{1-\xi}{1+\xi}}\int_{-1}^{1}\sqrt{\frac{1+\eta}{1-\eta}}\frac{\mathcal{W}_a(\xi,\eta,t)}{\xi-\eta}d\eta
$$

(C.26)

donde

$$\mathcal{W}_a(\xi,\eta,t) = w_a(\eta,t) + \frac{b}{U_\infty}\frac{1+\xi}{1+\eta}\int_{\lambda=-1}^{\eta}\dot{w}_a(\lambda,t)d\lambda + [1-\mathcal{C}(\kappa)]\,(\xi-\eta)w_a(\eta,t)$$

$$(C.27)$$

Bibliografía

[1] S. Adhikari. "Modal analysis of linear asymmetric non-conservative systems". En: *ASCE Journal of Engineering Mechanics* 125.12 (1999), págs. 1372-1379 (vid. pág. 290).

[2] S. Adhikari. "Damping Models for Structural Vibration". Tesis doct. Cambridge University Engineering Department, 2000 (vid. pág. 245).

[3] S. Adhikari. "Dynamics of non-viscously damped linear systems". En: *Journal of Engineering Mechanics* 128.3 (2002), 328-339 (vid. pág. 290).

[4] S. Adhikari. *Structural Dynamic Analysis with Generalized Damping Models: Analysis.* cited By 23. John Wiley & Sons, Ltd, 2013, págs. 1-341 (vid. págs. 290, 310).

[5] S. Adhikari y J. Woodhouse. "Identification Of Damping: PART 1, Viscous Damping". En: *Journal of Sound and Vibration* 243.1 (2001), 43-61 (vid. pág. 318).

[6] John D. Anderson. *Fundamentals of Aerodynamics.* McGraw-Hill, 2001 (vid. págs. 62, 113, 150, 325).

[7] L. Bairstow y A. Fage. "Oscillations of the tailplane and body of an aeroplane in flight. Part II." En: *ARC R&M* 276 (1916) (vid. pág. 13).

[8] Ferdinand Beer et al. *Mechanics of Materials.* McGraw-Hill, 2008 (vid. págs. 56, 61, 71).

[9] D. Billington. "History and Esthetics in Suspension Bridges, paper ID13143". En: *Journal of the Structural Division* 103.8 (1977) (vid. pág. 9).

[10] W. Birnbaum. "Das ebene Problem des schlagenden Flügels". En: *Z. an gew. Mathematik und Mechanik* 4 (1924), págs. 277-292 (vid. pág. 15).

347

[11] Raymond L. Bisplinghoff y Holt Ashley. *Principles of Aeroelasticity*. Dover Publications, 1962 (vid. págs. 23, 120, 198, 253).

[12] Raymond L. Bisplinghoff, Holt Ashley y Robert L. Halfman. *Aeroelasticity*. Ed. por Eric Reissner. Addison-Wesley Publishing Company, 1957 (vid. págs. 120, 230).

[13] Robert D. Blevins. *Formulas for natural frequency and mode shape*. Krieger Publishing Company, 1979 (vid. pág. 241).

[14] G. Brewer. "The collapse of monoplane wings". En: *Flight* 3.55 (1913) (vid. pág. 12).

[15] G. H. Bryan. *Stability in Aviation*. Macmillan & Co., 1911 (vid. pág. 15).

[16] G. H. Bryan y W. E. Williams. "The longitudinal stability of aerial gliders". En: *Proceedings of the Royal Society of London* 73 (1904), págs. 488-496 (vid. pág. 15).

[17] CS-25. *Certification Specifications and Acceptable Means of Compliance for Large Aeroplanes (CS–25)*. European Aviation Safety Agency, 2015 (vid. pág. 87).

[18] JT Chen y DW You. "Hysteretic damping revisited". English. En: *ADVANCES IN ENGINEERING SOFTWARE* 28.3 (1997), 165-171.
ISSN: 0965-9978 (vid. pág. 246).

[19] A. R. Collar. "The first fifty years of aeroelasticity". En: *Aerospace* 5.2 (1978), págs. 12-20 (vid. págs. 2, 5).

[20] M. V. Cook. *Flight Dynamics Principles*. Elsevier Publisher, 2007 (vid. pág. 22).

[21] H. R. Cox y A. G. Pugsley. "Theory of Loss of Lateral Control Due to Wing Twisting". En: *ARC R&M* 1506 (1932) (vid. pág. 15).

[22] S. H. Crandall. "The hysteretic damping model in vibration theory". En: *proceedings Of The Institution Of Mechanical Engineers Part C-journal Of Mechanical Engineering Science*. Vol. 205. 1. 1991, 23-28 (vid. pág. 246).

[23] Earl H. Dowell. *A Modern Course in Aeroelasticity*. Ed. por Earl H. Dowell. Kluwer Academic Publishers, 2005 (vid. págs. 156, 244).

[24] James F. Doyle. *Wave Propagation in Structures. Spectral Analysis Using Fast Discrete Fourer Transforms.* Springer (New York), 1997 (vid. pág. 277).

[25] Mark Drela. *Flight Vehicle Aerodynamics.* MIT, 2014 (vid. págs. 62, 63).

[26] J. W. Edwards. "Unsteady Aerodynamic Modeling and Active Aeroelastic Control". Tesis doct. SUDAAR 504, Standford University, 1977 (vid. pág. 296).

[27] J. W. Edwards. "Unsteady aerodynamic modeling for arbitrary motions". En: *AIAA Journal* 15.4 (1977), págs. 593-595 (vid. pág. 296).

[28] J. W. Edwards. "Applications of Laplace transform methods to airfoil motion and stability calculations." En: *AIAA PAPER 79-0772* (1979), págs. 465-481 (vid. pág. 296).

[29] J. W. Edwards, H. Ashley y J.V. Breakwell. "Unsteady aerodynamic modeling for arbitrary motions". En: *AIAA Journal* 17.4 (1979), págs. 365-374 (vid. pág. 296).

[30] J.W. Edwards y C.D. Wieseman. "Flutter and divergence analysis using the generalized aeroelastic analysis method". En: *Journal of Aircraft* 45.3 (2008). cited By 14, págs. 906-915 (vid. págs. 296, 303).

[31] F. B. Farquharson, F. C. Smith y G. S. Vincent. "Aerodynamic stability of suspension bridges with special reference to the Tacoma Narrows bridge". En: *University of Washington. Engineering Experiment Station Bulleting* 116.I to V (1949) (vid. pág. 7).

[32] A. H. G. Fokker y B. Gould. *Flying Dutchman.* New York: Henry Holt. reprinted in NY: Arno Press, 1972, 1931 (vid. págs. 13, 14).

[33] R. A. Frazer y W. J. Duncan. "The flutter of aeroplane wings". En: *ARC R&M* 1155 (1928) (vid. pág. 15).

[34] Y. C. Fung. *An Introduction to the Theory of Aeroelasticity.* Dover Publications, 1993 (vid. págs. 23, 198).

[35] Fernando Gandía et al. *Fundamentos de los metodos numéricos en aerodinámica.* Garceta Grupo Editorial, 2013 (vid. págs. 25, 42, 334).

[36] Pablo García-Fogeda y Félix Arévalo Lozano. *Introducción a la Aeroelasticidad.* Garceta Grupo Editorial, 2015 (vid. págs. 2, 92).

[37]   I. E. Garrick y Wilmer H. Reed III. "Historical Development of Aircraft Flutter". En: *Journal of Aircraft* 18.11 (1981), págs. 897-912 (vid. pág. 5).

[38]   James M. Gere y Barry J. Goodno. *Mechanics Of Materials (Solutions Manual) - 7Ed.* Gengage Learning, 2009 (vid. pág. 56).

[39]   H. Glauert. "The force and moment of an oscillating airfoil". En: *ARC R&M* 1242 (1929) (vid. pág. 16).

[40]   Rolt Hammond. *Engineering Structural Failures.* Odhams Press LTD, London, 1956 (vid. págs. 6-8).

[41]   G.J. Hancock, J.R. Wright y A. Simpson. "On the Teaching of the Principles of Wing Flexure-Torsion Flutter". En: *Aeronautical Journal* 89.888 (1985), págs. 285-305 (vid. págs. 219, 220, 253).

[42]   G.T. Hill. *Advances in aircraft structural design.* Brighton (vid. pág. 11).

[43]   Richard S. Hobbs y Douglas B MacDonald. *Catastrophe to Triumph: Bridges of the Tacoma Narrows.* Washington State University Press, 2006 (vid. pág. 9).

[44]   Dewey H. Hodges y G. Alvin Pierce. *Introduction To Structural Dynamics And Aeroelasticity.* Vol. 1. CAMBRIDGE AEROSPACE SERIES, 2001 (vid. págs. 2, 57, 61, 113, 120, 122, 226, 244).

[45]   Denis Howe. *Aircraft Loading and Structural Layout.* Wiley, 2004 (vid. pág. 87).

[46]   W.P. Jones. *Aeordynamic Forces on wings in Non-uniform Motion.* Inf. téc. Aeornautical Research Council, R & M. 2117, 1945 (vid. pág. 232).

[47]   T. von Kármán y W. R. Shears. "Airfoil theory for non-uniform motion". En: *J. Aero. Sci.* 5 (1938), págs. 379-390 (vid. pág. 16).

[48]   Joseph Katz y Allen Potkin. *Low Speed Aerodynamics.* Cambridge University Press, 2001 (vid. págs. 18, 63, 303, 334).

[49]   H. G. Küssner. "Schwingungen von Flugzeugflügeln". En: *Luftfahrtforschung.* 4 (1929), págs. 41-62 (vid. pág. 16).

[50]   H. G. Küssner. "Zusammenfassender Bericht über den instationären Auftrieb von Flügeln". En: *Luftfahrtforschung* 13.12 (1936), págs. 410-424 (vid. pág. 16).

[51] H. G. Küssner. "Der schwingende Flügel mit aerodynamisch ausgeglichenem Ruder". En: *Luftfahrtforschung*. 17.11 (1940), págs. 337-354 (vid. pág. 16).

[52] F. W. Lanchester. *Aerodonetics*. Archibald Constable & Co. Ltd., 1908 (vid. pág. 15).

[53] F. W. Lanchester. "Torsional vibration of the tail of an airplane. Part I." En: *ARC R&M* 276 (1916) (vid. pág. 13).

[54] Cornelius Lanczos. *The Variational Principles of Mechanics*. Dover Publications Inc., 1970 (vid. pág. 307).

[55] *Langley Aerodrome*. *en.wikipedia.org/wiki/Langley_Aerodrome* (vid. pág. 12).

[56] J.A. Lawrence y P. Jackson. *Comparison of different methods of asses-sing the free oscillatory characteristics of aaeroelastic systems*. Inf. téc. Aeronautical Research Council (Paper 1084), 1970 (vid. pág. 230).

[57] M. Lázaro. "A Teaching Experience: Aeroelasticity and the Finite Element Method". En: *Modelling in Science Education and Learning* 8.2 (2015), págs. 109-132 (vid. págs. 54, 64).

[58] Mario Lázaro. "Damping Perturbation Based Time Integration Asymptotic Method for Structural Dynamics". En: *International Journal of Computational Methods* 19.10 (2022), pág. 2250022 (vid. pág. 277).

[59] R.M. Lin y J. Zhu. "On the relationship between viscous and hysteretic damping models and the importance of correct interpretation for system identification". En: *Journal of Sound and Vibration* 325.1-2 (2009), 14-33 (vid. pág. 245).

[60] Ted L. Lomax. *Structural Loads Analysis for Commercial Transport Aircraft: Theory and Practice*. Ed. por J.S. Przemieniecki (Editor). AIAA Education Series, 1996 (vid. pág. 87).

[61] Y. L. Luke y M. A. Dengler. "Tables of the Theodorsen function for generalized motion". En: *J. Aero. Sci.* 18 (1951), págs. 478-483 (vid. pág. 296).

[62] T.H.G. Megson. *An Introduction to Aircraft Structural Analysis*. Butterworth-Heinemann, 2010 (vid. pág. 95).

[63] L. Meirovitch. "MODAL ANALYSIS FOR THE RESPONSE OF LINEAR GYROSCOPIC SYSTEMS." En: *Journal of Applied Mechanics*,

Transactions ASME 42 Ser E.2 (1975). cited By 82, págs. 446-450 (vid. pág. 290).

[64] Leonard Meirovitch. *Computational methods in structural dynamics*. Ed. por G. AE. Oravas. Sijthoff & Noordhoff, 1980 (vid. pág. 290).

[65] José Meseguer y Angel Sanz-Andrés. *Aerodinámica básica*. Garceta Grupo Editorial, 2010 (vid. págs. 25, 156, 180, 182, 324, 326, 328).

[66] S. Monleón. *Ingeniería de puentes: análisis estructural*. Editorial Universitat Politècnica de València, 1997 (vid. pág. 307).

[67] S. Monleón. *Análisis de vigas, arcos, placas y láminas: una presentación unificada*. Universitat Politècnica de València, 2017 (vid. pág. 307).

[68] Eugenio Onate. *Cálculo de Estructuras por el Método de Elementos Finitos*. Ed. por Universidad Politécnica de Cataluña. Centre Internacional de Métodes Numérics en l'Enginyeria, 1995 (vid. pág. 259).

[69] *Origins of Control Surfaces*. *https://aerospaceweb.org* (vid. pág. 11).

[70] Rafael Palacios y Carlos E.S. Cesnik. *Dynamics of Flexible Aircraft. Coupled Flight Mechanics, Aeroelasticity and Control*. Cambridge University Press, 2023 (vid. pág. 296).

[71] Joseph Penzien y Ray W. Clough. *Dynamic Of Structures*. COMPUTERS & STRUCTURES INC., 2003 (vid. págs. 277, 278).

[72] *Puente de Roche Bernard*. *https://fr.wikipedia.org/wiki/ Pont_de_La_Roche-Bernard* (vid. pág. 6).

[73] *Puente de Wheeling (Gales, RU)*. *en.wikipedia.org/wiki/ Puente_Colgante_de_Wheelling* (vid. pág. 6).

[74] David Quero. "Modified Doublet Lattice Method for Its Analytical Continuation in the Complex Plane". En: *Journal of Aircraft* 59.3 (2022), págs. 814-820 (vid. pág. 303).

[75] John William Strutt (Lord Rayleigh). *Theory of Sound*. 1st Edition. Cambridge University Press, 1877 (vid. pág. 8).

[76] Lord Rayleigh. *Theory of Sound*. 2nd Edition. Dover Publications, 1945 (vid. pág. 245).

[77]   H. Reissner. "Neuere Probleme aus der Flugzeugstatik". En: *Z. Flustech. und Motorluftshiff.* 17 (1926), págs. 137-146 (vid. pág. 15).

[78]   Y. Rocard. *Dynamic Instability.* Crosby Lockwood & Son, LTD, 1957 (vid. págs. 7, 8).

[79]   W. P. Rodden y E. H. Johnson. *User's Guide for MSC/NASTRAN Aero-elastic Analysis.* Los Angeles: The MacNeal-Schwendler Corp. 1994 (vid. págs. 18, 230, 303).

[80]   William P. Rodden. *Theoretical and Computational Aeroelasticity.* Gaze-lle Book Services, 2011 (vid. págs. 2, 5-7, 9, 14, 18, 219, 228-230, 241, 253, 296).

[81]   Theodore Theodorsen. *General Theory of Aerodynamic Instability and the Mechanisms of Flutter.* Report 496 (pp. 413-433). NACA., 1935, págs. 413-433 (vid. págs. 16, 17, 23, 162, 225).

[82]   Theodore Theodorsen e I.E. Garrick. *Mechanism of flutter - a theoretical and experimental investigation of the flutter problem.* Report 685 (pp.101-146). NACA., 1940, págs. 413-433 (vid. págs. 16, 225).

[83]   Theodore Theodorsen e I.E. Garrick. *Nonstationary flw about a wing-aileron-tab combination including aerodynamic balace.* Report 736 (pp. 129-138). NACA., 1942, págs. 413-433 (vid. págs. 16, 225).

[84]   Stephen P. Timoshenko. *History of Strength of Materials.* Dover Publi-cations Inc., 1953 (vid. pág. 6).

[85]   H. Wagner. "Über die entstehen des dynamaschen Auftriebes von Trag-flügeln." En: *Z. angew. Mathematik und Mechanik* 5 (1925), págs. 17-35 (vid. pág. 15).

[86]   D.L. Woodcock y A. J. Lawrance. *Further comparisons of different methods of assessing the free oscillatory characteristics of aeroelastic systems. Re-port ID 721788.* Inf. téc. 72188. RAE Tech. Reports, 1972 (vid. pág. 230).

[87]   *Wright Brothers* https://en.wikipedia.org/wiki/Wright_ brothers (vid. pág. 11).

[88]   Jan R. Wright y Jonathan E. Cooper. *Introduction to Aircraft Aeroelas-ticity and Loads.* John Wiley & Sons, 2007 (vid. págs. 32, 87, 90, 219, 220, 225, 228, 246).

[89]   Daniel Zwillinger. *Standard Mathematical Tables and Formulae.* Chap-mann y Hall, 2003 (vid. pág. 337).